十亿美元分子
追寻完美药物

The Billion-Dollar Molecule
The Quest for the Perfect Drug

巴里·沃思 著
By Barry Werth

钱鹏展 译

上海科技教育出版社

推 荐 语

本书描述了福泰公司早期的创业史和研发史。跟随作者的视线,你将了解科学天才创建公司的过程以及他们对完美药物分子的追求。不论是采用计算机辅助药物设计策略,还是开展免疫抑制剂和抗艾滋病药物的研究,都体现了他们超前的科学意识和竭尽全力的钻研精神。当科学家转换角色成为企业家,精彩人生转换至另一个舞台,他们亦能使企业在激烈的商业竞争中立于不败,进军华尔街并获得投资者的青睐!

——杨青,复旦大学生命科学学院教授,
新型小分子 IDO 抑制剂的发现者

创新药的研发像是在未知的海域里行船,除了科学上的不确定性之外,投资和生态环境的风云变幻随时可能掀起樯倾楫摧的大浪。此书所讲述的福泰创业故事峰回路转、跌宕起伏,很好地诠释了见风使舵与不忘初心之并行不悖,值得每个创业者学习和借鉴。

——梁贵柏,资深制药人,
《新药研发的故事》作者

美国生物医药界的兴盛,部分得益于资本市场对创新的支持。福泰成立不到三年,毫无盈利,消耗巨大,对他们来说,上市至关重要,由此得以以较低的融资成本支持更多的科研。另一方面,允许福泰上市也说明美国资本市场对高投入、高风险的生物医药创新模式的认可,这尤其值得我国资本市场深思和借鉴。

——刘逖,上海证券交易所风控与创新委副主委兼产品创新中心总经理从青霉素到可的松,历史上一些药物的出现宛如神迹。制药需要运气,需要科学,也需要商业。这本经典书同时描绘了新药开发过程中的科学探索之路和商业之路。科学探索之路寂寞艰辛,充满不确定性,长期不断的失败与短期小小的成功交替出现;商业之路波云诡谲,一波三折,不到最后一刻不可定论成败。当了解整个故事之后,我们面对"新药是不是太贵"这个问题时,答案会更加全面。

——李治中(菠萝),《癌症·真相》作者,
"向日葵儿童"公益创始人

器官移植可谓是现代医学创造的奇迹,该技术在20世纪90年代初趋于成熟并发展迅速的重要原因之一,是各大药企积极研发免疫抑制剂,较好地解决了抗排异难题。本书生动再现了当年美国药界争相优化高效免疫抑制剂FK-506及研发相关药物的历程,全方位展示了福泰公司基于结构的药物设计新理念与实践,讲述了许多罕为人知的故事,是一线医务人员了解学科历史与药学行业的上佳之作。

——钱叶勇,中国人民解放军器官移植研究所著名器官移植专家

一个引人入胜的创新创业故事,展示了突破性基础研究的源头创新成果不仅能挽救生命、造福人类,也能够创造出巨大的社会经济效益。一群具有创新思维、开拓勇气和实干精神的科学家、企业家聚集在一起,历尽磨难,创造了"福泰传奇",也正是无数这样的团队造就了波士顿生物医药创新的完美生态体系。

——邵黎明,复旦大学药学院教授,
上海市药物研发协同创新中心主任

这本书生动地描绘了一批全身心投入新药研发的科学家。他们灵敏、锐利、不羁,同样自负、固执、好名。无论是科研还是生活,他们都有很强的个性张

力,彼此观念冲突,思维碰撞。带着仪式感探索新药,带着使命感追逐前沿,这是医药人不变的信仰。

——彭雷,《极简新药发现史》作者,
上海奉贤生物医药产业基地院士专家服务中心办公室主任

生物医药因其高额的回报一直是投资者非常关注的领域。然而不同于曝光度极高、又能快速接触用户的互联网行业,新药研发旷日持久,而且充满了不确定性。志在深耕生物医药的投资者需要理解并欣赏这种高回报、高风险的模式。本书所呈现的,正是众多生物医药创业公司的代表——福泰制药最真实的故事:他们如何筹钱,如何花钱,如何挣钱。

——宋晓彤,美柏医健CEO,
休斯敦生物医药创新中心CEO

创新创业浪潮中,只有与行业巨头完全不同、做到颠覆性创新,才能创造出价值十亿美元的分子。同是医药领域创业者,我从这本书中感受到博格对颠覆性技术创新的坚韧信念、对科学家的理解宽容及对创业融资的熟练运作,很有借鉴意义。

——武宁,英普乐孚生物技术公司董事 & CEO

本书描述了多个创新药物的成功开发案例,其背后都经历了无数的艰难曲折,药企承受了巨大的失败风险。当然,一旦成功上市,创新药物带来的经济效益也是惊人的。十亿美元的年销售额曾经是业内评判重磅产品的标准。而今,多个新药的年销售额已超过百亿美元。创新驱动发展,新药的研发成功无疑完美诠释了这一理念。同时,除了经济效益,更重要的是,创新药物治病救人,造福患者和家庭,产生的社会价值更是不可估量。

中国创新药物的研发还在起步阶段,希望此书能够激励国内的同道们不懈努力,在不远的将来,也能不断涌现出重磅创新药物,为中国乃至全球的经济发展、医药进步作出贡献。

——苏慰国,和记黄埔医药(上海)研发执行副总裁兼首席科学官

这本书是科学故事、商业智慧以及令人手不释卷的叙事艺术的完美结合。该书将帮助读者更好地理解基础科学如何改变世界,以及金融环境如何左右现代美国商业。我对巴里·沃思在本书中的精妙笔法由衷钦佩,这是一本好看且有料的书。

——詹姆斯·法洛斯(James Fallows),

《大西洋月刊》(The Atlantic)国家通讯员

一本涉及面很广的书……沃思用清晰优美的文笔将他们精彩呈现。

——《芝加哥论坛报》(Chicago Tribune)

令人眩目的新时代史诗。

——克里斯多夫·李曼赫普特(Christopher Lehmann-Haupt),

《纽约时报》(The New York Times)

引人入胜,摄人心魄,扣人心弦。

——爱德华·怀特(Edward Wyatt),

《巴伦周刊》(Barron's)

激动人心,紧扣时代脉搏。

——查尔斯·曼(Charles Mann),

《纽约时报书评》(The New York Times Book Review)

非常有趣……生动地描写了个性冲突、巨额豪赌,以及对名望与财富的疯狂追逐……沃思在深入幕后的调研中发现了许多很有趣的轶事。

——戴维·斯蒂普(David Stipp),

《华尔街时报》(The Wall Street Jorunal)

快节奏的内幕事件……有料到足以拍一部电视剧……一个关于"美丽新世界"的引人入胜的多彩故事。

——《旧金山纪事报》(San Francisco Chronicle)

一场知识的盛宴……阅读本书堪比一次投资。

——斯考特·拉菲(Scott LaFee),

《圣迭戈联合论坛报》(The San Diego Union Tribune)

精彩而复杂的故事……精心研究的叙事技巧……这个故事将会激发许多科学家的创业梦想。

——桑德拉·帕南(Sandra Panem),

《科学》(Science)

生物制药业迄今为止最生动、最有深度的故事。

——克莱夫·库克森(Clive Cookson),

《金融时报》(Financial Times)

一本有关科学以及科学商业化的权威之作。它讲叙了一个引人入胜、扣人心弦的故事,是对身负工作重压、坚持追求看似不可能目标的人们的真实写照。

——特雷西·基德尔(Tracy Kidder),

《山外又一山》(Mountains Beyond Mountains)作者

及时的、精彩的、快节奏的故事,实在是太棒了!

——埃兹拉·格林斯潘(Ezra Greenspan)医生,

西奈山医学院肿瘤学教授,化疗基金会主任

一场高赌注的冒险与奇谋:实验室的野蛮人。

——《华盛顿邮报》(*Washington Post*)

从没有一位作家能像沃思那么深入地进入一家生物制药公司。他为我们展现了药物研发中的困难、创业公司的磨难,以及好的科学与好的商业之间的冲突。

——《财富》(*Fortune*),"最令人增长智慧的 75 本书"之一

该书非常精彩,堪比约翰·格里森姆(John Gisham)的悬疑小说而不是现代科学的大部头著作。

——《商业周刊》(*Business Week*)

理解现代医药革命的必读之书!

——《波士顿环球报》(*The Boston Globe*)

献给凯茜(Kathy)

乔舒亚·博格
（图片由福泰制药惠赠）

目　录

第一部分　故事 / 1

第二部分　竞赛 / 157

尾声　寻找小马 / 349

致谢 / 371

文献与资料 / 373

后记：在一切开始前 / 385

附录 1：人物与机构 / 390

附录 2：年表 / 398

译后记 / 406

第一部分

故事

第一章

远景国际大酒店(Vista International Hotel)位于纽约世贸中心的双子塔之间,楼顶泳池波光粼粼,镀铬吊灯银光闪闪,举目所见,雕梁画栋,酒吧中陈列着的帆船模型栩栩如生,大厅里摆放的风帆雕塑气势非凡。如果在其他地方,它无疑是顶级的豪华酒店。但在曼哈顿,众多闪闪发光的摩天巨兽令它相形见绌,只能算是20世纪80年代一座小小的文化纪念碑。不过往来的住客并不在意,他们来纽约不是为了畅享文化与艺术的盛宴、饱览蔓延5千米的上城区风光,而是因为远景在1982年开业时,是155年来第一家开在华尔街附近的酒店,它虽然没有亚特兰大的泰姬陵酒店或拉斯维加斯的马戏团酒店那么华丽,但功能是一致的:客人们一起床就能向钱奔去。

1989年秋天的华尔街异常沓嚣,来纽约金融市场朝圣的人们第一次无功而返,远景也成了企业家的梦碎之地。股票市场虽然暂处1987年大崩盘*后的新

---

* 1987年8月25日,道琼斯指数达到新高,但在10月19日发生大崩盘,下跌了22.6%,导致两家老牌投资银行以及多家公司破产。——译者

高,但整体形势依然低迷不振。在潜在经济衰退的阴影下,投资者早已纷纷撤向收益稳定的大公司。由于担忧流动性*,他们进一步减少了投资,尤其是对新公司的投资。这些新公司被认为风险太大、太烧钱,而华尔街对这些需要数年甚至数十年才能有收益的创业公司避之唯恐不及,华尔街看不到那么远。但正如许多群体判断失误的例子一样,华尔街很快自食其果:投资减少、股票下挫、新公司陷入财政危机……许多人认为,如果华尔街继续不愿意投资新技术,美国未来将会失去竞争力,那将是整个国家的悲剧。当然,新公司的创业者们对此尤为赞同。

尽管行情黯淡,创业者们还是来了。10月中旬一个温暖的早晨,40多位生物医药公司的首席执行官(CEO)聚集在远景国际大酒店的宴会厅内,老老实实地坐在一排排铺着桌布的长桌之后。在遭华尔街白眼的众多创业板块中,生物医药是最不受待见的,它花钱无数,却迟迟不能盈利,像基因泰克(Genentech)那么成功的公司实在太罕见了。9年前它在华尔街的亮相可谓高调,甚至有些疯狂:开盘后一个小时内,股价就从35美元飙升至86美元。

今早的会议是一次恢复投资者信心的尝试,每位CEO有5分钟时间向150名投资者介绍他们的企业。但很多CEO在研究过桌上的名签后发现,真正的投资者少得可怜。卖家数超过了买家数,就像交谊舞课上女生不得不跳男步一样令人失望。

市场如此低迷,时间如此紧张,在这种情况下吹嘘是不可能的,因此大部分的演讲者卸下了所有伪装。很多人甚至详细列出了公司急缺的资金明细,他们更像是在做个人广告而非争取投资机会。"市场机遇:"一位加州商人的幻灯片闪过,"血栓——西方国家人口死亡的主要原因"。

乔舒亚·博格(Joshua Boger)一直不动声色,静静地温习着他的演讲。博

---

* 流动性(liquidity),资产变现的能力。——译者

格是马萨诸塞州剑桥市*福泰制药(Vertex Pharmaceuticals)的创始人、总裁兼首席科学家。虽然他的头衔比大多数演讲者耀眼,但他面对的困境是同样的。10个月前,他与合伙人在东西海岸四处奔波,拜访风投公司,飞行里程累计达16万千米,但三个月下来,仅筹集到1000万美元。福泰制药既没有产品,也没有收入,几年后才可能知道到底有没有产品可供销售。目前,还未完工的实验室里只有一座座尚未开封的木箱堆成的小山,每周的支出却已达到7.5万美元。根据历史数据,这样的公司预计要花十余年时间和至少2.5亿美元的投资才可能开发出第一个上市药物。福泰的财政难题正是令博格在公司需要他作出无数决定的关键时刻,毅然抽身前来的唯一原因。

博格38岁,身高1.96米。他穿着正当季的暗色条纹正装,坐着的时候依然扣着外套的扣子,但衣衫上的褶皱暗示这既非他的日常着装也非他所好。尽管不太情愿,他还是长时间端坐着,双腿交叠,身体如舞者般优雅地前倾,唯有大而粗糙的手时而轻敲桌上的白板,时而转转笔。他面容沉静,宽阔的额头微泛油光,稀疏而直挺的棕发偏向右侧。他戴着厚厚的无框眼镜,胡子也没怎么修,就像漫画中活泼瘦削的少年科学家。

在博格前面演讲的是一个浮夸的女人。她30多岁,留着灰白色的鬈发,却涂着苹果红的唇彩。她四年前开办了一家上门配送处方药的公司——美国药方,公司资产第一年增加了18.5万美元,第二年达到了90万,她预计到1993年时销售额将达到7000万美元。她滔滔不绝地说:"这是史无前例的增长!"

考虑到福泰的情况,博格在上台时大方地承认:"我讨厌跟在有销量的人之后演讲。"

作为化学家,博格认为销售只是为了支持科学。但当他站上讲台时,他仿佛就是天生的推销员。博格出生在康科德,一座离北卡罗来纳州首府夏洛特30

---

* 剑桥市(Cambridge),大波士顿地区的一部分,与波士顿市隔河相望。与英国剑桥大学所在地同名。——译者

千米远的繁荣小镇。康科德在独立战争前就已经是一群德裔、苏格兰-爱尔兰裔移民的定居点。他们勤俭自足,固执己见,对外乡人有些冷漠,但正如北卡罗来纳州历史学家威廉·鲍威尔(William Powell)所说,他们忠于家庭和朋友。博格的母亲出身弗吉尼亚望族斯尼德(Snead)世家,她的英国血统可以一直上溯到《末日审判书》*时期。

博格家与斯尼德家都是这个典型南方小镇上颇有历史的名门望族。博格的曾祖父是康科德的农场主,参加过南北战争,四次负伤,其中一次是在葛底斯堡战役中。博格的祖母在1960年过世之前,一直活跃在联盟之女**。他的祖父曾担任卡贝勒斯县学监,接管了康拉德简陋的石墙杰克逊***手艺培训与工业学校,并将其改造成一家模范青少年教养院。他积极游说附近的工厂主捐款,将学校翻新,还修建了新楼。

博格的父亲查理(Charlie)是纱线经销商,在第二次世界大战中曾任坦克指挥官。查理继承了他父亲待人接物的真诚和像扶轮社社员****那样善于了解他人需求、满足他人需求的能力,销售干得极为出色。战后皮德蒙特地区纺织工业茁壮成长,合成纤维与染料兴起,纺织业面临史无前例的竞争。老博格读大学时主修化学,工作后依然经常继续学习到深夜。所以当他前往州内夏洛特、坎那波利斯、温斯顿塞勒姆等地的纺织厂时(偶尔还会带着他四个儿子之一),他可以准确地指出在各种织物上印染时髦的颜色需要什么化学反应。老博格令买家印象深刻,他的专长又拯救了生产人员,因此大受欢迎。

但老博格不怎么擅长管理。30年后,博格依然记得在一个暑假里,他震惊

---

* 末日审判书(Domesday Book),英格兰最早的人口与土地清查记录,成书于1086年。——译者

** 联盟之女(Daughters of the Confederacy),一个纪念南北战争中南方联盟老兵的女性组织。——译者

*** 石墙杰克逊(Stonewall Jackson),南北战争中南方联盟著名将领托马斯·杰克逊(Thomas Jackson)号称"石墙"。——译者

**** 扶轮社(Rotarian),一个国际义工与慈善组织,提倡"超我服务"。——译者

地发现父亲居然签了个全年固定价格的供货协议。于是,父亲越忙,就越是免费为别人创造了越多的利润。因此,后来博格无法容忍任由自己被剥削的人。虽然他们家一直过得不错,母亲玛丽(Mary)却从未停止过对钱的担忧,似乎总有一片乌云徘徊在天边。"查理能卖出任何东西,"玛丽在查理死后多年回忆说,"但他完全不知道商业是怎么回事。"

博格出生后不久,他们家趁着战后的经济繁荣与查理新事业的开端,从康科德城区搬到城郊新区一座乔治王朝殖民风格的大房子中。这座定制的大宅正门有一对两层楼高的实木立柱,家具全是英式的,还有一万本藏书。房子坐落在一座小山坡上,如威风的船首,正对着博格家所属的乡村俱乐部。门前宽广的草坪上点缀着几株玉兰,旁边是田野和松树林,林间有一条小溪,可供男孩们钓鱼——可谓是完美的新式南方悠闲。

博格家的孩子们极引人瞩目。博格和他的三位兄弟又高又瘦,活力四射,兴趣广泛,学业和体育都非常出色。这使整个家像一所热闹欢快、对学生寄予厚望的寄宿学校,而"校长"正是男孩们的母亲,一位心直口快、引人注目的女性。博格的母亲是一名优秀的剧院经理,曾带领一群妇女站在推土机前,阻止了康科德一座建于南北战争前的法院被拆毁。她思想开明,教子有方,博格兄弟则互相比拼,日进千里。在20世纪五六十年代,"博格家的男孩"是当地神童的代名词。博格10岁时,钢琴水平在一年内突飞猛进。他的老师颇以为奇,还请当地报社采访他。在一篇美联社摘录的文章中,小博格说他每天6点半就开始练琴,之后才去上学。他还教比他大5岁的哥哥肯(Ken)弹钢琴,每周收费40美分。"我故意慢慢教他,"他说,"这样我就能保持领先。"

小博格聪慧有加(他在小学四年级时曾经写了一份长达400页的关于非洲的报告),很早就对科学感兴趣。他父亲在车库的阁楼里帮他搭建了一间简易的实验室,他7岁时就经常在那里待上几个小时,甚至一整天。那里虽然只是个低矮的隔层,四周都是未上漆的木板(他半开玩笑地回忆说:"比福泰科学家的实验台大。"),却是博格"兼容并蓄"的领土,他最爱的小天地,一个完全由他掌控的**世界**。实验室角落的大水缸中悬着盘子那么大的高锰酸钾结晶；载玻片上是他从邻居家小孩口腔内擦取的样品，准备用其检验漱口水的杀菌效果；解剖镜下是一只展开翅膀的苍蝇。还有几盆植物，几只关在笼子里的小动物，几块博格切开并固定在展板上的矿石，以及邮购来的化学实验套装……这儿的一切映射出"就地取材"这四个字，以及博格自称的"瞎猫般的好奇心"。他父亲有时候也会给他带一些试剂来，有一次没做任何安全提醒，就给了他近10千克水银。这间实验室里除了家中的大部头图书以及几个被它们压迫得咯吱呻吟的书架以外，全是博格的东西，他父母也从不进来。

小科学家博格特立独行。他8岁时，听说水、洁厕灵和牛奶盒子上的锡纸混合起来能产生氢气，于是在一个漫长的周六，反复穿梭于他的实验室和高尔夫球场边露天的红土网球场之间，收集了大量锡纸，靠这个反应充了好几个氢气球。然后，他让一只小鼠跑过他自制的迷宫，记录了时间，接着把这只不幸的小动物放在小盒子里，用氢气球送上了天空，完全无视了这艘"兴登堡号飞艇"*的可能命运。待"飞艇"着陆后，他又把小鼠放回迷宫，看看它多久能跑出来，以测量其晕头转向、迷失方向的程度。接着第二天，精力充沛的小博格便丢下"科学"，打棒球去了。

博格认为，科学是理解世界最自然的方法，没有科学，对世界的认识就模糊得令人抓狂。科学研究与在乡村俱乐部泳池四米深处潜泳一样有趣，且更加必要。他从幼儿园起就喜欢科学，13岁时曾在一篇作文中回顾了自己的"学术历程"，说自己"除了休息时"都喜欢研究科学。上八年级时他郑重地写下："我对化学的兴趣将我引向了医学研究。我的人生目标就是……将人类从疾病与饥饿中解救出来，创造和谐美好的世界。"

以全年级第一的成绩从高中毕业后，博格前往康涅狄格州的卫斯理大学读书，师从药学界的传奇马克斯·蒂什勒（Max Tishler），并且在他的课上再次荣

---

* 兴登堡号飞艇（Hindenberg），二战前最大的氢气飞艇，后失事燃毁。——译者

获头名。接着他作为当年全国仅有的8位国家科学基金会(NSF)四年期奖学金获得者之一,前往哈佛大学化学系攻读博士,那里的有机化学研究水平一直是世界上最杰出的。毕业后,他去了世界上首屈一指的药企——默沙东(Merck Sharp & Dohme)。35岁时,他已经位居默沙东基础化学部门的高级主管,而这个年龄的大部分化学家还在实验台前亲自合成分子。他有17项专利(虽然还没有开发出上市药物),被认为是以后能执掌默沙东每年10亿美元研究经费的有力人选,这几乎是世界上最有权势的生物医学职位了。所以当他在1989年初突然辞职去创立福泰时,大家都震惊了。有些人出离愤怒,有些人则倍感轻松,甚至欣喜若狂。

这就是故事的轨迹,始于青春期,之后沿着康庄大道加速前进,直至抵达远景的演讲台。

博格的演讲从不沉闷,但他坚持训练自己用一种低沉而诚挚的语调对商人讲话。他在美国东北地区生活多年,已经完全没有南方口音了,但讲话依然铿锵有力。过往的一切已使他成为制药界——他现在希望去变革的领域——的王子,一贯的优秀让他和他的公司鹤立鸡群。他曾是最受喜爱的孩子、最聪明的学生(甚至可能是学校有史以来最聪明的学生),因此就算是演讲,博格也比别人做得更好。

博格说,福泰不仅会做出疗效显著的新药,更将改变整个药学行业。但他无法在5分钟内解释科学基础,只能飞快地提到福泰有"无可匹敌的科研团队"和"业界领先的技术"。之后他简单介绍了公司的第一个项目:改善尚在实验中的免疫抑制剂FK-506。FK-506在一些动物实验中表现出很强的毒性,但还是有希望成为用于器官移植和治疗自身免疫病的重要药物。

"我们会重新设计这个分子,"博格斩钉截铁地总结道,"消除它的不良反应。"

之后博格在不失礼貌的情况下尽快离开了会场,他本来就没指望太多,毕竟华尔街早就对生物技术公司夸张的故事失去了耐心,寥寥无几的投资者也证明了这一点。但博格知道,福泰不一样,它将创造历史,它的宏图伟愿令大多数业内人士咋舌:福泰不打算走提取天然产物然后小修小改它们分子结构的老路,而是要像设计一栋大楼或一台电脑一样,逐个原子地设计药物。

如果博格是对的,那么连华尔街的人都能看出来,制药界这个过去40年间美国最暴利的行业(或许比烟草行业还差一点)将面临巨变,金钱之河也将改道。博格相信,在未来的30年里,制药界将会更细致、更理性,领导变革者将成为英雄;福泰,或像福泰那样的公司,会成为像默沙东一样的行业典范,不仅在医学科学领域让人顶礼膜拜,也在几乎所有杂志的民意调查中,成为美国最受敬仰的企业*。

为了这个目标,一切困难都微不足道,哪怕是参加远景国际大酒店会议这样毫无希望又令人难堪的马戏表演也无所谓。

"简直就是下三滥的地方,"他之后形容道,"我们都在谈论网纹丝袜。我的意思是,话题不见得比这高级。"

---

* 美国最受敬仰的企业(The most admired corporation in America),《财富》杂志举办的调查,详见第十五章。——译者

第二章

哈佛大学的第一任校长纳撒尼尔·伊顿（Nathaniel Eaton）曾用一柄"粗大得足够打死马"的核桃木戒尺训诫学生。自那以后，哈佛大学渐渐成为历史学家理查德·诺顿·史密斯（Richard Norton Smith）笔下的"美国教育的中心"。世界上最聪明的人们涌向马萨诸塞州的剑桥市，想证明他们的确聪慧异常。但同时，剑桥市只是一座灰色调的北方小城。一代代的移民与非裔居民挤在三合板小屋之下，工作在鞋厂、糖果厂、工坊和铸造坊之中。在二战之前，剑桥市的格局泾渭分明：沿着查尔斯河，哈佛在东面，麻省理工（MIT）在西面，而河道中段两岸的多数地段是工薪阶级和他们的工厂平房，从波士顿延伸到查尔斯顿。但是时势造英雄，两所大学在联邦政府的大力支持下迅速且不知疲倦地开疆拓土。附近的制造业要么倒闭，要么带着它们的雇员一起搬迁，而知识跃升为一种重要产业。哈佛大学的萨姆纳·斯利克特（Sumner Slichter）评论说："大规模研究可以盈利绝对是19世纪最具革命性的经济发现。"人们前往剑桥市，通过科学证明自己，也帮助科学取代了实体工业。

西德尼街遍布低矮的厂房与仓库，旁边是一座锈迹斑斑的铁路调度站，这里是新、老剑桥市的交界。这一侧的企业还是"波士顿管材与五金""美国铸造"等传统行业,而100米开外,同样的两三层砖楼内则是些名字新奇的企业:ImmunoGen、Bioprocess Technologies、Holometrix……它们所在的营房般的建筑原属于圣约翰斯伯里汽运公司,20世纪80年代初齿轮运转声与刹车声还喧鸣不绝,现在则安静地制造X射线望远镜。虽然西德尼街是哈佛和麻省理工的新疆土,专家学者云集景从,香车宝马川流不息,四处都在孵化巨额财富,但听说过西德尼街的人仍然不多。毕竟这里只是新企业的临时地址,也是旧工厂的最后地址。

福泰制药就起步于西德尼街与奥尔斯顿街街角一处占地约1000平方米、原属一家建筑公司的库房,这是1989年4月,在博格前往远景国际大酒店会议6个月前租赁的。同时雄心万丈的他们还在物色更大的空间。这座库房是座方方正正的单层砖房,墙面上偶有涂鸦。它始建于20世纪20年代,最初曾饰有直棂橱窗和科林斯柱。60年后,泥灰覆盖了立柱,双层隔热玻璃替代了橱窗,整座建筑好像一间由军火库改造成的车管所,显露出一股再利用的廉价感。不过无论是窗户还是立柱,对于一家药企来说都是多余的:他们的百叶窗几乎永远都是放下来的,将实验室遮挡得比生产毒品的作坊还要严密。

当博格还住在新泽西州罗伟市,靠近默沙东的大型研究中心附近时,他就已经决定要让他尚未命名的公司高调登场,他要让全世界的商业巨子与科技精英甚至往来的游客都能看见这家公司——剑桥市应该是不错的展台。

但那时商机并不理想。接近200家生物技术公司在过去10年间涌现,但只有基因泰克一家实现了盈利——那利润微薄得让人失望。大部分公司纯粹是在大出血,而且不知路在何方,不知何时是尽头。几十家公司已经濒临倒闭或者乞求被收购。

更糟的是一场经济衰退正席卷全国,新英格兰地区的经济颇为疲软。博格在那个昏暗无光的冬天离开默沙东,在剑桥市租来的办公室里创业,这似乎注定要失败。但博格不是一般人。去年秋天,凯文·金塞拉(Kevin Kinsella),一个难以让人拒绝的加州风投商找上了博格,他提出了建立福泰的设想,也是这个浮夸计划的化身。他们一拍即合。拿着博格四周内草拟的一份长达 90 页的商业计划书,他们不知疲倦地一家一家敲门,与投资人、科学家、销售商、开发者、律师、合同商、监管者以及潜在的合伙人交谈,聚沙成塔。"你不认为再准备 5 年会更好吗?"博格经常被问及这个问题,而他不耐烦地回应:"或许吧,但 5 年后我们就会比别人落后 5 年了。"这种应答方式骄傲自大,又颇有风险,却是典型的剑桥风格。而且他们此时已经招募到了一个声望、雄心、智力能与博格相媲美的学术伙伴——哈佛冉冉升起的新星斯图尔特·施瑞伯(Stuart Schreiber),博格与金塞拉认为他们已经稳操胜券。

这也是博格选择剑桥市的另一个原因。新兴的生物医药公司在没有自己的研究成果前都需要一群知名专家的背书,这些专家们组成科学顾问委员会(SAB)。虽然大部分科学顾问只会出现在公司的介绍中,但博格并不满足于此。他亲自选定了 5 位哈佛资深教授(其中最重要的就是施瑞伯),成功招募他们加入科学顾问委员会。他想真正发挥他们的作用。公司坐落在剑桥市意味着可以随时联系上他们。

· · ·

博格前往纽约前一个周六的早晨,福泰的科学家与科学顾问们在公司的临时餐厅内第一次碰面。这次全天会议旨在确定公司战略,是博格决心发挥科学顾问作用的首次测试,也是他们某些人之间的第一次见面。

博格很喜欢眼下这群和他一样叛逆的年轻人,20 位科学家中只有 5 人超过 40 岁,仅有两位女性。虽然他们还有些稚嫩,但每个人都为坐进这间餐厅作出了一定的牺牲,尤其是在物质条件上——正如周围环境提醒他们的那样。数周以来,工人用电钻四处打眼,房间内的书籍、盒子、衣服都染上了泥灰;屋顶的吊顶被拆开,露出尚未拼接完成的管道。在一面灰色的老旧投影屏上,博格展示了一套比他将在远景用的更详细的幻灯片。这张投影屏、还有正对餐厅的博格办公室里的家具都是短期租用的,而他办公室内每面墙下都散乱地堆着书籍与产品目录。在类似的会议中,科学家习惯于被宠溺:许多人曾经服务过的默沙东会派豪华轿车接送他们,还会请他们坐直升机参观。但今天在福泰,午餐是纸盘盛的比萨和希腊沙拉。但如同很多新兴企业中心高气傲的创业者,拮据的条件更让他们觉得自己在从事不凡的事业,虽然他们的动机更多只是为了钱。

允许科学顾问深入公司研究的想法并不是很受欢迎。博格费了很大的力气在公司内部宣传他的理念。学术界与工业界的科学家历来互相鄙视。在学术界,发表论文、获得关注与名望就是事业的氧气。但在工业界,顶尖的工作往往是保密的,因此工业界低调的科学家认为学术界的同行就是一群无可救药、鲁莽自大的大嘴巴。博格虽然能令双方的精英齐聚一堂,但想让他们开诚布公可不那么容易。

这个尖锐且无处不在的矛盾首次浮出水面是在一周前——大家早已预料到,但没想到来得这么快。施瑞伯33岁,是一位身形瘦削、充满热忱的化学教授,那天他在一次小会上温和地提议,请大家讨论一下各自的实验计划。

这个提议可不像它听起来那么简单。在福泰,施瑞伯是唯一能与博格匹敌的人。就像博格一样,迅速崛起的学术新秀施瑞伯已赢得了他一直想要的支持、地位与权力,即将在世界舞台上大展宏图。他跟博格还有其他相似之处:他们都是化学家,都毕业于哈佛,都与哈佛的传统有恩怨,都曾长期受压制,也都推崇化学胜于其他一切生命科学。他思维敏捷、知识丰富,熟知自己研究领域的历史,更能指导众多交叉前沿研究。施瑞伯一周七天都在工作,手下有一大群世界上最雄心勃勃的博士与博士后。他飞快地发表文章,能"嗅到"最热门的想法和研究方向。博格曾敬佩地评价:"斯图尔特无所畏惧,科学直觉堪比杀手本能。"

施瑞伯也有平易近人的一面。他出生在弗吉尼亚中东部一处摩托枪手横行的城郊地区(离博格的老家康科德大约几百千米)。他高中时是派对的常客,到了大学才发现化学的乐趣。他喜欢穿着进口的宽松的呢子大衣、柔软的便鞋,每天从后湾的五层小楼里开着他带车载电话的铁灰色保时捷911前往大学。施瑞伯皮肤细腻，精神饱满，举止优雅，一双大眼睛在圆框眼镜下显得更加透彻明亮。他看起来更像是年轻有为的艺术品商人，而不是世界上数一数二的有机化学家。一位福泰的科学家背地里叫他"埃迪·哈斯克尔"（Eddie Haskell）*。

施瑞伯在哈佛的课题组也在研究免疫抑制剂，这个领域很大程度上就是因为他的研究才变得热门。像所有学术界的科学家一样，他在这个新领域奋力争先，不想被拖了后腿。

"我觉得我们最好想想我们马上要做什么，以及福泰可以做什么。"施瑞伯说。

一阵沉默。福泰的科学家们面面相觑，要不就盯着自己的鞋子。最后，博格选择忽略了这个问题，转而讨论他打算在哪些方向招募多少人，暗示了福泰的大致研究方向，但没透露具体信息。施瑞伯每年只需要参加十几次这样的会议就可以享受 25 000 美元的薪酬，此外他还持有福泰 15 万股的原始股。但就连博格也不认为他是一个可信赖的合作者，招募他主要是为了分享他实验室的数据与材料。施瑞伯发现无人响应，接着说："好吧，既然如此，那谁有实验谁就先做吧。"大家一致同意了，但会议的气氛也变得非常尴尬。

福泰的实验室还没有装修好。此时这样的竞争威胁对他们来说似乎太早、也太可怕了。博格为福泰招募了一支杰出的研究队伍：10 名资深科学家中只有一人没在默沙东、哈佛、麻省理工或耶鲁工作过。福泰制药还计划整合分子生物学（侧重功能）与化学（侧重结构与机制）的前沿理论。但两方的学者，就像行为主义学派和弗洛伊德学派的学者，互相可没什么好词。公司还有其他分支：药物化学、X 射线晶体衍射、核磁共振波谱、分子建模、计算化学、蛋白工程、蛋白化学、酶学——堪比一所小型大学，而人员招募和实验室空间分配的竞争也渐渐变得激烈了。科学的胜负，如同战争，也要通过人数、土地与物资来衡

---

* 美国 20 世纪六七十年代电视剧中人物，以油嘴滑舌著称。——译者

量，福泰也不能免俗。大家认准福泰将成为业界巨头，希望自己的影响力随之增长，初创团队看似松散与亲密的气氛下，内部倾轧已经逐渐形成。

但博格现在试图在餐厅团结各方力量。他没有为整体的躁动所困扰，反而认为这证明他理想的公司文化——开明的个人主义，正在扎根。博格想要的人是像他一样能面对挑战、永远力争上游的人。他想要再现伴随他成长的那股喧闹而好斗的创造力。"傲慢既不会惹怒我们也不会取悦我们，"他曾在另一个场合说过，"我们理解傲慢。"博格在这段时间里的发言似乎都有一定的目的，这些话如同小狗的怒猞，似乎是为了弥补劣势：尽管福泰占据天时，但它将要与更有钱、更有经验的实验室竞争，惊人的自夸或许有助于提升士气。

但同时博格也相信（至少看起来相信）自己说过的每一句话。他没有任何宗教信仰，但他信仰自己，相信自己在科学界就是藐视凡人的喜马拉雅山。他充满自信、语气坚定，让人很难不相信他。

博格把需要合作的场面留给福泰的副总裁理查德·奥德里奇（Richard Aldrich）。奥德里奇 35 岁，身材高挑，一头鬈发，在达特茅斯学院获工商管理硕士（MBA）学位，是这群人中唯一的"外行"。1630 年，也就是"五月花号"抵达美洲并建立普利茅斯市 10 年后，他的祖辈也到了那里，之后他的家族就一直在法律界和银行界从业。因此，奥德里奇进入高风险的生物医药行业对这个保守的家族而言，算是某种叛逆。但这并不能让在座的科学家立刻接受他。相反，很多不了解奥德里奇家世的科学家认为，他代表了政治与世俗文化，或者仅是一个"花架子"。而奥德里奇穿着卡其裤和蓝色的牛津衫，愉快地把科学与商业的分歧丢回给科学家们："最近设计了什么新药呀？"

虽然大家有这样那样的不同，但有一点是一样的：他们作为顶尖的科学家，却加入一个默默无名、资金紧张、周六常常要加班的公司，因为他们都获得了大量的原始股，从初级科学家的 1 万股到博格的 78 万股不等。虽然现在这些股票一钱不值，但一旦公司上市，他们就会变得很富有。如果博格的策略正确，福泰成了一流的药企，他们则会变得超出想象的富有。依博格看，共同富裕的前景是如此诱人且明显,无需单独提醒,哪怕是最贪婪的意志也会乖乖臣服。事实上,当奥德里奇开始介绍公司今后几年计划进行的数千万美元的融资时,科学家们就像一群会计那么全神贯注。

奥德里奇告诉他们,福泰有一系列选项,但最好的方法是跟其他药企合作。福泰已经跟 8 家药企接洽过用未来产品的开发权换取研究资助的可能性。也就是说,在福泰拆封第一根试管前,奥德里奇和博格就在跟潜在的竞争者大谈特谈福泰的科研成果,这种商业界的惯常手段令不少科学家惊呆了。

"是不是有些危险?"杰里米·诺尔斯(Jeremy Knowels)打趣道。诺尔斯是哈佛才华横溢、受人景仰的酶学家,到哈佛前曾在牛津大学任教,也是博格的论文导师。他接着说:"向别人许诺我们还没有的东西?的确,我们有好的想法、优秀的人才,我们会努力去做。但是葛兰素(Glaxo)会说:'很好,那我们可以按你的点子自己来做。'"葛兰素是一家英国药企,本来在药企中只排在第二十五位,但靠着全球销量最高的药物善卫得(Zantac,雷尼替丁,一种抗胃溃疡药)一举跃升为业内第二。

"噢,杰里米,他们**做不到**。"博格反对。

"那默沙东总可以。"

"不,"博格顿了顿,坚决地说,"默沙东也做不到。"

"大企业不过是恐龙"是福泰和大多数创业公司的信条:大企业迟钝、过时,无法竞争研究前沿。但在福泰还没有一项领先的科研成果时,不止诺尔斯一个人认为这是致命的自负。

诺尔斯知道这是博格才华背后的缺点。他太聪明、太好胜,不愿向他人学习。他太自信,喜欢低估对手,然后无情地嘲弄他们。博格尤其喜欢调侃权威,他和金塞拉曾经为公司的名字考虑数月之久,最后决定取名为"真理"(Veritas)。羽翼未丰的公司想与哈佛攀上关系情有可原,而盗用传承 350 年的校训则是胆大妄为。哈佛格外不愿意被无关的公司套上关系,因此诺尔斯接到了包括法律顾问在内的高级政务人员的电话,他们用遗憾而严肃的语调对这一行为提出警告。虽然博格很享受哈佛的愤怒,但"真理"这个名字对哈佛来说是"可怕、敏感、绝对不能接受的",诺尔斯很快就说服了他,公司因此名定为"福泰"(Vertex)*。

虽然福泰制药什么实验都没有做,但它的确是处于或者接近于餐厅中正在讨论的科学领域的顶峰。2月时,博格高瞻远瞩地决定福泰首个项目是改善实验性药物FK-506的性质,之后数项进展将福泰送入了这个最有前景的药物研发领域的中心。

药物的本质是在疾病病理过程中不同关键点上发挥作用的化学分子。不是所有的分子都能成药,药企的任务(同时也是难点)就是找到合适的分子。而且还有其他挑战:药物分子必须独特,能申请专利;药物分子必须能找到它的"靶点"——错综复杂的生物体中的另一个分子。拉蔻儿·薇芝(Raquel Welch)60年代主演的电影《奇异之旅》(The Fantastic Voyage)生动地展现了这段危险的旅程:一支微缩医生小队进入人体进行艰巨的修复任务,他们乘着微型潜艇,在波涛汹涌的血浆中翻滚,躲过锁链状抗体的死亡陷阱,穿过油腻腻的血脑屏障,去修复大脑深处区域的功能。如果药物被直接注射入血,这就是它们要经历的旅程。

而片剂的旅途更为艰险。肠道的工作是瓦解分子,使它们成为一个个原子,这样机体就能利用它们。如果消化道和肝脏是一个大型回收站,酶就是其中的机器。各种酶以每秒百亿次操作的速度拆卸着分子,分子有些被储存、有些被重构、有些被燃烧,还有一些则随着粪便被丢弃。分子是由一组组原子像念珠一样串起来的,因此口服药物的药物分子必须够小、够"结实",能耐受机体各种强力的分解作用,不会轻易被打碎撕烂或清除。如果《奇异之旅》中的微缩

---

* 哈佛校训为"真理",拉丁文为Veritas,福泰Vertex与之拼写接近。Vertex本意为"顶峰"。——译者

潜艇放在肠道中一小时,就会变得像经受了多年风雨的旧车一样。

二战前,可用的药物屈指可数,而且大多是来源于运气或者经验。之后对新药的探寻就一直集中在最有希望的地方:土壤和污泥。我们脚下秘密繁荣生长的细菌最擅长制造类药分子,因此在世界顶尖药企的研发前线,总能看到身穿白袍的科学家煮着一锅锅浑浊的污泥,期望从中筛选出活性物质。如果实验表明,这一锅黑乎乎的化学汤剂能作用于某些疾病靶点,那么搜寻活性分子的工作就开始了。

除了惊人的开支与对运气的依赖(比如虽然分子有成药的潜力,但没有找到合适的靶点),分子本身就是天然产物筛选最大的障碍。它们虽然效果惊人,但大多数只是恰好有活性。比如,某种真菌与人类在进化树上分道扬镳10亿年[*]后,产生的一种分子能降低人体血脂,这听起来是不是像天方夜谭?但销量最好的降脂药——包括默沙东年销量达16亿美元的洛伐他汀(Lovastatin)——就是这样在真菌中发现的。科学家认为,这些分子之所以有药效,是因为它们恰好与人体内的某些分子类似,但也因为它们只是类似,远非完美,所以它们也可能与其他靶点结合,从而产生不良反应甚至毒性。

博格和福泰决心把这种筛选法赶下神坛。对疾病在分子层面上的了解与计算机技术的突飞猛进预示了新的方向:**理性**设计药物,或者说**基于结构**设计药物。基于对分子间相互作用的精确理解,人们有可能逐个原子地设计某种药物。药物通过与分子**受体**或者说靶点的特异性结合发挥作用。就像拼图中各个小片的衔接是依靠形状互补,分子能够**结合**也是因为它们构象[**]互补,因此基于结构设计药物的逻辑就是去优化药物分子的形状。奥德里奇将其简单地概括为"连点成面"(虽然这会吓到一些科学家)。总之,这一思路与筛选法相反:它依靠人为精确的设计,而非大海捞针般从自然中获得粗糙的近似。

---

[*] 原文错作40亿年,那是真核细胞与原核细胞分化的时间。翻译时订正。——译者
[**] 构象(conformation),分子的特定空间形状,这个概念会在后面不断出现。——译者

基于结构设计出来的药物理论上会有巨大的优势。它们特异性更强,因此更安全、不良反应更少,能更广泛、更大剂量地使用,更容易找到新的适应证——随之而来的就是更大的市场和更多的利润。基于结构设计药物正是制药界的"圣杯",虽然博格也指出:"就像其他神圣*的东西,大家常常也就是随便说说而已。"

福泰将会证明基于结构设计药物这种理念的可行性,而他们第一个项目将是重新设计属于另一家公司的FK-506,这也很符合博格的傲气。FK-506属于日本的藤泽制药公司(Fujisawa Pharmaceuticals Company),最近刚刚开始临床试验。FK-506是一种强力的免疫抑制剂,能使机体暂时失去部分免疫力。免疫抑制在移植中至关重要,因为患者过分活跃的免疫细胞会摧毁供体器官,而FK-506似乎能很好地阻止排异反应。但这也许仅是FK-506的部分功能。环孢素(Cyclosporine)是一种与FK-506功能相似的药物,也是目前唯一获批的免疫抑制剂。它对一些免疫细胞误杀自身细胞的疾病也有很强的治疗作用,可惜毒性太强了。总之,多发性硬化、青少年型糖尿病、类风湿性关节炎、克罗恩病、银屑病、红斑狼疮等自身免疫病或许都可以用一种类似的但特异性更强、更安全的分子来治疗,而博格相信福泰将设计出这个神奇的分子,其一年的销售额可达到50亿美元。

环孢素和FK-506都是传统药物:它们都来自土壤(分别来自挪威境内北极圈内附近和日本一座山的山腰处),都是凭幸运发现的,也都有毒性。很多患者使用环孢素后,肾受到了严重损伤,以致需要移植一个新的肾。FK-506虽然看起来好一些,对狗却是致命的,美国食品及药物管理局(Food and Drug Administration,下文简称FDA)对此很关注,并要求查明原因。因此,这两种强效药物终究有局限性。

而这正是福泰的机会。基于结构设计药物可以看作是为一把锁配制钥匙,

---

* 原文为holy,而美国人喜欢说Holy xxx表示感叹。——译者

关键的先机就是掌握锁芯的结构。

坐在施瑞伯旁边的是一位性格温和的年轻免疫学家马修·哈丁(Matthew Harding)*，他蓄着胡子，脸圆圆的。施瑞伯在被哈佛校长德里克·博克(Derek Bok)"抢走"前，是耶鲁历史上最年轻的化学正教授，那时他年仅26岁。哈丁曾是施瑞伯在免疫抑制研究中的主要合作者，最近被博格从耶鲁医学院招募而来。药物受体，也就是药物这把钥匙要打开的"锁"，一般是蛋白质——细胞中主要的执行各种生物学功能的分子。而施瑞伯和哈丁对环孢素受体和FK-506受体的认识比谁都多——两人共同发现了它们。由于这两种受体能与免疫抑制化合物亲和性结合，它们被称为**免疫亲和蛋白**(immunophilins)。哈丁和施瑞伯还一起获得了FK-506的受体蛋白——FK-506结合蛋白(FKBP)的第一批样品。这批蛋白样品总量不多，但意义重大，它们是FK-506在人体内靶点蛋白的副本，只要几微克就能让一家公司取得巨大的先机。虽然默沙东也独立发现了FKBP，但产量很低，可以说施瑞伯垄断了全球FKBP的供应。

确定药物的靶点后，下一步就是要解析"锁芯"的结构，也就是解析靶点蛋白的结构。近50年来，蛋白结构解析进展迅速，但这门学科很大程度上还是门秘而不宣的艺术。大部分蛋白至少有数千个原子，为了在纳米尺度上确定每个原子的精确位置，需要至少价值100万美元的专业设备，还需要配备一位精于此道的专家，即X射线晶体学家(他们脾气一般都不好)。晶体学家是研究蛋白质的科学家中最珍贵的，且人数稀少，如果一家公司能请到一个真正解析出过蛋白结构的晶体学家挂名，公司的名气就可以大增。聘用他们则无异于获得了一整个领域的特许经营权。但此时，哈佛的唐·威利(Don Wiley)就坐在施瑞伯和哈丁旁边。威利最近解析出了一个在免疫系统中起关键作用的蛋白的结构，这对认识自身免疫病而言至关重要，首次为用药物治愈自身免疫病带来了

---

* 原文中部分人物的名称采用了昵称，比如Matthew(马修)常被亲昵地称呼为Matt(马特)，为了便于感兴趣的读者进一步查询，译文中均采用正名。——译者

希望。威利不会亲自为福泰解析 FKBP 的结构,但这无碍大局,因为几周后,博格会宣布他招募到了制药界最著名的晶体学家曼努埃尔·纳维亚(Manuel Navia)。1988 年,纳维亚小组破纪录地只用了三个月就解析出了在艾滋病病毒*复制中起关键作用的蛋白的结构。大众对这项壮举颇感兴趣,他的雇主也看到了其中公共关系的价值,因此纳维亚意外地上了一次《今日》(Today)脱口秀**。而令博格尤为得意的另一点就是,纳维亚也来自默沙东。

博格独自决定初始项目,然后招募所需要的科学家,但令福泰的免疫亲和蛋白研究时机成熟的最关键工作却是在博格的控制之外完成的。人们知道环孢素和 FK-506 能抑制免疫系统很久了,但它们的药理机制一直是个谜。最近《自然》(Nature)刊发的两篇文章给出了合理的解释。这两篇文章发现环孢素的靶点亲环蛋白(cyclophilin)能促进其他蛋白折叠,形成活性构象。

这个发现意义非凡。未经折叠的蛋白不过是一串原子,一条由多种氨基酸按一定顺序排列而成的"线"。但"线"经折叠、缠绕、编织形成基因预先设定的构象后,刹那间就有了"生命"。蛋白质几乎占生物质量的一半以上***,是组成细胞结构、执行细胞功能的关键成分。蛋白折叠主要发生在新细胞形成时,在酶的作用下,各种蛋白迅速被制造出来,飞速折叠,以供新细胞所需。这两篇文章暗示,环孢素就像一个卡在齿轮中的扳手,阻断了蛋白折叠的进行。没有蛋白折叠就不会产生新的、有杀伤力的免疫细胞,因此就不会发生移植排异或自身免疫病。这个理论简洁有力,令包括博格在内的很多人赞叹不已。

这两篇文章发表于 2 月,彼时博格筹集起始资金进展过半。选择初始项目无疑是他当时面临的最关键的抉择。福泰的竞争者们有成熟的产品来支持进

---

* 获得性免疫缺陷综合征(AIDS)俗称艾滋病,其致病病毒是人免疫缺陷病毒(HIV),下文中会多次提到针对艾滋病/HIV 的研究项目。——译者

** 《今日》是美国第一个晨间新闻与脱口秀节目。——译者

*** 蛋白质占干重量一半以上,占湿重量约 20%。——译者

展较慢的项目,而福泰将完全依赖于这个项目。药物研发是风险极高的事情,就算在非常顺利的情况下,一般10个项目才能产生1种药物,更何况博格要探索一条新路,但博格毫不犹豫地把整个年轻公司的资源都投向了免疫亲和蛋白。

他的理由很充分。蛋白折叠假说导向一个明确的目标:设计一款更好的"扳手"。博格相信,如果基于结构的药物设计能成功,那一定是从简单清晰的生物化学途径开始的——正如免疫亲和蛋白这样的。这一理论还填补了免疫抑制剂研发中一直缺失的一环——实验室可用的检测新化合物性能的方法:福泰开始合成新化合物后,可以通过它们抑制FKBP折叠功能的效果来评估活性。FKBP是由哈丁发现的,FKBP的供应是由施瑞伯控制的。没有哪家公司能在前景如此广阔的领域中占据这般先机。

"FK-506是药学界现有的唯一明星分子,"博格鼓励科学家们,"不出一年我们就有机会成为业界领头羊。"

不管这是真的还是只是动员演讲,一个基本仅存在于纸面上的公司,可能在药学史上最有机会获取暴利同时在学术界最火热的领域内拔得头筹,这一愿景足以让科学家们意乱神迷,这正是他们最想要的。

但这个项目也远非完美,还有关键的科学问题有待回答:FK-506的药效和毒性可以分离吗,它们会不会有内在的关联性?更重要的是,FKBP是正确的靶点吗,是否可能存在未被发现的靶点分子,而它与药物分子间的相互作用才是药物起效的关键?关键问题上否定的答案会直接毙掉这个项目,还有整个公司。

此外竞争也很激烈。FK-506还很新颖,其他药企目前还没有研发出难以超越的先导化合物*。但很多公司都看见了机遇,正在迎头赶上,尤其是默沙东。事实上,博格离职前在默沙东亲自启动了类似的项目,而这可能带来一些

---

* 先导化合物(lead compound),药物开发中早期有潜力的化合物,经过开发后可以成为准备进入临床研究的候选化合物(candidate compound)。——译者

法律纠纷。虽然诺尔斯认为这种项目更适合像福泰这样高度专业化的小型公司,但若默沙东与其他巨头决心一战,福泰毫无胜算。

但博格提出这些问题仅仅是为了将它们踢开。他是绝对的理性派,他坚信没有决定是错的。基于不全面的信息的决定可能是——用他的话说——"次优解",但次优解也是基于正确的逻辑,所以关键是掌握尽可能多的信息。基于目前的信息,如亲环蛋白可促进蛋白折叠,环孢素和FK-506具有相似性,再加上专家们集结麾下,药物设计最前沿的"艺术"掌握在手,博格确信,福泰比任何对手,哪怕是默沙东,在设计下一代免疫抑制剂上都更有胜算。然后他们不仅会把年销售额超过8亿美元的器官移植药物市场从环孢素手上抢来,还能打开自身免疫病市场,所以他可以在远景国际大酒店的会议上自信地宣告福泰要"重新设计[FK-506],消除它的不良反应"。而且博格也别无选择,他必须相信他能做到。而随着餐厅中会议的进行,大家也像他计划的那样,愈发地相信他们能做到。

31岁的澳大利亚蛋白化学家约翰·汤姆森(John Thomson)是当天最后几位发言人之一。他将负责向福泰提供FKBP以供结构解析与其他实验之用,因此他就是公司的第一棒击球手,一个毫无争议也无人能及的关键位置。

汤姆森的工作本身却并不如它的意义那么耀眼。他是这一代少数几个坚持从动物组织中提取蛋白质,而非利用基因重组技术获得蛋白质*的科学家,他钟情于"脚踏实地"。汤姆森在麻省理工读博士及做博士后时,长期致力于从胎儿晶状体中提取一种蛋白。他正在展示一份人体组织供货价格清单,博格笑称这是一份"伊戈尔(Igor)**的清单"。

FKBP主要分布于成年人的脾脏中,因此汤姆森需要买一些"材料"。一具

---

* 重组蛋白是通过基因工程技术产生的蛋白质。重组蛋白(如下文的重组FKBP)与天然蛋白质间有可能存在差异,有时结构和功能会有所不同。——译者

** 伊戈尔是恐怖电影中怪人的驼背助手的常见名字。——译者

脑死亡的尸体售价 360 美元；移植手术后残余的尸体可以打个折，只要 200 美元。此外还有其他费用：消毒费 25 美元，速冻费 25 美元。

"如果想要当天送达，"汤姆森说话带有浓重的墨尔本口音，"还要再花 85 美元。"

市场收割金钱的能力令大家咋舌，一些研究人员开始抱怨。但博格及时把对话拉回主题：福泰想要设计药物，就要解析 FKBP 的结构，因此获得足够的蛋白是当务之急。虽然施瑞伯会在哈佛尝试生产重组 FKBP，但那也需要一定的时间。因此博格要求汤姆森先尝试从牛胚胎胸腺中提取 FKBP，方法成熟后再从稀少而昂贵的人体脾脏中提取。虽然博格不喜欢下命令，但这次是必需的。

"哪怕需要一卡车一卡车地运牛过来也得做。"

长达一整天的会议在下午 5 点结束了，此时正值新英格兰秋景最美的时节，但没有人急着离场。公司的 15 位科学家（9 位有博士学位）在过去的几个月间一直在自我鼓励道他们将会在福泰做出人生中最好的科研，今天听完大家的介绍，见证了博格那令一群资深学者都无法抗拒的热情后，他们觉得博格许诺的前景更加真实了。他们正如博格预期的那样信心满满，仿佛大业已成。博格自己也略有些飘飘然，这感觉伴随着他直至纽约那场"大型招募会"。

第三章

FK-506是40年来唯一能和可的松(cortisone)相提并论的药物。化学家、移植专家、病理学家、克隆专家、人体各脏器及系统的专家、药企、保险公司、伦理学家、异源移植学家(试图将动物器官移植给人的专家)、肿瘤学家、微生物学家、发酵专家、无药可救或行将就木的病人、离临床最远的基础生物学家……所有人都被FK-506吸引了。哪怕一篇临床试验结果相关论文也没发表,哪怕未知数太多,他们都想要FK-506。他们想好好研究它,将它拆散再组装起来,用它做实验,用它去治疗或者被它治疗。现代医学研究中,门派林立、自视甚高的现象就像密不漏水的隔板,将知识分隔成块,并阻止求索知识的人们互通有无。同时,谣言四起,所有人都迫切地想了解更多有关FK-506的知识。而在1989年早秋,所有人的注意力都投向了医学博士托马斯·厄尔·斯塔泽(Thomas Earl Starzl)。

斯塔泽是器官移植手术的先锋。他管理的匹兹堡大学器官移植中心是世界上最大、最繁忙、最成功的移植中心。中心年收入上亿美元,是很多人最后的希望,也是全美唯一使用FK-506的医院。FK-506曾被认为对人体毒性过大不能用于临床,而斯塔泽逆转了局势,挽救了这个药物。现在他仍未止步,他像职业经理人一样精心包装FK-506。他仔细选择临床试验的适应证、病人,还有环境。他只在合适的时机向世界透露一部分信息。广大学者与患者翘首期盼的FK-506的性质,只有斯塔泽为首的一众医生知晓,他不断宣传FK-506是"不世出的奇迹"。

9月,博格收到了10月底将在巴塞罗那召开欧洲移植学会年会的邀请函,斯塔泽将在那里首次报道FK-506的临床试验结果。斯塔泽的报告显然是匆忙临时插入的,因为邀请函不是正规印制的,而是通过传真送达的。

此时福泰的实验室装修进度缓慢,几个关键位置尚无人挂帅。尽管许多工作都可交由他人完成,但博格坚持事必躬亲。"现在是让一切步入正轨的最佳时机,"他说,"一年以后再想更正,要么事倍功半,要么无功而返。"他亲自设计公司的内联网,为新幻灯片选择字体,面试每个候选人,审核所有采购……他一般工作到晚上10点,然后读文献直到午夜,就像他父亲当年一样。周六时,他则在家中餐厅的一角继续工作。虽然分身乏术,但他必须去巴塞罗那。他前往洛根机场*时,他两岁的儿子甚至不肯亲他,与他道别。

生物医药创业公司离盈利还很远,因此时间就是金钱,公司的寿命是用"烧钱"的速度来计算的。头6个月,福泰日均开支达1.5万美元**,一年以后还要翻倍。博格对此铭记于心,也很清楚他该做什么。带着全家从新泽西搬到康科德***那天,他从飞机舱梯上摔了下来,接下来两周他都得拄着拐杖。再之后他的妻子艾米(Amy)就几乎没见过他了。博格和艾米是在哈佛认识的,那时艾米

---

* 洛根机场(Logan Airport)即波士顿国际机场。——译者

** 为了对"烧钱"的速度有个概念,可以算一笔账:1990—2018年,美国物价提升了约2倍。2018年美国家庭年收入中位数约为6万美元,换算到1990年即3万美元(福泰付给施瑞伯的顾问费为2.5万美元)。——译者

*** 此处康科德为波士顿东郊的城镇,与博格家乡刚好同名。——译者

还是拉德克利夫学院*的本科生，博格为她辅导课程以换取生活费。艾米是位儿科医生，现辞职在家照顾两个儿子，还再次怀孕了。她虽然很支持博格，但拿孩子们没有办法。在博格前往巴塞罗那的前一晚，又一次科学顾问会议结束后，大约8点时，他在福泰的餐厅中接到了5岁儿子扎卡里（Zachary）的电话，他说："好的，我马上回家。"挂了电话后，博格笑着摇了摇头："他居然知道办公室的号码。"半小时后，博格夹着一大摞期刊跑出了办公室。

大部分学者的目标是发表文章，而非传授知识，因此大部分的科学会议就是对旧研究成果老调重谈，偶尔插入一些即将发表的新成果的论文试阅，再回应一下他人的询问。没有新成果的人说得太多，有新成果的人讲得太少。斯塔泽之前没怎么发表有关FK–506的文章，因此巴塞罗那大学宽敞的大会堂在午后很快坐满了近500名来自世界各地的学者，一种罕见的期盼感弥漫其间。一头灰发的斯塔泽今年63岁，身材高挑，几近消瘦。他嚼着尼古丁替代物，坐在讲台下，但没人会忽视他的地位。大会的31篇文章中有26篇来自他的课题组，其中只有一篇已经正式发表：对首批60例使用FK–506患者的总结，发表于上周的《柳叶刀》（*The Lancet*）**上。

斯塔泽的发现令人止息。FK–506最早是给那些经环孢素治疗无效或无法耐受环孢素的肝移植患者使用的，即所谓的"补救治疗"。结果很多患者立竿见影般好转，排异反应甚至直接停止，他们不需要再次接受移植了。尽管FK–506还有一定的肾毒性，但是没有环孢素能把人逼疯的多毛症、牙龈增生、震颤等不良反应，年轻患者尤其受不了这些不良反应，有人宁可死也不愿再服药。使用FK–506的患者无疑感觉更好、恢复更快、住院时间更短、协同用药更少，而且住院费用几乎直接减半：使用环孢素需244 863美元，使用FK–506只

---

* 拉德克利夫学院（Radcliffe College），著名女子学院，1977年与哈佛联合办学，1999年正式与哈佛合并。——译者

** 《柳叶刀》，著名的英国医学期刊。——译者

需 134 169 美元。

来自匹兹堡的演讲者们用一个又一个试验为 FK-506 的地位添砖加瓦。其中博格对日本青年医生村濑贯雄(Nukio Murase)的报告最感兴趣。她虽然有医学博士学位,却从未治疗过人类患者。她用磕磕巴巴的英语介绍了最新的动物实验结果。在这个实验中,他们切除了大鼠腹部除脾以外的全部脏器:肝、肾、胃、十二指肠、胰腺、大小肠,然后在给予 FK-506 的条件下成功移植了新的脏器。在使用环孢素的类似实验中,没有一只大鼠能活过 13 天。但村濑的实验动物最长已经活了 72 天了(有的最终能活过 7 个月),停药后也没有出现排异现象,存活的大鼠甚至奇迹般地开始恢复体重了。

博格深以为奇。如果 FK-506 能在如此大规模的移植中抑制免疫系统,那么很小剂量的 FK-506 或许就能在不引起不良反应的情况下抑制一部分免疫系统。这样一来,FK-506 的作用就不限于移植手术,还能用于自身免疫病。同时,斯塔泽做这个动物实验的目的不可能只是为了进一步证明药物的效果,既然已经在动物身上尝试多脏器移植手术,那么他们一定也打算在人体上进行这个手术。

会议从下午 1:00 开始,原定于晚上 7:00 结束,但实际到晚上 10:15 才结束(中间只有一次 15 分钟的休息),但无人提前离场。这是一次值得载入史册的会议,更是在现代移植技术与临床免疫学领域耕耘多年的斯塔泽"封圣"的时刻。他的学术生涯有耀眼的辉煌,也有惨淡的低谷,堪称过去 40 年间医药试验中最具戏剧性的故事之一。他拯救了 FK-506,成了医药科研领域的焦点人物。但他也在不知不觉间踏入了一个悖论:如果 FK-506 真的如此神奇,不给患者使用则无异于犯罪;但没有药物能不经过与已有药物的对照研究就获得上市批准,尤其是像 FK-506 这么强效的药物。几位像博格一样来自药企的人若有所失,对于斯塔泽这样鲁莽、倔强、又以救世主自居的人来说,FK-506 似乎好得**过分**了。

"患者一旦用上 FK-506 就坚决不肯用别的药了,"斯塔泽对听众说,"现在继续进行对照试验于理不能、于情不容*。今年夏天很多患者听说了FK-506的奇效,差点引发一场'起义'。"

斯塔泽毅力过人,总是用骇人的意志挑战最难的问题。他出生并成长于艾奥瓦州的勒马斯。勒马斯靠近南达科他州,天主教传统浓厚,遍布玉米地与养猪场。斯塔泽的母亲是一名护士,他的父亲罗曼·斯塔泽(Rome Starzl)经营一家报社。老斯塔泽是第二代德裔移民,他从他父亲那里继承了这家报社,后者在一战时曾因发表谴责恶劣运兵条件的社论而被以煽动罪起诉(最终无罪释放),而那篇文章的作者正是当时正在得克萨斯州参加军官培训的老斯塔泽。斯塔泽一家始终没能摆脱这桩丑闻的影响,斯塔泽的童年就在那压抑得令人喘不过气的小镇中度过。

斯塔泽对于父亲的回忆与博格类似,都充满了失望:一个颇有天赋的人,终其一生,忙忙碌碌,却一事无成。老斯塔泽经营家族报社更多是出于一种无奈,他真正的兴趣在科学上。他有一些有趣却没什么商业价值的发明,也在20世纪20年代末30年代初发表过一些有点意思但成就有限的科幻小说。他的第一篇小说《冲出亚宇宙》(*Out of the Subuniverse*)和《奇异之旅》有点像,讲的是人缩小后探索微观世界的故事。他本可沿着这一风格继续开拓,但到了大萧条时期,为图稳健经营报社,他放弃了写作。斯塔泽认为,《冲出亚宇宙》也是他父亲一生的写照。他在回忆录中写道:"我父亲生活在大宇宙中的小宇宙里,却从未试图突破自己的边界。而我一定要逃脱,我怕失败,我怕被迫回去,相比之下哪怕是死亡也不足为惧。这种感觉伴我终身。"

二战给了斯塔泽离开勒马斯的机会。他加入了海军,并在密苏里州富尔顿

---

* 对照试验需要将患者分为两组,一组用试验药物,另一组用对照药物(在FK-506的研究中即环孢素)。斯塔泽认为,FK-506效果远超环孢素,因此不愿意让部分患者使用药效差的环孢素。但这样的话就没有科学证据能证明FK-506至少不劣于环孢素,FDA也不会批准其上市。——译者

的威斯敏斯特学院接受军官训练。他在那里学习了拉丁语,并考虑做牧师,很支持温斯顿·丘吉尔(Winston Churchill)1948年的"铁幕演讲"。离开威斯敏斯特学院后他前往位于芝加哥的西北大学医学院,受教于杰出却专横的脑手术专家罗伊尔·戴维斯(Loyal Davis)[他还是南希·戴维斯·里根(Nancy Davis Reagan)*的继父]。不知疲倦的斯塔泽五年内就拿下了神经生理学的哲学、医学双博士学位,其间他还几乎每天晚上都在芝加哥最乱的街区的通宵外科诊所工作。之后他前往约翰斯·霍普金斯大学实习。虽然那里的实习轮转是全美最好的,但强度大得连斯塔泽都深感"残酷"。实习医生全天24小时待命,每年只有1周休息。整个项目层层选拔,每轮轮转后都有人被淘汰,一般9个人中只有1个人能完成全部训练。斯塔泽一开始共有17名同学,四年之后只剩一个了。那时,他已年至而立。

霍普金斯并没有消磨掉曾经驱使斯塔泽离开勒马斯的火气,相反,他更暴躁了。他作息饮食都不规律,每天抽三包烟,屡屡挑战自己的身心极限。虽然他在医院不眠不休地工作,但却身无分文,因为霍普金斯那时不给实习医生发工资。依他自己的描述,他当时颇为迷茫、躁动不安。1955年,他带着妻子和刚出生的幼子前往迈阿密,到了世界上最忙碌也是最可怕的杰克逊纪念医院工作。"我从未见过那么惨的地方,"他回忆道,"……那里有溺毙的孩子,有被强奸后惨遭杀害的女人,还有小麦肤色的金发健身达人,但脑袋上有个枪眼。"

两年间,斯塔泽像奴隶一样做了2000台手术,平均下来每天3台。他还在急诊室旁边的废弃车库里搭建了一间简易的动物实验室。当他不做手术时,他就用野狗收容所的狗做实验。因为在迈阿密经常见到腹部中枪和肝硬化导致大面积内出血的患者,斯塔泽开始关注肝,结果他的火气更大了。他因为学术界轻视腹部手术而愤愤不平——他们只对动脉修复推崇备至;他因为生理学能提供的救治肝的方法太少而不满;他最愤怒的则是自己32岁了还让家人受苦,

---

* 南希·戴维斯·里根,美国前总统罗纳德·里根(Ronald Reagan)的夫人。——译者

而且还没有找到自己的事业。积郁成疾,他得了溃疡。"我觉得我就是一发导弹,"他在回忆录中写道,"却缺少发射台。"

第二年秋天,斯塔泽决定专注于医学实验,于是他回到了西北大学。癌症与开胸手术在当时颇有前景。斯塔泽本打算尝试改善心肺手术,但是胸腔手术就像勒马斯与他父亲的人生那样:安全、保守、僵化。"心脏手术提不起我的兴致,"他回忆道,"癌症研究听起来不错。但当时乐观的文献认为治愈癌症指日可待,我担心我来得太晚了。"

最后让斯塔泽感兴趣的是崭露头角但举步维艰的器官移植。"那时肾与其他器官移植的文献都是悲观论调,这反而很吸引我,"斯塔泽写道,事后回想,他本是害怕失败甚于死亡,"这正是我所要寻找的真空领域。"好像是为了确保他选择的道路是最艰难的,斯塔泽决定专攻肝,因为肝是人体最大也是最复杂的内脏器官。时值1958年,该领域唯一有分量的研究团队在哈佛医学院,他们在四年前成功实现了同卵双胞胎之间的肾移植。这个团队由彼得·本特·布里格姆医院(Peter Bent Brigham Hospital)的首席主刀、临床试验主管弗朗西斯·穆尔(Francis Moore)博士领导。穆尔45岁,已经是医学研究的泰斗,布里格姆医院也是世界上数一数二的研究中心。而此时,斯塔泽刚在学术界谋到位置,开始解剖狗的肝。

异源移植在古时候被认为是亵渎神明。希腊神话最早描述了杂交怪物喀迈拉,它有狮子的头、山羊的身子、蛇的尾巴,还会喷火。在中世纪,圣徒科斯马斯(Cosmas)和达米安(Damian)施展的腿移植神迹日后成为文艺复兴的经典绘画题材。19世纪末到20世纪20年代初,欧洲一直都有零星的器官移植报告。猪、羊、猴的肾都曾通过简陋的方法移植到人身上,但结果都是灾难。每次供体器官几个小时就坏死,患者几天内也死了。或许自然像希腊人一样,也厌恶不同生物的融合。

虽然没有一名患者活到出现排异现象,但基础生物学研究还是发现了移植的关键在于免疫系统。19世纪70年代,路易·巴斯德(Louis Pasteur)首先注意到机体会对入侵的细菌产生化学反应,免疫学自此不断发展。到了19世纪90年代,巴斯德的发现成为保罗·埃尔利希(Paul Ehrlich)的研究基础。埃尔利希曾是化学家,他在研究染料如何与羊毛结合时,将免疫学从巴斯德的细胞水平领进了真正的战场:分子水平。他发现细胞表面的某些分子能"识别"其他细胞,进而启动免疫反应。虽然这一过程不像巴斯德的研究那样可以直观地在显微镜下观察到,但埃尔利希的理论——分子基于亲和力而特异性结合,进而启动了各种生命活动——立刻成了后来生物化学研究的基石。

对移植学家来说,问题就是哪些分子导致机体厌恶外源组织,以及它们能否被抑制?免疫学家被这个问题困扰了50年,大多数医生也放弃了。但是第二次世界大战带来了历史学家阿瑟·西尔弗斯坦(Arthur Silverstein)所谓的"更先进的创伤与烧伤技术",也随之复兴了移植技术中的一种:皮肤移植。科学家重新审视之前的问题,终于发现了长久求索不得的关键免疫屏障:有一种被称为T细胞的免疫细胞,其表面有一些分子能区分自身细胞与非自身细胞(外源细胞),这些分子还能动员机体制造新细胞去追踪并消灭外源细胞。更有趣的是,在一个家庭中,并非所有家庭成员而是仅有部分成员体内有相同的识别分子。

1954年,布里格姆医院进行的第一例同卵双胞胎之间的肾移植正是基于这个发现。肾移植手术方案最初由巴黎的医生设计,他们从死刑犯身上获取器官,但最后都以排异告终。不过肾是很特殊的器官:每个人有两个肾。同卵双胞胎之间可以互相捐献,但是只有少数人拥有能与自己器官配型的双胞胎兄弟姐妹,大部分捐献的器官来自志愿者的遗体,这些捐献者与需要器官的患者几乎肯定没有亲缘关系。因此除非能抑制免疫系统,不然心、肺、肝移植的前景,"总的来说,"1961年一位现代免疫学先驱写道,"十分渺茫。"此时斯塔泽尝试狗的肝移植已经三年了。

肝移植就是斯塔泽的"真空"与"发射台"。人的肝约有一个拳击手套那么大,把它从层层筋膜中完整剥离出来就已经很难了。肝时时刻刻保有人体一半的血液,内部还埋有各种血管和导管,连接着体内最大的静脉和其他器官。而且肝一切下来就立刻开始坏死。把肝从一个刚死之人体内取出,立刻移植给一个将死之人听起来就很可怕。更大的问题在于,免疫学家还没有办法阻止受体的免疫系统摧毁供体器官。

斯塔泽是外科医生,他完全不了解该如何控制免疫系统,不过那时候也没人知道该怎么做。二战之后,医生们开始盲目地尝试:为了消灭T细胞,第一位患者经受了全身放疗。他好像暴露在核爆中一样,全身的免疫系统被完全摧毁,患者成了"泡泡男孩"(一名患免疫缺陷的儿童,从出生起就在无菌室内生活)。使用这种疗法像用锤子修理手表。强效抗癌药硫唑嘌呤(azathioprine)也被尝试,但毒性太强了,无法长期使用(因为排异反应的威胁长期存在,患者需要终身服药,因此需要着重考虑如何降低肾毒性等不良反应)。斯塔泽也发明了一种办法:他在患者脖颈后安装一个导管,导出白细胞,再泵入各种抗生素和抗菌药。但这个用人工免疫代替自然免疫的方法也失败了。

斯塔泽先在芝加哥做研究,后来搬到丹佛的科罗拉多大学继续研究,一共尝试了超过200例狗的肝移植。为了降低药物的剂量以提高耐受性,他设计了一种免疫抑制剂的鸡尾酒疗法:放疗、硫唑嘌呤与可的松一起上。1963年3月1日,斯塔泽尝试了世界上第一次人体肝移植。患者是一名3岁的男孩本尼·索利斯(Bennie Solis),但鸡尾酒疗法免疫抑制效果未知,因为患者在手术台上出血而亡。

两个月以后,斯塔泽为一名47岁的患者移植了肝脏。这个人活了22天——比之后三名患者活得都长。这次手术本身成功了,而且患者没有发生排异反应,但斯塔泽备受抨击。《内科年报》(*The Annals of Internal Medicine*)发表社论谴责他的手术"杀人",另一个期刊控诉他是"盗墓贼"。

斯塔泽并不气馁,他回归实验室,有一年他一个人就消耗了全国10%的实验用犬。20年间,他精益求精,规范移植手术的操作。他完善了血液循环旁路系统,这样血液就能在手术中流向下肢,患者不会再因大出血而死。他还改良了保存肝脏的溶液,让肝脏在体外的存活时间从 4 小时延长到 10 小时,跨城市空运器官得以实现。但最大的挑战依然在免疫系统。现有药物不足,使得医生只能在刀尖上跳舞,"剂量稍大,病人死,"一位医生这么说,"剂量略少,供体器官死。"70 年代末,在斯塔泽的"人工免疫"方案失败后,肝移植似乎走进了死胡同。10 年前备受瞩目的心脏移植也完全停滞了。1980 年斯塔泽搬到匹兹堡时,移植的生存率依然很低。他也不得不承认,除非有更好的药,否则肝移植手术难以发展。

哈当厄尔是挪威南部一片广袤的无人高原,与康涅狄格州差不多大,但十分贫瘠荒凉,唯一的建筑是登山者与夏季牧羊人的小屋,没有常住居民。虽然有一些区域被划为国家公园,但哈当厄尔在大多数挪威人心中依然是环境相当恶劣的:到处是地衣、苔藓,一棵树都没长的草原上散布巨石与冰山,冰冷的湖水只有意在鳟鱼的北欧渔夫才会感兴趣。1943 年,挪威游击队摧毁了纳粹德国在留坎附近的重水工厂后,驻防的旅长逃到了荒原上一处与世隔绝的小屋里,纳粹花了两年才抓住并处决了他。25 年之后,也就是 1970 年* 的夏天,一位来此度假的微生物学家顺便采集了一点当地富含钙质的碱性土壤样品,装在培养皿中,带回公司——瑞士药企山德士(Sandoz),进行天然产物筛选。

任何指甲盖大小的土样中都有 3000—4000 种、5000 万到 1 亿个持续着化学战的微生物。这些微生物们进化出了对其他微生物而言是致命的分子来保障自己的生存。这批来自哈当厄尔的土样也是如此。那时候山德士正在筛选抗真菌药物,他们从这批土样中发现了一种具有广谱抗真菌效果的新化合物,他们将其命名为环孢素。但后继研究发现它对侵袭人体的病原寄生生物没什么用,因此被束之高阁。两年之后,免疫学家让·博雷尔(Jean Borel)发现这是

---

* 原文错作 1978 年,根据资料进行订正。——译者

一种潜在的免疫抑制剂。那时人们认为免疫抑制剂只是一个又小又不重要的市场,山德士一再想让他中止研究。博雷尔不得不亲自试药,终于证明了环孢素的药效。制药界哗然,大家议论纷纷。筛选人员认为筛选法又一次胜利了,而像博格一样的反对者则认为,这揭示了筛选法纯粹依靠大海捞针的运气以及老牌药企的冥顽不灵。博雷尔本人倒还比较乐观,他说:"科学家嘛,就是能承受永无止境地失望的人。"

重振器官移植只是环孢素的第一项功劳。在相关研究停滞十余年后,一种既能抑制T细胞又不会彻底摧毁免疫系统的药物终于横空出世。对环孢素而言,它的机制、靶点都是可以留在实验室中慢慢研究的次要问题。20世纪70年代后期,首要的问题是毒性:患者能耐受吗?首次临床试验揭示了一系列可怕的不良反应:糖尿病、痛风、神经毒性、肿块、情绪变化……其中最糟糕的是肾毒性,环孢素在80%的受试者身上产生了肾毒性,很多人甚至不得不再接受一次移植。

这项由剑桥大学罗伊·卡恩爵士(Sir Roy Calne)领导的临床试验几乎宣布了环孢素的死亡,但斯塔泽相信毒性总是可以通过降低剂量来控制的。他得到药物后,立刻设计了一个混用糖皮质类固醇的"鸡尾酒"方案。结果虽然不良反应更多了,但较轻。混合用药方案在患者能够耐受的情况下达到了足够的免疫抑制效果。移植手术存活率瞬间攀升,移植中心如雨后春笋般成立。似乎每天晚间新闻都有因移植手术重获新生的故事。斯塔泽因此宣布:"移植从天方夜谭成为了常规手段。"

虽然根据医药界的传统,斯塔泽并不算开发环孢素的人,荣誉属于博雷尔和卡恩,但斯塔泽因环孢素成为世界移植界的巨擘。往日凄风苦雨笼罩下的移植界现在春和景明,而斯塔泽无疑是最能代表这个枯木逢春领域的人。斯塔泽以决心、毅力、勇气,还有与里根家族的长年友谊,成功将肝移植纳入医保,在80年代大大推动了这一领域的进展。

现在斯塔泽面前再无阻碍。1984年,他为一个6岁的小姑娘斯托米·琼斯(Stormie Jones)同时移植了心和肝,整个手术耗时 16 小时,两周后小姑娘就能下地行走了。他还不止一次地连续进行肝移植手术,有时候他三天都不曾合眼。当他睡觉时,他总睡在一个衬有法兰绒内胆的睡袋里:有时睡在运送器官的飞机的过道中;有时就着血污,睡在堆满待处理文件的办公桌下。每天都有视斯塔泽为救命稻草的人们从世界各地打电话前来求助,他们相信手握环孢素的斯塔泽团队能起死回生——如果能找到器官并将其运到匹兹堡的话。抗排异药不再是问题,缺少供体器官与重症监护病房成了斯塔泽最为烦恼的事。至于环孢素,除了其恼人的毒性,斯塔泽最不满意的就是这药不是他自己开发的。

1986 年 8 月,斯塔泽飞到赫尔辛基参加国际移植学会会议。环孢素是会议的重点,在此期间还有一次由山德士赞助的赴哈当厄尔荒原的旅游。斯塔泽一如既往地不在乎历史,他对未来更感兴趣。他听说一位叫落合泷雄(Takio Ochiai)的日本外科医生要报道一种比环孢素强效百倍的药物。但类似的传闻在这种会议上并不少,因此只是千叶大学(Chiba University)讲师的落合仅分到了一间小会议室。但很快那里就挤满了人,博雷尔在那,卡恩也在,路过的人也被门口的重重人群吸引,竭力挤过来听听。

落合的数据太棒了!比格犬的实验显示,这种新药——FK-506(这是分子编号 FK-506009 的简写)像环孢素一样能减缓 T 细胞增殖。和环孢素一样,FK-506 也是从土壤中发现的,FK-506 来自筑波山低坡的土壤。采样点离东京只有一小时火车车程,离该药品的发现者、日本第三大药企藤泽制药的筛选中心更是仅有几千米。像环孢素一样,FK-506 也有毒性,落合表示,即使给予比格犬的剂量低至不足以抑制免疫反应,它们最后还是都得了血管炎。

落合的发言结束后,博雷尔起身强调了这场报告与 FK-506 的重要性。卡恩则说他已经得到了这个药物,并期待乐观的结果(虽然他还没有开始试验)。早期研究显示其毒性不小,但移植专家们对任何可能优于环孢素的药物都寄予厚望,因为山德士的环孢素实在太难控制、药效太不可预测了。

斯塔泽从不犹豫,这回也直接迈出了一大步。从赫尔辛基回来两周之后他就飞到日本,前往藤泽制药要求 FK-506 的独家研究权。斯塔泽此前从未领导过药物基础研究,他自傲的性格也不适合这类要求不偏不倚的工作。而且,即使藤泽药业想与他合作,他们与菲森斯制药(Fisons)的协议也让事情变得复杂(卡恩正是从菲森斯拿到的 FK-506)。幸运的是,卡恩也发现了 FK-506 能导致狗得血管炎,他还认为 FK-506 对狒狒是致命的。斯塔泽在日本足足待了两周,而藤泽药业经过再三考虑后,终于给了斯塔泽不到 1 克的 FK-506,这足以供初步的细胞研究及大鼠实验之用。同时藤泽药业也暂时同意不向其他移植专家提供这个药物。

年底时,卡恩宣布 FK-506 对人类毒性太大,停止了进一步研究。斯塔泽终于得到了他梦寐以求的独家研究权,他终于完全掌握了这种前途无量的新型分子的测试与开发。他对 FK-506 明显具有的毒性毫不在意,他决心一定要成功。

迈克尔·纳莱斯尼克(Michael A. Nalesnick)博士是被斯塔泽强行拉来的病理学家,他负责测试药物的剂量。"我们就像是研究药物的机器人,"他回忆道,"谁也不敢搞砸,不然有你好看的。"

斯塔泽在匹兹堡医学中心可谓要风得风,要雨得雨。他是自乔纳斯·索尔克(Jonas Salk)*后为匹兹堡带来巨大声誉的新一代国际巨星,现在他对那些地位不如他的人要求更苛刻、态度更倨傲。斯塔泽坚持独立研究,拒绝了藤泽药业的经济支持,所以匹兹堡大学每年得给他 800 万美元经费。在赫尔辛基会议之前,斯塔泽就和一个小团队在每周一晚上讨论新的免疫抑制方案。现在这个讨论"小组"扩大到了近 100 人:外科医生、肿瘤专家、器官专家、动物毒理学家、药理学家、技师……而当斯塔泽缺少某方面的专家时,他就点名要一个(他

---

* 乔纳斯·索尔克,脊髓灰质炎(俗称小儿麻痹症)灭活疫苗的发明人,也曾在匹兹堡大学工作。——译者

就是这么把纳莱斯尼克博士找来的)。他还曾命令意大利的胰腺专家卡米洛·里科尔迪(Camillo Ricordi)博士从米兰搬到匹兹堡来,后者毫无讨价还价的余地。他控制着实验室、手术室和珍贵的重症监护病房,势不可当。

之后的29个月中,斯塔泽的团队在小鼠、大鼠、猪、狒狒和狗身上做了数百次实验,证明了卡恩从狗身上得到的实验结果不是决定性的,药物开发进程还可以继续(有些不良反应只会在狗身上出现,而在其他动物实验中并未观察到,对此博格曾评论说:"药物毒死了狗,狗害死了药物。")。斯塔泽的团队与FDA紧密联系(FDA负责审批美国境内各种临床试验),终于有了足够的证据支持药物的人体试验的安全性。此时,卡恩等人依然坚称FK-506对人毒性太大,很多人也批评斯塔泽按图索骥的研究方法,阴谋论更是甚嚣尘上。但斯塔泽坚信FK-506就是有史以来最好的免疫抑制剂。

"在所有动物模型的所有器官上,FK-506都胜出了,"他说,"进行人体实验绝非冒进,而是我们最应该做的事。"

28岁的罗宾·福特(Robin Ford)要死了;她三年内获移植的第三个肝正在衰竭;她只剩一个肾,还被环孢素损害得差不多了。因此,她是这个风险和收益均是未知数的新药的最佳第一试药人。1989年2月28日,医生们准备给福特同时使用环孢素和FK-506作最后一搏。此时距博格选定FK-506作为福泰的首个项目还不到一个月。

不管斯塔泽再怎么自信,新药试验总是有风险的,福特需要签署一份有关不良反应的知情同意书,这份文件详细披露了动物实验中常见的不良反应,比如呕吐、体重减轻、血糖升高,还有一句话是这么写的:"可能导致包括死亡在内的其他未知不良反应。"新药临床一期研究主要的目标是测试毒性,从技术层面来说,不期望福特能因FK-506获益,只要证明她可以耐受就行了,而呼吸机等全套急救设备也都推到了她的病床前。

福特在重症监护下度过了第一天。此时斯塔泽飞往巴黎去参加一个事关跨大西洋器官共享可行性的紧急会议，留下三位外科医生阿肖克·贾殷(Ashok Jain)、约翰·冯(John Fung)和萨图罗·托多(Saturo Todo)，还有一位药学家拉曼·文卡塔拉曼(Raman Venkataramanan)留下来照看福特。他们"非常焦虑"，贾殷回忆道："我们不知道最适剂量是什么，也不知道该怎么治疗她。"

服药的第三天，福特开始呕吐，主诉严重头晕、头痛。贾殷回忆道："我当时说，天呐，这个药不会真的不行吧？"他们紧张地讨论，试图停掉 FK－506，但福特还想坚持。斯塔泽回忆说，FK－506 曾经"命悬一线"，他的人差点就停药了。这样福特肯定会对新移植的肝排异，药物开发也会在他从巴黎回来亲自查房前就被腰斩。斯塔泽认为，福特受不了同时使用两种强效的免疫抑制剂，他进一步推论，既然她此前一直都不能耐受环孢素，那么停掉环孢素也不会有什么损失。在咨询 FDA 后，斯塔泽决定让福特停掉环孢素，看看她能不能仅靠 FK－506 活下来。

48 小时后，福特的晕眩减轻了。之后，她能够进食了。两周后活检显示，她的免疫系统已经停止排异。更令人惊喜的是，她的肝功能开始恢复了。至少在这个病例中，FK－506 似乎的确救活了被排异的器官。贾殷说："太神奇了，简直就像一场梦。"由于重度肾损伤不像肝损伤那样可逆，福特后来又接受了一次肾移植。感谢 FK－506，她耐受了新的肾。几个月后，她回家了，重返正常生活与工作。

· · ·

博格在巴塞罗那会议上猜测，斯塔泽执着于 FK－506 可不仅是为了发展肝移植技术，因为他已经用环孢素将这项技术推上了巅峰。斯塔泽绝非菩萨心肠，他的目标更宏大，也更个人。FK－506 的临床试验理应是保密的，一般的药物研发者可不想让 FDA 在看到申报材料前就产生偏见，或者在时机尚未成熟前就激起大众的兴趣，但斯塔泽绝不是个低调的人。

作为新闻头条的常客，斯塔泽在 1989 年上半年又登上了各大媒体的头版。

在罗宾·福特尝试 FK-506 试验 6 周前,斯塔泽被迫停止了一项多器官移植试验(博格再一次猜对了)。那是 1988 年,两个 3 岁的女孩在接受了胃、肝、胰腺、大肠、小肠 5 个器官的整体移植后死亡。虽然斯塔泽把问题归咎于环孢素,但两起死亡事件激起了公众新一轮的质疑。斯塔泽在肝移植领域的主要对手、哈佛大学的弗朗西斯·穆尔为此在一份著名医学期刊上撰文:"我认为,在找着成功的影子之前,不应该再进行这样的手术。"

与此同时,斯塔泽则已开始在匹兹堡医学中心数次公开宣传 FK-506。使用 FK-506 进行补救治疗的第二个病人是 38 岁的莱斯特·威尔森(Lester Wilson),他此前已经接受了 5 次肝移植。此时斯塔泽对 FK-506 的疗效已是坚信不疑,他认定再用环孢素是不道德的行为。这个态度震惊了匹兹堡大学医学中心的评估委员会。该委员会的责任就是防止疯狂的临床试验与对试验结果过度解读,以保护患者——还有医院。委员会主席理查德·科恩(Richard Cohen)博士抱怨:"斯塔泽总说'相信我,我是专家',因此我们才更得防止他走火入魔。"

但这种态度只会把斯塔泽逼得更紧。哪怕知道 FDA 一定会要求双盲对照临床试验,他依然用最刻薄的言语回击那些要求他这么做的人。"在这个残忍的世界上,有太多人仅仅为了服从上级命令,就做了很多不人道的人体实验。"他在医学院的一次讲座上这么说,"最恶劣的几个上了纽伦堡的绞刑架,我可不想被推上那个位置。"

4 月,斯塔泽暂时轻松了一点,司法部在经过数年的调查后,决定不起诉他违反《器官移植法案》(他参与起草了这个法案)。《匹兹堡新闻》(*Pittsburgh Press*)曾系列报道了斯塔泽在 80 年代中期过多地为病情不那么严重或者没按流程排队却开价更高的外国人进行器官移植,该报道后来获普利策奖。斯塔泽往日都能老练地应对媒体,但这回他给自己挖了个深坑:他告诉记者预留给外国人的器官都是"边角料"。这句话一经发表,立刻造成了无法挽回的损失。匹兹堡和整个世界没有比勒马斯大多少,也没有比勒马斯更宽容。

斯塔泽被媒体围攻、被同行抨击、与评估委员会纠缠不休、缺乏新的免疫抑制方案……他快要爆炸了。本来就以工作狂出名的他现在催促团队更甚,他要在巴塞罗那会议上一雪前耻。

9月,斯塔泽在明尼阿波利斯作了关于"簇移植"手术的演讲。这个手术先要切除肝、胃、脾、盲肠、十二指肠、胰腺和大小肠,然后再用一个填充了胰岛细胞的肝来替代它们(这个主意也是斯塔泽首创的)*。这样一来胰腺被切除的患者就不用再依赖每日注射胰岛素了。配合 FK－506,这项手术在动物实验中很成功,斯塔泽因此认为此手术也可用于治疗腹腔发生大面积癌转移的患者。这是典型的斯塔泽风格的演讲:低调、严肃,却又异端。他认为移植就是一种交换:移除病灶并用异体替代,以救全身。免疫抑制越强,能够移除的部分就越多。这次会议之后,一位叫劳伦斯・奥尔特曼(Lawrence Altman)的记者找上了斯塔泽,他来自《纽约时报》(*New York Times*),他想参观匹兹堡并报道簇移植进程。

为了信誉与科学可信度,斯塔泽应该让 FK－506 的临床研究结果先发表于《柳叶刀》。但当奥尔特曼来到匹兹堡时,他就知道他要报道的远不止动物实验。曾经也是医生的奥尔特曼非常好奇,FK－506 的药效是不是像斯塔泽将在巴塞罗那会议上所说的"能引发患者起义"那样神奇。他不是唯一感兴趣的人。另一位记者,来自《匹兹堡晚报》(*Pittsburgh Post-Gazette*)的亨利・皮尔斯(Henry Pierce)也听说了斯塔泽的万灵药,并准备报道它。

斯塔泽想待巴塞罗那会议后再让新闻发布,但两家报社因为没有得到独家报道的许诺而焦躁不安。10月中旬时,皮尔斯告诉斯塔泽,《匹兹堡晚报》的编辑害怕失去先机,打算提前发布。斯塔泽立刻联系了奥尔特曼,亲自要求在10月18日发布。虽然那天旧金山市发生了地震,但由于版面早就准备好了,斯塔泽的故事和地震的消息一起登上了头条。凭借《纽约时报》与美国有线电视新

---

* 实际上还需要重建一套消化系统,原文中没有提及。——译者

闻网(CNN)的影响力,世界各地的记者、医生、患者、药业分析师纷纷打电话前来咨询,他们都迫切地想更多地了解斯塔泽的神奇新药。

但在福泰,大家心头颇为沉重。科学家并不信赖《纽约时报》或者别的新闻报纸上的科学信息,但《纽约时报》罕见地给了这个新闻一整版,比欧洲国家首脑选举的版面还要多。这篇题为《器官移植新药研究取得重大突破》的文章对福泰是个不小的打击,尤其是奥尔特曼这么称赞 FK-506 的安全性:"目前 FK-506 在人体上几乎没有显现毒性。"在一次会后讨论时,化学家戴维·阿米斯特德(David Armistead)说出了很多科学家的心声:"如果 FK-506 真的是世纪奇迹,我们还有什么可做的?"

博格也被这一医学界和新闻界的"共生现象"搞糊涂了。一项研究怎么能在没有经过同行审查前就公然号称"重大突破"呢?不过他并没有因为 FK-506 的突然曝光以及种种议论而乱了阵脚,毕竟 FK-506 上市之路还很漫长,目前大家都觉得福泰的战略还站得住脚。虽然个别董事会成员上午的确忧心忡忡地打电话来咨询,博格也首次面临对他领导力的挑战:现在还有时间启动另一个项目,及时放弃尚能止损。但博格一如既往地坚定不移。

"这是个好消息,"他对大家说,"更多筹码上桌了。这篇文章表明环孢素是可以超越的,还刺激了整个领域的发展。正因为 FK-506 毒性低,我们着眼自身免疫病的战略才是正确的。"的确,博格在看完那篇报道后就说:"我希望藤泽制药能成功,我希望我们自己的化合物开始临床试验时 FK-506 的销量能达到 30 亿美元。"

虽然博格的性格会让人以为他只是在强行鼓劲,但听完他的分析后,大家很快明白了:FK-506 很可能成为下一个"重磅炸弹"*。它会把器官移植的市场从环孢素手里抢过来,还可能因为足够安全而打开自身免疫病市场。虽然

---

* 重磅炸弹(bockbuster),指年销量达 10 亿美元以上的药物。——译者

《纽约时报》把 FK-506 吹得神乎其神,但它不太可能是绝对安全的,最终大奖将会属于下一代化合物,而福泰大有可为。

当然,其他大药企可能会得出同样结论,然后蜂拥而上。但实际上,似乎并不会真的有那么多的关注,因为多家药企都试图寻找能替代环孢素的药物,他们已经筛选了快十年了,但只找到了 FK-506。山德士等药企共有数百位化学家一直试图通过修饰环孢素的结构以降低其毒性,均告无果。这些没有先导化合物的公司现在更倾向与类似福泰的小型专业公司合作。所以不管怎么样,福泰都有赢面。

但还有两个问题。一是默沙东,他们在这个领域已经有一支颇具规模的团队。默沙东曾靠第二代降压药依那普利(Vasotec)这棵摇钱树拿下新兴市场,为业界立下了标杆。在 20 世纪 80 年代中期,施贵宝(Squibb)从蛇的毒液中开发出了降压药卡托普利(Capoten)。但是默沙东集结大量化学家改善结构(虽然最后药效相差无多),然后凭着声势浩大的销售攻势一举击败首先上市药物的施贵宝。可见,如果默沙东下定决心的话,能集结的资源还是巨大得可怕的。

由此而来的第二个问题就是:福泰的实验室尚未开工。博格是默沙东近年最出色的变节者,他深知默沙东的科学实力。虽然他在科学顾问会议上对诺尔斯说,即使跟默沙东针锋相对福泰也能赢,但那是基于同时起跑的情况下。拥有制药界最强研究资源的默沙东在一年前就已经开始改善 FK-506 的结构了,而且那个项目很大程度上是博格亲自设计的。与此同时,福泰只有 15 名无所事事的科学家。在《纽约时报》专访刊出的那个早上,大家火急火燎地准备大干一场,却发现没法做任何实验,于是只好各自窝在租来的椅子上,检查订购清单,寻思何时才能开始工作。对于博格以外的人来说,这又是慵懒乏味的一天。

第四章

"这块看起来不错。"

哈丁捏起一片胸腺切片,手套上沾满了血污,像手术中的外科医生。"我从来没有尝过牛杂,但估计再也不会点了——最近看都看腻了。"然后他用手术剪将其剪成了细条。

坐在实验室台另一头的汤姆森拨开蜡肉色的主动脉,切下胸腺,丢入装在双层钢罐的液氮中。切片在液氮中上下翻腾,星光闪闪。

"我觉得更像蟹肉,你觉得呢?"他说,"要不我再给你找个柠檬配着?"

福泰最后没有要一卡车的小牛。取而代之的是,每周四一个快递员会匆匆忙忙地将两包土色的肉送入生物化学实验室,肉来自城郊一处兼为科研供应材料的屠宰场。巴塞罗那会议两个月后,福泰的实验室开工了。汤姆森、哈丁还有骨瘦如柴的实验助理马修·菲茨吉本(Matthew Fitzgibbon)总在周四和周五切肉,这是制备蛋白样品的第一步。他们工作的环境总让人联想到小饭馆的厨房。

"如果你用手去沾一下,"汤姆森鼻子朝不断冒泡、寒气四溢的液氮点了点,

"手就会变成冰块,然后你就能把它们碾碎了。"他对着硬质环氧树脂工作台挥了挥手,然后猛地抽回来,阴森森地说:"就像我们本科时那些被丢进液氮的'急冻青蛙'。"

这位澳大利亚人正试图从胸腺中分离含量极低的 FKBP,供福泰进行靶点研究。哈丁作为 FKBP 和亲环蛋白的共同发现人,驾轻就熟地切着肉,他正是靠着蛋白纯化这项技术赢得了他在免疫学界的地位。而汤姆森则守着这项日渐失传的手艺,心中怀着对新一代科学家的怨念。

约 10 年前,哈丁作为药理学博士后进入耶鲁大学,他留意到的第一件事就是博士后们都在切胸腺。当时,斯塔泽刚拯救了环孢素,同时激起了学界对这个分子的兴趣,耶鲁大学也加入了对分子机制的探索,而第一步就是要找到环孢素在体内的靶点蛋白(受体),之后才是研究该药如何起作用。如果将胸腺粗提物看作一锅蛋白乱炖,那么给环孢素连上一些化学基团后,环孢素就可以像鱼钩一样把"锅"中的靶点蛋白一个个"钓"出来。用这种方法,药理学家罗伯特·汉德舒马赫(Robert Handshumacher)的学生已经成功地"钓到"了几个候选蛋白,接下来的问题是要确认哪个蛋白才是真正的靶点、它的化学结构是什么。

这个工作可不简单。厨师都知道蛋白复杂而且不稳定。蛋白必须被精确地折叠才具有活性,而折叠构象依靠脆弱的氢键来维持。加热蛋清时,卵蛋白中的氢键就会像沉入深海的船只上的铆钉般分崩离析,然后蛋白的结构坍塌,糊作一团。使劲搅动蛋清,蛋白结构也会被破坏,最后就成了发泡的调和蛋白。所以,要想把蛋白完整地提取出来,需要绝对的冷静、产科医生般的细致,以及能承受无尽失败的心性。

哈丁那时热衷马拉松。他作息规律,一大早就去实验室,傍晚沿着纽黑文*的河岸跑 10 千米再回实验室,接着一直工作到晚上。那时汉德舒马赫的人已经得到了靶点蛋白,做了些纯化工作,但是其中仍混有杂质。哈丁的工作就是

---

* 纽黑文(New Haven),耶鲁大学所在的城市。——译者

系统地组合不同的溶剂及其他实验条件,以期蛋白能从混合液中以晶体形式析出,如此获得的就是杂质含量极低的纯化蛋白。他内心再焦虑都不会外形于色,能坦然面对失败,经过6个月的连续工作,他终于获得了微量的纯化蛋白。

根据接下来的大量实验的结果,哈丁和实验室同僚测得了该纯化蛋白的分子质量,并最终测定了其氨基酸序列。蛋白质种类主要根据分子质量和氨基酸序列来确定,其他性质比如溶解性也对鉴定有帮助。他们将这一新发现的蛋白命名为亲环蛋白,因为它对环孢素高度亲和。有趣的是,亲环蛋白溶解性很好,它存在于细胞膜和细胞核之间的细胞液中。这个发现意义重大,它意味着亲环蛋白不是免疫学家之前重点关注的细胞表面分子,暗示了细胞内部还有另一套调控免疫的机制。

哈丁博士后期间的第一篇文章刊载在《科学》(Science)上,《科学》是与《自然》齐名的最重要的科学期刊,总是率先刊发重要的生物学突破。不过这篇文章的重要性并没有得到所有人的认可。哈丁解释说:"很多人质疑:'那又怎样?'因为我们只知道它的结构,不知道它的功能。"但这个发现让他平步青云,在耶鲁医学院获得了珍贵的助理教授的位置,得以在竞争日益激烈的科学界独立开展研究。但为了得到更多的资金以支持实验室运作、获得学界认可,哈丁需要获得独立于汉德舒马赫之外的成就,他需要自己的分子。

施瑞伯的教授地位那时已经很稳了,他同样对新分子颇感兴趣。50年来,有机化学家最大的成就就是合成了大量有生物活性的分子。不到30岁的施瑞伯已经是耶鲁的正教授,大家都认为他日后必将成为合成艺术新一代的大师。和刚在默沙东取得自己首次大捷的博格一样,相较于环孢素的功能,施瑞伯对产生作用的结构基础是什么更好奇。但他也有自己的麻烦:环孢素的合成基本被系主任塞缪尔·丹尼谢夫斯基(Samuel Danishefsky)完成了。丹尼谢夫斯基对施瑞伯照顾有加,施瑞伯即使雄心勃勃,也不想和他对垒。

耶鲁曾是环孢素的研究重地,现在又在亲环蛋白上占得先机,随之而来的巨额的资金与高涨的声望令所有学校眼红。而且能在这个领域击败哈佛令耶鲁尤其高兴,因为人们一直认为耶鲁在自然科学上略逊哈佛一等。之后耶鲁开始与默沙东合作,希望用生物材料与数据换取资助,而这项合作顺带把博格和哈丁等人联系了起来。同时耶鲁也在争取政府的重大项目资金支持,为此组建了一支专攻免疫抑制的研究团队。哈丁和施瑞伯都在其中,作为团队的初级成员,两人经常在开会时坐在后排聊科学,结下了深厚的友谊。

哈丁回忆道:"1988年10月,国立卫生研究院(NIH)来视察我们的研究。我那时名义上是助理教授,但实际上还要做一些博士后的工作,也就是要替除了我自己以外的每个人干活。那时维贾伊·瓦尔蒂(Vijay Warty)的文章正好发表了。"瓦尔蒂是斯塔泽项目组的成员,他发现FK-506像环孢素一样,通过与别的蛋白结合发挥作用。

"斯图尔特*自然对FK-506也产生了兴趣。在一次会议上,鲍比(Bob)**介绍了我们用环孢素衍生物发现亲环蛋白的策略。我不清楚斯图尔特知不知道从粗提物中钓取蛋白并不算难,但当他看见我们衍生物的结构时,他在纸上画了几笔,然后眼睛一亮,不停地说:'藤泽,藤泽,藤泽有这个化合物。'然后他又说:'我们也可以做,我来做衍生物,然后你就能用它去钓蛋白了!'"

"他知道我那时需要自己的成果。他问我:'你有兴趣合作吗?'"

"我说:'没问题,只消一个实验我们就能找到亲FK蛋白。'"

但之后施瑞伯就被"召唤"到哈佛去了,而哈丁的实验却是"一团糟"。他说:"也好。我不喜欢实验一开始就成功,因为那样的成功往往重复不出来。"1989年2月,《自然》刊登了那篇介绍亲环蛋白在蛋白折叠中作用的文章。哈丁发现的蛋白有重要的生物学功能了,他也因此受到了大量关注,在学术界

---

* 施瑞伯的名。——译者

** 汉德舒马赫的名,罗伯特的昵称。——译者

的地位也提高了。3月,他使胸腺提取物流过了一根两三厘米长的色谱柱*,两天后,他在凝胶上发现了一条有紫外吸收的条带,也就是说FK-506"钓出"了某个蛋白。他把这条凝胶切下,送到蛋白实验室,经过与数据库比对后,哈丁确认他发现了一种新蛋白。

哈丁发现了一座宝矿。如果他和施瑞伯能率先报道这一发现,文章、资金、专利、学生、实验室、声誉、财富……还有最重要的东西——教职**,都会接踵而至。但也就在同一时间,哈丁听说默沙东也发现了一种对FK-506有高亲和力的蛋白。哈丁知道在科学界没有银牌,赢者通吃。好在因为赌注如此之高,平局也是可以接受的。

"比赛开始了,"哈丁回忆道,"我必须拿到纯化的蛋白,证明它的确是FK-506的靶点。证明的方法自然是看看它们能否[像亲环蛋白那样]催化蛋白折叠,每个够格的科学家都应该能想到这点。"

施瑞伯每天都会从哈佛打电话来询问进度,哈丁紧赶慢赶做完实验,然后带着论文的草稿直奔哈佛。与此同时在默沙东,诺兰·西加尔(Nolan Sigal)也在努力完成收尾工作,他是加拿大裔哲学、医学双博士,也是博格在默沙东的FK-506项目中的合作伙伴。西加尔领先哈丁等人三周,在6月16日向《自然》投了稿。虽然两篇文章同时在10月发表(与巴塞罗那会议同期),但默沙东的文章靠前,郑重地宣告了优先权。但只有科学家才会注意到这一区别,对于世界上其他人,同时发表就是平局,哈丁位列第一作者,因此就是FKBP的发现

---

* 色谱柱中是结合了FK-506衍生物的填料,与FK-506衍生物亲和力强的蛋白(即潜在的FK-506的靶点蛋白)会留在柱上,其他蛋白则被除去。之后将FK-506衍生物所结合的蛋白洗脱下来即可分析。——译者

** 美国的教职分为助理教授(assistant professor)和正/副教授(professor/associated professor)。助理教授为临时职位,如果在一定时间内没有做出足够的成绩就会被解雇,而通过评估的助理教授则会升为有永久职位的正/副教授,即获得所谓的教职,或者说终身教授。——译者

者之一。按照惯例,大学实验室取得的成果归大学所有,因此哈佛和耶鲁分享了 FKBP 的专利。

哈丁的科研风生水起,但是他的事业可不那么顺利。医学院的医生们都指望哈丁帮他们做有关移植的实验,他们先认可一个年轻免疫学教员的技术,其次才是他的点子。哈丁性格并不好斗,他发现自己总是在帮医生们做实验,而非进行自己的研究,很是沮丧。受到施瑞伯邀请他继续合作的激励,他在 7 月给博格写信请求面试。

汤姆森的办公桌就在他的实验台边上,桌子上有一个书架,上面放着一瓶卡夫牌维吉麦酱——澳大利亚人喜爱这种苦咸口味的黑酱甚于花生酱,还有三只化学试剂瓶,上面用黑体分别标着:咖啡因、尼古丁、乙醇。汤姆森并不真的服用纯化学试剂,但这三者的确是他的缪斯。他大口闷着福泰其他人不敢碰的污泥似的浓咖啡,抽着没有滤嘴的骆驼牌香烟,喝的酒更是烈得不要提。冬天,汤姆森依然戴着雷朋墨镜,穿着破旧的跑鞋、蓝色紧身牛仔裤,有时甚至搭配一件紧身的 T 恤衫。他最喜欢的一件 T 恤上面印着《凯文的幻虎世界》(*Calvin and Hobbes*)中小男孩凯文的话:"I hate everybody. As far as I'm concerned, everyone on the planet can just drop dead."(我讨厌所有人,大家最好都死掉。)他博士论文的导言则引用了《浮士德》(*Faust*)中墨菲斯托(Mephistopheles)嘲讽善良的句子。

浮士德(Faust)试图用科学做宏伟善事以拯救自我,汤姆森也一样。他为实验而生,实验室就是他的家、他的战场、他的圣地,因此他与大家格格不入。科学现在越来越接近商业,科学家的成功也很大程度上取决于他花了多长时间打电话、坐飞机、开会,而非做实验。做实验的人反而成了别人的"手",比如哈丁在耶鲁时,就把别人的实验做得比自己的还好。

博格力图扭转歪风。他所招募的科学家都处于他们的事业上升期,为了充分发挥他们的价值,让他们充分交流,避免形成门阀,博格要求最资深的科学家也要亲自做实验。博格设计的实验室里没有私人隔间,年薪 8 万美元的科学家也要把他们的文件夹放在公用台面上,在别人边上写信或打电话。大家对此颇有微词,他们称之为"社会实验"*。不过就像博格重用科学顾问委员会一样,大家勉强忍了,他们觉得这个制度迟早会崩溃,并暗地里祈祷那天尽快到来。但汤姆森是个例外,他说:"我很高兴当一个蓝领科学家!"

汤姆森的运气不错,哈丁和默沙东发现的FKBP基本是一致的,这帮了他大忙,不然他的研究会很盲目。哈丁和默沙东发现的蛋白都与FK-506高度亲和,氨基酸序列基本一致,都有促进蛋白折叠的作用。福泰可以利用这些特点开发分析工具,供汤姆森检查他获得的蛋白是否是他所需要的。但是这些工具还没开发出来,哈丁和默沙东发现的蛋白也有一些区别。哈丁发现的蛋白相对分子质量为14 000(即是一个氢原子质量的14 000倍),默沙东发现的蛋白相对分子质量则是11 000。汤姆森一开始只能依靠FKBP已知的性质来寻找蛋白,但这些性质要么互相矛盾,要么无法检测,这可让他高兴不起来。

汤姆森决定依靠蛋白的大致质量开展研究。他将像哈丁一样从胸腺中提取FKBP。胸腺在婴儿时期位于胸口,故名胸腺,成年后萎缩退化。胸腺是免疫细胞尤其是T细胞发育的场所,"T细胞"中的T就代表胸腺(thymus),因此理论上那里免疫抑制剂的受体也最丰富。每个T细胞中的蛋白如恒河沙数,但相对分子质量在11 000—14 000之间的并不多。因此汤姆森打算依靠分子大小将FKBP淘选出来。将蛋白混合液用微滤膜过滤几次后,理论上他就能得到FKBP。

汤姆森在墨尔本大学读书时就学会了从动物组织中分离蛋白的技术,有十多年的经验,堪称世界一流的专家。从新鲜的动物组织中无损地提纯微量又不稳定的蛋白是个辛苦而且不光鲜的工作,科学界有句老话:"动物化学实验就是一摊烂泥。"施瑞伯在哈佛的实验室处理样品时曾经出过一次小意外,汤姆森现

---

* 类似于西海岸的惠普与英特尔的扁平化管理模式,当时在东海岸并不流行。——译者

在还能看到墙上留有些斑驳的动物组织的痕迹。

汤姆森把速冻后的胸腺装入工业搅拌机,将它们打成粉末,再加水兑成橙红色的"浓汤"。他将这些"浓汤"倒入塑料桶中,再用放在另一间实验室的高速离心机将大部分轻质的脂肪和一些较大、较重的蛋白分离除去。进行每一步时,汤姆森都要考虑如何才能将某个组分有效移除并保持 FKBP 完整无损,因此他要尽可能少用溶剂。同时蛋白在室温下就可能变性,所以他要在一间 4℃的冷室中长时间工作。但他依旧只穿着 T 恤衫,偶尔出来喝杯咖啡或抽根烟。

汤姆森一旦开始工作便不再休息。前期准备工作之后就是更加困难的分离纯化,汤姆森需要进行一系列要求更苛刻的新实验,才能排除一切杂质,分离出单独的蛋白。蛋白一般是无色的,但脂肪和蜡会堵在滤膜上,导致混合液呈粉色。虽然脂肪和蜡可以被乙醚或氯仿等有机溶剂除去,但这些溶剂多多少少也会溶解蛋白。因此有一阵子,汤姆森在冷室中用特别的溶剂反复冲洗提取物,直到它基本无色。

这项任务需要长时间的工作,因此汤姆森决定住在福泰——他也喜欢待在实验室。一开始他连续两三天待在实验室,后来变成三四天,最后四五天都不回家。他的强迫症也随着工作量的增加而愈发严重。白天,他同时进行好几组实验,带着助手菲茨吉本在实验台与冷室之间来回奔走。晚上,他依靠清洗玻璃器皿来保持清醒,这一"净化仪式"有时甚至持续到第二天早上大家来上班时。他的手因为长期接触洗涤剂和溶剂而水肿,有的地方还磨破了。他的脚也因连续站立一昼夜或更长时间而肿了。他有时就戴着墨镜,窝在餐厅的沙发里,小憩几分钟,然后起来继续工作,因此他面色苍白。

混杂了个人选择与工作需要的情绪推动着汤姆森前进。在整个福泰,除了博格,或许再找不到第二个人比汤姆森更相信基于结构的药物设计。他眼中的福泰就是一个乌托邦。他钦佩博格,赞同平等互助、以实验为中心的公司文化。他觉得福泰就缺一批纯化蛋白——他应该立刻拿出来的纯化蛋白。此时博格和奥德里奇正与英国药业巨头葛兰素谈判,他们将会在 2 月中旬派来一个考察团。博格称之为"骆驼的鼻子"式的到访:他们会好好试探福泰的科学实力,"然后尽可能地钻进我们的帐篷"*。汤姆森请了军令状,要在 5 周内拿出纯化的 FKBP 给葛兰素看。

汤姆森还像浮士德那般渴望救赎。不像哈丁,汤姆森在来福泰之前并没有辉煌的战绩,他前两年的生活充满了冲动导致的悲剧。虽然他在麻省理工做博士后期间努力地工作,发表了几篇重要的论文,但最后他和导师闹翻了。汤姆森那时已经结婚,还有两个小孩,却开始追求另一个女人。结果妻子和他离婚,带着孩子回澳大利亚去了。他被当时还在默沙东的博格招募,但是默沙东没法为他安排工作签证,于是他只好拿了学术签证在怀俄明一所大学工作了一年**,结果他的新女友不久也把他甩了。

汤姆森带着悲愤来到福泰,"决心重新开始"。但顺利启航之后,风雨复至。他开始约会,但这回他喜欢的女人决定跟汤姆森的同事兼最好的朋友、化学家杰夫·桑德斯(Jeff Saunders)在一起,而且汤姆森几乎是整个福泰最后一个知道的。他陷入婚姻破碎、一事无成、横遭背弃的绝望中,于是用酒精麻痹自己。11 月初的一个晚上,他喝醉后驾着摩托从剑桥市东部一个酒吧回福泰,没开出一个街区就滑进一个水坑然后摔了出去。

摩托完全摔坏了,他也蹭破了头,但他的怒火丝毫未减。三周后他和另一个化学家约翰·达菲(John Duffy)一起去喝酒,这次汤姆森开车。"我喝断片了,"他回忆,"我不记得怎么离开酒吧的,也不记得怎么出事的。我就知道我和另一辆车撞上了,撞得我飞出车窗。车废了,我的脸也烂了,我甚至能透过裂开的眼皮看东西。"

---

* 骆驼的鼻子是一个阿拉伯寓言,说一个人可怜他的骆驼,允许宿营时骆驼把鼻子探进帐篷里过夜。但骆驼后来把头、脖子乃至整个身子都探入帐篷,反而把主人挤了出去了。——译者

** 美国的学术工作签证比商业工作签证容易办理。——译者

汤姆森被送进麻省总医院，之后转到麻省眼耳专科医院。医生处理了他的眼伤，从他脸上拔出一堆玻璃渣。"我记得我醒来后第一句话就是：'我得打电话请个假。'"两天后他回到了实验台，继续提取FKBP。工作是他仅剩的生活，他要从这唯一一件没被他自己毁掉的事情中像浮士德一样寻求救赎。他右眼肿了，打着绷带，视野模糊（他依然戴着墨镜）。之后几个月，他在工作间隙还时常能从脸上拨出点玻璃。他独自工作，最多跟实验室中的人打个招呼。

"我这次真的搞砸了，"他说，"我也没有车了。我买不起新车，也不敢再开车，我怕会撞到人。"

"我只想做点东西出来，而且我知道该做什么。我没有车，也没有很多可信赖的朋友，只有很多工作，于是我就待在这儿工作。"

对博格来说，葛兰素的到访意味着金钱还有福运，这两者对福泰都是必不可少的。福泰需要与别人合作以推进免疫抑制剂的研究，并减缓自己烧钱的速率。福泰还需要向业界与投资人证明其他人也认同他们——是谁认同倒无所谓，福泰曾试图与日本最大的方便面企业日清（Nissin）合作。葛兰素是欧洲过去10年间最成功的药企，也是默沙东药物开发王者地位最有力的挑战者。如果他们愿意追随福泰，那博格将会开心坏了。

因20世纪80年代巨额利润成长起来的药企现在很热衷于组建"战略同盟"。现代医药市场按疾病被分割成了无数个细分市场，医学知识爆炸式发展，需要进行的实验也越来越多，大药企再大也不可能全部包办，小药企再聪敏也有力不能逮时。"政治联姻"成了必需。对博格而言，葛兰素是默沙东的主要对手，每年依靠世界最畅销的药物收入超过20个亿，向福泰示好便是无形中提升了福泰的地位。葛兰素之前从未开展过大型的研究，连他们自己都自嘲为科研"处女"，而博格恰好精于此道。他相信这事十拿九稳。

但博格与默沙东暧昧不清的关系让葛兰素的一些高层很担心。博格真的跟默沙东一刀两断了吗？"默沙东会不会哪一天又找上博格？"他们的担心不无道理。虽然博格尽力给自己做了个"脑叶切除术",从不谈论默沙东任何尚未发表的工作。但是他为福泰选定的项目和自己在默沙东做的一样,这就难免让人起疑。默沙东的高层对此很愤怒。据传,默沙东的研发主管爱德华·史考尼克(Edward Scolnick)曾在三年后恼火地说:"福泰有什么项目最初不是在默沙东成型的?"但他拒绝细说详情。博格作为变节者,虽然其能力有目共睹,但也被各方怀疑。葛兰素和其他药企都想知道默沙东在免疫抑制剂上的进展,但问一个穷得叮当响、还指望他们付钱的潜在合作伙伴?或许不是太靠谱(更何况他们也想反过来榨干福泰)。

实际上,博格知道的也不多。他只知道默沙东的套路:合成 FK-506 分子,制造它的类似物,然后测试类似物的活性。但这需要专门的测试方法,而博格离职几个月后,FKBP 才被发现,才有测试那些类似物的可能。在罗伟市默沙东研究中心时,他改进分子的想法被认为过于激进,只能停留在纸面。他相信,这些想法现在也还无人问津。

12 月时,博格和奥德里奇前往欧洲访问葛兰素。在一周的访问中,葛兰素给博格留下了深刻印象,他觉得葛兰素会是强大的对手——这也是需要合作的另一个原因。但他也知道了葛兰素可能对福泰的药物设计理念并不感兴趣,他们甚至比默沙东更热心于筛选。福泰吸引葛兰素的,一是博格,二是 FK-506 的生物学知识,三是福泰与施瑞伯的关系(这也是最重要的一点)。但葛兰素和福泰之外的人不知道的是,这段关系快维持不下去了。

10 月的第一次科学顾问会议后,奥德里奇找上博格,严肃讨论了施瑞伯与公司的关系。那次会议之前,施瑞伯曾明确表示不会在哈佛研究类药分子。但在研究 FK-506 抑制 FKBP 机制的时候,他的确在合成局部模拟 FK-506 的分子。奥德里奇作为公司的副总裁,认为施瑞伯所谓"仅用于科研"的分子和专门设计出来的药物没有什么区别。在他看来,施瑞伯可能导致严重的"多重污染":如果施瑞伯的学生合成了一个化合物,其结构跟福泰曾探讨的化合物的结构颇为相似,公司和哈佛就可能会为了专利问题大打出手。如果福泰的化学家制造了一个分子,而施瑞伯声称这是他在上班路上想到的结构,在科学顾问会议上随口一说,就被福泰的化学家听去了,这将迫使福泰向哈佛支付巨额专利使用费。不管怎么样,哈佛吃定福泰。

更直接的威胁来自施瑞伯的个性与野心。他太热情洋溢了。他跟博格很像,但博格谨慎得多,只在有需要时才滔滔不绝,施瑞伯则热爱谈自己以及自己的想法,而现在整个世界都会去听他说了些什么。"我不担心斯图尔特能开发出比我们更好的分子,"博格说,"我怕的是他会告诉所有人我们在干什么。我们在欧洲考察时,有两家企业告诉我,斯图尔特最近给他们打电话了,他的电话费肯定很高。"

博格担心施瑞伯太天真,不知道保密的含义,奥德里奇则认为施瑞伯是个工于心计的投机分子。他们时不时就会为"施瑞伯是善良还是邪恶"论战一番,如是持续了几个月。与此同时,他们一直在跟哈佛谈判,试图得到施瑞伯在免疫亲和蛋白研究中取得的成果的专有权。施瑞伯很支持这个提议,因为其中包含了一个他觊觎已久的合作:对于任何新蛋白来说,结构解析都是有重大价值的工作,但是施瑞伯自己没有 X 射线室,也没有能够合作的人,如果这项协议达成,他就可以与纳维亚的生物物理组合作,获得 FKBP 的晶体结构。

但哈佛不同意。学术研究商业化让这所代表美国教育标杆的大学心痛,福泰与施瑞伯要求的专利联盟更是令其难以忍受。这样的协议意味着教授将直接从学生的工作中获益,动摇素质教育的基石:自由与公正的探索、追求纯粹的知识。哈佛过去十年间只勉强允许过那么两三次,这次也不会让福泰好过。

12月,博格、奥德里奇还有博格的哥哥肯(他现在是福泰的律师)一起与哈佛的专利专家谈判。会议前施瑞伯提供了一份价值 1000 万美元的研究协议作为旁证,这是他和两位医学院的教授最近与瑞士的罗氏制药(Hoffman-LaRoche)签署的。施瑞伯在附函中声明,自己为罗氏所做的工作与福泰的工作没有冲突。但是哈佛专利办公室文任乔伊丝·布林顿（Joyce Brinton）拿出了一份施瑞伯早些时候写的研究计划，上面写着罗氏可能会支持的项目包括免疫学研究，也就是 FK-506 的研究。

博格震惊了。施瑞伯在福泰有不小的股份，对福泰的科学进展知根知底，他居然让福泰的对手来支持他的免疫学研究，福泰还不如直接请罗氏来听实验进度报告呢。更可恶的是，施瑞伯没有告诉博格。施瑞伯后来说，这是"误会"，很快就改了，他会将罗氏的资金限于他突然开始感兴趣的艾滋病研究。但是福泰内部传言四起，民怨沸腾，希望博格尽快处理。

博格被自己造成的局面逼得进退两难。他希望施瑞伯参与公司的研究，因为这既曾帮助他招募到了哈丁等人，现在又是对葛兰素的卖点。尽管有与罗氏的协议，施瑞伯依然基本被认为是福泰的人，而他的声望对福泰寻找更多赖以生存的资本至关重要。福泰现在除了设计新一代免疫抑制剂的口号之外一无所有，对这个点子一清二楚的施瑞伯却完全不受控制。妖魔化施瑞伯有一定好处：将一个知名学者立为自私的典型可以增强福泰的内部凝聚力，树立博格的威望。毕竟招募阶段已经是过去时了，现在他还要向众人证明自己在凶残的科学竞赛中依然坚挺。但博格如履薄冰，远方模糊的对手可以刺激大家，但如果对手已经到了身边，那可就如芒在背了。

博格自小看着他父亲耗费气力生意却越做越差，因此深深厌恶别人"征用"知识产权。他不指望施瑞伯能为福泰做些什么，但现在施瑞伯却如脱缰野马般给他们带来麻烦。哈佛对公司的创立毫无贡献，以后有收益时却可能要分一杯羹，对博格来说，这简直就是某种十恶不赦的新式抢劫。

博格顶住奥德里奇与科学家们的压力，决定留下施瑞伯，但仅在名义上。现在开始，他只会在如葛兰素来参观时被拉出来，其他时候就被当作竞争者。博格要求所有的实验记录每天归档、签字，记录设计思路的形成，以防被起诉侵权。至于如何对待施瑞伯，博格采用了他谈判时的惯用手段："只让他们知道他们需要知道的，这样他们就会告诉你最糟的情况会是什么。"

他告诉众科学家："大家还要对斯图尔特客客气气的,然后好好听听他会说些什么。"

博格没有告诉施瑞伯他的决定,他怕施瑞伯一气之下自行与葛兰素协商。他还有其他考虑。如今双方都在合成化合物,竞争越发激烈。虽然施瑞伯否认他也在设计药物,但博格担心他会先于福泰拿到候选先导化合物。实际上,施瑞伯觉得自己快成功了。

博格的担心成真了。12月,施瑞伯团队合成了他称之为FK-506结合域的分子——506BD。FK-506是由126个原子组成的**大环分子**,其上还有一个角状向外突出的结构。

作为化学家的施瑞伯不太在意FK-506的药效,令他感兴趣并让他感到一种舍我其谁的狂喜的,是FK-506和雷帕霉素(rapamycin)非常像。雷帕霉素也是来源于真菌的化合物,它不光能抑制免疫系统,还能抑制细胞复制。

雷帕霉素于1975年从复活节岛的土样中被分离出来,是潜在的抗癌药。施瑞伯对此也不感兴趣。他好奇的是,为什么这两个分子的结构如此之像,却有着不同的药效?搞清而且**首先**搞清分子作用的机制是学术界的至高荣誉,面对此等天赐良机,施瑞伯无法自已。

因此他设计了506BD,506BD包含FK-506和雷帕霉素的共同片段,施瑞伯和同事认为它一定能与靶点蛋白牢牢结合。但是测试这个分子时,他们惊奇地发现,506BD虽然能和FK-506一样阻断蛋白折叠,却是个"哑炮"——没有免疫抑制的效果。看来,使FK-506发挥药效的机制并不在此。

施瑞伯惊喜万分。福泰和其他人一直认为,FK-506的活性(即其免疫抑制能力)在于它能阻止FKBP折叠,而他超越了所有人,提出了一个新的假说:FK-506抑制免疫系统的功能与其阻碍蛋白折叠的功能无关。他认为,分子中不参与结合的部分才是真正发挥免疫抑制功能的**作用域**。他将以506BD为基础,进一步构建分子,试图找出拼图中缺失的那一部分。

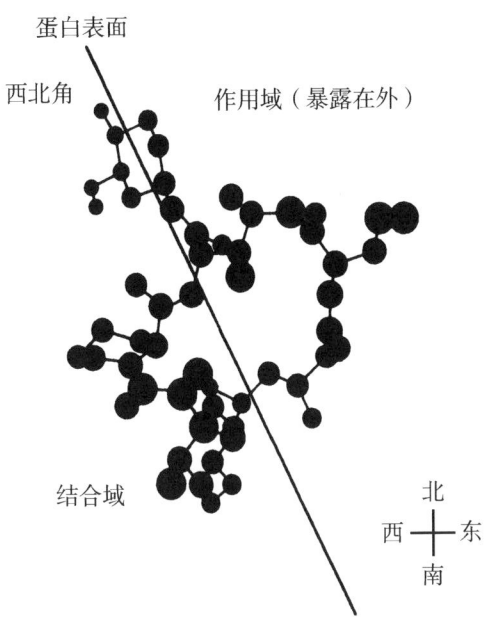

FK-506 结构图。图中的圆球代表原子。FK-506 有两个功能域,左边的是结合域,使之与靶点蛋白结合;右边是暴露在外的作用域,它从蛋白表面(图中西北角到东南角的轴线)探向外侧,与其他分子结合(施瑞伯出于另一种美学考虑,喜欢把它的结构图倒过来画)。

博格坚称是他先提出了合成 506BD 的想法,是他在 9 月的一次会议上提出的,而不是施瑞伯。但是施瑞伯已经向世界宣布了他的结果,争这些也没什么用了。博格认为 506BD 的实验结果并不是决定性的,但他知道其他药企都会看到那篇论文,从而动摇福泰药物设计的基石。

博格对其他药企"给猴子打字机"*式的药物化学研发策略只有鄙视。他们派出化学家军团,穷举般替换分子上的原子和基团,以期改善化合物性质。这个策略和筛选一样,主要依靠概率:化学家越多、工作时间越长、合成的分子

---

* 法国数学家埃米尔·博雷尔(Emile Borel)提出的假说,即给无数只猴子配以打字机,它们终有一天能凭运气写出一部莎士比亚全集。——译者

越多,就越可能成功。但这可不是博格所理解的"智慧的科学"。况且现在运气似乎不在他这边,他不想赌。

但传统手段依然很有效。拥有最多、最好的化学家的公司收益最大。默沙东一向通过投入更多的化学家来打败对手。

这令博格很苦恼。福泰只有7名化学家,默沙东则有超过400名——他们还对这个数字守口如瓶,仿佛这是国家机密一般。没有结构信息的话,福泰只能尝试博格充满风险的新策略:不去合成多种结构上有微小差异的分子,而是通过切割分子,找到能保有活性的最小结构。寻找分子中最小有效片段的策略在药物研究中还很有争议,但博格深信不疑,并且希望别人最好都不要来尝试。小分子片段是博格的信仰,是基于结构药物设计的逻辑基础,也是导致他与默沙东及制药界决裂的关键因素之一。如果福泰能有什么算是"独家秘方",那肯定就是博格和化学家一起设计的几个小分子(施瑞伯也参与讨论了其中几个)。

博格认为,虽然506BD是个哑炮,但它的发布却将福泰的策略公之于众,其他药企终将发现福泰结构新颖却不难仿制的分子,甚至加以拓展创新。而原本如果没有施瑞伯这样业界巨头的背书,他们是断然不会尝试这个策略的。博格不相信施瑞伯看不穿这一点,但福泰现在还不能失去他,因为其他药企正等着踏破施瑞伯的门槛,而施瑞伯会高高兴兴地接受所有的邀请。

1990年1月第二个周五,明明周六就有科学顾问全体会议,施瑞伯却罕见地主动来了趟福泰。他带着一个博士后前来汇报研究进展。哈丁说,这是"想归还一点拿走的糖果",他也因施瑞伯难以揣摩的忠诚颇为烦恼。

施瑞伯似乎也不太自在,不过是出于其他原因。他对福泰的科研,尤其是对福泰还在合成过时的FKBP抑制剂很不满意,他说福泰是"菜鸟"。他认为,如果机制未知,合成这些化合物又有何用处?福泰的科学家关注点不对,和他们合作毫无益处。这正是他不信任福泰之处,并随着福泰对他不信任程度的加深而滋长。他没有背弃福泰,他只是鄙视他们。

施瑞伯和博格都戴着有色眼镜审视彼此,分歧难以挽回。猫的咕噜声在狗听起来就是挑衅。施瑞伯说自己没有、也不屑于暴露福泰的机密。"别人的工作与我何干?"他说,"而且我怎么可能暴露福泰的机密,毕竟他们什么也没做。"施瑞伯还不知道自己已经被踢出了福泰的圈子,他不知道福泰的进展,不敬也是正常的。

施瑞伯和哈丁,还有福泰的首席酶学家戴维·利文斯顿(David Livingston)在逼仄的会议室内讨论。施瑞伯很是犹豫不决,他不断地从文件夹中掏出些什么,又好像被烫到了似的半途缩手。气氛在施瑞伯一声咒骂并突然抽回手后越发尴尬。45分钟后,施瑞伯终于拿出两篇文章,一篇是他自己尚未发表的,一篇是他对手已经发表的,都是讨论亲环蛋白的。他看了1分钟后,长出一口气,把自己那篇收了回去,开始讨论他对手已经发表的文章。

施瑞伯离开后,积压数周的不满终于爆发了。博格走到哪,哪就有人跟他吐苦水。跟罗氏的协议、506BD、与哈佛的专利鏖战、明天的科学顾问会议、还有施瑞伯的去留……每件事都需要博格尽快拿主意。

哈丁联合三四个人找上了博格,他恨恨地抱怨说:"他想要更大的花园,就去挖邻居的墙角,这或许还可以容忍,但现在他简直要把邻居家的屋顶都掀了。"

"他还总把自己的想法毫无保留地说出去。"化学家桑德斯说。

"问题就是他也在合成化合物,"博格说,"他在这里时我们还能管管他,他一离开我们就没辙了。"博格停了一下继续说,"问题是……问题是他太我行我素了,他在不在这里实际上都一样。"

"无论他去哪里开会,我们都应该跟着。"桑德斯提议。

另一位化学家哈尔·迈耶斯(Hal Meyers)点头同意:"或许能行,斯图尔特什么事都不会记下来。"他是施瑞伯还在耶鲁时门下毕业的第一批博士。

"好啊,"博格哼了一声,"他不记,我们帮他记,这样斯图尔特就不用屈尊改变自己的习惯了。"

"我们能用名誉与财富旁敲侧击一下嘛?"桑德斯问。

大家都笑了。"斯图尔特觉得他什么都会有的。"化学家阿米斯特德说。

"当我们走进一家大药企,能用自己的数据讲上半小时时,斯图尔特就不重要了。但在此之前,我们还得靠他的招牌。"博格说,"斯图尔特的价值和带来的负累就像两条函数曲线。不幸的是,现在他带来的负累还没有超过他的价值。不过这两条线并不平行,它们迟早要交汇。"

"福泰很快就会超过他",这是博格对与施瑞伯竞争问题的标准回答。当福泰率先解出 FKBP 的晶体结构、拿到独家数据时,就再也没有施瑞伯什么事了。博格相信,这一天一定会到来。但在这个周五的黄昏,不耐烦的博格只想回他的办公室。现在已经 1 月了,几个月以来,麻烦越来越多。

"世界上的竞争已经够残酷了,"他说,"而人还总跟自己过不去。"

两个小时后,在周五傍晚的常规"啤酒时刻",汤姆森神情呆滞,跌跌撞撞地走向博格。

他说:"我们拿到纯化蛋白了。"

第五章

但那**并不是**纯化蛋白。

汤姆森分离的蛋白与哈丁发现的 FKBP 分子量与丰度都一致,但经仔细分析后,他发现其中还混有另一个大小相近的物质,很可能是另一种蛋白。这差点把他逼疯了。他觉得自己要把公司给毁了,所有人都会责怪他。虽然博格一如既往地安慰他说,任何信息都是有用的,但汤姆森没感到一丝宽慰。他要搞清楚混合物中到底有什么,而这又是一项黑暗阴冷的苦差,因为福泰依然没有特殊的能指导他的方法。

诺贝尔奖得主戴维·巴尔的摩(David Baltimore)曾评论说,科学"不是从事实到事实,而是从假设到假设"。汤姆森猜测,这两个蛋白除了大小相近以外,还有其他联系。由于 FKBP 的化学通路尚不明确,它除了促进蛋白折叠,还可能有其他作用。如果这个"杂质"是个与 FKBP 通过化学键相连的新蛋白,其意义与 FKBP 同样重大。

汤姆森像斯塔泽一样害怕失败,故而不准自己放松。他公寓门外的比萨外卖盒堆得齐腰高,冰箱里只有几瓶啤酒,还有世界上全部的纯化胚胎晶状体蛋白*。他把这些都丢了,彻底搬进实验室,决心把两个蛋白分开。现在他需要的是一种只和 FKBP 结合的东西。此时博格给了他一个法宝——抗体。研究分子的科学家像锁匠和溪钓者一样,喜欢自己制作工具。博格在项目的早期设计了几种 FKBP 抗体,它们就像屠夫的钩子般能与 FKBP 不同的位置特异性结合。汤姆森日日夜夜都在用这些抗体检查混合物的组成,"我只要能分离出一点点,就能测序、做些检测实验,然后就知道那是什么了。"

汤姆森在实验室连续工作了 5 天,他在实验台间不断奔走,脚肿得都站不住了。他很沮丧,但他鞭策着自己一定要兑现承诺。每个科学家在读书期间都听说过一些从不离开实验室的人,他们自己大多也有在实验室日夜攻坚的经历,但他们都不知道谁的决心和毅力能与汤姆森匹敌。汤姆森就是自己的魔鬼,没有人觉得他还能做得更多。博格深知科学家奋力拼搏的价值,也为了继续塑造福泰的文化,他赞许道:"默沙东也没有约翰这样的人才,所以我才会聘用他。"奥德里奇补充道:"明年的工作重点是保证约翰活着。"

汤姆森最终将两种物质分离开了。他猜对了一部分:混合物中的另一种物质是蛋白,但不是新蛋白,它跟 FKBP 没明显关系,含量却远高于 FKBP,它是泛素(ubiquitin)。泛素,这个名字就意味着它无处不在,阿米巴虫、胡萝卜和人体的细胞里都有它。它的功能也早已被人熟知。蛋白需要被合成,也需要被销毁,泛素正起到标记待销毁蛋白的作用。而填满试管的蛋白正是泛素。

汤姆森并没有太沮丧,因为失败是科学研究的常态,他也像大多数科学家那样练就了不为任何好兆头兴奋的心态。但他担心哈丁和默沙东的测量有误,FKBP 的真实含量可能非常稀少。如果他们当时就发现了泛素干扰的问题,博格可能根本不会启动这个项目。突然间汤姆森的任务更艰巨了,即便他能够分离出 FKBP,其含量可能也不足以供蛋白结晶。没有蛋白晶体,就无法解析结构。现在他必须准备更多的原料,然后大幅提高蛋白产率。

---

* 指的是他博士后期间分离的蛋白,见第二章。——译者

他又回到了起点。还有不到一个月，葛兰素的考察团就要来了。尽管没人直说，但因为缺乏蛋白，其他同样急于展示能力的科学家只能无所事事。与此同时，施瑞伯的课题组已经利用基因技术生产了近 0.5 克的重组 FKBP，这一来更成了双重威胁。如果福泰没有自己的蛋白，就不得不挽留施瑞伯并与哈佛签订协议。但施瑞伯已经开始不耐烦了，他就想找个晶体学家用他的蛋白抢先解析出 FKBP 的结构。而且施瑞伯和汤姆森都听说默沙东有了足够的蛋白，已经在尝试结晶。施瑞伯决不会允许自己因为福泰而丧失领先地位。

汤姆森回家睡了整整一天，洗了个澡，刮了胡子，换了身衣服，又来上班了。他决定这回不光把 FKBP 分离纯化出来，还要设计一套新的、有别于哈丁和默沙东的论文中的提取方法，把产量提高到比论文所说的高 100 倍。他把每周胸腺的订单从 5 千克提高到 10 千克，在从切肉开始的每一个实验步骤中都尝试各种新方法，每一个细节都层层优化。汤姆森说："我基本上把那两篇论文都扔了。"自己摸索方案的确会大幅降低速度，但他认为这是提供对福泰至关重要的蛋白所必需的。尽管有的科学家对此表示忧虑，但博格绝对支持汤姆森，他保护着汤姆森免受闲言碎语打扰，专心分离蛋白。

而汤姆森即使没有博格的支持也能屏蔽大多数干扰，他像奴隶般工作，对自己的逼迫足以让其他人担心。1990 年 1 月 22 日，在发现泛素不到一周后，汤姆森连续工作了 8 天，其间只回家换洗了两次。这次他分离出了一批纯的 FKBP，但这批蛋白没有活性。他猜测可能是因为在去除脂肪时用了氯仿，要不然就是蛋白不能速冻，他决定放弃这些方法。"越来越糟了，"他说，"下次切胸腺时可能会稍微恶心一点。"对了解汤姆森的人来说，他过于冷静的态度可不是个好兆头，当他说他在拿到蛋白的那天就要给自己买辆新摩托时，大家忐忑不安地强颜欢笑。

葛兰素的代表团将在 2 月 20 日到来。虽然福泰已经取得了一定的进展，但只有福泰能拿出自己的 FKBP，葛兰素才会真的将福泰视作盟友甚至是对手，他们在谈判桌上才能平起平坐。汤姆森和菲茨吉本疯了似地赶进度。但由于博格最近为福泰购置了太多高端新设备，电力跟不上了，所以公司将于 2 月 16 日关门一天以安装新的 5 万瓦变压器。那天冷冻室将会关闭，汤姆森必须停工，未完成的实验将会作废，之后的时间又不足以重新开始实验。无论他想做什么，都必须在 16 日前做完，他只有两周的时间了。

如同博格早已预料到的，哈佛越发虚伪了。专利转让办公室其实很想做这笔交易，但专利办公室主任布林顿却提到施瑞伯和福泰的关系正亮着红灯。她建议奥德里奇再与施瑞伯谈谈。哈佛大学在生物医学领域的诺贝尔奖得主比世界上任何机构都多，哈佛也非常重视这一荣誉，而哈佛化学系只给有希望赢得诺贝尔奖的人终身教职是个公开的秘密，所以，施瑞伯有与他的年龄和资历不相称的影响力。布林顿暗示，施瑞伯或可凭一己之力推动协议。

另一方面，布林顿则建议施瑞伯与经济学教授杰里·格林（Jerry Green）谈谈。格林是教授职业操守委员会主席，他诠释了奥德里奇所谓的"党派宗旨"，说福泰的免疫亲和蛋白研究已经处于业界领先，不与他们合作的话，施瑞伯、他的学生、还有哈佛，都可能在一个重要的领域中失去先机。但同时，布林顿却又建议施瑞伯去见一见校长博克。博克曾与耶鲁恶战一番，终于将施瑞伯抢来。鉴于施瑞伯持有福泰的股权，学校、公司的科研目标又有所重叠，他这次要亲自过问施瑞伯与福泰的关系是否符合哈佛严格的利益冲突指南。这份充满争议的指南正是博克任法学院院长时推动通过的，那可是学校历史上最艰难、最让人焦躁的战役之一。

博格听说博克亲自关注此事后感叹道："冤家路窄啊。"

"毕竟圈子里就这么几个人。"奥德里奇说。他不用再提博克曾对公司拟定名为"真理"大为光火，亲自要求他们改名。

博格本希望在 2 月 20 日前跟哈佛签署协议，以向葛兰素证明施瑞伯还在福泰这边。现在这种可能性破灭了，于是他需要营造一个和谐的假象。施瑞伯还不知道福泰人人都讨厌他，博格对施瑞伯也还抱有一丝希望，他决定利用一下彼此间残存的忠诚。

"他一定会照着我们说的演的。"博格对奥德里奇说,"只要我们给对了剧本。"

奥德里奇很是怀疑。"那你想用胡萝卜还是用大棒?"奥德里奇不愿再容忍施瑞伯,他想教训施瑞伯一下,让他明白他可能失去公司的所有股票。

博格回答:"这次先给胡萝卜吧。"

"这取决于我们的技巧。"奥德里奇说。

基于在福泰期间的经历,奥德里奇对施瑞伯的不信任越发明显、情绪化,他嘲讽哈佛的态度则由来已久。哈佛曾是波士顿老居民不可分割的一部分。奥德里奇的父亲、母亲、叔叔都毕业于哈佛。但二战后,哈佛渐渐成为了学术界的霸主,而非本地精英和贵族的阵地。新哈佛的气节不能被自私自利干扰。20世纪70年代早期,也是奥德里奇读高中时,政府开始大力资助科研,哈佛随之要求科研得有高尚的动机与有利于社会的结果。哈佛的专利政策一直是:"事关医疗与公共卫生的专利都不允许被转让……除非对公众有明显益处。"这个原则无可辩驳。

部分是因为个人("我从没有足够的动力去读书"),部分是因为哈佛(哈佛不再轻易接受校友的孩子),奥德里奇最后去了波士顿学院,毕业后去了波士顿咨询公司(Boston Consulting Group,BCG)工作。波士顿咨询公司源自哈佛商学院,是20世纪70年代最大、最好的咨询公司,它发明了一些新奇的词,比如"学习曲线""现金牛",并彻底改变了美国市场布局。

奥德里奇当时年轻敢闯,自称"西装革履的朋克",在咨询公司研究帮助企业增加利润的方法。(有个笑话说,咨询公司"懂得100种做爱的方法,却不认识一个女人"。)后来,奥德里奇在达特茅斯学院攻读工商管理硕士,靠在足球比赛时销售装啤酒的小篮子支持开销。毕业后,他为生物技术产业(当时还在襁褓中)的两大先驱之一百健(Biogen)拓展业务。

百健让奥德里奇亲眼见识了一个重视商业的新哈佛——博克一直试图抑

制这个势头,他认为这是歪门邪道,会损害哈佛的竞争力。百健由战后剑桥头号怪才沃尔特·吉尔伯特(Walter Gilbert)*创立。诺贝尔奖得主、卓越的生物化学家吉尔伯特在头发斑白的年纪出走哈佛,筹资1.25亿美元创立了百健,然后自领28.5万的年薪,还享有58万股原始股。但他生意做得一塌糊涂,最后不得不把公司交给职业经理人后回哈佛了。之后,他又尝试筹集资金,和政府竞赛测定人类基因组的DNA序列,如果成功的话,他和合伙人就能拿到人类基因蓝图的专利**。奥德里奇看到了新一代科学家大拿身上"冷酷的个人主义"(诺尔斯如是评价),他们追名逐利堪比华尔街。奥德里奇钦佩吉尔伯特等人的创造力,但觉得他们在分配利益时好像"杀红眼的海盗"。"对于把他们踢下船,我不会有一丝愧疚。"奥德里奇如是说。他觉得旧哈佛的道德观已经让位于贪婪。奥德里奇虽然才30出头,但他在政治和财务上都像老人一样保守。

尽管如此,奥德里奇依然觉得利用施瑞伯来促使与哈佛达成协议值得一试,他认为这会是个共赢的局面,但将如此重任交给施瑞伯他实在不放心。他试图计算出在没有施瑞伯的努力下,哈佛与他们达成协议的可能性。

"如果哈佛觉得这个协议有利,"他对博格说,"那为什么要给我们这么多麻烦。"

"是啊。但布林顿知道我们的底线,到5月时,她或许会拿出一份要求总利润5%的专利协议,然后说'爱签就签,不签拉倒'。我们耗不起,然后就惨了。"博格接着说,"我要让施瑞伯知道,能否在20日前签订所有或者至少部分协议内容,决定了公司能否发展。"

---

* 吉尔伯特因发明了一种DNA测序法(链降解法),与发明另一种DNA测序法(链终止法)的英国化学家弗雷德里克·桑格(Frederick Sanger)共获1980年诺贝尔化学奖。——译者

** 该项目最后由另一位同样依靠私人资金的科学怪才克雷格·文特尔(Craig Venter)完成,但经过协商,他与政府项目同时宣布完成,也没有申请专利。——译者

"公司会发展的,"奥德里奇提高了音调,"不管有没有他。"

2月16日一早,波士顿刮起了北风,将烟囱上的白烟吹向了冰蓝色的天空。从港口灌入的刺骨寒风迫使往来的行人弓着腰。奥尔斯顿街上覆盖着厚厚的一层冰,好像坚硬的钢板。

福泰的化学实验室里也弥散出同样的寒意。大多数化学实验在半封闭的通风橱中进行,通风橱可以将有害气体排出,但也会将房间里的暖气抽走。尽管屋顶上几个大功率的空调不断加热着室内空气,可每隔三分钟就进行通风,暖空气被抽走,新鲜冷空气涌入室内。在早期试机时,换气前后能造成十几度的温差。梅森·山下(Mason Yamashita)是一位跟汤姆森几乎一样勤勉的年轻晶体学家,他在挨着X射线源边上的地板上小睡,因为他发现那里是整栋建筑最暖和的地方。公司的玻璃大门在有人出入时都因风力而剧烈摇晃。对于大多数人来说,幸好今天公司需要升级电网,他们得以赖在床上。

实验室里只有汤姆森一个人,他喝完了一杯咖啡,快步走进冷冻室旁的蛋白测序室。一台庞大机器占满1.8米长的台面,它的屏幕上每18分钟就蹦出一组3个字母:Gly、Val、Gln、Val、Glu、Thr……每组字母都代表构成蛋白质的20种氨基酸之一,Gly代表甘氨酸,Val是缬氨酸,Glu是天冬氨酸……每种蛋白的氨基酸序列像每个人的指纹一样独特,汤姆森正在期待与哈丁和默沙东一致的测序结果,以表明他纯化到的蛋白是FKBP。

汤姆森在实验室里待了6天了。他精疲力竭,沉浸在一种奇妙的感觉之中:既无比清醒又昏昏欲睡,既死气沉沉又活力四射,既残破欲碎又完好且不朽。他直勾勾地盯着屏幕,发红的手和脚不安地躁动着。一组组字母依次蹦出,他麻木地记录着,知道这只能是纯化的、有生物活性的FKBP。虽然现在产量还不足以供X射线晶体衍射实验之用,但他做到了,他在葛兰素到访四天前拿到了蛋白。

突然间,电断了,但他依然麻木地站在死寂的机器前。公司空无一人,没有谁来与他分享胜利。他独自回到餐厅。在昏暗的灯光下，奇异的宁静里，他窝在沙发中，闭上了眼睛。

本诺·施密特（Benno Schmidt）的办公室位于纽约洛克菲勒中心的23层，他在这间办公室工作近30年了。从那里，可以直接俯视第五大道上圣帕特里克教堂高耸的哥特式螺旋尖顶。博格说这是"上帝视角"。施密特的确是福泰的神，不光因为他是福泰的董事长兼最大的股东，还因为他是惠特尼投资公司（J. H. Whitney and Company）——世界上第一家风险投资公司——的共同创立者，也是联邦政府"向癌症宣战"（War on Cancer）计划的前主席。现年81岁的施密特堪称生物医学革新方面的把关人，律师出身的他称得上是过去20年间对医学研究影响最大的非科学家。他的经历也好像神明下凡般传奇。施密特是地道的得州人，在二战后美国最强盛的黄金年代来到了纽约，和最大的私人资产之一合作。他既有老式的贵族气派，又能通过魅力达成交易，还有一个强大的关系网，借此，他获得了巨大的财富与影响力。他办公室墙上挂着他和自理查德·尼克松（Richard Nixon）以来每位美国总统的合影。照片中，他身材健硕，灰白相间的头发打理得油光锃亮，白色的眉毛尤为引人注目。

施密特并不是含着银汤匙出身的。他出生在得克萨斯州西部山区中的阿比林。他12岁时父亲过世，母亲是当地的福利机构的秘书。他毕业于得州大学法学院，之后去了哈佛教书。珍珠港事变两天后他参了军，最后升至上校，战后进入州政府部门。1946年，约翰·海·惠特尼（John Hay Whitney）找上了他，想创办一家投资新技术的公司。施密特此前与惠特尼并无往来，但他久闻惠特尼大名。惠特尼继承了当时美国最大一笔家族资产，又颇有风范，对战后美国影响很大。惠特尼的朋友曾说他认为金钱有三种用途："明智地投资，善意地使用，舒适地生活。"惠特尼勇于进取，实现了这三点：他投资了电影《乱世佳人》（Gone with the Wind），曾任驻英大使。他花了4000万美元试图拯救《纽约先驱论坛报》（New York Herald Tribune），又出资数百万支持反歧视运动。他打高杆高尔夫，养赛马,拥有一批世界上最好的私人藏品,包括一批亨利·马蒂斯(Henri Matisses)的画。他有8处住所,包括纽约市中心东第六十三街的独栋楼房,纽约长岛上占地2平方千米的庄园,还有佐治亚州一处70多平方千米的自然保护区。无论他住在哪里,他总要带着那些马蒂斯的画。美国正要享受战后胜利的果实,惠特尼这样的人注定成就超凡,而此时他邀请施密特坐在他身边。

施密特很快就学会了惠特尼"挣大钱,做好事"的风格,他们创造了**风险投资**的概念,即向华尔街认为风险太大的小公司投资。他们是盯着新人才、新想法和时代风向的赌徒。"我们可不满足于一般的战术,"施密特曾这么说,"我们一定要本垒打!"第一年,他们投资了美汁源(Minute Maid,发明了保鲜橙汁)和斯宾塞化工(Spencer Chemical Company,一家位于美国中西部的化肥厂)。这两家公司给他们带来了丰厚的收益,施密特也捞到了第一桶金。之后他就像恩师惠特尼一样热衷公益服务,在他贝德福德-斯泰弗森特发展和服务公司主席、纽约市基金主席、韦尔费尔岛规划与发展委员会主席等一系列头衔中,最重要的是纪念斯隆-凯特琳癌症研究中心(Memorial Sloan-Kettering Cancer Center)主席,该中心是世界上首屈一指的癌症研究所。

惠特尼的老朋友劳伦斯·洛克菲勒(Laurence Rockefeller)和施密特一起在纪念斯隆-凯特琳癌症中心的董事会工作。他推荐能力出众的施密特于1971年参加了研究联邦政府在对抗癌症中的作用的委员会。自二战之后,还未有过如此迫切的需求,要将科研力量服务于一个直接的医学目标。施密特由于能力出众,于之后的"向癌症宣战"计划中被委以重任,在尼克松、杰拉尔德·福特(Gerald Ford)、詹姆斯·卡特(James Carter)三届总统任期内一直担任该计划的主席。该计划最后虽然未能找到治愈癌症的方法,但导向性研究与巨额政府资助孵化了全新的生物医疗行业。施密特在学界、政界、商界都有无可匹敌的强大人脉,无疑是新纪元里最重要的中介人。世事轮转,他反过来指导惠特尼投资公司,并在他亲自安排下,重点向试图将"向癌症宣战"中基础研究成果转化为产品的公司投资。"导演几出戏罢了。"他如是回顾。

施密特的扛鼎之作是对基因研究所（Genetics Institute）的投资。基因研究所由两位哈佛的分子生物学家于1980年在哈佛校内建立，那时哈佛还想买下这个公司。但吉尔伯特和他的百健闹得满城风雨，迫使哈佛终止了交易。这给了施密特一个天赐良机，他和威廉·佩利（William Paley，哥伦比亚广播公司的董事长，也是惠特尼第二任妻子的妹夫）向科学家们提供了一个他们无法拒绝的协议：将整个实验室私有化。如果他们自己有实验室，又何必继续为哈佛效力呢？基因研究所成为当时最耀眼的生物技术公司。施密特作为主席，和惠特尼一起享有25万股股权。

基因研究所很快就让施密特赚得盆满钵满，但真正的大奖在1990年冬天才到来。那时基因研究所和安进（Amgen，一家加利福尼亚的公司）正为EPO（促红细胞生成素）的专利打得不可开交，都想成为美国第一家上市EPO的公司。先来后到的顺序在赢者通吃的生物制药界显然至关重要。EPO能促进红细胞生成，治疗肾脏透析导致的贫血，上市前就被认定是重磅炸弹，甚至可能是生物技术时代第一个价值以10亿美元计的分子，能让一家一直在烧钱的新兴企业立刻跻身世界500强，还能为施密特等早期投资者提供上百倍的回报。这样的分子不仅当世罕见，纵观整个药学史也屈指可数。

问题也出在这里。专利法案授予药企对新药17年＊的独占期，而基因研究所和安进都拥有生产EPO的技术，于是他们互相起诉，试图使对方的专利无效。这宗诉讼案在东、西海岸同时开庭，即使安进的EPO已经获FDA批准上市，经过四年的拉锯战后双方依然难分胜负。11月，波士顿的联邦法庭判决双方的专利都有效，但也互相侵权。双方每年为了诉讼和之后的宣传花费数百万，显然不能接受这个结果，因此同时上诉。

EPO在美国这个世界上最大的药物市场陷入僵局。但施密特也有好消息。

＊ 有两种计算专利到期日的方法，申请日起20年或者授权日起17年。作者采用了后者。——译者

小型研究性药企一般无力承担药物开发的全部费用,因此基因研究所在1985年将EPO的专利出让给日本的中外制药(Chugai Pharmaceutical Company)。中外制药是一家新兴的日本药企,他们雄心勃勃,希望登上世界舞台。他们持有EPO的亚洲开发权与美国的联合开发权。虽然基因研究所的EPO在美国上市受阻,但于1990年在日本成功获批上市,而日本又是世界上人均药物花费最大的市场。中外制药在日本独享2亿到4亿美元的市场,而基因研究所将获得5%的专利费。虽然看起来不多,但也有个几千万美元。与此同时,中外制药尝到了甜头,希望施密特能在美国再撮合一桩生意。

在福泰的早期发展中,施密特并没有干预,一是他很忙,二来他觉得博格能搞定一切。但2月初,他请博格来见见他在中外制药的"老朋友"。博格不想浪费一分一秒,因此决定16日一大早去纽约。和日本企业的第一次见面往往都是礼节性的,之后双方要慢慢地交换意见,往往数年才能达成协议。但即使如此,博格仍可以跟下周一来访的葛兰素说福泰也在跟别的企业洽谈,暗示葛兰素机不可失,所以和中外制药的会面正合博格心意。博格最不喜欢的就是谈判的天平严重向对方倾斜,他可不想干看着葛兰素东挑西选。早上6点,正当汤姆森麻木地盯着蛋白测序仪时,博格、奥德里奇和纳维亚登上了前往纽约的特朗普航班*。

施密特致辞欢迎,引荐大家互相握手,他有着浓密的白眉与蓝色的眼睛,慈祥地看着大家,好像在举办一场家庭烤肉晚会。中外制药的领队令人意外的是个穿着深色西装、带着飞行员墨镜的年轻人——永山治(Osamu Nagayama)。永山是公司的执行总裁,也是年迈的董事长的女婿。大部分日本企业的高级管理人员都经历过二战,他们神色坚毅,令人生畏,与美国人尤其有隔阂。但43岁的永山例外,他英语流利,能理解美国人的幽默,看起来也很适应施密特的非正

---

* 特朗普航班(Trump Shuttle),唐纳德·特朗普(Donald Trump,2017年就任美国总统)在1989—1992年经营的短线航班,在纽约、波士顿、华盛顿三城之间班次频繁,拥有豪华的内饰。——译者

式接待。博格等人谨记与日本人打交道的种种规则,恭敬地递上他们英日双语名片,用"永山君"这样的敬语称呼他。施密特却直接叫他"山姆"(Sam),他说有一些1946年印制的名片,但现在不怎么用了。

随后他们进入施密特的合伙人专属餐厅,也是他的私人会客室,他的"圣所"。餐厅中满室华美的胡桃木家具来自惠特尼父母在纽约第五大道的豪宅,四周摆设着几件惠特尼的遗物,还有一副米罗(Miró)的画,博格觉得像画了一个分子。博格用一套标准的幻灯片介绍了福泰:概述很多,细节很少。他已经知道汤姆森今早取得突破了,但并不打算谈,最关键的信息要在真的商机到来时才能拿出来。他更没有提到施瑞伯。之后永山介绍了中外制药的战略目标:自EPO之后,他们进入了15年计划的第二阶段,这一阶段的目标是将销量增加两倍,达到30亿美元,其中海外市场的销售额要占到30%,并打入全球药企前30强。他们还有一个持续到2100年的长期计划。

奥德里奇在百健就与日本公司打过交道。他认为这是一次很有价值的会面——不是因为说了些什么,而是得看谁在说。跟日本公司打交道,一般总是要从初级员工开始,然后经由他们逐级上报。但是永山能直接向董事会汇报。永山深得中外制药董事长上野公夫(Kimio Uyeno)的信任。上野是中外制药创始人的儿子,这位创始人将中外制药从一个卖解酒药的作坊发展为崛起的商业帝国。奥德里奇觉得如果最后要和中外制药合作,单这次会面就让他们节约了一年到一年半的时间。

奥德里奇比博格更讨厌与他认为不配的人分享福泰的"价值",所以在众多资本手段中他最喜欢研究协议。他深知,如果不能尽快找到合作伙伴,他们就得继续依靠施密特等人的风险投资,向他们伸手要更多钱,这对施密特和其他董事会成员来说或许是件好事,但福泰要付出的代价太大了。奥德里奇常说"吸血的风投",因为风投公司冒了最高的风险,所以也要求最高的回报。作为董事,他们甚至自己抬高股价再卖给自己人。奥德里奇迫切地希望能将福泰从这种卖身契中解放出来,而现在就有个天赐良机。而且中外制药似乎不在乎施瑞伯,这等美事他原先可是想都不敢想的。

施密特投资有两个原则:你对这个领域感兴趣吗?你喜欢这些人吗?从双方利益来看,他感觉进展顺利,随口提了个双方利益均享的建议:如果福泰研发出了新的免疫抑制剂,那他们将共同开发北美和欧洲市场;中外制药独占远东市场,再付给福泰一笔可观的专利费——以制药界的市场观点看世界,余下其他地区不值一谈,施密特提都没提。

"我简单谈了一下我设想的交易然后问山姆他感兴趣吗,他说可以,"施密特回忆,"于是我在一张小纸条上给他写了个数。"

福泰三个月前连实验室都没有,现在离拿出产品也遥遥无期;作为免疫抑制剂项目主要卖点的施瑞伯现在是公司不受欢迎的人,还可能是双面间谍,甚至是竞争对手。施密特为福泰开价4000万美元。永山只说会考虑的,然后把那张纸条收起来,回东京的总部去了。

第六章

葛兰素到访前几周,不光是汤姆森,每个人都在疯狂地工作。博格却常常像鹤一样一动不动地坐在办公桌前,盯着电脑,陷入无尽的沉思,只是偶尔伸出修长的手指敲几个字。他即使在左手边成堆的幻灯片中翻找东西时,视线也没离开过电脑。他拿起一张幻灯片,面无表情地对着光看看,然后放进一个小盒子或放回幻灯槽中*。这段时间他几乎没有吃过饭,化学家罗杰·邓(Roger Tung)笑称他是靠光和空气就能活着的自养生物。科学家们最近都为迫近的未知而焦虑,因此博格整理幻灯片时的冷静与专注让许多人觉得很危险,也有人认为这是孤傲。

博格觉得没法跟大家解释,也就索性不解释了。他现在完全处于"销售模式",他只考虑钱,没空去想他该做什么、科学家们该做什么、福泰该做什么,他让科学家们自己去考虑如何设计比 FK–506 更好的分子。

---

* 早期的幻灯机是一个有许多卡槽的投影仪,要将制作好的幻灯片插入卡槽后才能按顺序播放。——译者

福泰在设计并卖出第一款药前,需要先把公司包装好并卖出去,这是现在博格的第一要务。华尔街称离拿出产品还很远的小公司为**概念股**(story stocks)。他们的价值不是产品,而是信息:关于公司的信息,公司提供的信息。因此公司的估值也非常易变。比如甲公司的估值会因其药物临床试验获 FDA 批准而暴涨,又会因乙公司注册了相关专利而暴跌。这场游戏中也有幻觉与诱惑。公司的故事令投资者兴奋,如果走运,还会令他们渴求。投资者的欲望就是新兴药企的氧气,没有这种欲望,药企就无法筹集亿万美元的资金,就不得不节制花销、四处举债,最后破产。因此博格万分关注他的幻灯,这些幻灯片串起了福泰的故事。不管实验室有没有取得进展,福泰的故事必须成功,必须战胜其他同样动听的故事。

故事不能太学术,投资者从中最想得到的是信心。所以博格的幻灯片不是一篇科学论文或是商业战略报告,而是一个远征的故事,一场寻找药物设计的"圣杯",以及更安全、更智能、更盈利的药物的远征。远征的动机掺杂了正义与贪婪:福泰的药物发现模式将会优于筛选法或生物制药(博格会补充说明他们各自的致命局限),必将大获全胜。远征的基础是公司独特地融合了各学科的技术(博格将会用一个楔形阵来表示),还有来自最强大科研机构的科学家(他们的哈佛与默沙东背景将会支持这点)。在经济上,他们还有施密特的支持。而故事的场景,自然是备受关注的 FK-506 和免疫抑制剂。

以上就是故事的明文,但故事还有暗线。博格没有在幻灯片中提到他和默沙东的关系,但所有人在介绍他时都不会绕开这点。对于了解药企的听众来说,他的变节正是福泰故事中最吸引人的部分,带着微妙的报复意图。默沙东是美国最受敬仰的企业、史上最多产的药企、华尔街的金标准,而它的子嗣拒绝了一切,因为他自信能做得更好。这是可与《创世记》中亚当(Adam)抗命离开伊甸园相媲美的故事。

因为博格是故事的关键,所以这个故事也只能由他来讲。奥德里奇说:"大家都想来看乔舒亚,看看他是不是真如同传说中那样。"因此博格在公司里的职务很复杂,他既是首席科学家,又是 CEO,科研和经营两方面他都得管。但他又不停地出差,引资的重任让他离实验室越来越远。他对各个实验室复杂工作的理解程度以及与各位科学家们的关系也各不相同。比如,化学家桑德斯就没有被他的缺席影响,反而被他的"无所不知"所震惊,有些人则开始质疑他能否长期胜任双重角色,还有人因为缺乏他的鼓励而苦苦挣扎。

博格没看到他或他的公司运转不良的证据,所以没去考虑这些。他自觉能兼顾两头,前提是大家各司其职。对那些其他人感到忧虑但尚未发生的事情,他从不急着去处理。他告诉大家,如果哪天他真的不能面面俱到,他会作出改变的。但现在,他的工作就是销售。在他看来,销售是一门极难掌握、充满矛盾、精进之路永无止境的艺术。

"跟别人,尤其是跟一群人说话时,你就要制造一种幻觉,"他几个月之后说,"你要让每个人都觉得你在单独跟他说话。你要在脑海中想象你只在跟一个人说话。你要让他们每个人都觉得他好像舒服地坐在包厢中看一场戏,而每句戏文都是专门为他精心准备的。"

博格运用多种舞台技巧来营造这种亲密:降低音调以突出要点,对着后排说以让所有人都觉得受到关注。而他最重要的方法,是反复演练。他会倾听自己的话,从听众角度提问,然后冷静地用一两句话回答(他曾以为每个人都是这样做的)。他的技巧炉火纯青,可以一遍遍地反复演讲却从不重样,也绝不枯燥无聊。

"你不能假装激动或假装真诚,"他说,"你装不出来,你只能练习出来。"

现在博格正在练习,他自信已经掌握向葛兰素推销的要点了,但他也知道福泰并没有这些卖点,其他公司也没有。在反复练习、自问自答中,他"听"到了大药企必然会提出并期望得到明确答复的问题:亲环蛋白和 FKBP 在免疫抑制中到底起什么作用?它们怎么起作用?虽然 FKBP 能与 FK-506 结合,但这种结合与 FK-506 的药效之间的关系尚未厘清,为什么葛兰素要投资设计 FKBP 的抑制剂呢?没有公司能够回答这些问题。

博格决定以严谨的实用主义来回答：FKBP抑制剂还是有一定用途的。FK-506是一种罕见的特效药，既然它与FKBP结合得十分紧密，那么哪怕FKBP不是正确靶点，至少它的分子结构也足够接近正确靶点，从而作为药物设计中重要的中间模板。从一个化学家的角度来说，这是毫无疑问的。但是福泰的生物学家们认为这种说法太草率了，他们担心博格好像吹着口哨过坟地一般太轻浮了。

但博格觉得没那么糟，就坚持这么说了，因为跟葛兰素不谈科学成果而去谈科研战略更加愚蠢。葛兰素是一家地道的英国企业。他们曾经通过传统的筛选与药物化学研究，开发出了世界上最畅销的药物：抗胃溃疡药雷尼替丁。他们对未经检验的新奇方法，比如基于结构设计药物，是出了名的厌恶。但博格认为，葛兰素依然会对福泰感兴趣。畅销药的风光不能永驻，因为专利会过期，新的重磅炸弹也会抢占市场。而能治疗自身免疫病的免疫抑制剂恰恰代表了一个价值每年40亿美元的空白市场。福泰的故事暗示，FKBP就是最好的免疫抑制剂靶点，而且FKBP由哈丁发现，供应被施瑞伯控制，福泰对FKBP的了解比包括默沙东在内的任何药企都多。葛兰素在与默沙东的商战中迫切地需要壮大自己的产品线，他们必定会感兴趣的。

当然，其他创业公司也在开发免疫抑制剂。虽然博格鄙视他们，但不能无视他们。比如加州药企Cytel最近与山德士签署了一项价值3000万美元的研究协议。他们的关注点，或者说这个领域内所有公司的关注点，与福泰的一样：风湿性关节炎、青少年型糖尿病、多发性硬化等自身免疫病。Cytel计划开发能阻断T细胞表面受体的药物，这样T细胞就不会错杀自身细胞了。另外，还有今年最受关注的西雅图生物技术公司Icos，这家基本还仅存于纸面上的公司已经筹集了3300万资金，他们打算抑制细胞黏附分子。细胞黏附分子就像体内微小的尼龙粘扣，它们能将巡游的白细胞吸引到特定位置，导致那里发炎。Icos计划把这些黏附分子"粘"起来，这样它们就无法诱捕巡游的白细胞了。

博格不以为然。或许这些靶点还不错，但能否找到药物去抑制还要另说，而 FKBP 已经有明确的治疗价值。博格认为这足以说明问题了，环孢素和 FK-506 已经支持了福泰的选择。细胞黏附抑制剂？或许再过 10 年，世界才能知道这种分子有没有可能存在吧。

但博格不能否认 Cytel 和 Icos 的故事很精彩。他一边思索，一边看着自己的幻灯片。他没法讲出那么奇炫的故事，但如果葛兰素想要生物学证据，他能够提供，他还能证明 FKBP 是免疫抑制剂最好的靶点。如果葛兰素不像中外制药那样真的对基于结构设计药物感兴趣，如果他们不认为福泰的存在是有意义的，他也能单纯从利益角度提出一个双方都能获益的合作方案。故事可以根据听众的不同进行编撰修改，这就是销售的关键。

跟中外制药的会面是施密特组织的非正式友好交流，葛兰素的到访则是严肃郑重的。实验服统统洗净、熨平，然后穿好（很多人之前从未穿过实验服）。博格花在仪器上的 400 万美元全部被展示出来了，每个屏幕上都显示着最好看、最有价值的图像。葛兰素的访问团一行六人，领头的是北美专利主管里克·哈米尔（Rick Hammill），他做了不少前期工作，如果双方能达成协议，那将是他的功劳。但博格要搞定的人是莱斯利·赫德森（Leslie Hudson）。赫德森是一个沉稳的英国人，他是葛兰素的首席免疫学家。如果合约达成，他就是输家，他和他的部门都要承担后果，吐出坐拥的预算以支持福泰。博格果然看不到他的好脸色。

诺尔斯在 10 月的科学顾问会议上警告说，要想镇住科学同行，难免要打出底牌，所以福泰现在处于信息交换上的劣势。赫德森先说了点路人皆知的事情，比如葛兰素正准备寻找靶点、筛选免疫抑制剂。但福泰可不能这样泛泛而谈。博格提醒过科学家们，他们可能得冒着将 FKBP 的知识和盘托出的风险才能在谈判中占据强有力的位置。现在科学家们开始详细介绍过去几个月的工作，虽然大家彬彬有礼，但他们觉得自己将被喝干榨尽。

据首席酶学家利文斯顿回忆，他讲了 10 分钟幻灯片后，葛兰素团队的两三个人突然猛做笔记,桌子都在晃动。有人还记得,葛兰素对黛博拉·皮蒂(Debra Peattie)表现出过高的兴趣。皮蒂是一位身材高挑的生物学家,她是博格从哈佛医学院挖来的,她基于尚未发表的结果,介绍了一种更好地用FKBP筛选药物的方法。皮蒂发现葛兰素过分好奇,以及奥德里奇恐慌得"脸都白了",她立刻回实验室把思路记了下来,然后和助手朱迪·利普科(Judy Lippke)共同签字留档。

赫德森礼节性地关注着汤姆森纯化的牛源FKBP,以及纳维亚由此获得的似乎是史上第一份FKBP蛋白晶体。虽然纳维亚私底下管那个微小的针状晶体叫作"米老鼠",但福泰能在实验室开门三个月内就获得蛋白晶体,证明他们水平独领风骚所言非虚。纳维亚觉得自己的成就微不足道,于是就归功于汤姆森能提供高纯度蛋白。而汤姆森强调,这是经过许多个通宵达旦的努力才获得的。

赫德森偶尔会询问更多的数据,但更多的时候他显得很不耐烦,他漂洋过海是来看施瑞伯的。博格没有否认与哈佛谈判不顺,但他也没说他们内部放逐了施瑞伯。他没有说谎,但他没让施瑞伯参加化学和生物物理学的讨论,只让施瑞伯大谈特谈生物学。

施瑞伯的表现无可挑剔。他强有力地阐述了他FK-506有结合域和作用域两个功能域的观点。由于这两个功能域对实现免疫抑制都是不可或缺的,他认为,FK-506先用结合域与FKBP结合,然后再通过作用域去结合其他分子——有可能是另一个蛋白。虽然施瑞伯还不知道另一个分子是什么,而且他的假说暗示FKBP不是真正的药物靶点,严重动摇了福泰的理论基础,但博格很满意,一切都掩饰得很好,哪怕真有"另一个蛋白",看起来也像是福泰和施瑞伯正在一起寻找它。

但福泰发现了施瑞伯藏着的私货:施瑞伯说他已经有400毫克纯化的重组FKBP了。博格坐在施瑞伯对面,暗自思索着:施瑞伯指派一个大有前途的研究生或博士后进行如此艰难的工作,拿到这么大量的蛋白,一定只能是为了解析结构。如果不能尽快安排他和纳维亚的合作,他一定不会空守金山。他还注意到施瑞伯和葛兰素聊得太开心了,会后博格私下说:"他再说多点浑身就要发光了。"

赫德森静静地听着,博格也静静地坐着,看事态如何发展。双方城府很深,局势越来越紧张。赫德森还不相信 FKBP 是葛兰素也应该研究的靶点,博格则开始感到葛兰素对基于结构设计药物的话题嗤之以鼻。这不光是学派成见,更是钱的问题。"我感觉他们正在考虑能否把我们除了生物学部门以外的研究都归为'杂项'。"博格解释说,"对他们来说我们会很昂贵,而我也不想把我的科研委身于不相信我的理念的人——这滋味我以前尝过。"

最后,赫德森打破了僵局,他问博格对 FKBP 参与免疫抑制的过程是怎么理解的。房间里安静了下来,只有椅子摩擦地面的回响。利文斯顿后来将此问尖刻地评价为"挑衅"。这个问题似乎只有两个无法令人满意的回答,要么博格承认自己也没把握,瞬间摧毁福泰研究 FKBP 的意义;要么博格用不充足的证据来勉强支持。不管怎样,赫德森似乎都在把他逼入窘境,甚至阻止协议达成。

博格欠了欠身,轻描淡写地告诉赫德森现在说这个还太早,意义也不大,当有更多的信息时他会谈的。

赫德森盯着博格,什么也没说,直到双方科学家都起身闲谈时,他才无可奈何地表示同意。

或许博格早就预料到了这个问题,或许博格仅是陈述了现在作决定还太早的事实,葛兰素突然又变得友好起来。赫德森和博格、奥德里奇在办公室私聊时表示,葛兰素可能会看上福泰的 FKBP 结构研究——当然会有所折衷——并达成交易。接下来的几天中,哈米尔打来数通电话,明确了葛兰素的兴趣。一切都过去了,福泰仅用三个月的实验就扛住了攻击。大家暂时忘掉了数月来哈佛和施瑞伯带来的烦恼,餐厅中再次洋溢着胜利与希望的气氛。奥德里奇一贯对任何谈判都是悲观的,现在连他也认为有五成的把握达成协议。博格好像真会魔法。

只有利文斯顿戳穿了快乐的泡沫。他曾在一家很有前途的生物制药公司担任高级科学家,但最后公司不幸破产、被收购,他也失去了工作。"虚幻的乐观,无知的狂欢,"他恨恨地说,"葛兰素达到目的了。他们把所有我们提供的信息搬回家,然后一边让我们干等,一边变着法把我们的东西填进他们自己的研究计划里。"

之后各种事情接二连三地发生。葛兰素离开两天之后,正当博格和奥德里奇即将前往日本,进行早就安排好的为期11天的访问之时,中外制药的研究主管和其他几个高管却先来了——作为纽约初次接触的回访。奥德里奇认为,这是中外制药急于达成协议的迹象,他们甚至不愿意等到博格和奥德里奇日本之行之后再来。中外制药的人从欧洲飞过来,不顾舟车劳顿,从机场直接坐出租车到福泰,就科学问题连续讨论了6个小时后才回宾馆。常规的谈判时间这次大大缩短了。晚上7点会议结束后,奥德里奇去大学俱乐部游了趟泳,就回福泰给中外制药撰写正式商业计划书,直到深夜。而一周之前,双方还不认识呢。

第二天早上7点,博格和奥德里奇就登机前往旧金山,然后转飞东京。此行任务艰巨,奥德里奇说这是一次"死亡行军",但正是在旅途中他的地位得到提升。在公司中,他总被科学家排挤,但在飞机上,他是博格身边唯一的人,他就是公司的先锋,公司的精锐。奥德里奇打了通航空电话回福泰,得知虽然葛兰素明显有自己的小算盘,但也在积极要求第二次会面:他们今早邀请博格立刻前往伦敦与公司的高管再谈谈。于是奥德里奇和博格在头等舱的卫生间前商议对策,衡量选择。奥德里奇回忆说:"这个问题可没有显而易见的答案。"

葛兰素和中外制药目前还不知道对方是谁,但脚踏两条船并不明智。博格和奥德里奇决定冒险一把,先稳住葛兰素,等他们回到福泰再说。

忽然间大家都开始关注福泰了,博格得意地说这是应当的,而这也正凸显了他的优势与劣势。他用尽所有的元素,幻化出一篇神奇的故事,一下就深深吸引了两家完全不同的公司。如何选择也会带给博格和福泰完全不同的未来。

葛兰素有钱有经验，是个强有力的伙伴，更可能推动一款新药上市。但他们跟默沙东一样，觉得基于结构设计药物不过是筛选十亿美元分子这件大事中的点缀。不管福泰做什么，他们都会指手画脚；而福泰的任何成果，他们都会毫不犹豫地夺走。他们还可能将福泰当作一个生物技术服务公司，等拿到想要的信息后，就可能把福泰丢开。葛兰素会主导合作，最终，"设计药物"的概念或许仅会出现在年报中，而不能真正产出新药。

而中外制药很看重基于结构设计药物的理念，视为未来发现新药的关键，他们想趁福泰做大前赶快下注。他们不只想要数据和药物，还要技术和概念。他们会像传统日本公司一样整个儿买下福泰，然后让博格放手去做，去攀登科学的巅峰。这也是中外制药确保自己成功最好的办法。

博格自负的自我当然会想与捧他的公司合作，但静下心来考虑到底该接受谁的赞助时，他觉得，终究需要葛兰素来对抗默沙东。博格离开默沙东才一年多，心中总是放不下。默沙东是他的对手，也是养成他雄心壮志的家长，如今依然在他的考虑中占据一席之地。不管他喜不喜欢，默沙东都塑造了他。想要成功，他必须击败默沙东。他有时候会戏称"默沙东老妈"，但他曾与默沙东情深谊长，现在又奋力争取独立，从这种矛盾的关系看，默沙东更像他的父亲。所以或许更强大的葛兰素是更好的伙伴？哪怕他们可能会像默沙东一样插手博格的事业，摧毁他争取到的一切。

纳维亚也是默沙东的逆子。他与福泰大部分人不一样，他43岁时，已经解出了三个重要的蛋白结构，在加入福泰前已经很有名了，而博格招揽他的诡计值得奥德里奇撰文发表在《纽约时报》上。纳维亚在福泰地位特殊，比其他人"更平等"，时时刻刻刺激着支持博格扁平化管理社会实验的人。纳维亚是个外向而注重生活品质的古巴裔，他是福泰唯一每天系领带上班的人（就连博格一般也不系领带）。起初他也尝试减少和大家的差异，他画了一幅自嘲的漫画：画面中他用领带鞭笞着自己的背部，表示自己和其他人一样朴质。但其他人既没有去纽约与中外制药见面,也没有在航天飞机上进行实验*,当博格出访时也不能代表公司讲话。虽然博格试着不指派头衔,但纳维亚在公司里的角色显然很重要。

纳维亚还有别的与其他人不一样的地方。比如他很少在下班后与大家一起去喝酒,他的发型老派而又打理有条,让他显得像兄弟会派对中的神学生,除了有些野心外没有其他的罪孽。他很平易近人,有时甚至有点搞笑,他这么描述他在越战中的工作:花了一年的时间用激光导向仪去标记猪,或者帮着处理坦克驾驶员因错误使用夜视镜致伤的案子。

纳维亚全家于1953年乘着深夜航班来到纽约**,他是家中的独子,也是家庭的希望。他在60年代进入了泽维尔高中(一所位于曼哈顿的耶稣会军事化男校),之后去了纽约大学,都是因为离家比较近。之后他在芝加哥大学读博期间获国立卫生研究院奖学金***,还解出了第一个人类抗体的结构。虽然他名气很大,但他宣称自己对科学竞争和荣誉弃若敝屣,一心只想设计药物,他坚持说:"我不是学术界的人。"这句话只有部分是对的,他的成功不是偶然的,他擅长发现机遇,然后全力猛攻。此外,他在公开场合总是彬彬有礼,私底下却有些刻薄。有一次公司附近一只被拴着的小狗隔着栅栏对他吠了两声,他就大发雷霆,这可不是福泰的成员第一次看见他暴怒了。

葛兰素的访问刚刚结束,博格和奥德里奇还在日本,汤姆森和施瑞伯都不能提供足以开展研究的蛋白,纳维亚就自己阅览文献,计划着实验。纳维亚、博格和利文斯顿都一直在读自己专长领域之外的文献,考虑免疫抑制剂以外可能的项目。一篇文章引起了他的注意:《自然》报道了一种潜在的抗艾滋病药物,

---

* 纳维亚曾委托美国航空航天局在太空进行微重力结晶实验,比如1988年的STS-26任务中"发现者号"就搭载了纳维亚的实验。——译者

** 可能暗指古巴自1953年开始的革命战争。——译者

*** 国立卫生研究院奖学金是一种很高的荣誉,与博格曾获得的国家科学基金会奖学金齐名。——译者

由著名的比利时化学家保罗·杨森（Paul Janssen）合成。这些化合物分子在抗HIV体外实验中比其他候选药物包括齐多夫定（AZT，当时唯一获批的抗艾滋病药物）的表现都好。

杨森的化合物分子从结构上属于苯二氮䓬类，即地西泮（Valium）和氯氮䓬（Librium）的衍生物，杨森猜测它们能抑制逆转录酶。HIV用逆转录酶来"劫持"正常的T细胞，使之转变为生产新病毒的工厂。将人体忠诚的卫士变成致命的刺客，这正是HIV的可怕之处。不过逆转录酶变异性很高，不是很好的靶点，所以研究困难重重。但因为AZT的毒性太强*，杨森合成的特异性分子无疑是一个重大突破。

几年之前纳维亚曾仔细研究过苯二氮䓬类药物，他对这类分子楔子似的三元环结构记忆犹新。他在默沙东时解析出了HIV蛋白酶的结构，该蛋白酶对HIV的复制也很重要。如今读到杨森的文章，他眼前一亮！"我脑海中两个结构立刻拼合在了一起。"他回忆道，同时双手猛拍，好像鳄鱼咬合的大嘴，"我调出了HIV蛋白酶的结构，然后按杨森的一个化合物的分子结构建了个模型，把它缩小，再拿两者配对结合。成了！两者匹配度之高令人难以置信。"

一想到杨森的化合物可能不是逆转录酶抑制剂，而是蛋白酶抑制剂，纳维亚陷入了个人与职业选择的困境中。这不是他和福泰的问题，而是世界的问题。纳维亚担心艾滋病可能会消灭整个人类。这不是疯人呓语，但对制药界来说，艾滋病要么是无关紧要的，要么就是天方夜谭。在制药界看来，疾病首先不是被当作一种种疾病，而是被视为一个个市场。制药界在1990年冬天一致认为，抗艾滋病药物难有进展，大部分进入该领域的公司都会失败。博格本人也加剧了这种计算结果的冷酷性，他曾发誓福泰永不进行艾滋病药物研究。他并不是没有人性，而是因为竞争者众多、福泰科研实力羸弱、经济状况窘迫、对HIV知之甚少，贸然进入必输无疑。

---

* 关于AZT的故事可参看电影《达拉斯买家俱乐部》（*Dallas Buyers Club*）。——译者

纳维亚曾经同意博格，但现在情况变了。一般来说，他需要蛋白酶和杨森的化合物，需要让它们共结晶才能证明自己的假说。可目前还做不到这个，于是他利用高速计算机与三维成像软件，建立了一个可视化模型，这个"幻象"有力地证明了它们的确如他想象的那样结合。

HIV 跟其他病毒一样，是原始的生命形式，只有蛋白质外壳和壳内的遗传信息，不能自行复制，必须依赖宿主才能生存。病毒非常小，科学作家弗雷德·哈普古德（Fred Hapgood）曾比喻说，如果人体细胞跟世贸中心一样大，那么 HIV 病毒就只有一个篮球的大小。蛋白酶是广泛存在于各类生物中的一种酶，能将蛋白质水解成小块。HIV 蛋白酶在 T 细胞"装配"新病毒期间发挥作用，它慢慢地将蛋白质碎片吸入，用自己两个剪刀状的原子基团将宿主蛋白裁剪成有特定大小和化学组成的模块，然后用于构建新病毒的外壳。理论上，一个放置得恰到好处的抑制剂能正好堵住蛋白酶发挥剪切作用的隧道似的空腔，就像在龙虾的大螯中塞了一块木头，这样就阻断了构成病毒外壳模块的形成，从而抑制病毒复制。新病毒没法产生，病毒感染就此被阻断。虽然这类抑制剂还没有进入临床试验，但研究人员普遍认为 HIV 蛋白酶是艾滋病最好的靶点。

纳维亚知道博格的态度，但又受到有望获得重要突破的鼓动，最后还是忍不住尝试基于杨森的化合物设计蛋白酶抑制剂。他在 X 射线室旁的暗室中坐了好几天，在高速图像处理工作站（之前主要供化学家玩空战模拟游戏）上设计不同的苯二氮䓬类衍生物，再将它们一个个地放入 HIV 蛋白酶的活性位点，反复调整它们的位置。正如纳维亚设想的那样，他真的能够用这类化合物堵塞蛋白酶的空腔，而且这类化合物的结构很适合成药。他再也无法抑制自己的激动之情。虽然博格认为福泰的研究能力不足以涉足艾滋病，但纳维亚相信他的模拟非常有说服力，他对模拟结果深信不疑，毕竟电脑模拟很可能会是基于结构设计药物王冠上的宝石。纳维亚急切地想进入下一步：合成分子，然后测试药效。

"我不认为我们会去开发抗艾滋病药物，所以这是个道德问题。"他说，"于是我们有两种选择,要么送给别人去做,要么把结果发表出来,看看谁能捡起来。"

纳维亚担心发表后没人会看,觉得还不如直接送给另一家药企,毕竟这事关人类存亡。但各家药企也有自己的研究人员,他们也在不断地产生各种点子。从技术员到副总裁,每一级的每个人都必须在残酷的竞争中争取资源以支持自己的提议。有自尊心的药企绝不会欢迎外来的提议,尤其是提议人甚至不能说服自己的公司投入时间、资金与努力。纳维亚需要一家既有能力又认可他的公司,而他只能想到一家。

"我能相信默沙东吗?我在那儿还有一些信誉,我知道默沙东的门在哪儿、门铃在哪儿,我觉得我能让管事的人看到我的建议。"

3月的第一周,博格还在日本,纳维亚写了一封4页纸的信介绍他对HIV的研究成果,打算寄给默沙东的研发主管史考尼克。史考尼克是默沙东第二号科学家,能独自拿主意,即使他不能拍板,纳维亚还可以向默沙东的CEO罗伊·瓦格洛斯(Roy Vagelos)求助。当纳维亚决定离开默沙东时,他们都曾试图挽留他。

选择联系史考尼克颇有些讽刺。纳维亚在1980年加入默沙东进行药物设计,但是其他人怀疑他的方法,拒绝他的帮助。纳维亚曾以为他解析出的HIV蛋白酶结构会成为默沙东药物研发的关键,毕竟这个工作登上了《华尔街日报》(*Wall Street Journal*)的封面,也受到公司众高管的赞许。但当他想预测化合物的生物活性时(就跟如今他在福泰想做的一样),项目的主管化学家拒绝告诉他那些化合物的常规信息。史考尼克得知后非常生气,要求他们配合纳维亚。但纳维亚震惊于自己一开始居然会被拒绝,愤怒地离开了项目。现在他作为默沙东的对手,反而要请求史考尼克重启他在默沙东时未完成的项目。

信写好后,纳维亚向在中外制药总部的博格发了封传真,期望他尽快批准。博格收到传真时,正要和奥德里奇去与中外制药的执行委员会会面,后者非同寻常地取消了自己的会议转而接待他们。博格和奥德里奇谈了一晚上,第二天他们在参观东京证券交易所时还在讨论。最后,博格秘密传真纳维亚,要求他不要把信寄给史考尼克。

纳维亚的假说看起来不错,所以博格不想轻易拱手送人,他反悔了自己绝不从事艾滋病研究的誓言。虽然现在公司连开展免疫亲和蛋白研究的实力都不够,但博格允许纳维亚启动一项艾滋病研究的"原型项目"。

史考尼克最终没有看过这封信,但两天之后,即3月5日,他不经意间回复了纳维亚。那天他在哈佛医学院,现在也在关注此类问题的施瑞伯问他,知道HIV蛋白酶的晶体结构对默沙东的药物开发是否有帮助。"的确给了我们一些新视角,"史考尼克说,他停顿了一下,接着强调,"但帮助也不是太大。"福泰此时已经准备证明他错了。

博格过去所有的壮举都与他最新的决定共鸣。自中学起,他就力争第一,同时不断挑战阻碍他更上一层楼的权威。他高二时曾经怒斥讲错课的化学老师,然后自己教了全班近两学期(从10月到次年6月)的化学课。70年代初在卫斯理大学时,他组建了"卫斯理学术改革委员会",为维系学习的纯粹性、防止学校放弃"为学习而学习"的使命而战斗。他们闹得风生水起,风头一时无两,但校方容忍了他们的"野蛮愤怒"(博格自己这么形容)。一方面因为他们义正词严,另一方面博格的确是最好的学生。在默沙东时,博格继续我行我素,一边抨击筛选法与公司的官僚习气,一边展现着卓越的科学才华并一丝不苟地完成任务。"没人能比乔舒亚做得更好。"默沙东研究总部的副总裁拉尔夫·霍斯曼(Ralph Hirshmann)如是评价,正是他聘用了刚毕业的博格。博格在最前线领导起义时,总是早已谨慎地完成作业并在所有考试中取得完美分数。他热衷革命更多的是出于个人因素,就像所有最好的学生,博格喜欢标新立异胜于修修补补,他的雄心总是与他的才华相称。

但他现在面临的挑战与校园时代不可同日而语。他要用史考尼克认为只有一点用处的信息来设计抗艾滋病药物,这比离开默沙东独自打拼还难得多。

他拒绝了世界最好的药企还有他导师的判断。他要超越药物化学与筛选法,用一种更理性的方法开发免疫抑制剂。他还要迈入一个自己曾发誓绝不进入的领域,与有史以来最复杂最凶险的疾病之一作斗争,与全世界所有领先药企作斗争。他原来只是在教室里搞搞起义,现在他离开了教室与学校,要在操场上另起炉灶、自立门派。

博格会说他要与旧时代决裂,但霍斯曼说:"乔舒亚找到了新信仰,但希望他别忘了,旧宗教也很成功。"

第七章

20世纪是医学史上重要的一章,其间爆发了两次大瘟疫,也见证了医学科学的飞跃。

第一场瘟疫是第一次世界大战时的大流感,不过,战争的恐怖模糊了人们对大流感的记忆。大流感于1918年秋天爆发,两个月便传遍全球,导致2200万人死亡*,比因战争死亡的人数还多一倍。虽然那时关于传染病的一般性本质已经被知晓了40余年,但科学识别病原体的能力、治疗疾病的手段相比14世纪黑死病肆虐时没强到哪去。黑死病曾消灭了欧洲三分之一的人口,那时的饱学之士认为疾病与星球的位置有关,试图用鹿角粉与黄金来治病。

20世纪第二场瘟疫于1980年悄然发生。所幸此次瘟疫传播得很慢,人们罕见地有机会集结大量更先进的科研资源,四年内就找到了病因。此时全美病亡人数不到3300人,新增病例不到4500人。到1988年,人们已经发现了多个有希望的药物靶点。这次瘟疫就是艾滋病,迎战它的新信仰是分子药理学,博

---

* 据现在流行病学家估计,全球范围内有5000万至1亿人在大流感中丧生。——译者

格是它坚定的门徒。而结合了土样筛选与药物化学的"旧宗教"正是因为1918年的第一场瘟疫才兴起的。

1918年大流感中美国受灾最晚,大战停战前三个月才被感染*。瘟疫于9月1日悄然登陆波士顿,四天后第一个病人出现在城郊一座驻扎了45 000人的拥挤军营中。之后三周内,每天死亡人数都达90人,待埋葬的青灰色的尸体"像柴堆一样"。流感本身并不致命,可怕的是继发的细菌感染与肺炎,因为没有抗生素和其他治疗手段,许多人自第一次咳嗽后,48小时内就因自己的脓液窒息。那时美国人本以为自己的财富与技术能战胜一切困难,没想到医疗系统束手无策。《纽约时报》发表社论:"科学没能保护我们。"

在波士顿,11岁的马克斯·蒂什勒在被疾病侵袭的砖瓦房之间奔走,帮着向奄奄一息的患者发放阿司匹林,在那之前他曾为药剂师洗瓶子、填药粉。那时,各学科都有了长足的进步,但药典中治疗急性传染病的处方依然基本是金属和植物提取物,神奇的止痛退烧药阿司匹林是当时少数几个通过科学发现的药物之一。阿司匹林提取自煤焦油**,而煤焦油是工业时代第一种有毒的副产物。但阿司匹林不能治病救人,只能缓解病痛,小蒂什勒当时的忙碌似乎只是在做无用功。

在照顾病人时,蒂什勒"觉得我需要做点什么",但他出身太糟了。蒂什勒是一个贫困犹太移民家庭的第五个孩子,他罗马尼亚裔的父亲在他4岁时抛下家庭,30多年后才回来。他的母亲带着哥哥姐姐们从小打工,只有他和小妹妹读完了高中。蒂什勒体形瘦弱,铁锈色的头发又硬又直,有一对大耳朵,笑声有

---

* 有学者研究认为,大流感起源于美国堪萨斯州,也有新研究(2017年)认为,在1917年末美国已至少有14个军营受到大流感的第一波侵袭。关于大流感的故事,请参阅《大流感——最致命瘟疫的史诗》,约翰·M·巴里著,钟扬、赵佳媛、刘念译,金力校,上海科技教育出版社出版。——译者

** 水杨酸是合成阿司匹林的原料,工业时代以前主要来源于柳树皮,但进入工业时代后,可以从煤焦油中大量分离水杨酸。——译者

些刺耳。他思维敏捷,不畏艰险。他抓住一切机会打工:在车站卖报、帮人照顾小孩、接听电话……而这些都是他在多家药店常规工作之外的零工。从波士顿英语高中毕业后他得到了塔夫茨大学的奖学金,在那里主修化学,并以优异成绩*毕业,同年他还获得了药剂师执照。

蒂什勒不想去医学院,决定在化学领域深造。虽然一个教授告诉他:"犹太人现在干什么都难。"但蒂什勒坚韧不拔,于1929年秋天反犹运动高潮时进入了哈佛。

读研究生期间,蒂什勒被有机合成吸引了。他想合成有生物活性的分子,但当时这类分子能不能用作药物还是未知。埃尔利希的"魔弹"(magic bullet)理论激励了蒂什勒等许多化学家。他们都想寻找这种只攻击病原体,而不攻击人体的分子。但蒂什勒的导师更关心分子的结构、合成的方法。蒂什勒勤勉地发展各种新型化学反应,把化合物拆开后又拼起来。他英勇无畏、投身化学,有一次在一间狭小的实验室里,他失手打翻了一瓶苯,引起了火灾。浓烟封住了出口,迫使他爬出窗户,在三楼外墙窗台上待着,直到几个同学救了他。"后来我们用完了所有二氧化碳灭火器才止住火,"他回忆说,"但我当时只后悔我怎么会引发火灾、毁了实验室。"

蒂什勒在哈佛成绩优异,留校任讲师,但哈佛非要自己的学生在别处证明自己才可能给予终身教职。1936年,蒂什勒结婚了,妻子名叫贝蒂(Betty)。在大萧条的阴云下,他需要一个更长久的工作。他四处寻找教职,但都失败了。而此时,他的一个姐姐死于肺结核,在读研究生期间一直继续着药剂师工作的他从事医药研究的决心愈发坚定。渐渐地,他开始考虑几年前对一位颇有前途的化学家——更遑论年轻的哈佛教授——而言是不可想象的事:去药企工作。这在当时简直是"离经叛道"。

---

* 美国学校最优水平的学业成绩分为三等:最优异成绩(summa cum laude)、优异成绩(magna cum laude)、优等成绩(cum laude)。——译者

20世纪30年代中期的美国药企还十分简陋,大多生产一些"祖传秘方"或"包治百病"的江湖膏药。虽然有几家药企建立了自己的实验室,并非毫无建树,但1918年的败仗远未雪耻。各家药企都很小,擅长推销老药,完全不会研究新药。就像辛克莱·刘易斯(Sinclair Lewis)在1925年的小说《阿罗史密斯》(Arrowsmith)中写的,一位进入药企的科学家最终"误入歧途""自我毁灭",进入制药界的学者很可能名誉扫地、众叛亲离。

蒂什勒虽有顾虑,却别无选择。他在哈佛没有前途,在别处又寻不到学术职位,只好尽量向大药企申请。但几个月后,他因为犹太人的身份被杜邦(DuPont)等公司拒之门外。幸好一家新泽西的小药企要了他。据说这家药企科研水平不错,在做高质量、值得关注的科研方面颇有口碑,但目前还没有研发出一种药物。

这家药企就是后来的默沙东。

1925年,32岁的乔治·威廉·默克(George Wilhelm Merck)接管了家族的精细化工企业。他立下三个目标:拓展业务,像祖辈一样赞助科学,将他和他的企业带入美国上流社会。默克公司*在新泽西州罗伟市附近有60万平方米的厂区,毗邻宾夕法尼亚铁路主干线。此时他们还不算一家药企,不过那时候美国也没有公司称得上是"药企"。他们的确在生产药物,但通过研究发现新药这一现代药企的核心理念对他们来说还是新鲜事。企业的科研不但失败率极高,医生和患者也都反对这种逐利的研究。但人高马大的乔治·默克毫不在意,他满是战后的乐观情绪,相信强大的实验室是发现新药的关键,而且他竟然还允

---

* 默克本是德国企业,一战时美国分部被国有化,战后以独立公司的身份重建。1953年,美国默克与沙东公司(Sharp and Dohme)合并。根据两家"默克"的协议,在美国和加拿大,Merck & Co. Inc. 归美国默克独家使用;在美国和加拿大之外的国家和地区,美国默克均以 Merck Sharp & Dohme 或 MSD Sharp Dohme 的名字经营。目前在中国,"默克"这一商标属于德国默克。——译者

许科学家发表自己的工作。默克在 30 年代初开始崛起。

蒂什勒高高兴兴地来上班了。他的第一个项目是生产维生素 B_2。默克此时还没有自己的药物,因此他们决定尝试当时尚未商业化的维生素。科学家 20 年前就发现,每天缺乏一两毫克维生素 B_2 会导致一系列疾病:嘴唇干裂、舌头肿大、视力受损、皮肤发炎。在南方,吃谷物为主的佃农缺乏维生素 B_2 及相关维生素的情况更加严重:皮肤皲裂、莫名腹泻、情绪低落、神志淡漠,这种症状被称为糙皮病。两年前,德国和瑞士的化学家发明了维生素 B_2 的合成方法并申请了专利,但他们觉得美国没有市场,不肯向美国授权。不同于 20 年前神秘的大流感,糙皮病明明有药可医却没人生产。

蒂什勒就是一台人体发电机。他很快就绕过欧洲人的专利,开发出了新的合成路线。在公司兴建价值 500 万美元的新工厂时,他又亲自研究放大*工艺。他烟不离手,越睡越少,天亮前就来实验室,晚上最后一个走,几个小时后又回来连哄带骗地督促工程师在工业生产的规模上尝试经他精细调整的合成方法。他知道,如果找不到廉价的生产方法,一个分子就只是科学家的玩具,毫无价值可言。入职一年不到,31 岁的蒂什勒就证明了默克的化工水准能与强大的德国一争高下。

1935 年,蒂什勒还在哈佛时,德国染料化学家格哈德·多马克(Gerhard Domagk)的发现震惊了世界:以煤焦油为原料合成的白色粉末能治愈所有被感染的小鼠。这种药物被称为磺胺,是继埃尔利希发现可治疗梅毒的胂凡钠明 30 年后第二个堪称"魔弹"的药物,也是第一种抗菌药**。就像大多数煤焦油的衍

---

* 放大(scale up),即将实验室中的获得毫克级产物的合成路线,发展为能获得千克级甚至吨级产物的工业性大规模生产路线。——译者

** 实际上,多马克用来治愈小鼠的化合物是粉红色的,时值 1932 年,他在德国法本集团(I. G. Farben)的拜耳实验室工作。此化合物商品化后名为百浪多息(Prontosil),是史上第一个上市销售的抗生素,多马克也因此获 1939 年的诺贝尔生理学或医学奖。1935 年,巴黎巴斯德研究所的科学家发现,百浪多息进入人体后会被代谢为磺胺,一种结构更简单的无色分子。真正起到抗菌效果的其实是磺胺。自此,百浪多息被重新分类为"前药"。——译者

生物,磺胺原本只是作为染料开发的,人们希望它能牢牢地附着在羊毛细胞上,不会被水洗掉。

人们对1918年细菌感染的伤痛记忆犹新,全世界都认为磺胺类药物是一个奇迹。病人们纷纷从死亡线上被救回,原本致命的脊髓脑膜炎或者产褥热都可以轻松治愈,比梅毒更常见的淋病不消几天靠一两针磺胺就可以治愈。历史上最可怕的大规模肺炎爆发20年后,医生开始估计"不久再也没人会因肺炎而死了"。

多马克的发现印证了埃尔利希的预言,制药界大为震动。成群的化学家开始大量合成各种磺胺类衍生物,然后申请专利。《财富》(Fortune)杂志曾描写:"研究人员每天都逼着受感染的小鼠、兔和猴服用各种新合成的化合物。"但有时候,为了满足大众对奇迹的期待,动物实验过于粗糙。1937年,田纳西州的马辛吉尔公司(S. E. Massingill Company)销售的磺胺酏剂导致108人死亡,包括107名患者,还有一名自杀的化学家。"磺胺酏剂"事件促成了《食品和药品法案》(Food and Drug Act)的通过,此后新药的试验、开发和销售都受到严格的管控。

默克那时还只是一家化学品供应商,为其他公司大量生产磺胺。他们也试图开发自己的磺胺类药物,并派蒂什勒主持项目,结果成功了一半:他们合成的抗疟疾药物对人体毒性太强,但能预防家禽感染球虫,此举为肉鸡工业化铺平了道路。

二战爆发后,寻找药物成了决定胜负的关键,美国与德国制药业合成水平的竞争也达到白热化,以明确目标为导向的研究进入了舞台的中心。

距白宫仅有10个街区的卡内基研究所于1902年由钢铁大王安德鲁·卡内基(Andrew Carnegie)建立,以"确保美国在探索发现上处于领先地位"。他们早期的项目从棉花杂交到星空观测,应有尽有。1941年夏天,美国正准备加入战争,这里成了指挥科学战争的堡垒。富丽堂皇的圆形大厅的廊柱后,多了一间间联邦办公室和会议室,曾经的休闲气氛被警惕和机密取代,一楼窗户都安了铁栏杆,建筑四周随时有特工把守。此时,"引导研究以实现既定目标"还是个新颖的主意。

卡内基研究所是科学研究与开发办公室(OSRD)的临时总部。该部门是联邦政府为应用科学而特设的"军需处",由卡内基研究所所长万尼瓦尔·布什(Vannevar Bush)提议成立。布什是富兰克林·罗斯福(Franklin Roosevelt)总统的首席科学顾问,极力促成并牢牢掌控着全国的战争相关研究,其中最著名的就是研发原子弹的曼哈顿计划。布什还富有远见地说服罗斯福总统,让OSRD来主导国家的战时医药计划。在5月时,他推荐阿尔弗雷德·理查德(Alfred Newton Richards)主持新成立的医药研究委员会(CMR)。66岁的理查德和布什一样,也是高官之子,但是他更为人所知的身份是宾夕法尼亚大学杰出睿智的药理学家、肾脏专家。布什自己聚拢了全国的物理学家,全力研发原子弹,他希望理查德也能领导骄傲的医药界人士迎接挑战。

乔治·默克在20世纪30年代开始进行药物研究时,曾聘请理查德作为公司的首席顾问和规划专家。在制药业还备受质疑时,理查德以自己在药理学界的信誉担保,给予默克极大的支持。他帮助默克建立实验室、招募研究人员,允许默克参与自己的研究,向蔑视药企的同事解释"他们不是洪水猛兽"。现在,为了国家利益,理查德想到了默克,而默克也自愿提供帮助,即将主持国家重要的战备医药项目。

1941年8月7日,珍珠港被袭四个月之前,医药研究委员会才在卡内基研究所召开第二次会议。会议旨在评估全国实验室的研究能力,以及如果美国参战,他们的实验室能做些什么。有几个领域备受关注:热带病与传染病、营养、血液供应,而最重要的则是航空医学。二战第一次凸显了制空权的重要性。1940年7月到次年5月闪电战期间,德国向伦敦空投了54 420吨炸弹。空战变得和陆战同样残酷,而德国在欧洲的制空权更是他们要建立千年帝国的最恐怖的征兆。

德国早就认识到空军的重要性,早在1934年,他们已经在尝试能让飞行员在激烈的战斗中保持精力的方法,英国、加拿大和美国都落后了。委员会听说德国从肾上腺髓质中提取出了一种叫可的松的活性物质,飞行员服用后能攀上12 000米的高空。还有情报显示,德国正从阿根廷用U型潜艇秘密进口牛肾上腺。

理查德毫不犹豫地相信了传言。虽然美国学界一直觉得提取肾上腺激素很荒谬,但他自一战起就开始研究能提升人体机能的药物。菲利普·亨奇(Philip Hench)是梅奥诊所*的生物化学家,他曾分离出6种此类化合物,但是由于纯度不够,没法鉴定其化学结构,更无法测试药效。绝望中,他向默克求助,之后默克也在该领域艰难跋涉了8年。如果德国真的发现了这种活性分子,并有提取它们的办法,盟军空军恐怕在磕了药的德国飞行员面前会毫无招架之力。

理查德开始制定国家医药研究目标,在他看来,尽快获得可的松将会是工作的重心。但理查德的这一天还没结束,在会议后回费城的火车上,他见到了曾在他实验室短暂工作过的英国科学家霍华德·弗洛里(Howard Florey)。弗洛里和他的同事恩斯特·钱恩(Ernst Chain)正在美国四处求助,他们有一种可能比磺胺类药物更好的抗菌药剂:青霉素(penicillin)。

青霉素的传奇是个百听不厌的故事。1928年,苏格兰科学家亚历山大·弗莱明(Alexander Fleming)在试图分离导致1918年大流感的微生物时,一点青霉通过实验室敞开的窗户飘进了敞口的培养皿中。等他度假回来,他发现培养皿中的细菌被杀死了。于是他培养了更多青霉,发现它们能杀死多种致病菌,并将其活性成分命名为青霉素。弗莱明像亨奇一样,找不到化学家帮他生产足够的青霉素,以供动物实验之用。十多年后,弗洛里和钱恩认为青霉素大有可为,

---

* 梅奥诊所(Mayo Clinic),并不是中文语境中的小"诊所",而是美国顶尖的大型研究型医院。——译者

他们克服艰难险阻,纯化出微量的青霉素供小鼠实验。

1941年2月,他们终于有了足够多的青霉素。伦敦一位奄奄一息的警察首次尝试了这种药物。24小时内,他明显好转。可惜药很快就用完了,患者再度濒临死亡。绝望中,他们甚至试图从患者的尿液中回收青霉素。青霉素神奇的抗菌效果得到了印证,但英国的研究设施基本毁于战火,于是弗罗伊和钱恩远赴美国求助。

理查德很感兴趣,但困难也明显很大。美国的实验室那时培养微生物然后提取有效物质的经验甚少,而且青霉和青霉素尤其难伺候。"这个菌种脾气臭得跟大歌星似的,"一位丧气的科学家说,"产率低、分离纯化困难,最后效果还不好。"此外,怎么合作也是个问题。自30年代药物研究得到重视起,各家药企竭尽全力地保护他们在研发上的投资。人们曾经唾弃专利,现在则不顾一切地申请专利。施贵宝在1920年只有一个专利,20年后已经有了超过200个专利;仅1937年一年,默克就申报了46个国内和国外专利。想参与青霉素开发的公司都想独占其生产与销售权,而且反垄断法案也阻止他们和对手合作。

1941年8月11日,参加医药研究委员会会议以及与弗洛里会面四天后,理查德给汉斯·莫利托(Hans Molitor)写了封信:"我急需跟你谈谈……讨论你们的实验室如何能为国防医学作贡献。"莫利托当初被理查德招募入默克,主管羽翼初丰的研究机构。理查德也给乔治·默克写了封类似的信,后者于9月10日答复:"我们迫切希望全力协助您。"

蒂什勒现在开始负责默克的青霉素项目,这似乎是他命中注定的任务,他也更努力地督促自己。从小他就致力于对抗严重感染,现在他将要击败高傲的德国化学界,还有希特勒(Hitler),证明默克的科研在工业界和学术界都是顶尖的。他会克服磺胺项目上的失败,在药学史上留名千古。"工厂的卫生部门强制我们休息,"自1943年就开始为蒂什勒工作的罗伯特·登克勒沃尔特(Robert Denklewalter)回忆,"他们认为我们一直在工作,身体可能受不了。但蒂什勒是那种事不干完决不罢休的人。"

默克、辉瑞、施贵宝和立达实验室(Lederle Laboratories)四家公司10月初在卡内基研究所与布什还有政府的发酵专家秘密开会,商讨培养青霉并提取青霉素的可能性。除了默克,其他企业都很淡漠,但最后大家都同意将研发青霉素作为首要目标,共享方法和发现,反垄断法案也对此次合作网开一面。理查德察言观色,认为其他企业对此事"态度含糊""不太积极"。他对此深感不悦,并不止一次大发雷霆。1942年春,施贵宝的一批药物导致犹他州军医院里所有受试伤员得了静脉炎。"施贵宝提供的产品不纯,让我非常忧虑!"理查德毫不留情地写道,"他们不负责任地寻求捷径,这不啻为犯罪!"蒂什勒则步步为营。他对制药的态度严肃而充满敬意,他对手下说:"你们手上每50—100毫克青霉素都事关一条人命。"50—100毫克,这约是深吸一口气后所吸入空气的质量的十分之一。

1942年3月14日,项目开始不到5个月后,医药研究委员会认为默克生产的青霉素可以开始临床试验了。此时在纽黑文医院,耶鲁大学一位体育主管的妻子安妮·米勒(Anne Miller)因链球菌严重感染已经重病一个月了,她高烧不退,陷入谵妄,给予最大剂量的磺胺也没有效果。周六下午3∶30,她接受默克第一剂青霉素时,体温高达41℃,每毫升血液细菌计数"远超过"50个。第二天凌晨4∶00时,她体温恢复正常了,周一时血液中已没有细菌了。之后她一直到1990年还在康涅狄格生活着。

整个世界还不知道米勒奇迹般的治愈,这是国家机密。但大量的青霉素从伊利诺伊州皮奥里亚的工厂送向各医院后,一种无名神奇新药的故事便四处流传开了——据说产自霉菌,药效远胜磺胺。医药研究委员会严密控制青霉素的供应,只向几位著名传染病学家提供药物,他们也不告诉病人药物的名字。

1942年11月28日,在波士顿最老牌的夜总会"椰林"内,一个16岁的勤杂工小弟点火柴时烧着了一棵假棕榈树,导致夜总会起火,492人被烧死。突然之间,美国遇到了战火纷飞的欧洲才有的卫生危机。波士顿自一战大流感后,再次成为全国的卫生实验室。

医药研究委员会一边向波士顿倾尽可用的青霉素,一边命默克迅速扩大生产。连续三天,蒂什勒不眠不休、焚膏继晷,带着大家从培养罐中提取青霉素,终于获得了足够的药物。12月1日深夜,一个盛有32升青霉素的铁罐被装上车,车子在四个州的警方的护送下启程,于连绵大雨中沿着海岸缓慢前进,第二天一早,顺利将救命的药物运抵麻省总医院。

蒂什勒终于不用再向垂死的病人派发阿司匹林了,他终于能治愈疾病了!8个月前,全美国的青霉素只够一位患者使用。而波士顿火灾一年半后,也就是1944年4月,全体美军都能用上青霉素,它将成为对抗一系列感染的首选药物,联邦政府与年轻的制药界联手创造了科学史上的奇迹。而对于蒂什勒来说,一切才刚开始。既然科学能够发现和量产这么神奇的分子,那科学还能创造什么?"为了在战争中生存下来,"蒂什勒事后写道,"科学从社会的边缘成为了主流。"经过几十年的无所事事后,蒂什勒和美国的生物医药企业终于准备大步向前了。

青霉素除了拯救无数人的生命外,还证明了最神奇的药物就存在于最简单的生命中。自巴斯德后,每撮土壤在生物学家眼中都像一个微型的布鲁克林,充满了微生物间的竞争。当受感染的人死亡并腐烂以后,致病菌也会消失,因此科学家猜想是其他微生物消灭了它们。但直到发现青霉素之前,并没有安全利用这些微生物的方法。就像磺胺刺激了化学合成的发展一样,青霉素宣告了微生物是药学新的乐土。

在弗莱明无意间发现青霉素时,利用"好微生物"消灭"坏微生物"的思路也正在逐步形成。因此,实际上青霉素的发现虽属偶然,却非意外。早在1927年,洛克菲勒大学26岁的法国微生物学家勒内·迪博(René Dubos)就在土壤中寻找抗菌成分,希望能杀灭导致1918年大流感后续灾难的肺炎链球菌,目标跟弗莱明一样。1930年,迪博从新泽西一片蔓越莓水田的土样中发现了一种微生物,虽然还算不得"药物",但能治愈受感染的小鼠。他之后继续在各地采集样本,寻找微生物,为此他曾经爬到医院屋顶上去收集一种"恶心的棕色物质……凝结后黏黏的,好像耳屎"。

迪博最知名之处不是他的科研工作,而是他是一名环保主义者,并因一部充满人文主义思想的著作获普利策非虚构类作品奖,但他的成功激励其他微生物学家开始积极筛选土样中的活性物质。塞尔曼·瓦克斯曼(Selman Waksman)是一个书生气十足的乌克兰裔犹太人,由于不能在沙俄学医,他来到美国,最终在罗格斯大学任教。他正是迪博的博士导师。1939年,迪博宣布发现第一种非人工合成、由微生物分泌的杀菌物质后,瓦克斯曼决定开始第一次大规模筛选。

但这个寻找活性物质(瓦克斯曼后来称之为"抗生素")的主意被无情否定,大学想开除他,医药研究委员会也拒绝给他经费。识货的只有默克。瓦克斯曼急需经费,答应无论他发现了什么,默克都将享有独家开发权。

但从一开始,瓦克斯曼的计划就陷入了污染的噩梦中。微生物种类繁多,温度、培养基成分乃至烧瓶形状等方面的轻微变化,都会影响它们分泌的化学物质。第一年,瓦克斯曼发现了放线菌素(actinomycin),放线菌素虽然能杀菌,但仅1毫克就可以毒死一只2千克重的鸡。第二年,他发现了链丝菌素(streptothricin),链丝菌素的毒性比较低,看起来能供人类使用。但在动物实验时,默克发现它对肾细胞有毒,因此放弃了开发。到了1943年初,瓦克斯曼决定专心寻找能治愈肺结核的抗生素。肺结核每年导致数百万人死亡,被称为百病之王。瓦克斯曼的培养基中肯定有抗结核的物质,但他能不能找到它们,它们又会不会毒性太大?

瓦克斯曼坚持不懈地培养并测试了数千株菌后,9月,他筛选出了链霉素(streptomycin)。链霉素是从因结核死去的鸡的胃中找到的,而且没有肾毒性。蒂什勒和化学家们都被这个分子迷住了,他们四个月内就生产了足够动物实验的量,而青霉素自发现后,等了十多年才开始临床试验。1944年10月,梅奥诊所进行了首次临床试验,一位住院超过一年的年轻女性患者接受了链霉素。6个月内,她肺部的病灶消失了。18个月后,她的痰中没有细菌了。她于1947年出院,四年后结婚并育有三子,从此过着幸福快乐的生活。

链霉素的发现更加振奋人心:这是第一个在明确目标指导下筛选得到的药物,也是美国科技超过德国的证明。后者在大战中什么药物也没研究,光去生产供集中营用的毒气了。默克凭着与瓦克斯曼的协议,独享了这种可以拯救数百万人的药物。

最后唯一的问题就是:这样做道德吗?一家公司可以垄断能解除千万人痛苦的唯一药物吗?青霉素,"抗菌神药"中的前锋,因其被共同开发、专利被多方分散持有,尚可保证以公共信托的形式被发放——至少最初是如此。但链霉素不同,瓦克斯曼担心将链霉素交给一家公司后,不管他们一开始有怎样的好意,最后可能都会变成"剥削"。他与乔治·默克单独谈了谈,希望能解除合约。默克同意了。这种慷慨让目睹姐姐死于结核的蒂什勒颇受震撼。"乔治曾说,如果我们能开发出癌症的疗法,他不会申请专利的,"蒂什勒说,"凭什么不让人们获得药物,又凭什么收那么多钱?不能这样做。"

二战结束两年之后,青霉素和链霉素的销量占了合成药物总量的一半。虽然从中获益最大的并不是默克,而是辉瑞——辉瑞是两种药物的第一大生产商,但默克将筛选法推上了药物发现的王座。"从土地中,我们将获得救赎。"瓦克斯曼是个自学成才的犹太教法典学者,他于1952年领取诺贝尔奖时说了这句具有《圣经》风格的话。之后他在几个拉比的帮助下,发现了这句话的来源:"上主使大地生长药材,明智人决不轻视它们。"

默克和其他美国药企当然不会嫌弃这笔宝藏。如果从脚底的泥土中就能发现让他们富有且光荣的梦想之药,他们自然就像淘金潮时的工人般疯了似的寻找下一代抗生素。每家药企都开始筛选土样,试图采集地球上每一寸土壤,发现对手错过的分子,然后申请专利。施贵宝给员工发放样品瓶,并以报销一半机票的方式鼓励他们在度假时继续采样。头孢菌素这一广谱抗生素就是一位意大利细菌学家在撒丁岛上的卡利亚里一处排污口发现的。堆肥、腐殖质、污泥、沼泽、工地、酒窖、潟湖,微生物在哪里繁盛,科学家就跟到哪里,制药界的利润也扶摇直上。

蒂什勒现在全权负责默克的药物研发。他合成复杂分子的技艺高超,对每一个细节都知根知底,还积极推动药物上市。人们曾经认为发现新分子是最重要的,怎么合成是次要的,蒂什勒的崛起颠覆了这条旧日的科学路线。登克勒沃尔特回忆道:"马克斯无所不知,他的话就是神谕。"

被奉为无所不能的蒂什勒同时也无处不在,他参与着每个项目的每个阶段。没人知道他早上什么时候来,晚上什么时候走,因为他的车似乎总在公司停车场。他除了每年8月带家人到山中一处没有电话的小屋中度假以外,其他时候从不停止工作。

在抗生素上一路凯歌的默克遭遇一个格外复杂也格外迷人的分子后差点败北,这个分子就是可的松。虽然德国人超级飞行员药物的情报被证实是伪情报,国防安全也不再是重点了,但默克一直在独自研究可的松。他们的坚持在 1944 年终于有所回报。时年 27 岁的刘易斯·沙瑞特(Lewis Sarrett)以牛胆汁为原料,合成了微量的可的松。但合成路线一共有 42 步化学反应,总产率低于万分之一,在工业上没有价值:据估算,按照该方法,每个患者每年需要消耗 14 600 头牛,每克可的松的价格约 160 美元,超过金价 100 倍。默克又砸了许多经费,1948 年时勉强拿到了 10 克可的松。

可的松的药效尚不清楚,只知道它是一个分子触发器,是体内主要执行渗透并影响免疫细胞功能的分子之一,大概能调节免疫系统。风湿病学家对它很感兴趣,因为他们在对抗炎症方面无药可用,只能胡乱尝试各种方法。1948 年 9 月,默克向梅奥诊所送去了整整 6 克可的松,进行第一次临床试验。患者是一名 29 岁的女性,她患有严重的风湿性关节炎,甚至不能在床上翻身。她当时已经试过了大量的青霉素、链霉素、金盐还有血清,但都没有用。而接受可的松三天后,她就能把手举过头顶了。又过了四天,她就能去购物了,她说:"我这辈子从没如此舒服过!"

如果青霉素和链霉素是奇迹,可的松就是玄学,从没有一种药物能像可的松般治疗各种可怕的慢性绝症,而且这一神迹有影像记录。梅奥的医生为了防止有人质疑药效的神奇,将14例患者康复的故事拍成了一部小电影[或许启发了后人根据奥利弗·萨克斯(Olier Sacks)的行医经历拍摄《无语问苍天》(*Awakenings*)]。电影中一个曾经不能走路的女人雀跃着走下楼梯;一个曾经身上痛得不能被人触碰的男性患者开始跳舞……1949年4月,梅奥诊所在电影公映前,得意地先来了趟默克。为了保密,他们只邀请了研发主管们前来观看。但蒂什勒怒气冲天,他坚持要么所有参与了合成工作的人(大约三四十人)都受邀,要么干脆就别放。梅奥的人屈服了,但这个小冲突不影响影片放映的效果,40年后,蒂什勒小组的一名成员感慨地回忆说:"那是我一生中见过的最激动人心的景象!"

蒂什勒之后开始努力改进沙瑞特的路线,"我对大家说:'你负责前5步''你负责下5步'"。他不断地抽烟,在热水器边猛灌咖啡,然后像一团火似的在实验室与车间之间来回奔波。有一次,一位化学家失手打翻了一瓶珍贵的红色中间产物,蒂什勒怒斥他:"这怎么不是你的血呢!"之后,他命人回收了那些液体,重新纯化。他最后将合成路线控制到成本可以接受的步数:26步。虽然可的松依然是有史以来合成路线最复杂的商业化化合物,但至少可以批量生产了。

化学家在谈到"限速步骤"时总是很痛苦。限速步骤是影响总收率的关键反应。随着可的松的商业化,蒂什勒一举攻克了药物研究中的"限速步骤"——将复杂的有机分子量产为药物。"毋庸置疑,"20世纪最伟大的有机化学家、哈佛大学的罗伯特·伍德沃德(Robert Woodward)在提名蒂什勒为科学院院士时评价道,"他的工作代表了有机合成应用的最高成就。"从那以后,化学家才敢开始考虑合成各种变化多端、结构复杂的分子,将这些分子制成药物曾经只存在于化学家最胆大妄为的梦中。"如果把我们现在能合成的分子拿给30年代的化学家看，就像给他们看我们今天的手机一样。"博格40年后说，"这就是蒂什勒的成就。"

可的松的合成将蒂什勒和默克推上了一个新高度。新闻中充满了残疾人再次下地行走的神迹般的故事。一个"理论上死定了"的8岁女孩在全身三分之二大面积烧伤后活了下来；严重湿疹的患儿在快把自己抓死后生还；74岁的秃头男士再次长出一头黑发……哮喘、溃疡性结肠炎、植物中毒、痛风、休克、烧伤、骨折，等等，《纽约客》(*New Yorker*)在列出了28种可以用可的松治疗的疾病后写道："可的松能治疗的疾病数量已经接近天文数字。"1951年时，所有人都想要可的松，药物一度有价无市，默克甚至需要在报纸上刊登整版文章来解释他们没有囤积居奇，而蒂什勒也再次带着大家加班加点地生产。虽然可的松的一系列凶恶不良反应也渐渐浮出水面（比如头痛、眩晕、皮疹、肥胖、满月脸、高血压、糖尿病、关节坏死、骨软化，偶尔甚至会导致精神错乱），但不影响默克成为领导科研进步的典范。1952年8月，乔治·默克登上了《时代》(*Time*)的封面，标题为"药物是为人类而生产，不是为追求利润而制造"。

虽然默克因为心怀天下广受赞誉，但账本上的代价可不小。1951—1952年，在有可的松支持的情况下，默克的总营业额居然**下降**了，因此他们之后与沙东制药合并*。沙东制药是费城一家药企，以激进的销售手段和非处方止咳润喉糖苏里特(Sucrets)著名。蒂什勒并不喜欢这一合并，对未来忧心忡忡。登克勒沃尔特回忆道："蒂什勒在实验室和车间中有绝对的权威，但我们的新CEO是沙东制药搞销售出身的亨利·加兹登(Henry Gadsden)。我们在讨论研究方向时他说：'健康的人比病人多，因此我们要给他们做点药。'之后他举了三个例子：当时流行小麦肤色，因此他要我们开发一种'日光浴增效'药剂；他还想做紧急避孕药；再有就是给黑人研究一种能维持鬈发的药物。我当时听了就想

---

* 合并后的公司即默沙东。——译者

吐,而蒂什勒什么也没说,他可能压根就懒得说。不过,之后这些提案再无下文了。"

蒂什勒在罗伟研发中心有绝对话语权,他继续寻找有意义的药物。传染病明显已被击溃,默沙东(还有它的对手们)都在研究下一批重要疾病:癌症、心脏病、卒中。与此同时,默沙东在西班牙的工厂每年能筛选 5 万株菌种。蒂什勒相信土壤中无限的活性有机物一定有某些是除抗生素以外的药物,关键就是提供合适的靶点。现在化学已经不是问题了,生物学才是药物研发的限速步骤。蒂什勒带着默沙东的研发力量大力攻坚。

默沙东还在发展,但是有些缓慢。1957 年中期,蒂什勒被任命为默沙东实验室主管,领导罗伟和西点(原沙东制药实验室所在)两地共 1600 名研发人员。11 月,乔治·默克因脑出血在家中过世。理查德请万尼瓦尔·布什担任公司新董事长。布什对蒂什勒坚持事必躬亲颇为不满,他向密友理查德抱怨说:"蒂什勒把所有的线都握在自己手上。"但布什也讨厌"药学投机主义",认为蒂什勒的实验室是对抗药企追名逐利的最后堡垒。

蒂什勒在 1970 年到了强制退休的年纪。他离开默沙东时,一共贡献了 109 项专利,其中包括 10 个登上畅销榜的药物。他的遗产还包括良好的科研布局,很快就会产出一系列价值 10 亿美元的药物,令默沙东成为华尔街的最爱、全美市值第四高的公司。蒂什勒不留遗憾地离开了。但他没有真正退休,他重新回到他 1937 年离开的职业,接着去当本科化学教授了。

1970 年是颇为动荡的一年,柬埔寨政变以及随后震动全国的肯特州立大学枪击事件*毒害了两代人之间的信任,隔绝了他们的交流。但蒂什勒来到卫斯理大

---

* 肯特州立大学枪击事件(Kent State Shootings),或称肯特州立大学惨案(Kent State massacre)、五四屠杀(May 4 Massacre)。1970 年 5 月 4 日,肯特州立大学的学生在抗议美国干涉柬埔寨内政时遭国民警卫队枪击镇压。——译者

学后,立刻就与博格互相吸引了。博格那时19岁,才智过人,或许他不愿意承认,但他的确需要一个导师。他的父母在他高中时感情破裂,不断争吵,最终分开,他和弟弟选择和母亲一起住。他大一时钦佩的化学老师则在暑假时因一场车祸身故。他在大一的物理课上得了最高分,但他并不喜欢他的教授:"我知道他是一个虔诚的天主教徒,所以在课程项目中写了一个模拟导弹从米德尔敦*轰炸梵蒂冈的程序。"他的朋友回忆说:"博格不能忍受傻瓜,还有愚蠢的科学。"

蒂什勒一直对青年科学家很热心,但以前因为太忙,难免显得粗鲁、没有耐心。现在64岁的他终于从工业界的重压下解脱了。在教大二的博格时,他看到了大科学家身上共有的特质:富有好奇心,充满求知欲,理性严谨,勤奋努力,上下求索,坚持真理。对博格来说,蒂什勒虽然老迈,但他的科学不是干巴巴的习题,而是改变世界的利器。

蒂什勒指导博格成为化学家,博格回忆说:"马克斯手把手地教我如何用滴定管,如何单手控制活塞,现在还历历在目。"为了培养博格的药学素养,蒂什勒还让博格去采访纽黑文养老院中的瓦克斯曼,后者将不久于人世。更重要的是,他用他创造的默沙东文化熏陶了博格。蒂什勒曾在药物化学课的期末考试时出了一道附加题:设计一条比发酵更便宜的合成维生素C的路线,奖励是5万美元。博格和所有人一样解不出这道题,毕竟整个制药界也为此困扰了40年了。但这个问题完全符合博格对科学应该是什么的理解,也是他以后想从事的那种科学。

在哈佛,博格继续特立独行。他毕业后在未来的诺贝尔奖得主让-马里·莱恩(Jean-Marie Lehn)手下做了一轮博士后,其间还在诺尔斯的指导下在一个学期内完成所有应学课程并出色地做了些酶学研究。那些年他的头发越留越长,比本科时还长,还每天带着一条40多千克重的巨大黑色拉布拉多犬艾萨克(Isaac)。诺尔斯刚从牛津大学来美国,他对博格说狗不许进实验室。博格反问诺尔斯以前实验室有过狗吗?诺尔斯只好承认没有。"那么,杰里米,你不觉

---

* 卫斯理大学所在地。——译者

得实验一下挺好的吗?"所以,狗就待在实验室了。博格有时开车回北卡罗来纳州的家时依然会带着他的狗,然后顺路看望蒂什勒。

蒂什勒相信博格未来会是制药界与科学界的领袖,一路尽量提供帮助。比如博格从哈佛离开那年默沙东并无招聘计划,但蒂什勒打电话给时任默沙东研发总部副总裁的霍斯曼,请他给博格找个位置。博格在默沙东显得与众不同。大部分化学家接受的训练与蒂什勒类似(蒂什勒也正是很多人的老师):他们是经验丰富的合成专家,擅长合成分子。但博格更关心蛋白,尤其是酶,如何与药物相互作用。他从反向思考,他关心药物该干什么,它们必须去填充什么样的结构空间、需要如何与靶点蛋白接触,而不是它们实际上是什么状态。在蛋白与药物的锁钥关系中,他更在意锁的形状。

博格逆反的态度(诺尔斯形容为"棱角分明")没有帮他在默沙东结交几个朋友。但他可不只是自命不凡。他觉得自己的项目很无聊,就自己设计潜在的降压药。他的靶点是血液中的肾素(renin)。肾素是一种蛋白酶,它的结构当时还不清楚,但大概能像 HIV 蛋白酶一样用"原子剪刀"切割其他蛋白。博格借助一种近缘酶的 X 射线晶体结构,与一个助手用一年半的时间,发现了一种对肾素的抑制效果比公司候选化合物强 1000 倍的新化合物。该成果发表在《自然》上,吸引了国际同行还有默沙东管理层的注意。虽然默沙东最后拿出的日后年销量达 10 亿美元的依那普利令博格的结果失色,但博格一战成名,从此迅速晋升。1985 年时,他只有两个助理,到了 1987 年,他已经主管默沙东的药物设计部门,还主管一支 100 人的免疫学研究团队。

蒂什勒骄傲地看着博格日渐成长,自己却一天天衰老。1984 年,78 岁的蒂什勒患了一次肺炎,虽然活了下来,但行动力大幅减退。他依然 7 点前就会到卫斯理大学上班,但现在只能围绕着讲台和实验室里的小木凳走几步。他一生嗜烟,现在则因为肺气肿每天要回办公室吸两次氧。他在默沙东的继任者需要咨询他时,就会乘坐直升机直抵校园,同时他从不缺席教师会议。虽然他饱受疾病折磨,但从未想过真正退休。

博格与蒂什勒保持着密切联系。他在恩师八十大寿时写信感谢蒂什勒教他如何"全面看问题""关注真正重要的问题"。虽然他继承了蒂什勒的科学遗产，但他也日渐意识到这些知识不足以实现他的愿景。"干这行需要比别人更多的信息，"他说，"不需要更多的才智与直觉，更多的信息就够了。我开始发现默沙东不能产生我要的信息。"

1988年中期，博格接到了风投家金塞拉的电话。博格也曾经被邀请去创立公司，他甚至写好了商业计划书，但最后决定留在默沙东。可是金塞拉说一不二。这位圣迭戈风投家是百老汇演员和时装模特的孩子，他的简历洋溢着冒险的野心和无畏的闯劲：精英童子军，麻省理工电子工程本科，约翰斯·霍普金斯大学经济学硕士，44岁时已经创立了17家公司，包括他自己的风投公司阿瓦隆（Avalon）。他选这个名字主要是因为"阿"在黄页上排序靠前。金塞拉身高1.9米，身强体壮堪比滑雪运动员，就像林登·约翰逊（Lyndon Johnson）总统一样，凭体形与气势就足以在开会时压倒别人。他公然追求财富与权力，曾经以手压一摞百元大钞的形象出现在商业杂志的封面上。他曾说，如果他不当风投家，他就要当总统。

"金塞拉就像一阵旋风，把人们吹得摸不着头脑，"他协助成立的一家公司的总裁这么评价他，"他就像一台吸尘器，把遇到的所有信息都收集起来。"金塞拉想成立一家基于结构设计药物的公司，他考虑了上百个候选人，最后决定必须是博格，而博格也颇感兴趣。之后几个月，他们见了几次面，然后金塞拉开始日夜给他打电话。但博格想要更多的控制权，他还认为金塞拉组织的以西海岸科学家为主的科学顾问委员会"不是最优……火力不够"。与此同时，金塞拉的资金链快撑不住了*。"我那时正在机场，"金塞拉回忆，他本以为万事俱备，正要去太浩湖滑雪过周末，"结果这桩买卖眼看他妈的就要搞砸了。"

于是他立刻飞到波士顿，直接闯进了哈佛，直到按博格的要求招募到全部

---

* 对投资者而言，将一大笔钱放置不用是一种成本很高的行为。——译者

科学顾问委员才回去。6周之后他带着新的提案飞到新泽西,邀请博格夫妇共进晚餐。金塞拉曾经为了建立一家公司,把国立癌症研究所(NCI)整个部门14个科学家一起打包买下,把他们从东海岸的马里兰州移到了西海岸的西雅图。他今天一定要说服博格。

"我问你一个问题,"金塞拉说,此时他已经拟定了一项将公司控制权完全交付给博格的新条款,"你记得谁在苹果发明了个人电脑吗?"

"史蒂夫·乔布斯(Steve Jobs)。"

"那现在谁是最大的电脑制造商?"金塞拉接着问。

博格不假思索就答道:"IBM。"

"那么你想要建立苹果那样的事业还是IBM那样的?你最后想要的就只是一块名牌手表?你工作的动力是什么?"

博格从默沙东的离职突然而坚决,他提交辞职信10天后就走了。那时纳维亚解析HIV蛋白酶结构的文章也正好刚发表在《自然》上,宣告了基于结构设计药物新教派的第一项成就。那是1988年最后一周,蒂什勒的病更加重了。"为什么默沙东不留住乔舒亚?"他虚弱地问诺尔斯,"出什么问题了吗?"默沙东派霍斯曼(他也已经从默沙东退休,之后去了宾夕法尼亚大学任教)坐直升机来看望蒂什勒,史考尼克也写了一封信解释公司曾力图挽留博格,但这都无法安慰蒂什勒。他在次年3月中旬过世,那时博格正和金塞拉在全国各地筹集创业资金(金塞拉还带着一台相机,在他们住过的豪华酒店拍照留念)。在蒂什勒的葬礼上,他的遗孀贝蒂拒绝接受博格的致意。

"乔舒亚,"她冷冷地说,"太令我们失望了。"

第八章

　　博格从日本回来后,对未来充满了遐想。日本药企总部如宫殿般富丽堂皇,实验室壮观但未被充分利用;离开公司,子弹列车呼啸地载着他们在新干线上飞驰。博格从见闻中衡量着日本的现实与自己的期望之间的距离。1990年的日本药企仿佛是1941年美国药企的缩影:整体属于二流,但几家公司正在努力赶超。他们就像蒂什勒和默沙东在20世纪30年代合成维生素时那样,一边进口高新技术,一边吃透现有的工艺。FK-506这个潜在的重磅炸弹就是完全由日本公司筛选出来的。日本政府也在1980年宣布重点支持药物研发。美国药企的研究对象45年内就从煤焦油染料跃进到了微处理器,日本药企也在努力复制美国模式,寻找世界上最复杂、最有效、最有利可图的分子。现在他们需要一个方向。博格就像以前的麦克阿瑟(MacArthur)将军一样,觉得日方的殷勤不无道理。

　　博格之前拜访过除了默沙东以外的美国各大药企,他们都对博格说等他有了理想的候选化合物再谈合作。但在日本,连最大的药企都热情欢迎博格和奥德里奇,他们设宴招待,奉上鲍鱼与河豚(虽然美国人不太敢吃)。而最让他们感兴趣的是,很多制面公司、钢铁公司与烟草公司都想涉足制药。在参观日清(日本最大的制面公司)的研究中心时,他们被吓到了。三个穿着白衬衫、黄裤子、白鞋子的科学家陪着他们走进黑色大理石坟墓般的大厅,匆匆穿过一尘不染的化学实验室,里面只有一个技术员在摆弄装着黄色和粉色液体的烧瓶。"我以为马上就会看见诺博士(Dr. No)了*。"奥德里奇喃喃自语。纵观所有的资金来源,这些有几十亿美元的现金却没有科研经验的公司明显是最容易搞定的。博格说:"他们只会付钱,不会干涉我们的研究。"他觉得除了免疫抑制剂外,或许还可以卖给中外制药之外的企业一些项目。他回到福泰三天后,就与会计和律师(也就是他的哥哥肯)讨论此事。

"我们会有三四百万的'收益',"博格骄傲地说,"那么我们可能第二年就要纳税了——如果我们接受了日清的赞助。"他已经默认中外制药会与福泰合作了,"我们现在要考虑如何避免盈利**。"

奥德里奇则在此次旅途后累垮了。他的电脑屏幕上贴着一长串写着待办事宜的便笺,原本整洁得堪比神父的桌子上如雪崩般堆满了文件夹。自从回来后,他一直在计算与伦敦的时差,与葛兰素玩"没接到电话"的游戏,避免与哈德森接触,他要等到中外制药的消息后才能决定如何出牌,这令喜欢凡事都有所计划的他颇为困扰。他现在每天8点就来公司,晚上7点半才走,之后去锻炼,"这样我才不会觉得自己像摊泥"。他每晚就着伏特加倒在床上,每天都妄想哪个周末休息一下,好把税报了***。"生活啊!"他无力地感慨道。

奥德里奇比博格更有和日本人打交道的经验,他不相信哪次交易会是很轻松的。他过去十年间一直在试图促成同样规模的合约,但都无果,每次都以背叛和心碎告终。他在百健曾试图销售一款大有前途的抗癌药:百健投入了快8000万美元后,差点就能把药物转让出去了,但首次临床试验结果出来

---

* 诺博士,早期007电影《诺博士》(Dr. No)中的反派。——译者
** 盈利后需缴纳所得税。——译者
*** 美国每年4月初公民要申报个人全年所得,有时候很麻烦,甚至需要专门请会计协助。——译者

了：350个患者没有一人有任何好转。他去的第二家公司是集成基因（Integrated Genetics, IG），结果两次交易都在临签约时黄了。第一次是因为他们在美国的专利被判给另一家公司了，而他们本计划将其卖给一家日本公司。第二次是跟默沙东的交易。他们本来差点就可以转让一种基因工程抗血栓药，但后来发现它比传统药物贵了30倍，药效却相差无几，有时还会导致脑出血，更糟的是那几个病例还被广泛报道了。"我们谈的都是5000万级别的大生意，一旦风向有变，对方就再也不会接电话了。"奥德里奇虽然觉得博格必胜的姿态在谈判中可以鼓舞士气，但他知道欲速则不达（尤其是想一下谈妥两笔交易），而且担心博格会给日方留下不好的印象："日本人有句谚语，'冒头的钉子需锤平'。他们很多人可能会觉得乔舒亚太狂妄了，需要被教训一下。"

不过由于博格既是讲述者又是故事本身，有时他并不只是代表自我，他需要满足人们对他"药学天才"的期望，他在谈判中的性格也总是在随和与傲慢之间切换。奥德里奇需要担当压舱石，在博格兴致过头时监管他、抑制他。"博格是油门，我是刹车。"目前他们在谈判桌上合作得还不错，而当议题涉及更多法务问题时，博格则需要求助他的哥哥肯·博格。肯比博格大5岁，曾是波士顿一家老牌法律公司的合伙人。他跟博格一般高，但更壮一点，脸更圆一些，更阳刚一点。他比博格更加自省，沉着的神态常让人想起《教父》（*The Godfather*）中的律师参谋汤姆·哈金（Tom Harken）。

1990年3月12日，中外制药还没有消息。博格和奥德里奇去哈佛专利事务办公室继续讨论与施瑞伯的合作。哈佛内部对教员能否参与商业活动争论不休，但局势越来越糟。当天早上，《华尔街日报》报道各大学正纷纷准备限制它们的生物医学研究者，而哈佛则要担当表率。哈佛将在月底举行一场投票，决定教员们能否在公司享有股票以支持他们的科研——这直接冲击了施瑞伯与福泰的合作。除了专利办公室，整个哈佛似乎都很有敌意。

博格勉强表现得慷慨大方，他让肯起草一份协议，同意哈佛独占施瑞伯的科研成果，但不能把这些成果转让给其他公司。如果福泰不能拿下施瑞伯，至少不用担心他被其他公司抢走。博格虽然觉得福泰至少该与哈佛共享施瑞伯的成果，但也只能接受现状。

有了这个协议，博格准备好再战葛兰素了。葛兰素现在一天打进两次电话，急着安排一次3月底在伦敦的谈判。"他们的腔调就像：'天呐，我们之前在干什么，我们的战略当然相容。其实不管战略相不相容，合作都是最好的。'"博格说，"看来他们知道我们在日本待了11天。"

谈判没有固定套路。3月16日一早的两通电话让博格更加得意，也让奥德里奇更加焦虑。首先，葛兰素总算联系上了奥德里奇，赫德森的秘书邀请奥德里奇和博格于3月27日、28日来伦敦，与葛兰素资深科学家会面。其次施密特打电话说，中外制药大致同意合作，但董事会4月初才能正式批准。博格和奥德里奇决定同时逼一逼这两家公司。现在距他们第一次见永山才21个工作日，离艰难的远景国际大酒店会议才5个月，奥德里奇从低落中有所恢复，而博格情绪高涨得堪比电视塔。

中外制药的保证不能阻止他们前往伦敦，但给了他们不小的勇气，他们带着先发制人的锐气走下飞机。博格希望葛兰素在之后5年支持25—30位科学家的工作。每位科学家每年包括工资、仪器和耗材在内大概需要20万美元，一共约2500万—3000万美元，比施密特开给中外制药的4000万少多了。然后如果能开发出新药，双方利益均沾。他们对面是赫德森、哈米尔等几位葛兰素的高级科学家和高管，奥德里奇在提这些条件时摆出了"MBA特有的严肃"。

不出所料，葛兰素有自己的打算。葛兰素从不相信福泰真能开发出什么药，只想让他们帮点小忙，让葛兰素的科学家找到自己的药物。他们自己提出了一个新方案：他们支付2500万美元，但要享有福泰开发出的免疫抑制剂的全球所有权，而且还有里程碑支付*和分成等限制。博格原本期待的速战速决现

---

* 里程碑支付（milestone），即钱不是一次性到账，而是根据药物研发进程分阶段付款，比如药物完成药理实验付一部分，进入临床试验再付一部分。——译者

在变成了锱铢必较的讨价还价,他很生气也很失望,回宾馆后差点就决定直接走了。但奥德里奇想迎战葛兰素的虚张声势,他说葛兰素的2500万美元仅仅是付给福泰的生物部门,因为他们不稀罕福泰的化学或生物物理学,也不信福泰能做出药来。"我们决定,"博格回忆,"要显得非常生气。"

第二天上午,同样的一群人不耐烦地听着奥德里奇新的提议,之后他们闭门讨论了45分钟。双方本计划一起吃午饭的,"我们回来后,"博格回忆道,"他们说:'你们的车准备好了。'"

"这是一次完美的谈判,看来我们更能在谈判中冷静思考和提议。"博格说,"我觉得我们真的应该合作。我们的傲慢不相上下。傲慢既不会惹怒也不会取悦我们,我们理解傲慢。"

如果葛兰素想通过粗鲁的逐客来施加心理压力,他们可失算了。4月初博格分析:"葛兰素不会放弃这个领域,他们会回来的。"但哈佛可没那么好对付,它的骄傲举世闻名(或者说,被包括历届美国总统在内的人不断抹黑),也不像葛兰素真的需要福泰,而且福泰在哈佛面前也没有像中外制药那样的筹码。到了月底,哈佛原定就新利益冲突指南的投票推迟了,但施瑞伯的态度还是一样模糊。受中外制药的鼓舞、葛兰素的逼迫,还有科学家的不断请求,博格决定彻底解决施瑞伯的问题。

4月4日,博格、肯和奥德里奇在福泰的会议室与哈佛的专利授权团队谈了6个小时,博格称之为"6个小时的谩骂"。福泰虽然不能阻止施瑞伯继续研究FK-506,但希望借助哈佛的力量避免哈佛一位杰出的教授卷入肯所谓的"非常混乱的境况"。

哈佛专利办公室主任布林顿也急于解决施瑞伯与罗氏的合约带来的种种问题,但哈佛科研资助办公室也派了个代表来,他要解决福泰-施瑞伯合作研究的发表问题,而且可能要介入整件事。

肯是典型的礼貌而精于计算的南方律师,他很少在言谈中使用诉讼的口吻和表述。但今天,他以上法庭的姿态向前探身,然后说:"我们无疑非常有兴趣知道,哈佛基于何种可信的理由能要求介入调查此事。"博格在旁边面无表情,一言不发,心里却打着鼓,这样大胆的试探真的好吗?他不是担心会"探"出什么棘手的内幕,而是忧虑于试探的场面会被如何解读。"好像我们在对哈佛做政府调查,"他之后说,"可能会被哈佛的《深红报》(Crimson)报道。别以为那只是校报,那可是各大药企的执行官唯一会看的校报。我们担不起后果,我们不能当替罪羊。"

博格为了保护与他不信任的施瑞伯之间的关系,然后用对施瑞伯没什么用的科学去取悦他唾弃的大药企,他一次又一次地对哈佛作出让步,而在他看来哈佛本与此事无关。他被激怒了,开始粗野地嘲笑对方。"我猜你还没还完你的大学贷款。"他怒斥科研资助办公室的代表,"以前我的奖学金不光覆盖了我的学费,还赞助了英语系,你应该好好感谢我。"当那个代表说"哈佛的精神不包括保密,我们是知识的传播者"时,博格啐了一口:"所以一滴 FKBP 你们就敢卖 3 万美元?"

博格简直想杀人。四周以来,福泰高墙外的剑桥市慢悠悠地换上了春装,而他竟从日本药企的征服者沦落到在这里斥责大学的小职员。

而且他现在还是没有达成协议。

如果说与哈佛和葛兰素的谈判好像用牡鹿犁地般艰难,那么与中外制药的谈判则像在迷雾中与一个神秘人共舞。4月初的董事会议后,中外制药给博格发了封简短的传真,希望"推进项目"。博格自学了些日本文化,他觉得这是一份措辞严肃的声明,表示双方形成了某种荣誉关系。曾被误导过的奥德里奇则觉得行文模糊,担心再被玩弄。

根据利文斯顿的观察,"美国人认为大家在公开场合的发言不算数,私底下的承诺才是真的"。他没有参加谈判,所有科学家都没参加谈判,但他以前在集成基因时曾和奥德里奇一起与日本人打过交道,他说:"日本人则不同。他们私底下什么都能说,只有公开发言,比如写信,才值得相信。"

博格倾向于同意利文斯顿,他觉得有九成把握与中外制药达成交易。他同时让奥德里奇稳住葛兰素,他猜葛兰素现在该消了火气,准备认真谈一下了。

除了公司的发展需求,博格和奥德里奇的个人野心现在也在影响着交易。福泰成立刚满一年,只有 25 名员工和一点科研成果,福泰更像是一个实验项目,而不是一个企业。他们能扩张到多大,谁将领导他们曲折前行,都取决于他们能筹集到多少资金来驱动实验室,以及**取悦**投资人。金塞拉、施密特,还有几位风险投资家等公司董事目前对博格还算满意,但在创业过程中,创始人随时可能倒下。金塞拉曾用乔布斯的例子劝诱博格离开默沙东,但当苹果公司的董事会想要一个更有经验的执行官时,乔布斯就被自己创立的公司开除了。所以博格和奥德里奇越早达成交易,董事会也会越早打消另请职业经理人(奥德里奇称之为"宠儿")以更正规的方式管理公司的计划。相反,如果他们搞砸和中外制药或是葛兰素的交易,董事们会很生气,后果很严重。

与中外制药的谈判尤其耐人寻味。博格和奥德里奇独自完成了与葛兰素的交涉,但如果只凭他们自己,哪怕再付出双倍的努力,仅仅想与中外制药搭上线都很困难。没有施密特热情引荐"山姆",他们此刻还在没完没了地邮件通信,签订价值几千万的协议什么的想都不要想。如果他们与中外制药达成协议,那将全是施密特的功劳。虽然博格和奥德里奇都很想与中外制药达成协议,但这只会丰富施密特的传奇,博格还需要通过另一桩协议来证明自己。

1990 年 4 月 26 日,距葛兰素要求新提议的最后期限过去了一周半,博格和奥德里奇原计划四天后在施密特的办公室中再与永山见一次。此时中外制药突然说对交易不感兴趣了,可能因为他们的战略是投资已经有产品的公司。中外制药是一家处于第二梯队却有称霸全球野心的日本公司,他们不光想进入美国市场,更想要获得最新的技术。去年秋天,他们向加州一家诊断公司基因探针(Gen-Probe)投资了 1 亿美元。贸易保护主义者惊呼,日本企业要买断美国生物技术的"种子"。美国生物医药界战胜德国同行已经 50 年了,现在是美国最后几个强大的技术堡垒之一,但中外制药等日本企业正奋力猛攻,一如日本企业对其他美国先进行业的渗透。中外制药知道自己想从福泰那里得到什么,他们希望能有足够的股权加入董事会。他们觉得博格的协议仅仅是表面公平,很不满意。

博格和奥德里奇对中外制药的突然反悔各有解读。奥德里奇懊恼地说:"我们被玩惨了。他们绑住我们,让我们错失了快两个月的商机,我们真的被干惨了。"博格则轻快地说:"谈成的把握萎缩了一半,原因是他们对我们更感兴趣了,这蛮讽刺的。不过他们真的要放弃交易吗,只因为我们的'入场券'要价太高?"

"如果他们想以1亿美元买我们30%的股份,我会考虑的。我不是说我一定会同意,但我的确会考虑的。"

不管这个突然毁约暗示了什么,博格、奥德里奇和施密特都想要一个明确的答复。他们认为中外制药还是想合作的,只是他们正在玩一手日式谈判的经典把戏:在谈判尾声时狠狠杀价。一方面奥德里奇着手重启与葛兰素的谈判,一方面他们也要逼迫中外制药作出决定——这又要靠施密特了。

"还有很多人都对这个项目感兴趣,"4月30日的会议上,施密特告诉永山等中外制药的高管,"乔舒亚准备要回应他们了。"施密特给中外制药两周时间答复。"时间应该够。"施密特会后对博格说:"反正这段时间我们也达不成其他协议。"然后施密特就带着永山坐上他的私人飞机飞往华盛顿,为EPO的专利困局去游说FDA了。中外制药正是通过施密特从基因研究所获得了EPO的专利,不管他们怎么看福泰,他们在华盛顿时一定会受到施密特的影响,毕竟施密特在那里还是很有人脉的。

"他们此行将决定中外制药年入10亿还是20亿,"博格说,"这要看董事会给永山的'绳子'有多长了。"

"这是场大赌局,"博格说,"交易的确不容易。我建议我们要价低点,就要2100万,得和大家再说说。哪怕这次挣得少了点,挣不到3000万,但以后我们会加倍赢回来的。"

5月11日,周五,中外制药的传真到了。上封传真吞吞吐吐,这封则是言简意赅:施密特和博格开出的4000万太高了,他们要求减半。博格依旧信心满满,相信交易尚未失败,拒绝交易只是中外制药的策略。奥德里奇则依然忧伤,他觉得永山离开时明明是支持合作的,出现问题只可能是因为董事会内部发生了血战。他觉得这意味着中外制药连这笔小点的交易也未必愿意做。"我们之前太强硬了,"他忧伤地说,"他们拿不出那么多钱。"

根据施密特最初的计划,双方应该平分全球市场,中外制药会得到亚洲市场和欧洲市场,他们在那里已经有成熟的销售团队。所有生物医药创业者都要面临一个共同的难题:如何坚持底线?奥德里奇在周末写了份新的提议,降低了要价,同时要求收回欧洲市场。在那里福泰可以自己销售药物,也可以转让给另一家公司,或许几年后能卖出5000万。也就是说,福泰为一个自己还没设计出来的分子的半个世界的市场定价接近3000万。虽然跟施密特最初的提议没法比,但奥德里奇的提议也很大胆,他自己都不太有信心。他又整理了一下给葛兰素的新提议,万一被中外制药拒绝就可以立刻发出去。

施密特把新的提议告诉了永山。施密特依然主导着谈判,但他的信心可能动摇了——至少博格和奥德里奇很自然地这么想。不久,他们开始说上一封传真让施密特失去了信心,放弃了希望。但施密特否认了。"或许那封传真对他们的打击比对我还大,但我从未认为谈判失败了。"他几个月后说,"但我也意识到情况不容乐观,所以我才会出手干预,去要一些我本不该要的东西。"

奥德里奇怨言颇多:"这笔投资对我们是生死攸关,对中外制药却不过是九牛一毛。而如果我们做出药来,他们就发大财了。"博格则一如既往地乐观,他说:"我们很快就可以吃到寿司了。"

博格在谈判时幽默、傲慢、自信、沉着,这皆源自他过人的才干。他相信自己绝对正确,其他人,哪怕是老天爷,都应该屈从于他。他很少紧张或焦虑到失去幽默感。他曾经一边轻松地谈着如何耗时三个月,异常艰难地从默沙东挖走一个重要科学家,一边静静地把一个百事可乐罐撕成了两半。大多数困难也就值得他呵呵笑两声,或者讲个小段子。

但施瑞伯是个例外,他是目前最大的麻烦。施密特将最终提议交给中外制药两天后,博格正焦急但面无表情地等待回复,此时施瑞伯发来了一篇研究 FKBP 结合活性的论文的预览。看完后博格大动肝火:"应该发给约翰·丁格尔(John Dingell)!"丁格尔是密歇根州议员,他的团队最近开展了好几场针对学术不端的调查,被媒体广为报道。博格的愤怒不无道理。这篇论文本身并无亮点,好像施瑞伯就是要用一些不重要的结果到处"插上旗帜"。他要保持自己名字与 FKBP 的联系,帮自己的学生多发表几篇,再定义一些新的研究领域,如果这些领域以后火起来了,他就可以宣称都是他先发现的。此外,论文中施瑞伯引用了某些数据却未明确其所有权,而博格知道这些数据最初是福泰和默沙东得到的。博格怒斥这篇论文"毫无科研道德",他终于相信施瑞伯关心自己的声誉胜于踏踏实实做科研,完全不值得信任。火上添油的是,施瑞伯在斯坦福期间说福泰的纳维亚已经有了 FKBP 晶体。

"我这就去葛兰素把他的破事全抖出来,就现在。"博格怒气冲天,"我要告诉他们:'你们不会想要他的。'我要在合约中加上一条:施瑞伯对此项目的任何接触,都将被视为不可接受的安保漏洞。"

"他就是一门不受控制的大炮。"奥德里奇赞同,但这次他似乎和博格交换了角色,温和了许多,"可是,他还在我们这边时,我们还能管管他。如果他跑到别人那里去了,再把炮口对着我们,我们可就没办法了。"

"如果他炸膛呢?"

虽然博格决定跟施瑞伯决裂,但他还有些顾虑,因为施瑞伯最近威胁哈丁说"他会把整个科学顾问委员会带走"。

"这个节点上跟整个科学顾问委员会闹翻就太尴尬了,"奥德里奇说,"世界末日。"

博格终于露出了微笑:"有时候,有些你所期望的优势只有你的敌人才有。"

汤姆森踽踽地走进餐厅,泡了一杯咖啡,然后宣布在拿到足够多的 FKBP,以便结晶出足够大的晶体供结构解析前绝不回家。昨天晚上,他和公司的第二位晶体学家山下喝酒庆祝他自己入职一周年。汤姆森负责提供蛋白,山下负责解析结构,他们是博格药物设计策略最倚重的科学家。他们有共同的动力,一起玩命地日夜工作,结下了深厚的友谊。汤姆森最近快被榨干了,他说:"每件小事都让我崩溃。"他迫切地想将蛋白与责任传给下一棒——山下。

"一旦看见屏幕上的信号点,"汤姆森说,"我就骑着摩托离开。"山下的 X 射线晶体衍射仪的屏幕跟雷达监控屏很像,如果上面出现信号点,那就说明晶体足够有序、正在衍射,足以供蛋白结构解析。

"去哪儿?"

"西边。"

"多远?"

"一路向西。"

汤姆森自从在 2 月中旬首次分离出 FKBP 以来,心情越来越沉重。蛋白晶体是蛋白质理想的、非天然的状态:一大群乱糟糟的分子自发排列好,排列为所谓的"晶格",然后按晶格中的排列方式向各个方向重复延伸数十亿次后,就形成均一的理想结构。为了获得晶体,首先要创造一个微小的分子"天堂"。分子要处于一种温和的环境中才能违背天性,形成有序的晶体,不然它们会互相碰撞、激发,从溶液中析出。也就是说,需要"麻痹"这些分子,因此生化学家把它们泡在**母液**中。母液是一种化学缓冲溶液,对于这些分子而言就像掺了海洛因的羊水一样,使它们能在离开天然环境后依然保持安定。但问题是,蛋白个性迥异,需要的母液也不一样,因此需要不断地筛选。更气人的是,某种蛋白可能根本就没有合适的母液体系,科学家消耗了许多珍贵的蛋白后可能一无所获,所以已知的数万种蛋白中只有很小一部分已获得了晶体。

从胸腺得到的 FKBP 是个不安分的家伙。2 月至 3 月之间,汤姆森和菲茨吉本把一批又一批蛋白投入最后的纯化流程,但只看到它们直接从溶液中沉淀*出来。他们一共给了纳维亚和山下足足 5 毫克 FKBP,是哈丁和默沙东最初分离到的蛋白的 500 倍。可惜这批蛋白不太稳定,不能用于结晶。让汤姆森更加不安的是,晶体学家干的事和他正好相反。他小心翼翼地让蛋白留在溶液中,晶体学家们则毛手毛脚地试图让蛋白从溶液中结晶出来。纳维亚虽然结晶技术高超,但他频繁出差,还参与很多其他项目。他对亲自动手做实验没什么兴致,把活都留给了山下,但后者此前从未处理过如此珍贵而重要的蛋白。虽然汤姆森日夜加班就是为了给晶体学家提供蛋白,他也很喜欢山下,但把辛辛苦苦分离得到的蛋白交给新手总让他惴惴不安。

纳维亚很快又种出了一个漂亮的晶体,打消了汤姆森的顾虑。那显然是纯化蛋白的晶体,但它还是太小,不足以供晶体衍射。他需要更多蛋白。汤姆森也还在持续优化步骤,这个微小的晶体也督促他获得更高浓度的蛋白溶液,如果成功,就更有利于结晶;如果不成功,就会直接沉淀析出,晶体学家压根不会看见这批样品。他在 4 月 5 日甚至向纳维亚和山下吹嘘:"我们很快就可以有个 FKBP 耳环了!"

6 周过去了,汤姆森还在尝试新方法,这个磕磕绊绊、麻烦不断的实验一直持续到 5 月底。他现在担心的不是分离蛋白中的未知,而是纯化过程中他自己的操作。

在富集的最后一步,他使用了一个微过滤系统来过滤蛋白。这是一个 20

---

* 蛋白晶体是均一、稳定的,蛋白沉淀是混乱的,不是晶体,更无法分析其结构。因此汤姆森要做的是让蛋白留在溶液中,然后除尽杂质,获得纯化蛋白。然后晶体学家就可以利用纯化蛋白寻找结晶条件。——译者

厘米长的狭长玻璃管,即层析柱,里面填满了超细硅胶(一种沙子状的物质),外面配有压力泵。他先让含有蛋白的盐溶液*流过层析柱,这样蛋白就会被吸附在硅胶上,盐溶液被除去,然后用蒸馏水流过层析柱,即"洗脱"。理论上,蛋白会因溶解性差异转移到水中,这样它们就可以被洗脱下来,一滴滴地流入试管。汤姆森需要根据仪器的读数才能知道这个"分子冲浪"成功与否,即蛋白是否被冲洗下来了。在他之前的实验中,蛋白被硅胶吸附得太死,"再也拿不回来了"。

5月28日下午,汤姆森将大约200毫克纯FKBP装载到了层析柱上。这批蛋白花费了他超过一个月的时间来制备,相当于施瑞伯课题组半年间用重组蛋白法获得的蛋白量的一半,是全球FKBP蛋白供应量中不小的一份。汤姆森又在实验室连续待了5天了,他满脸胡茬,两眼通红。他不停地跺脚,直直地盯着仪器。

"妈的,"他突然骂了一句,"浓度太高了。"他的样品表面泛起了白色的泡沫。蛋白现在处于亚稳态——稳态的边缘,就像一壶马上就要沸腾的水。汤姆森立刻加了一些缓冲液,阻止了蛋白析出,"差点超过了层析柱载样量的极限,该死。"

"马修,你错过了一出好戏,"他对刚刚和几个人一起凑过来的助手菲茨吉本说,"我们可能已经丢了大奖。"

"我恨这个蛋白。"纳维亚说,他把手搭在汤姆森肩膀上,"哥们,放松点,慢慢来。"

"他差点犯心脏病了。"桑德斯说。

汤姆森大喘着气,盯着液晶屏上的读数,喊着:"涨啊!涨啊!"好几分钟之后,他将盛满FKBP溶液的试管从试管架上取下,挪到灯前,用拇指轻轻地拨了

---

* 在蛋白提取过程中,需要使用各种化学盐溶液,所以这里的溶液含有蛋白和各种盐,纯化的最后一步就是要将这些盐除去。——译者

三四下。溶液清澈,密度*与之前的样品相比没有变化,他长舒一口气。

第二天一早,汤姆森在餐厅一声不响地给了纳维亚两个比小拇指指头还小的锥形密封塑料试管,一共含有 130 毫克高浓度 FKBP。他本想私下给纳维亚的,但桑德斯看到了,他立刻把大家召集过来了(虽然汤姆森还没有原谅桑德斯抢走了他的女朋友)。大家一起见证了这重要的一幕,纷纷鼓掌庆祝,新从默沙东挖来的计算机药物设计专家马克·慕克(Mark Murcko)更提议设立一个"汤姆森单位"——100 毫克超纯蛋白。要知道,以某人之名命名一个计量单位一直是科学界的最高礼遇。

有了 1.3"汤姆森单位"的 FKBP,纳维亚和山下立刻开始设计一系列实验以获得更大的晶体。虽然他们之前获得的晶体未必是 FKBP 晶体,FKBP 也未必是福泰正在寻找的靶点,不过科学总是始于充分的实验材料,而不是充分的理解。FKBP 是福泰最重要的两种"试剂"之一(另一种是钱),能否获得足量的 FKBP 关乎生死。"要么我们已经输了,"纳维亚说,"要么我们马上就要胜利。"

两天后,汤姆森缓缓恢复了精力。由于要开始接触人体材料,作为准备工作之一,他去接受了 3 个小时的体检。就像他在第一次科学顾问会议上所说,他要准备开始切人的脾了。

回来后,他对博格的助理劳拉·恩格尔(Laura Engle)说:"我得了一种罕见的'胸腺执迷症',已知的唯一疗法是去巴哈马群岛休息一个半月,然后再去西班牙南部接受液体食疗。医生说,四五个月后就能痊愈了。"

"怎么样?"

第二周周四下午,纳维亚刚从一次国立卫生研究院组织的调研回来,他看见山下在 X 射线室里忙乱地打字。他们中间只隔着一面玻璃窗,不允许有任何隐私。

---

* 有经验的科研工作者可以通过溶液黏稠程度估计密度。——译者

"不怎么样。"

"做什么了吗?"

"没。"

清瘦的山下有着宽宽的肩和大大的脸,乌黑的头发随意垂下,他看起来像一个年轻的拳击手,或是医学生。他喜欢穿宽大的 T 恤、黑色速干裤、跑鞋。他脖子上总是缠着耳机,连着最新款的索尼随身听。今年他 27 岁,去年从加州大学洛杉矶分校(UCLA)获博士学位后就加入了福泰。他在公司附近买了一间双层公寓,但他大部分时间都待在实验台前。虽然他的职位是科学家,但他没有个人生活,终日在实验室工作,过着博士后奴隶般的生活。

此刻山下表情漠然而阴郁。他说谎了:他做了很多,但都失败了。在拿到蛋白后,他和纳维亚立刻开始寻找合适的结晶条件。在纳维亚两天前离开时,他们各自都得到了微小的晶体,山下非常高兴。晶体生长是蛋白结构研究中最困难也是最关键的步骤,也是山下最不擅长的。与此同时,美国晶体学协会将 FKBP 评为最值得解析的结构,令其成为生物物理学界最炙手可热的课题,科研竞争白热化。在一战成名的诱惑前,山下昨晚尝试了很多条件,想待纳维亚回来时让他大吃一惊。

X 射线像可见光一样,能透射也能衍射。X 射线的波长是可见光波长的千分之一,所以能像风穿过篱笆般透过有机分子组成的血肉,在由矿物质构成的高密度骨头前停下。而将 X 射线集中在一整块有序的晶体上时,它会被电子弹开。就像一束激光射向水晶吊灯时,会在墙上、地上反射出百万星点,然后从这些反射点可以推测吊灯中水晶的排布。这就是 X 射线晶体衍射的原理。

只要有了足够大的晶体,晶体学家总是能解析结构。但首先,他们要确保获得的晶体是蛋白,而非母液中的其他物质。山下昨晚就在干这个。他用滴管吸了一小块晶体,装入毛细管中密封好,然后将这个超微钻头般的管子装到 X 射线晶体衍射仪的转盘上。衍射仪看起来就像工业冷冻机,体积也差不多,加上配套的计算机工作站,它占据了屋子三分之一的空间并且吱吱作响。现在仪器中 X 射线正穿过固定好的晶体,衍射结果也在被记录。山下猫着腰坐在圆凳上,在键盘上敲了几行代码,一边等着屏幕上显示图案,一边在耳机中大声放着西尼德·奥康纳(Sinead O'Connor)的《无人可以取代你》(*Nothing Compares 2 U*)。

第一个信号点出来后,山下兴奋地跳了起来。但几分钟后,只出现了几个点。蛋白包括成百上千个原子、成千上万个电子,理论上能产生密如繁星的信号点。从信号点来看,只有两三个原子,这不是蛋白,可能是某种盐。山下怅然若失,"寂静得可怕",汤姆森回忆道。他们遗憾地离开了实验室,借酒消愁去了。

山下像汤姆森一样憎恶失败,也像汤姆森一样希望尽快证明福泰可以设计药物、证明自己的价值。可是他的第一项任务让他很矛盾。

不像一路顺风顺水的博格,山下的人生充满了曲折与孤独。他在一个军事基地长大,少年时跟随过五旬节教派,也对存在主义狂热过一段时间,之后一直试图在与世隔绝中寻找一种独特的道德。他没什么朋友,刚从一场单方面痴情的恋爱中勉强抽身。科学,尤其是计算化学占据了他的生活,他相信从中可以知晓世界的本质。

他坚信不疑的晶体学却没有给他带来所期望的结果,只令他痛苦。他一般都能坦然面对失败,但这个早上他咒骂连连,他不知道那个晶体是什么。纳维亚也检查了他自己的实验,打开一个很有希望成功结晶的培养皿后,他闻到一股淡淡的异味,"细菌的屎"。细菌污染了他的样品,他愁眉不展。

纳维亚听说山下的实验也失败了,他建议用镊子去刺探一下那个晶体。蛋白晶体像哈尔瓦切糕(Halva)一样,各个大分子之间只靠几个原子连接,松松垮垮、易于分开;无机盐晶体则是脆脆的,因为分子互相"抓"着。山下听说要人为碾碎晶体时吓坏了,但他最后还是接受了。当纳维亚像碾碎云母一样碾碎他的晶体时,他冲出了实验室。

他呻吟着说:"我不想待在这里。"确切地说,他也不想待在纳维亚边上,他总拿自己和纳维亚比,这并不是很明智:纳维亚比他年长17岁,事业有成,受人敬仰。纳维亚知道有时需要数年才能获得一个理想的晶体,而且下次使用同样条件未必能再次得到。他更能淡定地面对失败,他也能理解山下:"他觉得我事业有成,可以失败几次。但他输不起,做任何事都必须一次成功。"

山下在实验台前找到了汤姆森,提出开车带他去市郊领他的新摩托车。汤姆森的新车是本田 V1000R,这是一辆重量级赛车,马力比有些小汽车还足,虽然速度不如他去年秋天撞毁的那辆,但也足以让移植医生称其为"器官捐赠者"。汤姆森本计划骑上车,休息一周,但他听说了结晶遇到的困难后决定留下来。他也有自己的委屈:"我经过史诗般的蛋白纯化后,他们居然在培养细菌、结晶无机盐,你想想我心里是什么滋味?"

那天晚上,山下窝在关了灯的会议室里,脚翘在椅子上,打开他的 CD 随身听,伤心地听着手镯乐队*的音乐。纳维亚则在图书馆里看书、做笔记直到 9 点,领带依然笔直。公司里没有其他人了,可他俩就是避而不见。慕克曾感慨科学是一个"分享晦暗的兄弟会",这同样也是一个不宽恕失败的兄弟会。

纳维亚极不情愿地说:"我还是得跟他谈谈。"

---

* 手镯乐队(The Bangles)是 20 世纪 80 年代美国的一个四人女子团体,曲风为流行摇滚。——译者

第九章

福泰在五六月间大规模招聘,每周都有新人加入,大多数人都有博士学位,7月初时已经有了40多人。大家要瓜分实验台、共享通风橱、抑制膨胀的自我,各小组间不平衡的增长也点燃了斗争的火焰。科学家们现在还是没有固定的桌子,但有些人,比如纳维亚,强行霸占了一张,大家都在私底下骂他。博格几次想购置场地,但马萨诸塞州脆弱的经济让计划几次落空,他最后不得不在一个街区外的帕特南路租用了一座旧飞机零件工厂。虽然那里比公司现有面积大两倍,但8月中旬才能投入使用。随之而来的搬家会把科学家们分成两派,然后带来更多的矛盾,博格知道这就像是按着高压锅的压力阀,但是他就喜欢混乱。

新来的科学家们也是博格社会学实验的催化剂,他们激起一连串波澜。公司内部的协作与熵一起增加了——大家为了设计药物互相帮助,同时分崩离析的风险也提升了。曾经的福泰以男性员工为主,氛围大胆、积极、实干,如今新来了很多女性,很多刚从学校毕业的博士、博士后。他们有不同的关注点、不同的愿景。他们对崎岖坎坷的商业兴趣不大,更渴望在最受关注的前沿领域做研究（博格正是凭此来招募他们的）。虽然福泰的核心依然是默沙东的老班子，但随着博格宣布暂时停止从默沙东挖人，他们的影响力也消退了。福泰很多新人从来没听说过蒂什勒，更不要说继承他的精神了。许多人在面试时对博格印象深刻，但进入公司后就没怎么再与他打交道。就像放大化学反应一样，福泰的扩展也充满着不确定、不稳定，他们可能无法延续之前的成功，收益也可能会下降。

博格办公室的大门依旧敞开，当他在电脑上处理如尼亚加拉大瀑布般奔涌而下的工作时，科学家还能时不时地进去与他交谈。但他从不因此停止忙碌，而是让对话好像河道汇流般自然融入他手头的工作。他眼睛盯着麦金托什IIci型电脑的屏幕，手指时断时续地敲击键盘，使得与他交谈总有种独自忏悔的感觉。博格绝非心不在焉，只是在一心多用，当他表达自己的观点时，他的思维如同激光般灵活精准，语气也很平和，但陷在他对面椅子里的科学家，即使近得桌下膝盖有时会跟他撞到一起，也依然常觉得自己只得到了他的下丘脑的关心。

当公司还小、事情还少时，博格会跟科学家们聊聊商业进展，但现在他守口如瓶。"有人走漏一点风声，交易可能就会完蛋。"他在群发邮件里写道，"如果有人问起进展，微笑就好。"他自己也一直保持微笑。

一年前，博格的丰田车就能容下福泰所有的科学家，而今整个餐厅都坐不下了。博格一向喜欢用电子邮件交流，但7月7日，他召开了一次全体会议。他一反常态地没有提前说明主题，任由大家猜测。这将是许多新员工第一次看见他主持集体活动。

博格从母亲那里继承了对戏剧的热爱，他也经常思考如何实现最好的戏剧效果。他一言不发，面带微笑，打开投影仪，在昏暗的房间里展示一份文件。文件的内容被遮住了，只在底部露出他和永山两人的签名。科学家们不知道他们看的是什么，于是博格揭开遮挡物——原来这是福泰和中外制药的合作意向书，但很多人还是不明白这份文件是什么。

博格换了一张标题为"标准"的幻灯片，回顾了Cytel和山德士的合作：山德士是瑞士制药巨头,也是环孢素的开发者。他们去年向 Cytel 提供了 3000 万美元的研究经费,获得了潜在药物的所有权以及 Cytel 30% 的股份。这是免疫学领域内新兴药企达成过的最高额合作协议。

"遗憾啊。"博格喃喃自语。

在台下科学家们议论纷纷时,博格换上了下一张幻灯片,顿时鸦雀无声。这张幻灯片的标题为"新标准",是昨晚永山和博格通过传真签署的合约初稿,中外制药将支付 3025 万美元,然后他们平分市场,而且仅象征性地获得福泰 5% 的股份。"不算意外。"博格说。

"我们仅用了不到 Cytel 一半的代价就获得了更多的钱,比世界上原有最好的交易还好两倍。"

人群沸腾了。不光是因为钱(钱当然很重要),更因为终于解脱了。博格曾向每一个人许诺在福泰他们会比在其他药企更好,福泰的员工正是这个故事的第一批买家。但公司持续缺钱的困境一度令士气低落。他们私下怀疑自己的选择是否正确、博格是否值得相信。现在黎明终于来临,博格的乐观、他许诺的胜利终于兑现了。现在他们更像一家药企了,他们的工作也更值钱了。公司在商业上比博格料想的更快地证明了自己。

博格大力称赞奥德里奇,称他为合约的设计者和拯救者。"本诺* 帮了很大的忙,"他说,"但最后他也放弃了。董事会没人认为这事能成。"奥德里奇则非常谦虚,把功劳都还给了博格。有些科学家还是不相信奥德里奇,不满地咂了咂舌。

在中外制药积极回应了施密特的最后通牒后,奥德里奇就一直在谈判,并至少有一次防止了谈判破裂。"我必须保持克制,"博格 6 月在看中外制药的答复时说,"但我觉得这没有问题了。"但各种细枝末节以及行文的言外之意比提案本身更麻烦,博格称它们为"地雷"。奥德里奇每天一早就开始修改提案、明

---

* 施密特的名字。——译者

确福泰的要求,晚上把提案传真到日本后就去健身。中外制药的律师和专利人员则在奥德里奇疲惫地睡去时对提案百般挑刺,再在他们下班时把文件发回来,这样奥德里奇上班时就能收到了。虽然双方差了13个时区,但他们的谈判效率比两家相邻公司谈判的速度还快一倍,简直可以纳入教科书。

但两天前出了个小问题:中外制药专利办公室的一位中层员工突然质疑起一个已经达成共识的条款。奥德里奇怒气冲冲地回复,如果中外制药就这点反悔,交易就黄了。奥德里奇其实很紧张,他知道坚持的代价,交易可能真的就此黄了,而他将要为此负责。博格说:"理查德头发都白了。"15小时后,中外制药回复了一份三段文字的传真,那个中层员工以美国经理绝不会有的低姿态道歉:"我为我失礼的问题深感抱歉。"几个小时后,障碍统统扫除,一切回到正轨,博格和永山签署了合作意向,于是就有了餐厅中的一幕。

奥德里奇想起了他在百健和集成基因的经历,他警告科学家们在协议正式签署、支票在波士顿银行兑付前一切都还没完,还可能发生状况。

但博格认为大功已成:这完全是他的交易。虽然施密特帮了些忙,但荣誉无疑属于他。中外制药愿意为他的愿景、他的科学家、他的科学体系屈尊,花如此多的钱,签一份不太平等的合同。从中获益最多的也是他,他现在有了强大的伙伴,可以将福泰的分子推向市场,还让他主管一切。他有钱了,他实现了承诺,他能实现自己最宏伟的愿望了。

14个月前,在第一次董事会上,他表示两年内会尽量达成一笔50万美元的交易,而现在他促成了一笔60倍于原计划规模的交易(如果考虑股权的话,就是120倍)。现在再也不会有人质疑他能否经营一个公司了。施密特向来认为博格商业直觉出众,现在更是向其他董事成员大肆赞扬博格。"乔舒亚是这行最棒的小伙子,"他拖长音调说,"在各行创业者中他也是一流的。我们在谈判时就像一对合作了一辈子二重奏的音乐家。"他有时甚至将博格和惠特尼相媲美,于是自然没人再提另请职业经理人的事了。

博格终于可以安全地按自己的意思运营福泰的商业和科学了。他的控制权全面而且绝对,可谓"上帝模式"。

"我禁不住想坐轿子去参加下周二的董事会会议。"他说。

· · ·

斯塔泽在福尔克诊所 5 楼忙碌的肝移植科巡视。移植科最外侧是一间狭小的候诊室,房间里的电视播放着琼·里弗斯(Joan Rivers)轻快的脱口秀,患者们像渡轮上的难民一样聚在一起,眼神空洞,有些人还拄着拐杖。患者的亲朋好友、移植候选人,以及组织捐赠库的工作人员则站在墙边。往里走是四间检查室,以及一间兼作会议室的办公室,里面只有几件必要的家具。再里面是各手术室,许多刚结束了通宵手术、手术服上还有血污的医生在其间奔波。他们带着简报、表格和诊断报告,身后跟着护士、病案管理员、实习医生和翻译。这里每周进行 15 台移植手术,这一数量曾经比全国其他地方手术总量加起来还多,既像信徒云集的圣地,又像贫民区嘈杂的急救室。

斯塔泽和 FK-506 是这里的国王。巴塞罗那会议 8 个月后,求医问药的人包围了他。他勉力应对,但这无异于慢性自杀。他要做的事太多了:做移植手术,推进消化道与多器官移植的研究,指导自身免疫病、细胞组织移植和肠移植的新实验,管理数个对比 FK-506 和环孢素在肝移植、肾移植中效果差异的研究——心脏移植很快也会加入研究清单。每周一的 FK-506 研究组会议时间越来越长,从晚上 7 点开始,一般都会持续过午夜。斯塔泽总是穿着风衣和便裤出席会议,看上去精力无限。

他曾经坚持亲自管理药物试验的方方面面,现在想减负也不行了。藤泽制药、FDA 和欧洲药监局想在 4 月时向其他 16 家医院提供 FK-506,但因为缺乏合适的方案没能实现。现在已经是 7 月了,离患者第一次主动要求 FK-506 快一年了,匹兹堡依然是唯一有药的地方。全世界的移植医生都想要 FK-506,也都督促斯塔泽拿出更多的证据,支持他关于药效的声明。斯塔泽的研究越发非传统,他的信誉再次受到挑战。"斯塔泽是科学巨匠,他如果没得诺贝尔奖我会感到奇怪。"虽然加州大学洛杉矶分校的首席肝移植专家罗纳德·巴苏蒂(Ronald Busuttil)对斯塔泽颇为敬佩,但也不得不承认,"笑话已经传开了:'FK-506?那可是种神奇的药,一种只在匹兹堡才有效的药。'"

作为回应,斯塔泽全身心地投入工作。他像以前一样努力,但他已经64岁了。时光不饶人,他看起来很憔悴,苍老的脸上也浮现了老年斑。他的饮食是知名的没有规律:他会穿着手术服奔出手术室,沾血的鞋套也不脱,去一个街区外学生常去的热狗店大吃甜甜圈或芝士焗薯条。他还吃很多的比萨:他的办公室是一栋三层无电梯小楼,一层就是必胜客。他曾经一天抽三包烟,10年前因为胸痛戒掉了,但后遗症就是焦虑与强迫意向越发的明显。他的竞争者曾感叹斯塔泽的精力"超出正常人太多,简直不可思议"。现在他更是拼了命似的努力,好像他不光是在和自己、和世界比赛,更是在和时间赛跑。他在开会、写报告时,似乎手里的电话从没挂过。他来移植科不是去看病人的(他现在几乎不亲自做手术了),更像是将军赴前线视察,顺便休息,那里是唯一可以衡量FK-506药效的地方。

"你看起来不错!"他对一个面色红润的中年妇女飞快地说。围观的人挤满了屋子,排到了走廊上。女子坐在检查台上,胸骨到肚脐处有倒T型的缝合线,这是肝移植手术的瘢痕。她两个月前接受了移植手术,现在缝合线由粉色转暗了。她抱怨说有些痛,还说今天下午缝合口有些脓挤不出来,于是带着女儿直接来了医院*。她手有些刺痛,略有些脱发,除此之外都很好。她看起也的确如此,跟其他孩子的家长没啥两样。斯塔泽让她停了阿昔洛韦(抗病毒药)和新诺明(抗菌药),他之前已经让她停了泼尼松(中效肾上腺皮质激素类药物)。因为FK-506抑制了免疫系统,环孢素还有毒性,所以很多接受移植的患者还要再吃许多其他的药,而这些药或多或少都有些毒性。由于没有排异的症状,她

---

* 在美国,法律禁止将孩子单独留在家中。这位家长可能无法找到临时照顾女儿的人,就带着女儿一起来医院。——译者

现在只需要吃 FK-506。斯塔泽兴高采烈地说:"我们的目标就是让您再也不用见我们。"

斯塔泽穿过人群,来到一个魁梧的大胡子男人旁边,另一个医生正在给他做检查。三个半月前,他在肝移植后出现了排异,出现了黄疸、肾衰竭、不可控地颤抖。斯塔泽相信最后一种症状是因为环孢素的神经毒性损害了脑部。他还曾使用大量的泼尼松。现在他两种药都不吃了,肝和肾的功能恢复了,也几乎不抖了。斯塔泽希望这些症状尽快消失。

"我们将把你 FK 的剂量降到每天两次,每次 3 毫克,"斯塔泽说,"这是给儿童的剂量。"

斯塔泽在大厅又被一个年轻的肿瘤学访问学者拦住,被问到垂危的白血病患者能否使用 FK-506。"有趣,"他说,"或许可以获得特批。" FK-506 仅被批准用于几类器官移植患者,其他的使用都要经过 FDA 单独审批,而斯塔泽的意见在其中很重要。有时候他只需要形式上的支持:比如 FK-506 对于某种银屑病顽症效果拔群,数周内就能让久治不愈的瘢痕消退。斯塔泽想在所有理论上可行的疾病上都试试 FK-506,尤其是青少年型糖尿病。之前有证据表明,足量的环孢素可以阻止儿童患者 1 型糖尿病的病情发展。但环孢素毒性太强了,不能持续给药。斯塔泽相信 FK-506 因为低毒性,一定可以治愈 1 型糖尿病,因此他努力地想在匹兹堡启动一项儿童临床试验。但他也绝非毫无原则。曾经有个密歇根的医生问他能不能用 FK-506 治疗一种罕见肿瘤。"听起来就像骗人的,"他否决了。

见过的病人越多,斯塔泽越相信 FK-506 的优越性,甚至其不良反应和环孢素类似时也依然坚信。在下一间病房,一个 30 多岁、穿红裙子的黑人女性心烦意乱,她说 FK-506 让她产生幻觉。看来 FK-506 和环孢素一样,都能影响脑中的某种受体。这个痛苦的女人请求减少剂量,但斯塔泽根据化验单上白细胞的增多知道她正在发生排异。

"会有点不舒服,"他略显拘束又不失同情地说,"但不治就会有大麻烦。接着吃这个药，再过几周你就可以把其他药都停了，我想那时你会好点的。现在还是继续治疗。"那个女人只好勉强同意继续服用高剂量了。

斯塔泽做了这么多移植手术后，他发现，生死悬于一线的患者对不良反应的耐受能力比一般患者高一些。当然，他比一般的医生更乐于忽视不良反应。但福泰最关心的就是FK-506的不良反应：奄奄一息的病人或许能忍受幻觉和肾毒性；但如果原来的症状只是皮肤瘙痒，或者病人是只有8岁的糖尿病患儿，这些不良反应就太严重了。总之，斯塔泽的发现和博格10个月前的预测一致，即FK-506的确比别的免疫抑制剂强多了，但对于自身免疫病而言毒性还是太强。第二代分子无疑很有必要。

FK-506毒性的种类和环孢素如出一辙，只是较温和一些。从另一个角度来看，它们的相似性比它们的临床价值更令人着迷。它们的靶点还是未知的，但作用的通路应该是类似的。如果我们能理解它们药效如何、怎样起效，或许就能发现机体是如何自我保护的这一大秘密，甚至还能加深对细胞与细胞之间如何传递信息这个生物学重大谜团的理解。

斯塔泽自认为，他作为一位外科医生，穿越了整个医学世界。他追寻着分子免疫学的基本问题，已经来到了一处从未有人涉足的领域。终其一生，他都在黑暗中苦苦探寻，现在终于靠近光线的来源了。FK-506不光是一个药，更是一个线索，斯塔泽决心追根溯源，不管FK-506将引他走到何方。"器官移植，"他开始暗示，"可能只是整个故事的脚注。"

斯塔泽向来不易满足，而今他更是以宗教式的狂热坚持着他更宏大的新使命。他为FK-506着迷、憔悴。两个小时后，他到了病房的尽头，依然精力十足。他走到前台，像一个刚参加了整晚的培灵会*、信念高涨的传教士急于布道般地招呼候诊室最后一两个病人："过来吧，这个房间暂时归我了。"

实际上他已经很疲惫了，他很少这么疲惫过，他只是在竭力维持控制。6月

---

* 培灵会(Revival)，基督教旨在激发信徒信仰的特殊集会与培训。——译者

时,他和妻子去了趟夏威夷,这是他近十年来第一次休假。之后他就去日本做了一系列有关FK-506的宣讲。由于神道教死者为大的教义,以及缺乏脑死亡的法律,在日本只有活人能捐献肾,器官供应严重不足,FK-506反而很少有出场的机会。FK-506是日本发现的第一个伟大的药物,许多日本人本可以像斯塔泽的病人那样,靠FK-506重归健康,但他们都在等待器官中痛苦而可惜地死去。

从大阪和东京场场爆满的讲座回来后,斯塔泽在周六上午前往办公室,处理他外出期间积攒如山的文件。那天是7月11日,四天前博格宣布和中外制药合作。还没走到二楼,他倒下了。"最轻微的动作,"他日后写道,"都会导致胸口熊熊燃烧,好像一座火山在喉咙处喷发。"他一寸一寸地拖着自己,挪到了二楼,汗流浃背。他躺下、大喘气,一个小时后才恢复。然后又一寸寸地挪到了三楼,再爬到座位上,之后对着两台电话连续说了12小时话,同时处理三周来堆积的邮件。之后,他蹒跚着下楼,开车回家。

第二天,医生发现斯塔泽右冠动脉99%都堵塞了,要求他立刻接受搭桥手术,否则有猝死风险。斯塔泽拒绝了,因为8月中旬将在旧金山召开移植学会国际大会,他和他的团队正在为超过40篇文章加班加点,他们将会展示迄今为止有关FK-506的最重要的数据,此事非常紧迫,尤其是在藤泽制药在4月试图拓展临床试验范围失败后。斯塔泽说绝对没空手术,但球囊扩张*还是可以考虑一下。但手术过程中他特别不乐意,肩膀甚至挣脱了固定用的皮带。他解释道:"我得去旧金山。"

两天后,他重返工作,但精力大不如前。入夏之后,他的病情持续恶化。到旧金山后,他忍着持续的疼痛,坚持走上讲台,用漂亮的数据征服了听众。之后

---

* 球囊扩张(angioplasty),利用充气球囊扩张血管,比心脏搭桥(重组血管)更便捷,但会重新堵塞。现代球囊扩张术通常结合心脏支架,克服了重新堵塞的问题。第一例心脏支架手术于1986年实施,此时(1990年)可能尚未推广。——译者

他立刻回家,第二天就接受了手术。

"去旧金山之前那段时间的确挺危险的,"一周后,他在重返工作时承认,"但我觉得值得赌一把。"

斯塔泽倒下了,而FK-506的临床试验哪怕有任何微小的推迟或不顺利,对福泰都是利好。虽然FKBP的结构未知,福泰的化学家已经合成了数个对它的亲和性与FK-506相当的分子。不过亲和性仅仅是第一步,是衡量分子活性最基本的标准,离真正成药还很远:在向安全有效的药物进化的过程中,高亲和性分子和最终药物的关系就像原始人和脑手术专家那么遥远。但博格知道科学是循序渐进、一步一个脚印的,优化的空间无处不在。"这类分子看起来很容易量产,"博格这么称赞福泰亲和性最高的分子,"我们只要拿出一个跟FK-506类似的分子,哪怕进度落后了藤泽制药一年半,但鉴于他们的分子1克就要1000美金,而我们的分子1000美金可以买一大箱,我们还是能打败他们。"

但他的预言中明显缺少"基于结构去设计"的环节。他们还是没有晶体,没有药物设计所需的关键信息——在这一点上他们已经比计划慢好几个月了。万一(很可能不是"万一")最后发现FKBP不是真正的靶点,他们就需要更多、非常多的时间从头开始。好在斯塔泽拒绝进行直接比较FK-506与环孢素药效的试验,加上藤泽制药不熟悉美国的药物申报制度,福泰有机会在FK-506最终上市后两年内推出自己的药物——虽然可能是跟博格的理论和科学目标都没什么关系的一个分子。

的确,改造FK-506曾是福泰药物设计理念的论证性项目,但现在看来,FK-506的靶点(受体)和生物学机制都很不明了,前景远不如另一个候选者:HIV抑制剂。"基于结构的药物设计"这个词本身已经暗示了它需要合理而明确的信息:各分子的结构,以及它们如何结合。也就是说,研究者得了解准确的蛋白靶点,蛋白正确的构象,它们和其他分子"交流"的方式,以及这些因素与研究者所期望的生物学活性之间的关系。在1990年夏天,科学界对FKBP以上的性质还一无所知,但HIV蛋白酶的以上性质已经很清楚了。没有证据表明,如果一个分子能阻断FKBP蛋白折叠,它就一定可以像FK-506一样抑制免疫系统;但如果一种精心设计的分子能堵住HIV蛋白酶的活性位点,病毒就显然无法再复制,从而控制艾滋病病程进展。这招虽然不能消灭病毒,但可以重创它。

HIV蛋白酶抑制剂最大的问题不在于如何设计它们,而是如何令它们成药。HIV蛋白酶是一种有剪切功能的天冬氨酸蛋白酶(aspartyl proteinase)。现有的研究(博格估计"累计总工时可能达到数千人一年的工作量")认为,剪切酶最好的抑制剂是多肽类,即由氨基酸构成的短链状分子,它们可以精确地渗入并破坏HIV蛋白酶等天冬氨酸蛋白酶。但多肽类分子成药前景很差:它们很脆弱,在肠胃中很快就会被分解。虽然各大药企都证明它们在试管中药效良好,但哪怕患者不停地吃、一克一克地吃,也休想让一个多肽进入细胞。所以科学界面临的一个重要的挑战就是制作与多肽作用类似但是结构不同的分子,即"拟肽药物",这是HIV蛋白酶抑制剂研究中新的圣杯。

仅从纯科学的角度考虑,福泰的很多科学家都觉得HIV蛋白酶抑制剂简直是为他们量身打造的项目,因为筛选法和药物化学家在此绝无用武之地。他们万事俱备:明确的生物学背景,已经解析的蛋白结构,各种化学方法,根据同类酶发展的测试模型。而且福泰还有自己独特的背景:纳维亚在默沙东解析了这个蛋白,博格曾经领导过另一种天冬氨酸蛋白酶抑制剂的开发。再加上整个公司先进的科研理念、门类俱全的实验室、扎实的小分子理论基础,不说别无二店,他们的优势也是很明显的。

可是博格自己并无信心。从商业的角度来说,各大巨头都在艾滋病领域角逐。他们科研人员众多,起步又早,因此小的创业公司难有立锥之地。而且,也没有证据表明拟肽药物一定会有用——毕竟还没人真的做出这种药物来,像默沙东一类的制药巨头似乎更适合研发这类药物。博格决定谨慎地尝试。他授权罗杰·邓,一个渴望有独立项目的前默沙东化学家,去合成让纳维亚着迷的

"杨森分子",他还让利文斯顿开发酶测试体系。但他在全面开展纯化、结晶蛋白酶前犹豫了——酶一般来说是蛋白质,而蛋白酶正如其名,一旦形成就会开始自我分解,是出了名的难以获得。而且不像 FKBP 能直接从组织中提取,HIV 蛋白酶只能通过大规模发酵或者艰难的化学合成获得。博格担心福泰没有足够的人力物力。

纳维亚自然很失望,但还是继续劝说博格提供更多的酶。而令他更失望的是,他的事业和兴趣都不再是公司的重心。

慕克才是福泰的旗手。31 岁的慕克身高 1.73 米,身材敦实,有着浅褐色的头发和厚厚的胡须。他是博格从默沙东拐来的最后一位科学家,消耗了博格最多的精力,也是最重要的一位科学家。晶体结构学利用最先进的技术与计算机吞吐着海量的数据,化学则仅靠不比自动咖啡机高级多少的技术合成分子,慕克正是连接这两门学科的关键——他既是分子建模专家,也是计算化学家。博格曾比喻,如果福泰想利用结构信息取得药物设计的优势,慕克就站在信息湍流最急、最险的地方。这并非过誉。慕克语速很快,擅长聊天,谈吐间体现着他的智慧和激情,开起玩笑肆无忌惮,再加上他壮实的身材、憨厚的面相、洋溢的信心,好像一位优秀的棒球捕球手*,他在福泰的位置也是同等的重要。

慕克正是在福泰真正设计药物的人。5 月,他上班的第一天,就坐在博格早早为他订购的硅图(Silicon Graphics)工作站前,手指在键盘上飞舞,直到凌晨 3 点——他自动加入了汤姆森和山下的加班联盟,三人很快成为朋友。之后他保持节奏,每天编程以模拟分子活性,一连数天地占据福泰的全部计算力——如果其他科学家不抗议的话,他可能会永远占据着那些资源。慕克称自己做的是

---

* 在本垒上负责接击球手未击中的球的队员。在接到球后,这个队员需要根据局势将球投给己方的垒手,组织对进攻方跑垒的截击,是防守方的核心球员。——译者

"推测性科学"：人们不可能真的观察到每秒振动数十亿次的分子到底是如何互相作用的，但如果有强大的计算机和三维成像技术，至少可以提出有根据的猜想。

比如，由于分子遵循自然定律，倾向保持一种消耗能量最少的构象（即处于低能态），所以低能态下的相互作用就是"好的"，因为节约能量；处于高能态时的相互作用就是"不好的"，因为需要征用大量能量。类似的，慕克将单个原子比喻为"软软的弹球"，它们在极微小的热力、引力、电磁力作用下互相碰撞、排斥、形成化学键或拆散化学键，而这些"力"都是可测量或可计算的。没有晶体结构时，慕克不能凭空预测药物分子如何与蛋白质结合，但他能根据分子、原子的行为倾向，猜测它们可能的结合方式。

慕克是计算原子运动的专家。福泰的科学家几乎都是因为对生命科学感兴趣而涉足生化研究，但慕克不一样，他最早学习的是计算机，他所关注的是化学反应的物理层面，即"根本原因、机制、属性、基本作用力"。慕克出生在康涅狄格州的布里奇波特市郊的费尔菲尔德。20 世纪 70 年代初，他 12 岁时，一次参观科学中心的经历为他打开了新世界的大门，参观的细节他至今记忆犹新。九年级时，他放学后就去费尔菲尔德大学的机房编程，每周超过 20 小时。他在费尔菲尔德大学主修化学，之后去耶鲁读研究生，在毕业论文写了一半时突然开始对药物分子感兴趣。

"如果你自信明白分子怎么相互作用，并想看看自己是不是真的明白了，"他说，"那么就去找一个可以测试你知识的复杂体系。"蛋白质就是这样一个公认的、几乎最复杂的体系。1985 年秋，慕克开始找工作，他向各大药企投递简历。此时他对蛋白结构或药物设计还一无所知，那些药企自然不能理解他的意图。

"我参加辉瑞、葛兰素或者是礼来的面试时，他们的面试官看了我的简历会说：'嗯，你的研究看起来还挺有趣，但你缺乏制药界需要的背景。'但是默沙东的面试官，就是乔舒亚，却跟我讲起他自己的建模……他是唯一一个认为你不需要是药物化学家也能作贡献的人,太棒了!"

默沙东是应用分子建模的先锋,他们热情地聘用了慕克(博格对他说反正他也没别的公司可去)。慕克于1987年春天加入默沙东,那时博格正在组建理性药物设计团队,他被派到西点的实验室,博格则留在罗伟。虽然他们从未直接共事,但博格一直关注着慕克,他在成立福泰后很快就给慕克打了电话。博格曾说服慕克来默沙东工作,这时又劝他离开。在那之前,博格在招募他看上的科学家时只失手过一次,但慕克可不容易劝动,他就像捕球手一样稳稳地蹲守着。于是福泰的资深科学家们组织起来,每隔一天就给他打电话,经过三个月的轮番轰炸再加上一大笔原始股,慕克终于动心了。这是博格的经典战例,是对抗默沙东的重大胜利,他对此也颇为自得。但博格可能打扰"默沙东老妈"太多次了,留下日后许多麻烦,以马基雅维利主义的权谋角度看,博格也怀疑此役代价是否太高。

至于慕克,他说:"乔舒亚也挺惨的。他的兄弟一个是精神病医生,另外两个是律师,加上他自己机智多疑,他总能看到一些并不存在的阴谋。当然,我不能保证绝对没有,但我觉得他有些偏执。"另一方面,默沙东真的很生气。之前他们会给投奔福泰的人一个月时间交接(并试图挽留他们),这次他们让慕克四天内就走人。慕克的妻子凯茜(Kathy)是一名教师,他让她留在新泽西等到学年结束,他自己则在离开默沙东的当天就飞到了波士顿,因为他不想在开车上浪费几个小时。

慕克曾经以为自己会马上着手免疫抑制剂研究。"虽然没人明确跟我说过'我们已经有晶体了,马上就能有结构',"他说,"但我的感觉就是福泰已经取得了很大进展。事实上并不是这样的。"

现实令他更失望。过去6个月间,他在默沙东每周投入80—100小时来设计HIV蛋白酶抑制剂。HIV蛋白酶抑制剂是重点项目,每周一例会上的讨论非常详细,这些例会慕克都参加了。他对默沙东的策略、先导化合物、数据、卖点都了如指掌,却有法律义务绝不泄漏。他像博格一样,曾以为福泰绝对不会涉足艾滋病,认为自己在新工作中不会遇到冲突。但在他入职第一天,纳维亚告诉他公司在 FKBP 外也在尝试 HIV 项目。

"我当时感觉心脏病就要发作了,"他说,"我并不知道心脏病发作是怎样的,但那个感觉就是心脏病。那时我理论上还没完全和默沙东解除关系,这个消息就像一个铁球一样砸到我的肚子上。他们要我立刻着手 HIV 相关的建模工作,我目瞪口呆,战栗不已。我不能这样做,我感觉我做任何事都会让我吃官司。"

"我很不舒服。但在和乔舒亚他们谈过后,我觉得不能简单粗暴地说'嘿,你在别处已经做过 HIV 了,下半辈子你别想再碰它',这不公平。我只要谨慎行事就行。"

既然没有 FKBP 的结构,慕克只能继续为 HIV 蛋白酶抑制剂建模。他掌控着福泰的计算机,努力进入一种深度的自我否定,从精神上给自己进行一次"脑叶切除术",试图忘掉他知道的一切,设计一种他从未在默沙东设计过或见过的 HIV 蛋白酶抑制剂。"有一次,一位化学家给我看了一个分子。他话还没讲完,我就想起了这个分子的具体合成路线以及它在几种测试中的活性表现。我只好捂住耳朵走出去。这太让我难受了,真的太难受了。"(邓后来估计,由于慕克不断地进行自我惩罚,公司至少半年时间都在原地打转。)不过到 7 月中旬时,他已经用杨森分子,还有恰好也是 HIV 蛋白酶抑制剂的抗精神病药氟哌啶醇(Haldol)做了一系列模拟实验。

慕克的工作从一开始就不太顺利。现在他既然已经全身心投入,也开始不断劝说"顽固的乔舒亚"提供蛋白。他反复提醒博格如果没有真实的蛋白数据,他无法真正开始设计药物。而且福泰在 HIV 项目上已经落后了,运用这些信息是他们唯一能反超的机会。与此同时,他一直在用公司的电脑做着无穷无尽的模拟。在回答需要多少运算力时,他面无表情地说:"多多益善。"

慕克主要的盟军是山下。他对山下有着矛盾的情绪,一如山下在汤姆森试图分离 FKBP 时对汤姆森的情绪一样。他们都相信基于结构的药物设计,经常彻夜畅谈理论直到天明,也都是博格所倚重的人才。他们在慕克所谓的"分享晦暗的兄弟会"中结下了深厚的友谊。但慕克自己的工作也因为迟迟没有结构数据而受阻,他不想催山下,山下已经把自己逼得够紧了,但他就像接力赛的最后一棒,焦急地看着结晶小组苦苦挣扎。

7月末的一个周四晚上,山下告诉慕克,他和纳维亚用汤姆森提供的蛋白种出了几个晶体,他计划明早在其他人到来之前进行第三次衍射尝试。凌晨1点,山下在家里登录了福泰的系统,查看计算进程。他发现慕克给他留了一段话,是从《星球大战》(Star War)中摘录的,这部电影慕克看了许多次:

欧比旺(Obiwan):"维德(Vader)被原力的黑暗面诱惑了。"

卢克(Luke):"原力?"

欧比旺:"那是一种由所有生物产生的能量场,它无所不在,遍布银河。"

(剧情过了很久以后)

汉·索罗(Han Solo):"孩子,我走遍了银河,见过各种奇奇怪怪的东西,但我从来没见过什么掌控一切的'原力'。"*

慕克希望这可以逗乐山下,虽然他也隐隐担心,他当晚早些时候说过:"如果这个晶体不能衍射,大家都要完蛋了。"

"我会好好盯着山下,到处跟着他,再把他的车钥匙拿走。"

---

* 这段对话出自1977年第一部《星球大战》,也就是编年史中的《星球大战4》。这段对话后欧比旺蒙住了天行者卢克的眼睛,让他"相信原力",卢克也成功地在眼睛被蒙上的情况下用光剑挡住了激光。——译者

汤姆森可以只穿一件短袖就在冷冻室中工作一早上,但山下过去 15 年都是在夏威夷和洛杉矶度过的,他讨厌寒冷,穿着厚外套。山下和纳维亚在冷冻室的一个铁柜子中培养晶体,专属的制冷压缩机像一个带着麦克风的垂危绝症病人,在暗处发出阵阵怪响,在看到慕克的留言前,这个铁柜子就能让山下想起达斯·维德*。第二天早上 7 点,山下已经站在铁柜、泡沫塑料盒和各种试剂盒之间(上面写着 Spectrum 公司的广告语:"公元第三个千年的实验室产品"),一边向手中哈着气,一边准备第三次衍射可能是 FKBP 的晶体。

山下最好不要打寒战,因为接下来的工作非常艰难。现在晶体已经比他和纳维亚在 4 月第一次获得的大得多了,但依然很小,它们漂浮在母液中的微小液滴里,闪闪发亮。在显微镜下看起来就像是悬浮在水中的长六边形钻石。每个液滴的外层都是析出的蛋白,需要在不扰动内层晶体的情况下将其轻轻剥去。手一滑,几周的工作就白费了,山下可不敢想象这个场景。

山下戴着耳机,听着苏格兰组合**极地双子星空灵而又催眠的歌声。他调整好显微镜,像一个钻石切割师一样坐着。他右手捏着一个小注射器,注射器的针头是一个直径 0.5 微米的毛细管。他小心翼翼地用毛细管拨开液滴表面,探入液滴中澄清的区域,找到一个独立而形状完好的晶体,然后用拇指和食指轻轻地拉起注射器活塞,将晶体吸至毛细管中间。之后他熔化了一小块蜡,将毛细管一端封住,然后塞入一段沾过母液、发丝般的细芯,再用蜡封口。之后,他将另外两份母液中两块偏菱形的晶体也以同样的方法取出、装好。这三个牙签大小的试管像杠铃一样,两端各有一颗泪珠大小的橙色蜡块,中间则好像漂浮着一条隐约可见的银色小鱼。

他指着晶体说:"这样,它们应该会高兴点。"

---

* 上文欧比旺对话中的维德,《星球大战》中的黑武士,他的呼吸机面罩和因此发出的低沉呼吸声是星球大战系列的著名标志。——译者

** 原书错作爱尔兰组合,翻译时订正。——译者

上次蛋白衍射失败沉重地打击了山下，他最近几周努力地克制情绪，既不太兴奋也不太消沉。他极其渴望成功，却保持一种"我好你好大家好"的怪异平淡情绪，就像穿了件过大的外套般不协调。但成功将晶体取出并装入仪器也算是小小一桩喜事，于是他轻快地走进 X 射线室。慕克已经在这里等他了，纳维亚出差去了：万一再次失败，他可不必再经历 6 月那场磨人的闹剧了。

"这回还不错，"山下看着屏幕上的几个亮点说，"纳维亚培养的晶体很好，他真厉害。"众多的亮点明确地证明他得到了一个蛋白晶体，前两次他都没看到这种信号。但也有坏消息：利用屏幕左边的标尺可以测得亮点之间的距离，结果提示这个晶体质量不佳。山下或许能根据这个晶体解析结构，但质量不会太可靠。获得的结构信息正确吗？他不知道。福泰能以此为模板设计药物吗？或许不能。他对慕克坦白："最粗糙的晶体结构就是这样的。我们不得不用这个数据，且困难也会非常多。"

上次衍射彻底的失败让山下精神崩溃，这次结果虽然模模糊糊，但好多了，至少是个开始，至少表示这个蛋白的结构是可解析的。他听说默沙东也获得了晶体，但是还没拿到结构数据。虽然他和纳维亚暂时落后，但至少比赛还在进行中。虽然晶体质量不太好，这些针尖大小的晶体经过照射后还是产生了有价值的信息，他立刻开始收集数据。尽管对未来隐约有些担心，但至少现在山下平静而安宁。

博格 8 点半到了公司后立刻来了 X 射线室。相较于山下，他简直欣喜若狂。"太棒了！"知道结果后，他引用了阿基米德的名言，"给我一个支点，我能撬动地球。"

有了至关重要的结构信息后，设计出比 FK-506 更好的药物分子只是时间问题，福泰终于有了长久以来一直渴求的"支点"，博格相信他的确**能够**"撬动地球"了。他不像山下那么关心第一个拿到数据的是谁（当然这对他也很重要），关键是有数据就好。纳维亚在默沙东时，在拿到 HIV 蛋白酶晶体后，只用了三个月就解析出了晶体结构，他发誓要用更短的时间和山下一起解出 FKBP 的结构。这样到感恩节时，他们应该就能得到酶的粗略结构，之后他们将会给慕克一系列结构：先是 FK-506 与 FKBP 活性位点结合的结构，然后是福泰自己的化合物与 FKBP 结合的结构，看看慕克所谓的"基本作用力"是如何影响分子的生物学活性的。

现在前途一片光明。汤姆森跟蛋白的纠缠不休、获得晶体的困难、慕克的焦躁不安……这些困难都过去了。博格相信从今天开始，一切都应该是井井有条的，至少也是有规律可循的。获得能供衍射的晶体是晶体学的限速步骤，福泰只要有了晶体，他们的科学家**总能**解析晶体，进而设计出更好的分子。事实上，他们已经有更好的分子了。8 月中旬，当博格和奥德里奇前往日本敲定合约最后的细节时，哈丁发现，福泰的一个分子抑制 T 细胞的效果达到了环孢素的百分之一。就像亲和性实验和酶活性实验一样，在试管中检测细胞活性依然属于早期测试，况且这个分子的药效还很弱，无法成药。但是，发现活性分子已经是重大的一步了，而且这个分子还能申请专利，福泰在名义上已经有一种属于自己的药物了。而且他们正在收集这个分子潜在靶点的信息，并以此来改进它的性质。

博格带着科学家们从未见过的高涨信心从东京回来。"如果在接下来 6—9 个月内我们能将药效在细胞层面提高 30 倍，再过半年我们就有候选化合物了，"他说，"那么再过一年，我们就可以开展临床试验了。总共只花了三年，这比我最好的预期还快两年！"

在博格的故事中，时间就是金钱。基于结构设计药物除了这样那样的优点外，更能直接大幅提高药物开发的效率，也就是能降低成本。慕克说："分子建模本质上就是和对手比谁犯错的速度更快。"即，轻敲键盘就能快速、有效地测试各种思路，而不必辛苦地收集土样，大费周章地熬制难闻的培养基。福泰各部门效率都创了纪录，博格对此很满意。因此 8 月 15 日，他一手抱着一尺厚的文献，一手拎着麦金托什笔记本电脑去度假了。这是他自和金塞拉计划建立公司以来第一次度假。他和艾米带着三个孩子去了南方的海滨休息了两天半，这是他们全家近两年来第一次一起出门。

博格现在一路无阻。一年内,博格超额完成了计划。他知道福泰在做出药物前要先做成买卖,而他和奥德里奇还有施密特一起完成了他所谓的"十年内最好的交易"。公司有了以"汤姆森单位"计的蛋白,获得了可以衍射的结晶,还有正在申请专利的新型强效分子,第二个项目也崭露头角(已经有买家表示关注)。最重要的是,他们获得了中外制药这个强大的盟友,他们提供人力财力,还有信誉(用博格的话说,这是公司的"福运")。"总而言之,我们将有本领域中最大的研究项目,"他对科学家说,"我们曾经是最好的,但不是最大的,现在我们比默沙东、比任何公司都大了。"除了永久实验室以外,博格实现了他所有重要的承诺,不管那些承诺曾经听起来多么浮夸或是难以置信。

现在是运用特权的时候了。1990年9月26日,奥德里奇称之为"长刀之夜*"。在收到中外制药签署的最后一份文件后,奥德里奇令专人到哈佛送达两份解聘信。第一份是给马丁·卡普拉斯(Martin Karplus)的,他是科学顾问委员会初始成员之一,他试图用施瑞伯的蛋白解析FKBP的结构。第二封自然是给施瑞伯的。在信中,奥德里奇没作任何解释,仅将他们与福泰的关系将于12月31日解除的决定甩出来。福泰会回购他们手上各自75 000股的原始股,他们也可以留着。虽然信上没有直说,但这笔股票算是封口费,防止他俩闹到媒体或是法院上去。

这是博格精彩的一年中最遗憾的环节。和施瑞伯的纠缠不休,还有对哈佛的毕恭毕敬,一切终于结束了。不再有人抢夺他的控制权或惹怒他了。跟哈佛的谈判终止了,施瑞伯再怎么处理蛋白或是合成分子都与福泰无关了。施瑞伯这门随时炸膛的大炮终于离开福泰了,他指向哪儿都跟博格无关了,或者说,他都假装看不见。

---

* 长刀之夜(night of long knives),希特勒处决冲锋队头目的政治清洗行动。——译者

第十章

商业协议的签字仪式就像婚礼一样耐人寻味：令人意乱神迷的诱惑终于到了终点，之后大家就要坦诚相见了。犹太教的新人会在形如树荫的幔帐下举行结婚礼，幔帐象征着保护他们免受外界烦扰的家。1990年10月3日，呼呼作响的北风横扫马萨诸塞州，福泰就成了这样一个幔帐。

博格要让这天成为一场游园会，他要让这一天宏大而难忘。

一套富士山的四季风景照已经摆在会议室内，这是中外制药的"彩礼"。大厅中威风凛凛地挂着中外制药后现代风格新总部的模型，这座四层建筑将是他们的第三个总部，那里以后会塞满实验室。餐厅的冰箱上，曾经有几幅从《纽约客》上剪下的漫画，还有博格和纳维亚在默沙东的证件照，现在被换成了一幅剪影画，庆祝美国航空航天局载有纳维亚的实验的飞船升空（不过那个实验目前还没有成功）。

前一天，博格在最后关头作了很多临时决定。关于道具，他说："把所有的仪器都启动，显示屏都显示点东西，最好是彩色的。"关于演员，他说："让在帕特南路分部里的人都回来，热热闹闹的才好。"关于戏服，他说："艺术地展示现实。

不用去买件全新的,但最好不要穿你每天都穿的破烂来。"

那天早晨,博格好像刚出浴一样精神。他穿着绣有名字的衬衣,打着罗纹花呢领带,头发和胡子都梳理得整整齐齐的,深蓝色的西装完美贴合身形,威严而庄重。领着清一色黑色西装的中外制药代表团参观实验室时,比他们高一个头的博格好像一群熊猫之中的长颈鹿,光彩照人。

中外制药将为福泰的科学家和研究买单,但实验室就像嫁妆,显示着福泰原有的财富和教养,博格一定要好好展示它们。他带着中外制药的人匆匆走过化学实验室、X射线室和蛋白实验室,最后来到昏暗的模型室。大家围在一个工作站前,听纳维亚讲解分子结合的原理。屏幕上,数百个红的、紫的或蓝的原子通过圆柱连接,组成了一套球棍模型,在漆黑的背景上缓缓转动。纳维亚向大家分发了3D眼镜,除了博格外每个人都带上了,之后他们瞬间进入了分子的世界。

中外制药的副总裁永山一边说"我恐怕需要翻译",一边调整着眼镜。纳维亚则试图前后移动拳头,模拟分子相互识别。

"这个模拟跟体内的情况一样吗?"永山问。纳维亚礼貌地纠正他,这不是模拟,而是"实验"。

"对我来说都跟天书一样,"永山笑了,他轻快地说,"我觉得自己好傻。"

博格和奥德里奇决心把客人照顾得好好的,哪怕有些夸夸其谈也要让客人感到,合约是公平的,中外制药的收获值得它的付出。如果永山真如他话中字面意思那般不满,他们肯定要有所表示,但看起来永山没有不高兴。前一晚,福泰在波士顿公共花园边上豪华的四季酒店举办了盛大的宴会,回报中外制药在东京的宴请。宴会上,新英格兰地区的美食尽出:龙虾、烤鱿鱼、甜土豆拼盘、南瓜壳装的南瓜汤……虽然没有在东京一人1000美元的晚餐那样浮夸(博格说一整个"连叶带茎"的西瓜竟然要140美元),中外制药的代表团也很满意。他们走入会议室正式签署文件时,永山看起来像虽然不知道自己买了什么,但肯定赚了的样子。

第一部分 故事

签字仪式是中外制药提出的。博格本打算低调行事,签字,然后开香槟,只有要人和摄影师来就好。"日本人喜欢仪式,"博格对福泰的成员说,"那我们就给他们个仪式。"而仪式正要开始时,金塞拉闯了进来,径直站到博格身边。他并非直接来波士顿,而是先去了纽约,这样他就能搭乘施密特的湾流私人飞机前来。私底下他对博格解雇施瑞伯很生气,因为他认为施瑞伯是无价之宝,不希望施瑞伯的名字从他寄予最多希望的公司的成员名录中被划掉。博格本担心金塞拉的到访并非友善,没想到他仅是不想错过这次盛会。合影之后,金塞拉大步流星地走进餐厅,堵住了一个记者,好像船首雕像般前倾,大谈特谈他最新的商业计划:在冷战后的波兰开第一家私有薯片厂。他总是在干下一件事。

博格和金塞拉在这点上是一样的。不同的是,金塞拉通过孵化新公司,等到它们上市后就卖掉原始股,大赚一笔。他喜欢建立,然后离开。但对博格而言,没有其他事情能吸引或诱惑博格,和中外制药协议唯一的意义就是福泰的未来。不断增值的商业世界中,协议带来的资金是次要的,关键是它能吸引更大的协议。3000万只够福泰七分之一的总预算,但这项协议暗示了公司资产安全,公司的市值会一夜翻倍。博格一直在提升公司估值,或向潜在买家兜售,期待着几年后能向更广泛的人群销售福泰的股票。博格的下一件事依然是吸引投资,然后继续寻找更多的投资,直到能像奥德里奇所说的"喂饱巨兽"。这次协议让博格第一次有机会向大众推销福泰,接下来,他要在即将举行的新闻发布会上好好表现。

博格的故事曾经只能讲给其他制药公司,或者像远景国际大酒店里一小群冷漠的投资者听,现在他能讲给《华尔街日报》、《哈佛商业评论》(*Harvard Business Review*)、《波士顿环球报》(*Boston Globe*)和《世界药物新闻杂志》(*Scrip*)的读者们听了,其他四五家杂志经福泰公关公司讨好后也会派人来。这种场面记者们见得太多了,一开始就昏昏沉沉的,勉强靠着咖啡和提要写报道。但博格相信自己这一次也能靠着自己的故事赢得他们的注意力,他一贯都能。

不过永山作为出资人,自然要先讲讲他的故事。

"中外制药如今决定向这家非常有意思的公司——福泰投资,"永山站在从附近的凯悦酒店借来的讲台上说道,"因为他们设计药物的策略非常理性,令我们印象非常深刻。"他陈述了最明显的事实,于是记者们几乎什么都没有记。永山的故事和博格的故事一样充满弦外之音,表达了中外制药乃至日本的野心。

就像日本其他产业在成为出口大户前,中外制药等日本药企的增长目前趋于停滞,因为他们在日本国内太成功了。日本国内市场非常火热,以美国的标准来看,还非常宽容。日本医生可以有自己的药房,自己卖药(美国医生不卖药),贡献了超过60%的处方药销售额,而药物由政府定价。有了潜在的后门,这个体系导致了两个意外的结果:日本人吃药最多,活得最长*。于是,日本老龄化日益严重,药企和药物的竞争越发激烈;同时政府亟需降低医疗卫生费用,正大力削减药价。

本土市场萎缩是中外制药放眼全球并青睐福泰的主要原因。日本药企面临新的竞争,纷纷从中国"远交近攻"的智慧中取经。美国人觉得日本人很奇怪,不明白为什么他们既害怕外国人,又非要做跨国生意。原因其实很简单,对本国日益萎缩的市场的竞争太激烈了。以上就是永山飞过半个地球要说的话,不过记者们似乎并不感兴趣。甚至当永山祭出国际主义时,他们也无动于衷。"商业与科学再无国界,"永山说,"我们的目标是帮助全球的患者。"

一位日本商人说他想利用美国的先进技术来打败其他日本企业,而其他日本企业不是已经这样做了,就是也打算这么做。就这样,他还想试图消弭美国的本土保护情绪。奥德里奇听了此番话后坐立难安,唯恐记者对此产生不好的联想。他和博格对合作的唯一忧虑就是潜在的反日情结。他们和山下都知道,生物技术创新的中心从美国向日本转移是大势所趋。虽然这种转变可能产生

---

* 此处似乎有日本人因为吃药多寿命长的意思,但寿命是个复杂的问题,不宜简单化。——译者

更多的新药,也是人心所向,但他们在处理中外制药与福泰的技术的关系时依然非常谨慎。比如日方本想派遣三位年轻有为的科学家来接受为期一年的培训,博格拒绝了。合约允许常规访问,但不许长期驻扎。第一批访问学者一个月以后才会来,而博格已经开始着手设计安保措施,限制他们接触核心技术。幸好记者们完全没有在听,奥德里奇长舒一口气。

博格不需要补充什么,可以直接开始讲自己的故事了。不管有没有这个协议,博格的目标都是要让福泰成为即将到来的药物研发革命的领军者,而外行们还以为一定会听到他继续谈常规的微生物筛选法。

"筛选本身没有错,"博格对记者说,"但是它很少有用,它就是试错法,它让人心累,而且**无可奈何**。我们不喜欢看天吃饭,**我们想解决这个问题**。我们不想启动十个筛选项目,然后祈祷其中一个有效。"

他继续说:"我们喜欢明确的生化途径,我们相信契机就是FK-506,但FK-506的化学结构不好修饰。最好的药物应该是和受体正好严丝合缝的,但仅通过药物结构你没法知道哪里不好,没法有针对性地设计新药。你两边都要看到,每一个原子都要看到。"

博格最后一张幻灯片是他特别为今天制作的,比较了不同药物开发模式的时间线。上部是传统途径,用一幅彩色的柱状图显示其临床前研究需要大约4—6年,其中一半都是"药物发现"。下部与之对应的是福泰的策略,"药物发现"缩短了三分之一,整体耗时也相应缩短了。

"所以这意味着什么呢?"他说,"如果新的策略没有好处,也就没有必要尝试。但采用新策略,我们能控制研发进程。这是基于信息的研发,而非随机的研发,所以我们能更快地将更好的药物推向市场。"

记者们没听过这样的故事,纷纷振作起来。

"谁来生产药物,福泰还是中外制药?"一位记者问道。

"我们还没决定,但根据协议我们会平分责任与收益。"

"那具体怎么分呢?"

"我们正在研究。"

"能具体点吗?"

"药物的开发将在福泰完成,但这并不是说中外制药什么事都不用干。药物不是按一个按钮就制成了的,这是一个互动的过程。"

向公众介绍一个以研究为基础的公司时,最好保持些神秘,人们也能理解这种含蓄。博格没提 FKBP 不明不白的生物学问题,没说解析晶体结构的困难(他也没有义务披露),他更不会说小公司不筛选是因为筛选能力有限——福泰的新策略不光是他们的选择,也是他们唯一的选择。他给记者们讲了一个简单明了的故事,就像他去年在远景国际大酒店讲的那样,不过那时公司还没有互相矛盾的科学证据。他的演讲完美无缺,媒体很高兴,因为在类似的发布会上通常很难找到有价值的新闻素材。

正事结束了,博格带领大家前往查尔斯河畔的凯悦酒店参加露天午餐会。日方和董事会坐车前往,剩下的人则穿过荒草丛生的调度站,走过那个分隔了旧厂房与新实验室的小巷。凯悦酒店俯瞰查尔斯河最开阔的流域,这里经过人工开凿后遍布游船。15 层高的凯悦酒店中部镂空,好像一座玻璃与砖构成的金字塔,最顶上是王冠般的旋转酒吧,可以尽览蜿蜒的查尔斯河与繁华的波士顿市区。不光福泰青睐此处佳景,将其作为自己招兵买马的重要场所,剑桥市许多公司和大学也是如此。这里曾是游客所谓的"红灯战区*",对于访问剑桥市的学者而言,如今凯悦酒店中也有无尽的诱惑——博格的才智数次在这里起效。

私密花园中,侍者端着盛香槟的银盘四处走动,长桌上摆着精美的食物:软干酪、小牛肉、羚羊肉、意大利馄饨、腌三文鱼裹扇贝……露台上有一座酒吧。不过科学家们一开始还有些矜持,犹豫着是保持清醒、待会回去工作,还是丢开

---

* 红灯战区(X-rated Combat Zone),这里曾是红灯区,而 20 世纪 60 年代时很多士兵在波士顿转运时也时常光顾这里,故得名战区。——译者

工作、豪饮一番。风还有点冷，人们或聚在阳光下，或穿好外套，挤在鸡尾酒桌边，就像舞会的间隙。

之前的签字仪式与新闻发布会颇为严肃，但现在大家尽情欢乐：博格和永山接受大家的祝贺，并互相鼓励；奥德里奇终于放下了戒备，正和中外制药明察秋毫的美国运行官太田裕之（Hiroyuki Ohta）博士称兄道弟；施密特则像有钱的长辈一样到处拍着别人的肩膀鼓励大家，他的加长型豪车的司机则准备提前将他送回纽约的金山中；金塞拉讲着他下一个目标——利用蜂花粉将药物递送到肺部，像个快乐的单身汉。在场的还有科学顾问委员会（除了被开除的施瑞伯和卡普拉斯）、董事会、双方的科学家、媒体，一共七八十人。只有汤姆森以缺席表示抗议，他像浮士德一样，认为这玷污了科学的纯洁性。劳拉·恩格尔说："我告诉他真的没人想见他，但他就是不来。"汤姆森最近也走出隐居，低调地开始和劳拉约会了。

气氛和睦友好，谈话光明积极，没有一丝的阴霾（或许汤姆森没来除外）。生物医药与金钱结成了一对奇特的新人。如果乔治·默克或者马克斯·蒂什勒也在这，不难想象他们的不适。附近的水面下，好像徘徊着许多嗅到财富与荣誉气味的鲨鱼。这种关系中本来就有很大的妥协，涉及日本企业时，妥协就更刺眼、更不协调了。

"我告诉他们去日本把培根带回来，"弗兰克·邦斯尔（Frank Bonsal）挤入了永山和肯·博格的谈话，邦斯尔是福泰董事会中的一位风投家，来自马里兰。

"培根？"永山不解。

"钱。"

博格知道，福泰在拿出任何科研成果前就得先有故事，在开发出任何药物前必须先有交易。签完这份协议后他就盼着下一笔交易。最容易的环节是扩大故事的听众面，比如明天的《华尔街日报》会这么写："这桩交易使去年刚成立的福泰一飞冲天，跻身以'理性药物设计'开发新药的公司的前列。"世界顶尖的商业评论说你创新一流,你就是一流,哪怕他们并不知道该如何衡量、如何证明。在商业界,名声就是事实,而小有名气的福泰正如博格一直坚信的那样,被认为是理性药物设计领域的领头羊,这对一家创业公司可谓是绝妙好棋。

但更大的压力接踵而至,即使是博格也不能将其解释为好事。就像汤姆森以缺席抗议所表达的,科学与商业毕竟有根本上的差异,它们是基于相互抵牾的信念构建的完全不同的体系,而允许这种差异继续扩大更加危险。在商界,或许观念就可以当作事实,但没有证据的科学就是海市蜃楼。科学需要严谨的事实、数据、证据,不然就像泡沫般毫无价值。福泰卖的就是科学,但再大的名声也不能转换为药物,奥德里奇也半开玩笑地说福泰的商业发展是"骗人的把戏"。

博格仅凭他的商业头脑和故事就取得了巨大的成功。但如果想真正设计出药物,他需要信息,他需要答案。他从未真正远离科学,因为他的远见、智慧、目标与雄心最终都需要在实验中才能得到验证。博格虽然轻而易举地就让福泰登上了《华尔街日报》的头条,但在实验室中,他面临着更激烈、更致命的竞争:博格一直口头打压的默沙东依然屹立在前方;博格一直忽视其商业野心的施瑞伯也被完全激怒。博格依然需要证明自己,他需要领导科学团队,向那些他曾在交易中刻意忽略的问题进发。博格清楚,任何交易,都不能直接带来更好的分子。

博格现在还不能松懈。

第二部分

竞赛

第十一章

"我的生活,"施瑞伯低声说道,"充满了激情。"

施瑞伯的办公室一点儿也没有学术气息。这间屋子面积很大,形状却不规则,整洁、有序,阔气得像一位时薪300美元的迈阿密律师的办公室。几幅狂野的表现主义画作被柔光照亮,映衬在黑色高脚灯温和的光晕下,宣告了主人对艺术以及奢侈设计的喜爱。如果是老一辈的化学家,房间的一角一般会有一张古旧的会议桌,桌面遍布香烟印和咖啡痕。但在施瑞伯的办公室,那里摆了一张低矮的钢架玻璃面鸡尾酒桌,富有光泽的台面上毫无瑕疵。桌子四周是几把相称的丝绒椅子,旁边还有张上等的进口橄榄绿真皮沙发。

施瑞伯身材高挑匀称,三十五六岁时还保有神童的热情,就好像会被自己的聪明震惊了一般。他谈吐流利、用词准确,但当他觉得自己离题太远或透露太多时,就会像安妮·霍尔(Annie Hall)*一样出现自我审查式的停顿。他双下巴上的胡子三天一刮(他说:"这样在飞机上,小孩和老太太都不会想跟你说

---

* 安妮·霍尔是伍迪·艾伦同名电影中的人物。——译者

话。"),脸颊是栗色的,眼球微微突出,发色偏灰,发际线有些后移,但裁剪得颇有个性。他像一只鹤一样安静地靠在无扶手的椅子上,跟博格很像。

他的审美,以及对完美的追求,不光限于他自己以及他的办公室,也影响了他的实验室。大学的实验室一般以实用为主,阴冷、杂乱,充满了金属感,就像社保办公室的等候室。施瑞伯的实验室光鲜亮丽。通风橱是鲜亮的番茄红,试剂架则是淡黄色的,冷冻室配有敞亮的落地窗,学生做实验时便不必忍受隔绝。施瑞伯1988年从耶鲁搬来时,哈佛给他的实验室分列于两座翼楼内,中间仅由一条悬空的走廊连接。施瑞伯坚持要把走廊改造成休息室,为此,哈佛干脆修了个裙楼。"我确信这是哈佛修过的最贵的休息室,"施瑞伯说,"但物有所值。"

如果有人说施瑞伯"心中天平"的摇摆总是基于"值与不值"的思考之上,哈佛的行政人员应该都不会有异议。哈佛大学,和其他研究机构一样,也在经营生意,它们的产品是点子与学者。对于学者,尤其是自然科学的学者,哈佛就像中央银行一样。施瑞伯想要融合合成化学和细胞生物学这两门学科——前者是他的专业所长而后者并非他的强项,他坚信这一新领域很可能是一座富矿,哈佛也不遗余力地支持他。在哈佛教授贡献颇多的第一轮生物技术浪潮中,哈佛无所事事,错失了巨大的财富。因此他们决定再也不能忽视小分子这个"重要行业",而施瑞伯相信他正在创造这些分子。

"我列了个我自认很合理的清单,但我知道这足以让耶鲁的管理层倒吸一口冷气,所以我担心哈佛也不能接受。结果,这么说吧,我给出了我的数字,他们立刻回应了一个更大的数字。"施瑞伯回忆,"所以那时我就知道我该从耶鲁走了。"

"他们不是群锱铢必较的家伙,他们对科学真的很严肃。"

一个如此年轻的科学家,受到了无数的赞誉与巨额的资助,足以让他膨胀的自我填满一座牧场,而施瑞伯在新哈佛的资本主义中也绝不会谦虚。"这才是我必须来的地方,"他边沉思边说,"我知道我会来哈佛,我知道我一定会来!

我愿意为这个目标做任何事,放弃其他的一切,什么也不能阻止我。"与此同时,他的自傲似乎又让位于对哈佛光辉历史的崇敬,"哈佛就是有机化学的麦加,一直都是。我很早就知道我很擅长有机合成,人们看了我的文章基本都会感慨,'天哪,他真聪明!'但在这里,我知道这还不够,我需要做点更新的。"

施瑞伯在1988年末、1989年初筹建新的实验室时,给自己定下了目标:做有创造性的事,开拓新的化学领域,不能仅仅靠小聪明。当然,他实际的目标宏大得多。施瑞伯到哈佛时只有32岁,有30到35年的时间可以为有机化学开疆拓土,他想要引领有机化学的发展,扩大其研究范围。他和有机化学界的前辈一样,都致力于合成有生物活性的分子。但他没有就此驻足,而是更进一步地将这些分子作为"探针"去发现更大的世界。他研究小分子如何影响细胞内过程,而这一举动会将化学推向生物学革命的中心。

这可能是历史性的进步。数十年来,细胞生物学走到了分子层面,研究主要的工具与方法都来自生物学,尤其是基因重组技术。可是生物技术终有其局限。比如,虽然人们用基因工程技术发现了很多细胞表面的受体蛋白,从而促生了新一代的药物和药物研究行业,但是这类药物因为是大分子,大部分不能穿过细胞膜。

小分子既是施瑞伯的目标,也是他的机会,他决心利用这些可以翻过细胞"壁垒"、打入细胞内部的化学合成小分子——这些小分子能识别细胞质内的蛋白,然后提取、纯化它们,阐明其结构,发现其配体(即与它们结合的蛋白)。作为一位化学家,他将立志于探索并阐明细胞内分子交流这一生物学最基本的问题。他甚至已经有一个模型了:FK-506。施瑞伯决定用这个分子及其衍生物(比如506BD),去探索细胞的终极奥秘:由无生命的原子构成的蛋白如何互相沟通,如何在细胞内部的道路网中有目的地迁移。他将会替生物学家回答这些长期困扰他们的问题,而且会凭着只有他(还有哈佛授权的人)才有的小分子又快又好地回答这些问题。

"生物化学家,"根据传统定义,"就是对着生物学家谈化学,对着化学家谈生物,互相之间则讨论女人的人。"在超过一代人的时间里,大部分生物化学家都是分子生物学家,即依靠 DNA 研究生命的人。他们认为,为了彻底理解生命,必须从创造一切的基因入手。施瑞伯认为有更好的方法。他会从所有生物化学事件的起因——两个分子的结合过程——入手:改变分子的结构,影响它们的结合活性与结合模式,进而阐明两者间的生理关系。他将用自己的化学知识来解释生物学,甚至改变它。

这就是施瑞伯的目标,他未来的人生轨迹。

当然,不只他一个人这么想。另一个持有这种信念的人是同样出自哈佛大学的化学家——博格。那时施瑞伯对博格仅略有耳闻,博格也仅认为施瑞伯是个"聪明的家伙"。但他们将会踏上追寻同一个分子的同一趟旅程,他们的相遇将是他们生命中最惊人、最伟大的缘分。

施瑞伯到了哈佛后,立刻着手巩固自己的位置。他时常有灵感,而每个灵感又会增强他的自信。他对自己的定位正如慕克所认为的那样,"超凡脱俗"。在与哈丁合作探索 FKBP 的过程中,施瑞伯快速闯到了免疫亲和蛋白研究的中心地位。他的研究小组首先分离出编码 FKBP 的基因,又利用重组技术,克隆该基因并大量生产了以"汤姆森单位"计的新蛋白。施瑞伯借此进一步扩大了自己的优势。在每一步中,他的运气不可谓不昌盛。他之前从未发现过蛋白质,也从未克隆过基因,或者表达过一个酶,但他的团队在与该领域最好的实验室的竞争中从未落过下风。对施瑞伯与他的学生而言,FKBP 绝对是他们的"幸运分子",而现在,施瑞伯想用这个幸运分子在科学史上名垂千古。

然而施瑞伯能在哈佛做研究这件事本身,就与这项研究的成功一样令人惊奇。当他还是个平凡的高中生时,他对未来毫无打算,他参与了一个可以半工半读的项目,以便少选几门课,然后再时不时翘几节必修课。"我从未想过进入学术界,"他回忆道,"我甚至从未想过上大学。我那时想当个木匠,我在考虑是去修地板还是修房顶。我那时就想着这些事,对大学什么的毫不感兴趣。"

施瑞伯成长于20世纪60年代到70年代初期的弗吉尼亚城郊地区。他感兴趣的是山地车、运动、狂欢以及女孩。他的父亲是一位业已退伍但依然严厉的上校兼弹道专家。他的母亲是家庭主妇，非常溺爱他这个最小的孩子。但他们都允许孩子们过自己的生活。施瑞伯经常在比萨店工作，对校园反而很陌生。"我在高中时从来没有过一本书，"他回忆道，"他们在开学时给我好些书、一个柜子、一把密码锁，我从来都不知道他们为什么要给我这些书，于是我就把书锁在柜子中。到期末时，他们又来跟我要那些书，我还得去问他们密码锁的密码，毕竟我一年都没开过那个柜子。"施瑞伯喜欢制造或是修理东西，他上了好几门工艺课、电路课、车辆维修课，还有一门所谓的"单身汉穿着打扮课"，即男孩们对家庭理财的戏称。他记得老师是位"壮实的红脖汉"，他上课就讲他的各种恶作剧，比如打人或追女人。

"我在高中最后一年才听说化学。那时我们去了一个礼堂，看了一部迪士尼电影。那就是我的初次化学课。我感觉化学跟行星围绕太阳转有些相似。"

施瑞伯虽然缺乏学习的动力，但似乎有种神奇的学习能力，尤其是在考试前。他格外擅长抽象概念与图形。"我觉得我有种能力，我能在几何考试时静下心，把题做出来，哪怕我从没去上过课。别人都在抱怨考试有多难，可是对我来说，一切都是顺理成章的。"教育咨询师建议他去参加SAT考试*。这场考试历经6个小时，施瑞伯还在考试前一天参加了一场仿佛"掀翻地狱"的狂欢，可是他的成绩仍然名列前茅。"我记得人们说，'啧啧，居然是施瑞伯！他到底是怎么做到的？'"

填报志愿时，施瑞伯随意报了弗吉尼亚大学与弗吉尼亚理工。"我并不在乎我是否被录取，我那时还想着修房顶或修地板。但神奇的是，我被录取了。"

在大部分的圣徒传记中，获得深奥的智慧前，主角总是有一段苦涩的经历。施瑞伯也如此描述自己在弗吉尼亚大学的生活。一开始他很痛苦，他不想上

---

* SAT（Scholastic Assessment Test），学术能力测试，类似于中国的高考。——译者

学。他的同学跟他在比萨店的伙伴们很不一样。他希望以后在户外工作,于是考虑上生物学与森林学,但被告知他需要先修化学,一门著名的"劝退课"。施瑞伯想到自己从没学过化学,又想到迪士尼那部好像行星运行的片子,于是选了人文类的课程。"但我对那些也烦透了,有门课上我们必须读萨特(Sartre)的《禁闭》(*No Exit*)。那门课上有许多北方人,他们对那本书奉若圭臬,我简直想吐。"

"之后我就不去上课了。第四周时,我决定要退学,这挺好的。但我突然想到我可以抓紧时间找些乐子,我可以好好追追女孩子,于是我就这么做了。"

"第四周时,我给我姐姐打电话说我要退学。听完我解释原因后,她说:'嗯,你应该做你想做的事。如果你想上化学课,就上呗。'她说完后,我觉得非常有道理:**对,去上化学课**。我之后去见了老师,他说:'你缺了三周课,第一次考试在下周五。'那天已经是周一了,他接着说:'你可以选课,但第一次考试必须得来。'"施瑞伯笑道,"我想'这无所谓啊',我才不在乎挂掉一次,反正我也不可能过的,随便了。"

"那个周一真是非常重要的一天。我去了大讲堂,那是我第一次去到真正的讲堂。我的第一印象是:我走进教室,发现人人都有笔记本,每个人都在记笔记。我很好奇,'怎么大家都在记笔记?'所以我问了一个人,'你怎么知道要带笔记本的,谁告诉你的,我错过了什么吗?'"

"我坐在教室里,然后老师上台了。他的名字是罗素·格兰姆斯(Russell Grimes)。他开始画一些我看不懂的东西。后来我才知道那是原子轨道,他正在讲5d轨道。这看起来像一些几何图形,有很大的叶瓣。其中一个有两个叶瓣,中间还有个像甜甜圈一样的形状围绕在两个叶瓣的重合处……这时老师开始用彩色粉笔了。"

"我看着那些图案,然后想,'天呐!这才是化学?'我原来以为化学是类似行星绕着太阳转呢。这看起来像几何学,非常漂亮。我很喜欢他画出的图案,虽然我不知道那是什么,但彩色粉笔以及不同形状的轨道让我觉得'非常有趣'。"

"之后我去书店买了本书,回到房间后决定背水一战。我之前在宿舍听过很多学生抱怨化学有多难或是他们学不懂。所以我翻到第一章,仔仔细细地读,逐字逐句地读,等着遇到什么无法理解的部分,**但那从没发生过**。一切都很顺利,一切都很清晰。"

一番突击后,施瑞伯在第一次考试中得了 88 分,只错了三道题。"那是我那年仅错的三道题,"他回忆说,"之后我每节课必去,听多少都不嫌烦,太令人激动了。很明显,我真的很擅长也很喜欢这门课。"

施瑞伯马上要踏上大马士革之路*。他的下门课是有机化学,他觉得比普通化学"有趣好几个数量级"。他求知若渴,在暑假期间就买了二年级的教材并通读了一遍。"我那时就基本确定了我未来要走的路,"他说,"我记得我去了系主任那里,看了研究生的招生宣传,知道了大家都在做什么。我坐下来说:'我仔细考虑了我所学的课程,我以后想成为有机合成化学家。我想在一个重点大学任教,最好是东海岸的。而且,我希望在你的实验室工作。'"

施瑞伯那时只有 19 岁,从未进入过实验室,更没做过反应,但他已经决定终身致力于合成复杂分子。"我从一个极端走向了另一个极端——对学术毫无兴趣到对有机化学抱有巨大的热情。之后我学习了合成化学,那**真是**太令人激动了,我觉得那很像建筑学。在有许多可用反应的基础上,为了合成一个复杂分子,你需要有逻辑地分析一系列的化学反应,逆向推导出简单的起始原料,就像建一栋楼一样。虽然方案可能是无限的,但有的方案显然兼具了**优雅与效率**,这些路线看起来就很有美感,你一看就会发现的。虽然有其他路线,但它们都不怎么有趣。"

施瑞伯刚进入实验室就幻想自己能成为一位有机合成大师,虽然**现在他也**

---

* 大马士革之路(The Road to the Damascus),《圣经》中,保罗在前往大马士革的路上遇到耶稣并皈依,比喻突然的转变。——译者

承认他那时的实验进度"缓慢得令人痛苦"。但没有关系,他是一个天才。在大二结束时,他以一种惊人的速度吞食着化学课本。他所学的科目非常之广,大学甚至不知道该授予他什么样的学位。他本科期间一共修了120学分,105学分是科学,其中85学分是化学。他还学了系里每一门研究生课程,而且都得了A+。他全心投入,放弃了所有其他的追求,认为那些都是非常无聊的。他回忆他毕业时:"对自己**相当**有信心,我不认为我是一个傲慢的人,我并不难相处,但**我知道**我非常擅长化学。"

施瑞伯进入大学时,不知道学生们为什么要做笔记,毕业时则直接得到哈佛的录取,那里的有机化学系是世界上最好的。更重要的是,因为在这条新路线上,每一步都是如此轻松,他再也不会被轻易满足了。他说:"哈佛的录取?当然,他们必须得要我!"他从一个无知的顽童变成了一位少年天才,未来的成就必然是无可估量的。施瑞伯在1977年秋天来到剑桥市,他很快找上了公认的20世纪最伟大的有机合成化学家罗伯特·伍德沃德,请求在他的实验室学习。在有机化学界已经接近圣人地位的伍德沃德冷淡地接受了他。

施瑞伯四年前刚接触科学与教育,现在已经步入了科学的圣城,而且他还不知天高地厚地要与可能是科学界的活圣人一较高下。

从哈佛走出过6位美国总统,33位诺贝尔奖得主,以及25位普利策奖得主。在制造学术传奇方面,哈佛只能与自己竞争。这种传统的自恋培养了哈佛群英的自负,但从没有一位名人像"鲍勃"(Bob)*一样在剑桥市那么受人追捧,那么受人尊敬,那么受人嫉妒。"伍德沃德是个什么样的人?"一位与他共事超过40年的同事对这个问题耸了耸肩,"他是个天才。"施瑞伯评价说:"他绝对完全超过了该领域中的任何一个人。如果伍德沃德走进实验室对你说:'切下你的胳膊。'你会问:'哪一条?'"

---

* 鲍勃是伍德沃德的昵称。——译者

伍德沃德也知道自己很伟大,他一直就知道。1933 年,16 岁的他进入了麻省理工学院,并且自学过的化学课程已经超过了系里的毕业要求。大二时,教授们投票一致同意给他一间自己的实验室,再给他发津贴,还允许他不去上课,但是他反而一学期上了 15 门课,年仅 20 岁就获得了博士学位。1937 年,他去了哈佛做博士后,并接管了蒂什勒在康弗斯楼三楼的实验室。(当年蒂什勒被困火灾的地方,现在成了施瑞伯生物实验室的一部分。)

"我们都没想到他真的那么厉害,"蒂什勒回忆道,"他有很强的气场,在他身边会让你焦虑。"但蒂什勒和伍德沃德很快就因为他们对化学合成的热爱而互相欣赏。伍德沃德想证明自然界所有的分子,无论多么复杂,都可以在实验室里合成;蒂什勒则想证明所有可合成的分子都有商业化的潜质。他们志趣相投,相互间非正式的协作将会在之后 40 年内主导有机化学的发展。

彼得·雅各比(Peter Jacobi)是卫斯理大学化学系的系主任,他曾与蒂什勒和伍德沃德一起工作。他回忆说:"马克斯认为伍德沃德是世界上最好的化学家。"伍德沃德仿佛就是行走在人间的普罗米修斯。1943 年,第二次世界大战进入白热化,26 岁的伍德沃德合成了奎宁,打破了日本人对这种天然药物供给的封锁。四年之后,他将氨基酸串成类似蛋白质的长链,又一次震惊了世界。"蚕丝不用由蚕吐,羊毛不用从羊身上剪,毛皮不用从动物身上剥。"虽然在被问及他是否想合成生命时,他说他无意模仿上帝,"我对自然界的现状很满意"。但他的确比之前所有的化学家都更进一步地挑战了自然。

1949 年,在蒂什勒的安排下,伍德沃德与默克*签约合作全合成**可的松。过去 5 年,默克利用牛胆汁合成可的松的计划一直受阻,所得的产物价格高得让人无法接受。从 40 头牛中提取的物质经过 42 步化学反应后的产物,仅够一

---

* 参见第 94 页译注。

** 全合成(total synthesis),指仅依靠简单的化学原料合成复杂分子,不依赖生物反应或者复杂的天然中间体。——译者

位病人一天的用量。蒂什勒最终将这条路线压缩到了较可控、较有利润的26步,伍德沃德称赞这是化学商业化历史中最伟大的壮举。蒂什勒和伍德沃德都同意,如果想让更多的人用上可的松,其原料来源必须更广,不能限于珍贵的牛胆汁。《纽约时报》评论道:从其他原料合成可的松是一场"世界所有顶级化学家都参与的现代化学最大的国际竞赛"。

伍德沃德此时刚30出头,哈佛在前一年免除了他的教学任务,让他专心科研。那时化学家已经能够以甾体(一种多环化合物,可的松就是一种甾体化合物)为原料合成其他甾体。但至今没人尝试过像大自然那样从单个原子开始合成一种甾体。伍德沃德以一种煤焦油衍生物为原料,发现了分子重排的奥秘,就像将散乱的舞者集结成阵型一样,将分子重组为他期望的形状。利用这个技术,他基本完成了可的松的全合成:虽然最后的产物不是可的松,但所获得的甾体相当于默克的可的松合成路线末尾的一种牛胆汁衍生物。伍德沃德的合成路线只要20步,而且原料干净、便宜、充沛,这既是科学的重大突破,又具有商业前景,而且预示了所有人类激素都可以被合成。

伍德沃德的发现于1951年4月发表,那时默克正苦于无法为世界提供足够的可的松,这个发明令人瞩目。《时代》封面报道称赞说:"这项研究可谓是'化学史上最伟大的成就之一'……对于数百万遭受风湿性关节炎、猩红热、烧伤、可致盲的眼疾,以及其他慢性疾病的患者,还有人类未来的福祉都具有'无法衡量的重要性'。"伍德沃德本人则低调得多。"我们还没能完全合成可的松,"他说,"在我们真正能得到可的松之前,可能还需要许多步骤、许多时间,甚至最后也可能得不到可的松。"

事实上,伍德沃德是对的,虽然这项研究令化学家非常激动,但远没有看起来那么伟大,因为他们没有解决重要的生物学问题。那年春天,引领风潮的是加州理工学院的化学家莱纳斯·鲍林(Linus Pauling),经过15年的工作,他发表了一系列重要的文章,解开了蛋白质折叠的奥秘,比伍德沃德的合成更加深远地影响了有机化学。鲍林是一位杰出且幽默的实验科学家,他两次获得诺贝尔奖,第一次是因为化学,第二次是因为他反对核武器试验。历史上仅有四人*有此殊荣,能两度登上诺贝尔奖领奖台。

鲍林的发现,加上一年后沃森(Watson)和克里克(Crick)发现的DNA结构,彻底改变了科学的面貌。75年来,科学家一直为蛋白能否形成独特的结构,以及这个结构是否决定了它们的功能困扰不已。鲍林不仅明确地证实了这个猜想,更细致地描绘了所有主要的折叠形式。科学史学家霍勒斯·弗里兰·贾德森(Horace Freeland Judson)记录道:分子的**结构**,而非它们的化学组成,立刻成了"现代化学最重要、最值得挖掘的问题"。结构决定分子的功能,功能决定分子的重要性。合成化学家不能解释分子的行为,只能合成分子,所以他们在科学界的地位下降了。

更大的打击接踵而至。蒂什勒曾期望默沙东与伍德沃德的合作会是长期的,但其他人却不像他俩那么重视这段关系。伍德沃德最终转向默沙东的主要对手——辉瑞。"真令我心碎,"蒂什勒40年后还会这么说,"我们遇到了麻烦,有一两个人不想让伍德沃德参与过多,因为他们担心他会掌控一切。"更糟糕的事情出现在7月,仅在伍德沃德的合成发表不到三个月后,一家墨西哥城的小药厂兴泰克(Syntex)宣布他们以墨西哥一种不能吃的野生山药为原料合成了可的松。他们的工艺比伍德沃德和蒂什勒的方法都便宜,兴泰克很快成为了世界上最大的可的松以及其他激素的生产商,甚至超过了默沙东。还有一个往伤口上撒盐般的事实是,兴泰克该项目团队的化学家平均年龄只有27岁。伍德沃德像很多天才一样在年轻时备受赞誉,他曾经说大多数合成化学家35岁就要过气了。现在他已经34了(比施瑞伯到哈佛时大两岁),他发觉其他的化学家正在赶超自己,因此对合成目标的期望也更加高了。

伍德沃德持续挑战越来越复杂的分子——叶绿素、麦角酸以及剧毒的马钱

---

* 原文误作三人,应为四人,除鲍林外的其他三人为玛丽·居里(Marie Curie)、弗雷德里克·桑格和约翰·巴丁(John Bardeen)。——译者

子碱。他曾这么发誓:"如果我们合成不了马钱子碱,那我们不如**吃了**它算了。"1965年,他获得了诺贝尔化学奖。1972年,他合成了维生素B_{12},这是当时合成过的最复杂的分子,因此许多化学家相信他可以像鲍林一样获得两次诺贝尔奖。然而他没有,这令他更加努力地工作,仿佛要洗刷只获得一次诺贝尔奖的耻辱。

伍德沃德勤奋得吓人,他每天晚上似乎只睡几个小时。他认为别人的问题主要来自他们追求健康,因而他毫无节制地吸烟与饮酒。"我们为伍德沃德总结了三个定律,"一位曾在他手下工作的博士后写道,"他从不醉酒,也从不疲惫,还从不流汗。"对于他的学生来说,他就是一位半神,他们曾用一台蓝色的、有他姓名缩写的轿子亦庄亦谐地抬着他去上课。

但从另一个角度来说,伍德沃德实在是太完美了,他的工作表明几乎所有的有机分子都可以在实验室里合成,而且他的合成方法也非常领先。在他之后的有机合成,不管技术上多么先进,路却似乎越来越窄。科学,就像星系,在边缘发展最快。由鲍林、沃森和克里克引领的生物物理学和分子生物学的交叉领域,自20世纪50年代初起,就不断提供理解分子行为的强大方法。伍德沃德奋力开疆拓土,一度将合成化学带到了科学的中心。但70年代后期,当施瑞伯来到他的实验室时,重大的科学进展几乎都来自其他领域。

施瑞伯一开始并没有发现这种改变。他对自己以及化学合成充满信心、激动不已。他赞美哈佛为他的麦加,忽视了其他所有事。他说:"我为那些不从事有机合成的人感到遗憾,因为他们错过了明显是科学界最重要的事情。"他尤其轻视生物学。

伍德沃德这时候几乎已经隐退,他让学生们自己主导自己的研究。他主要的工作是主持牌局到半夜,但是施瑞伯不喜欢打牌,所以也没领会到他导师的多少精神。他说他得到的,是一只给他信心以应对任何困难的无形之手,以及成为受选之人的骄傲感。"在伍德沃德的课题组待着,你就会有非常良好的感觉。为了吸引他的注意,人们会做任何事、任何事。"

1977年秋天,施瑞伯加入了伍德沃德的课题组,那时博格在诺尔斯的酶学实验室获得了博士学位。当施瑞伯的博士读了快两年时,伍德沃德突发心脏病死在家中,终年62岁。施瑞伯对导师的悼念远不如哀叹自己的不幸,毕竟他对伍德沃德了解并不多。他曾经意气风发,不可阻挡,现在他的前途阴云笼罩。但实际上,伍德沃德的死对他却是一件好事。施瑞伯现在可以建立自己作为化学家的名声了。他受邀加入了另一个课题组,在三年半内就拿到了博士学位,并且以唯一作者的身份发表了两篇非常有份量的文章。即使是伍德沃德毕业后也做了一段时间博士后,但施瑞伯已经备受各高校追捧*,他开始策划自己的下一步棋。

"那时有些对我是否要留在哈佛的讨论,"他说,"我任何时候都可以接受面试,就是跟一小群人讨论我的研究计划,一起去吃饭,最后作决定。但所有人的建议都是'你最好去体验一下不同的环境,或许你以后还可以再回来'。"施瑞伯明白这个友好鼓励的言外之意:在哈佛化学系120年的历史中,只有伍德沃德是从助理教授做起并得到教职的,其他人就像蒂什勒一样被迫离开。哈佛有着强迫性的自矜,虽然没有明文规定,但只向非常少的初级教员提供全职教职。系里其他的教授或许会认为他们"流放"施瑞伯的行为其实是帮了他一把,让他能早日归来。

施瑞伯一开始还很有个性,不认为这是什么事。"我从没担心过教职,我一定会很快地拿到它。"但后来他发现,"他们的建议的确是对的,我去了趟耶鲁,有了完全不一样的感受。在哈佛,我是个还不错的研究生,然后要从助理教授一步一步地往上爬……但在耶鲁,每个人都认为我就是未来的希望,我能立刻融入教授团体。"

就像40年前伍德沃德刚从麻省理工学院到哈佛大学一样,施瑞伯在耶鲁

---

* 一般来说,在自然科学界,博士毕业后做几年的博士后是进入学术界必需的。有人认为博士后就是一种成为教授的"训练"。——译者

大学不断地做出令人眼红的成绩,同时赢得了自负的名声,他的事业一飞冲天。就像伍德沃德一样,他也在寻找可以同时促进科学与事业的分子。当时最受瞩目的分子是一种蟑螂的信息素:美洲蜚蠊酮 B(Periplanone-B)。亿万年来,雌性蟑螂都依靠这种催情的信息素使雄性蟑螂为爱癫狂。科学家猜想可以利用这种信息素将蟑螂引入有杀虫剂的陷阱中,于是他们花了数十年来提取这种信息素。在一次著名的尝试中,一位荷兰教授在 7 年时间内饲养了 75 000 只未受孕的雌性蟑螂,一共获得了仅仅 200 微克的活性信息素。显然,只有依靠合成,人们才能获得足够多的这种可能在杀虫剂行业价值数十亿美元的分子。

施瑞伯像以往一样,全身心地投入工作。两年半中,他与一位助手每天工作 18 个小时。美洲蜚蠊酮 B 是一个令化学家生畏的十元环分子,试图合成它的计划曾在耶鲁斯特林实验室新哥特风格的走廊中引来无尽的嘲笑。而施瑞伯的太太对这项工作还算重视:她要施瑞伯好好洗手,不要把蟑螂引回家。终于,在 1983 年的平安夜,合成完成了。这个分子是如此的强效,几飞克(1 克的千万亿分之一)就足以让半打雄性蟑螂陷入自我毁灭的性高潮:蟑螂们用后足立了起来,疯狂地扑打着它们的翅膀。15 秒之后,它们的触须断了,腿瘸了,翅膀破了,性欲明显消退了。"显然,它们经历了数次性疲惫。"施瑞伯冷静地记录道。

在第二次世界大战最黑暗的日子中,伍德沃德合成的第一个重要分子奎宁因其战略意义备受赞誉(当然,伍德沃德更在意其科学意义)。施瑞伯合成的美洲蜚蠊酮 B 虽然可能能保护第三世界食物储备免受蟑螂侵袭,但那年已经是乔治·奥威尔(George Orwell)预言中的 1984*,世界已经更加商业化,科学的目的备受怀疑。结果施瑞伯被到处开涮,他因"为蟑螂提供约会服务",与约翰·德罗宁(John DeLorean)、路易斯·法拉堪(Louis Farrakhan)、鲍勃·古乔内(Bob Guccione)和迈克尔·杰克逊(Michael Jackson)一起登上了《时尚先生》

---

* 《1984》是奥威尔经典的反乌托邦风格与反集权主义著作。——译者

(*Esquire*)的"年度丑闻奖"(Dubious Achievement Award)。《时代》的社论则以"蟑螂性爱在耶鲁"为题目打趣。

施瑞伯没有理会这些琐事,他知道他现在想要什么,以及之后他想去哪儿。美洲蜚蠊素B通过激活蟑螂神经系统的某种受体吸引雄性蟑螂。施瑞伯观察到了蟑螂们疯狂的抽搐,它们像生病的鸡一样拍打翅膀,也认识到了这个分子强大的生物活性。施瑞伯不再仅满足于合成分子,他更想探究它们如何与受体作用。他曾经对生物学视而不见,而今他开始想研究化学过程的生物学结果。伍德沃德统治了有机合成化学,也为他的学生们创造了一个困境:他们永远无法希冀超过他。但雄心勃勃的施瑞伯决定自己去开创新的领域。

施瑞伯开始涉足科学的深水区,他追随着科学界最高贵的传承:学徒们离开了老师,钻研法国微生物学家巴斯德所说的"生与死的奥秘",并最终超过了他们的老师。埃尔利希、鲍林都曾是化学家,他们在生物学的诱惑下翻越了学科间的高墙。巴斯德本人也曾是一位化学家与晶体学家。19世纪50年代,他在斯特拉斯堡担任法国酒业行会的顾问,在研究发酵过程时发现了微生物。之后,他提出并证明了疾病的病原微生物理论,带领医学走向了现代。他留下了一句名言:"机会垂青有准备的人。"

比施瑞伯大几岁的博格当时刚开始领导默沙东的药物设计团队,他也有类似的转变。博格对肾素的研究令他在默沙东节节高升,化学家们都在关注他。肾素项目证明了结构对药物设计的重要性,以及蛋白化学与生物学在整体战略中的重要性,而且最好是由博格来指挥。博格在诺尔斯那里做研究时就体验过了酶学与其他多种学科的交叉,他也希望延续这一风格,现在他的机会来了。

在1985年到1987年间,他手下不光有免疫学家、生物学家,还有蛋白化学家和X射线晶体学家。像施瑞伯一样,他终于有机会不再限于合成分子,而是探索更开阔、更动态的科学。他也曾认为生物学"太模糊"("我是说,生物学的基本概念是什么,我们对它们又有多少把握?"他还会说,"事实上几乎什么都没有。我不是说生物学家是笨蛋,但他们就是拿不出扎实的数据。")。他决心用更严密的化学为生物学带去新的范式。虽然他的目标是发现新药,施瑞伯的目标是用合成的分子开展生物学研究,但他们正在同一条路上,奔向同一个目标。

环孢素令他们走得更近。博格认为这个分子是免疫抑制剂项目的跳板,他也正负责这个默沙东处于劣势的方向。"与我在罗伟市一起工作的免疫与生物学研究组进行着各种实验。我想:'这些实验都很有趣,但没什么值得我做的。我要在环孢素这个真正的药物上做点事。'"施瑞伯则被另一个原因吸引:"我认为分子间识别是非常有趣的……它是非常有用的药这点倒是对我没什么吸引力。"随着默沙东与耶鲁的合作,博格和施瑞伯这对哈佛的老相识现在又走到了一起。但与蒂什勒与伍德沃德相互欣赏正相反,他们的合作完全基于纯粹而彻底的个人利益。

除了环孢素以外,让博格和施瑞伯走得更近的是他们各自的沮丧,他们都没得到他们想要的。博格没有自己的分子生物学家,所以要依靠耶鲁提供蛋白。"我们本计划依靠合作就行的,"他说,"但不够快,所以我知道该做什么。"与此同时,施瑞伯根据环孢素的结构合成了一些分子,但这"注定会失败的……这些分子的几何形状模型是不准确的,我们需要蛋白化学家"。从 1986 年到 1987 年初,博格和施瑞伯都面临相似的问题,也都想出了相同的解决方案。他们都设想建立一个自给自足、基于结构且以项目为导向的跨学科研究机构,然后由他们自己全权管理。

科学家很有趣的一点就是,他们喜欢谈论运气。他们拼命工作,尽量严谨,无限自信,但他们不得不承认伟大的科学事业是被外因决定的:恰巧的时机,或者是无形的手推着他们恰好观察到什么。巴斯德被反复引用的名言概括了这一切,几乎所有的科学家都对此深信不疑,尤其是在制药界。科学家都希望自己走运而不是优秀。当然,最好的情况是又走运又优秀。

而博格和施瑞伯到目前为止,不光是走运,简直如有神助。科学界所谓的好运气很多时候指的是研究正确的问题,而他们两人都有在热门领域立足的本领。诀窍也不难,就是不断地开拓进取,赢得智力的竞争。比如施瑞伯订购了欧洲所有专利申请的速报。因为欧洲的审批比美国更快,所以他就能更早地获知新分子的情报。博格也有自己的"疯狂":他会借助检索工具,亲自阅读大量的数据库。他们都是信息极客,无时无刻地寻找能令他们取得领先的信息。而在1987年中期,他们都突然地看到了远方模模糊糊但令他们大为振奋的分子——FK-506。

他们每个人都坚持说是他们先注意到这个分子的,就像大学室友在同一天同时喜欢上一个女生。施瑞伯说他是从欧洲专利检索中看到的,博格说他是从落合泷雄在1986年8月于赫尔辛基会议演讲的稿件中看到的。但除了这些细节,更重要的是他们如何看待这个分子。他们都比其他人提前认识到分子的结构是一个潜在的宝藏。博格说:"我知道我不想看到什么,我不想看到三元环、杂环或者扁平的带五个氮的分子,它们太丑了。但FK-506是一个符合我所有期望的漂亮分子。"施瑞伯则在注意到FK-506与雷帕霉素的相似性后说:"我不能让这个机会溜走,这太不寻常了。"

他们两人立刻行动。第一个明显的问题就是:FK-506的受体是什么?(此问终结于对FKBP近乎平局的发现。)而基于他们"血的教训",更关键的是组织问题:人员、实验室、试剂、后勤、部署……他们都知道如何研究一种重要分子,而且他们已经有了这个分子,于是速度就是最重要的。药企常常得意于自己能快速组织资源,而学术界只能依赖漫长而冗杂的合作,默沙东略早发现FKBP似乎证明了这点。但是,博格和施瑞伯在建立他们的团队时情况又不太一样。施瑞伯在自己实验室内就组建了跨学科的队伍,还避免了默沙东臃肿庞大的组织架构,情况似乎对他更有利。反观博格,他回忆道:"我当时立刻就在考虑如何放缓环孢素的研究,以及如何没有波澜地终止这一研究。"他也第一次开始怀疑默沙东是否能"产生我需要的信息"。

博格和施瑞伯现在有了共同的目标分子,他们也都知道该如何开发,而且有着强大机构的支持,但他们还缺少他们最想要的:全权掌控。只要博格还在默沙东待着,他就需要去争取人员以及试剂。在耶鲁,施瑞伯也不可能有一个足够大的课题组来开展所需的研究。他们面临的困难是一样的,用博格的话说,"马力不够"。

他们的结局也很相似,他们在 18 个月内相继离职。先跳槽的是施瑞伯。有一天早上他在刮胡子时接到了哈佛校长博克的电话,于是他在 1988 年秋天回到了剑桥市。四个月后,博格在风投家金塞拉的劝说下建立了福泰。流亡在外的王子突然获得了权力,下一步就是结盟。金塞拉在博格的坚持下,为福泰的科学顾问委员会招募了施瑞伯。施瑞伯自己也很激动:"我认为博格是个绝佳的选择,金塞拉眼光真是不错。" 1989 年中期,他俩还曾在博格新居的后院中打羽毛球、吃烤肉。任何熟悉该领域的人都会对他们的联合感到恐惧。

他们在科学的原野上被共同的目标吸引,走进了同一间会议室。现在他们的命运相交了。他们的合作好像童话一般,就像魔术师约翰逊(Magic Johnson)和迈克尔·乔丹(Michael Jordan)同时出场。但他们自己,以及他们身边所有的人,似乎都忽视了一个明显的问题:一山难容二虎,他们必将一争高下。

他俩平时相距不到三千米,项目针锋相对,却号称与对方毫不相干。事实上,施瑞伯谈及他新实验室的语气(福泰的科学家称之为"施瑞伯研究所")与博格说起福泰的口气一模一样。"我们可以合成小分子,"施瑞伯说,"然后就能通过蛋白生物化学技术来提取受体,利用分子生物学技术克隆基因,表达蛋白,还能把这些基因转到哺乳动物的细胞中。"

"这真的是,"他总结道,"完全自给自足。"

施瑞伯的实验室就像福泰的镜像,只缺少重要的一环:X 射线晶体衍射。所以施瑞伯想和纳维亚合作。而用博格话说,这是施瑞伯还没偷走的。

施瑞伯正积极地填补这个空缺。他已决心深入研究 FKBP,所以不能将晶体衍射交给旁人,尤其是他深深鄙视却把他开除的福泰。任何想在这行称王称霸的人都需要有一台高分辨率 X 射线仪。另一方面,由于施瑞伯被福泰抛弃,他可以低调地与别人合作而不会引起福泰的注意。

在收到博格的解职信几天之后,他给康奈尔大学著名的晶体衍射专家乔恩·克拉迪(Jon Clardy)打了电话。他之前就和克拉迪谈过这个蛋白,克拉迪也想研究这个蛋白,虽然他之前从未解析出一个蛋白。

理论上,施瑞伯和福泰的合约到1990年底才结束,但现在他和博格是公开的敌人。博格只能猜测施瑞伯的计划。他希望解职信中严厉的语气以及施瑞伯在福泰的股权会让施瑞伯在竞争中有所犹豫,但这种期望实在不符合他对施瑞伯的了解。

他们的决裂是彻底且不可修复的。40年前,蒂什勒和伍德沃德分别作为最杰出的工业界药物专家与学术界化学家,为他们的时代合力创造了可的松,这两位书写历史的哈佛人开创了药物研发史上最多产的时光,为后续的化学、药学乃至整个医疗行业的发展铺就了通衢大道。但讽刺的是,他们的合作也预示着药物化学巅峰的逝去。

博格和施瑞伯本可以合作研究 FKBP,挽救这一切。他们各自继承了蒂什勒和伍德沃德的遗产,本可以在 FK-506 这个堪比可的松的分子上一同努力,通过更上一层楼的研究将化学再次推回王座。可惜事与愿违,20 世纪 40 年代与 50 年代初期的可的松等项目代表了合作研究的最高水平,这些强效分子也讽刺性地将世界带入了商业化的时代,竞争成了主流,合作也越来越困难。家族复仇、父债子偿等陋习都随着对胜利的执着回来了。

他们的合作结束了。施瑞伯比博格更容易抽身,他本来就在免疫亲和蛋白的研究中占据先机,而且学术界曝光率也高(他们也需要被宣传)。比如斯塔泽就认为福泰是"施瑞伯的公司",这是一种不算罕见的误解,而且他俩现在也开始合作了。虽然博格总说施瑞伯和福泰的利益是一致的,但施瑞伯从来都不像福泰需要他一样需要福泰。施瑞伯认为是博格受伤的自尊导致了不和。他说:"对创业公司而言,建立自己的品牌是非常重要的。"他否认博格等人的控诉,他认为自己不能为福泰保守秘密对合作的破裂没有任何影响。

虽然合约尚未到期,但福泰在施瑞伯心中没有任何位置了,他快速重新评估形势。"科学才是最重要的,"他冷静地说,"他们自己让自己陷入这个竞争激烈的环境。"

"我衷心地希望他们别再发现谁又拖他们后腿了。"

第十二章

博格不需要听什么说教,尤其是来自施瑞伯的。过去几年间博格一直在寻找商业伙伴,他对公司能做什么以及将要做什么满怀信心,相信在一个下行的市场上依然能够售卖福泰的故事。现在他的目标是科学,而且更加迫切。免疫亲和蛋白的研究已经沸沸扬扬。除了默沙东、葛兰素和山德士等先行者,欧美几乎所有的大药企都进入了该领域。许多学界顶级的科学家也蜂拥上前,与施瑞伯、斯塔泽等人或合作或竞争。中外制药紧紧盯着他们美国财产的表现。制药与财经评论家则热切期盼着博格拿出有竞争力的科研成果(默沙东中有些人更希望他失败)。福泰真的需要拿出一个药物了。

福泰的高级科学家们都参与过重要候选药物的研发,但是严格来说,那些分子没有一个成为真正的药物。"一个分子是可以凭着完美的理性设计出来的,"一位原默沙东副总裁这样表达他对药物设计的偏见,"但哪怕它有临床效果还不够,它还必须是安全的、可口服的、药效持久的,还不会让你做噩梦,那时它才能成为一款真正的药物。"新药本来就很稀少,堪称创新的药物更是凤毛麟角。制药业每年测试数以十万计的分子,但大约只有30个能被FDA批准,其中又仅有三四个是像环孢素那样作用于新的通路,产生新的药效,或者像还未被批准的FK-506那样有了新用途,其他大多数只是现有药物的结构类似物。就像在数亿个精子中偶尔仅有一两个能到达彼岸,新药研发中总得让分子"飞一会儿"。所以尽管没有一位福泰的科学家"有一个新药",但这并不是什么要紧的事,整个业界许多人终其一生也没能创造出一种新药,只有少数担心自己的履历还不够浮夸的科学家才会在意。

博格可不会仅满足于证明福泰能够发现新药,他更要证明福泰在各方面比业界所有药企都好。福泰的新药不光会药效显著,更会是所有理性药物设计的原型,同时也会敲响筛选法的丧钟。所以尽管和施瑞伯的竞争令人烦恼,但这无关大局,更不是最终大奖。博格不是要对抗一两个像伍德沃德的学术偶像,而是要与世界上运营最好、最受尊崇的药企竞赛。22个月前,博格离开时,默沙东大约有40位科学家在从事FK-506的研究,现在则可能达到100位。鞭策博格前进的不止是施瑞伯。

1990年秋天,福泰的实验室开张满一年后,开始全负荷运作。有人合成与重组分子,有人合成基因并筛选基因库,有人提取培养蛋白,有人结晶蛋白,有人解析结构,有人在电脑上模拟结构,有人对分子结合建模,还有人为了药物设计从零开始编写软件……每周公司都要测试数十个化合物与FKBP的结合能力,研究它们是否能抑制蛋白折叠,能否在试管中通过某种机制抑制T细胞增殖。动物药理实验室也为药物测试建立了一个简单的排异模型:在小鼠的足底进行皮肤移植。

药物开发是一个循环往复的过程,旷日持久,异常艰辛。首先要测试分子对靶点(通常是蛋白)的亲和性。然后测试成功分子的生物化学活性。如果它们有活性,也就是说能改变靶点的生物功能,那么就可以进行细胞实验。那些能影响细胞,又不会直接把所有细胞杀掉的分子才可以在小鼠中进行实验,之后是大鼠、兔、狗、灵长类动物,最后是人。其间要根据"治疗指数"来评估这些分子,这是一种综合药效与毒性的成本效益分析,在药物研发后期尤为重要。

博格原计划福泰会独立完成整个药物开发过程,但现在公司只能专注于发现阶段。他们还仅在试图寻找有潜力的分子,而这可能就要花费十几年时间,两亿美元的经费,经历无数的挫折,同时还有无法消除的风险:他们最终可能无法发现一种新药,一切都只是梦幻泡影。

博格曾在 8 月向中外制药许诺,在年底前福泰会拿出能在细胞实验中与环孢素比肩的药物。那将是一个巨大的飞跃,需要将福泰现在最好的分子药效提升 100 倍。博格的许诺让合成化学家们打了个冷战,因为合成这个分子正是他们的任务,阿米斯特德嘟囔着说:"在圣诞节之前,我们要做到山德士 12 年都没做成的事。"

阿米斯特德是这个项目的首席化学家,他因为耶鲁和默沙东的合作来到福泰。他是一位心细如丝、话音低沉的弗吉尼亚人。虽然他话音柔和,但他对科学有一种大男子主义。阿米斯特德喜欢合成"令人蛋疼的分子"。他 34 岁,每周都要找几个晚上在工作后进行力量训练,这样的自律让他的胸肌与胳膊好像码头的缆绳。他的瞳孔是锐利的蓝色,脸颊深红,还有一头刺刺的棕发。他有美洲原住民那种混合着野性与沉着的勇敢,又有像橄榄球明星布赖恩·博斯沃思(Brian Bosworth)一样的粗犷。他像施瑞伯一样,也是天生的化学家,不畏工作的辛苦,但博格轻率自大的承诺的确令他心烦。能不能合成新的化合物不说,要在四个月内将生物活性提高两个数量级实在太难。阿米斯特德知道博格要什么,但他可没有博格那样充分的信心。

作为福泰化学部门的实际负责人,阿米斯特德为两个变化深深苦恼着。首先,他认为博格将期望值定得太高会引来中外制药利用免责条款,使他们仅在福泰制造出"足够多"的科学进步时才付钱。为什么要让对方有失望的预期?阿米斯特德不理解。其次,他因为公司组织形式的变化而沮丧。"世道变了,我们也开始要向某些人汇报,"他说,"就跟曾经在默沙东一样。我们要写报告,报告里要有好的结果。"像博格一样,阿里斯特德认为一旦开始量化科学家的贡献,科学就会扭曲。"大公司的人认为科研跟转动齿轮差不多,"他说,"他们想在季度末的汇报上说,'我们一共合成了 200 个化合物,虽然它们都没用,但我们的确很努力。'他们感兴趣的是产生数据点,因为这跟他们的业绩挂钩。"

但令阿米斯特德最担心的是科学问题。博格在与中外制药签约的新闻发布会上说,福泰的项目"有非常明确的生物化学背景",但福泰开始免疫亲和蛋白项目已经 18 个月了,依然没什么进展。科学家们还是不知道 FK-506 的机制如何,以及 FKBP 是不是它的靶点。虽然公司之外也没人更有把握,但也没人像福泰那么急需这个信息,更没人像他们那样坚称已经有了这些信息。免疫抑制依然是个谜团,分子生物学线索非常少。虽然福泰和世界各地的科学家都在努力研究它,但由于没有任何结构信息可用,化学家们只好用试错法,就像不知道锁芯的结构,只能尝试制作不同的钥匙。更糟糕的是,他们并不知道他们要制作怎样的钥匙。他们不知道阻断 FKBP 折叠蛋白的功能对抑制免疫系统是否有帮助,或者与 FK-506 类似的分子是否都具有毒性。

这些不确定性就像徘徊在福泰远方的乌云,而且已经逐渐逼近。越来越多的证据表明,博格以及其他人相信的蛋白折叠假说是不正确的,他们被误导了。施瑞伯在一年以前首先提出了质疑。他合成的 506BD 包含 FK-506 的结合域,但这个分子在细胞实验中没有免疫抑制作用。因此他假设 FK-506 是通过另一部分突出在空间中的结构发挥作用的,他视其为"作用域"。这个研究暗示了这部分结构还要与另一种蛋白结合,那才是生物活性的关键。虽然博格认为这个假设太简单,拒绝接受它,但福泰自己的研究也在早些时候得出了相似的怀疑。在与中外制药签约时,福泰已经有了数个结构远小于 FK-506 同时对 FKBP 有抑制效果的分子,但它们都仅有微弱的免疫抑制效果。所以要么它们没有进入靶点,要么它们进入了不相干的靶点,不管怎样,它们都不可能成药。"我们的能耐远比我们的化合物在细胞内的药效强*,"博格对科学家们说,"现在是关键时刻,我希望化学家们都能开始仔细研究。"

---

*　能耐与药效在英语中均为 potency,博格在此用了双关。——译者

在不知道分子与FKBP的结合情况以及抑制这个酶是否有意义时,阿米斯特德与其他科学家不得不重操旧业,回到他们讨厌的最原始的药物化学方法——试错法。他们合成一个分子,测试它;再合成一个结构略有不同的分子,测试它;比较两个分子的效果,再合成结合了前两者结构优点的第三个分子……依次循环。化学家们沮丧而尴尬,他们不光没有博格曾经承诺的用于药物设计的信息,还要在对手最擅长的领域与默沙东等大药厂竞争:合成并测试数以千计的分子。如果药物化学是一种非理性的"猴子与打字机"模式,那些猴子数量最多、经验最丰富的公司写出一部《麦克白》(Macbeth)的可能性还是要大一些的。福泰只有5个化学家跟进这个项目,他们虽然有一些药物开发经验,可谁也没开发出一款新药。

阿米斯特德和其他化学家也想好好研究问题,但他们别无选择。在纳维亚和山下解析出FKBP的结构并告诉他们分子的结合模式,哈丁等生物学家告诉他们真正的靶点之前,他们就如无头苍蝇一般。尽管博格在不断鼓劲,但他们的确没有基于结构设计药物,而是做着完全相反的研究。他们深陷重围,寡不敌众。

这就是阿米斯特德讨厌博格向中外制药承诺的原因。阿米斯特德依旧尊敬博格,对他有信心。但他是现实主义者,不管博格怎么说,福泰的化学家正向一堵高耸而可怕的羞辱之墙撞去。"他们要买的不是FKBP的抑制剂,"他说,"我们需要搞清楚到底如何才能启动开关,让我们的分子也能像FK-506和环孢素那样在细胞实验中有效果。"

"不然我们就只不过是在自娱自乐。"

他们手上有的,也一直有的,是FK-506的结构。

FK-506生于土壤中的真菌,分离于酒黑色的浓汤,储藏于日本一家培养基银行——竞争者休想染指。它的合成令竞争者头破血流,它的解析令晶体学家心力憔悴,最后在1989年,突然被《科学》评为年度分子。当然,FK-506并不需要各种赞誉。不管人们对 FKBP 有什么闲言碎语,FK-506 的地位无可撼动。FK-506 的结构注定它生来就是一种药物。

阿米斯特德三年前看见 FK-506 的结构时就想合成它,那是个"庞大、性感、有雄性气息的分子",能让有机化学家们血脉偾张。那时他刚从耶鲁结束博士后工作,在此期间做出了他第一项重要成果。1987 年 10 月,接近华尔街崩盘时,阿米斯特德被博格招揽进了默沙东新成立的基于结构药物设计组。博格对抢先合成 FK-506 兴致不大,但对合成路线的了解是重新设计的前提。阿米斯特德抓住了机会,"好几个人都介绍了这个令人兴奋的分子,这是个很有挑战性的分子,不是两三周内就能做出来的,值得在重要期刊上发表"。

合成天然产物有多种策略,但博格和阿米斯特德都最喜欢"汇聚式"合成。阿米斯特德说:"博格和我都认为,毒性和生物利用度(分子在体内能被利用的程度)的问题都是 FK-506 的骨架导致的,在 FK-506 的基础上做些小修小补是解决不了问题的。在发现 FKBP 前,也就是没有靶点可以研究时,博格计划将 FKBP 拆解为四个模块,然后再研究怎么把它们粘起来。之后可以对每个模块进行比较大的修饰,再将它组合回去,看看有什么变化。这就是汇聚式全合成:先合成各个模块,再粘起来,就有了 FK-506。"

而对阿米斯特德这个要亲自合成分子的人来说,汇聚式合成还有另一个好处,"从效率的角度来说,如果你的路线有 60 步,那么线性合成肯定是拿不到产物的。汇聚式合成,而且尽可能晚地汇聚就是关键*"。

博格的计划从一开始就和默沙东的文化与需求格格不入。虽然高层支持博格去探索一条新的药物开发途径,但默沙东以往的成功都是基于大量合成化合物。进行漫长又充满风险的全合成意味着默沙东将在一个价值数十

---

* 有机合成每一步都有产率损失,如果纯线性合成,即使每步产率高达 90%,60 步后总产率也仅剩 0.1%。汇聚式合成可以减少路线长度。同样是 60 步合成,假如能拆分成 6 段各自 10 步的合成,最后再将 6 部分组合起来,最长线性过程只有 11 步。每步产率同样是 90% 时,总产率可提高到 31%。——译者

亿美元的重要领域中步履蹒跚,它的对手们则在全力冲刺,合成大量的化合物。"中层领导们都不喜欢这个计划,他们讨厌它!"阿米斯特德说,"这不是快速合成类似物的办法。博格一走,他们就立刻停了这个项目,然后开始合成类似物。"

博格还发现有另一个问题,他们不是默沙东唯一尝试合成 FK-506 的小组。在一家药企内,总有两拨互相竞争的化学家:探索新药的药物化学家和优化合成路线的工艺化学家。蒂什勒是工艺化学家的祖师爷,他极大地提升了化学工艺的水平。但哪怕在默沙东,工艺化学家们都还在为了尊严而挣扎,更不用说在其他地方了。他们的工作被认为是单调的、不需要想象力的、不出彩的。此刻,默沙东的工艺化学组也看到了 FK-506 的潜力,发起了猛烈的攻势。与此同时,在耶鲁也有一场对决。施瑞伯和系主任丹尼谢夫斯基(阿米斯特德就是在他的课题组里做的博士后)都想合成 FK-506。毫不奇怪,默沙东内部的竞争与外部的竞争一样隐秘而残酷。"他们什么都不说,"阿米斯特德回忆,"我就差靠贴着墙偷听来解决一个隔壁已经解决的问题了。我们都领着同样的工资,但竞争简直疯狂。"

1988 年秋天,默沙东的工艺化学组以微弱优势胜出,阿米斯特德与同事也就立刻放弃了他们自己的项目。FK-506 的成功合成吸引了全世界的目光,也给了施瑞伯一个既轻微又沉重的打击——他是第二个完成合成的。12 月,博格宣布离职。阿米斯特德"非常、非常失望",也很震惊,因为他从没听说过谁会离开大药企去自己创业,更不要说博格在默沙东的事业正在飞快上升。一般来说,生物医药创业公司是由想生产蛋白质和其他大分子的分子化学家创立的,他们在规模较小、前景不明的市场上竞争。但博格是位化学家,他要建立的不是一家生物技术公司,而是一家药企,他不光要与小公司竞争,更要面对默沙东和葛兰素这样的巨兽,后者手中可是有不止一种价值 10 亿美元的分子。阿米斯特德与默沙东众多的质疑者想法一致,"要离开默沙东去建立一家**药企**?"他说,"我觉得那太荒谬了吧。"

但阿米斯特德与博格其他的部下不同，他忍不住想要了解更多。"在一个庞大的官僚体系中，只要熬着评职称，就会有收获。"阿米斯特德说，"但博格的晋升完全是依靠优异的成绩。对许多人来说，博格的离开简直是天赐良机。我记得他把我们召集在一起，告诉我们他将要离开时，有个人说了声'上帝保佑'，然后就走了。"

而此时，福泰内部也有一场围绕 FK-506 的竞赛。阿米斯特德在权衡是否要加入福泰时，他把他研究生期间的密友桑德斯也从施贵宝拉来了，"如果我要跳入这个大坑的话，我最好找个人跟我一起跳。"桑德斯出身化学世家，他的父亲与祖父都是化学家。他细致的思考与对实验工作的热情迅速征服了博格，在饭桌上就得到了工作邀请。（桑德斯说："我当时没觉得自己很高兴，但博格说我的确很开心。"）对阿米斯特德和桑德斯来说，这似乎是不错的一件事，他们在读书时就讨论过要一起干些事：办一家化学品定制公司，或者开一家酒庄——这也是他们除化学外共同的爱好。如今他们将一起工作并一起致富（仅冒一点风险），似乎更好。桑德斯看上去瘦削结实，轮廓分明，一只耳朵戴着镶钻耳环。与阿米斯特德相比，他更加安静，更加低调，更加谦和，但依然有自由职业者的闯劲。他们就像亲兄弟一样，但兄弟就是天生的对手。

阿米斯特德和桑德斯之间友好的竞争构成了福泰化学组的氛围。他们的实验台相对，通风橱相连，各自攻关分子中相连的两个基团：桑德斯的目标中有一种罕见的氧原子对，阿米斯特德的目标中有一种类似糖环的结构。他们还没有开始设计药物，而是在识别分子中与酶结合、抑制酶活性最相关的部分。他们想找到一个最小但还保留 FK-506 药效的分子，并修饰其结构，使其更容易透过细胞膜。他们秉持与博格"骨架重构"一致的理念，不是仅希望合成更好的 FK-506，更是要创造一个全新的、专门阻断人体内 FKBP 作用的分子，而不是依靠一个本要在真菌体内执行某种未知功能的分子。

化学家"做反应"。因为分子是由原子根据物理规则组成的，知道选择什么反应以及如何实现这个反应体现了化学家的技术。直到伍德沃德时期，有机化学家依然要仔细摸索最合适的反应条件,他们(大部分有机化学家是男性)还经常需要亲自制作一些试剂。在化学经历了 150 年的发展后,化学家们知晓了成千上万个分子的多种性质,他们相信能以常见的试剂为原料合成任何分子,他们从像城市黄页那么厚的书中汲取灵感,更像是建筑工人而非建筑师。

福泰开始合成分子后,阿米斯特德很快就为那个类糖环找到了替代物,包揽了几乎所有的进展。桑德斯大为惊异:"他只消翻一翻《奥德里奇试剂目录》(*Aldrich*,一本化学品供应目录),咕哝几句'有啥货''我能买啥''这能做啥'就搞定了。"桑德斯也尝试了大量反应,但没有获得他想要的分子,看似毫无进展。这一年间,桑德斯每天工作 12 小时,周末公司的常驻人口除了汤姆森、山下、慕克就是他,但他一共只做出四个新化合物,而且没有一个是成功的。

"这让我很烦躁,"他回忆道,"这不光让人难堪,而且我的确没有成果……真是心烦,而且尴尬,让人坐立难安。大概过了六七个月,我实在受不了了,我跟博格说我想放弃,但博格说,'不,别停下。这值得坚持。'"

阿米斯特德总是支持着桑德斯。他们工作时会分享点子,下班后则一起玩、一起喝酒,也时常拌嘴。在实验室中,他们像相邻的机器一样嗡嗡和鸣。但阿米斯特德无法使人平静,他如诅咒一般伴随在桑德斯左右。阿米斯特德在博格社会实验动荡的环境中摸到了门道,在公司成立初期逐渐成为公司的领袖,他与博格一起出访日本,在重要的会议上代表化学部门发言。桑德斯怅然若失:"戴维是我认识的最好的化学家之一……他不是最聪明的,或者引用量最多的,也不是最容易相处的。但就效率而言,没人能比得上他。不幸的是,我正与他一起工作。"

桑德斯的自信动摇了,他对阿米斯特德的成功怀着强烈的嫉妒,苦楚万端,但还没有像和汤姆森那样闹掰(他抢了汤姆森的女朋友)。他们虽然在公司有角色、职位之争,但他们之间也有一种难以言说的亲密感。阿米斯特德年纪稍长,身体也更壮,像是一位孔武有力的哥哥;桑德斯则更敏感安静,不时陷入纠结中,在阿米斯特德的守护中寻找自我。桑德斯和阿米斯特德一样,对博格与中外制药草率的协议非常愤怒：福泰现在更不容有失了，尤其是化学部门。他不知道新的合成要求会如何影响他不安定的朋友。

桑德斯对博格要在年底前研制出药效接近环孢素分子的想法感到恐惧。他像阿米斯特德一样认为这个要求难以实现，他还担心自己要为这一年进度的滞后负责。桑德斯之前几乎什么贡献都没作，现在则需要从泥潭中爬出，并创造一个奇迹。

在桑德斯身旁，是他无所不能的、更加强壮的最好的朋友，他时刻激励与刺激着桑德斯。

"我们很像，"有一次他在晚上结束工作后这么评价阿米斯特德，"但我不得不承认他就是我的冤家。"

"戴维……他一直都在那儿。"

乔恩·穆尔（Jon Moore）来到福泰时 33 岁，他有着浓密的眉毛，泛着红光的黎巴嫩裔方脸，堪比橄榄球运动员的宽大肩膀。他像一位新世纪音乐的键盘手一样，坐在一个两米高的浅绿色与米黄色的控制台前，调整着旋钮，输入着参数。房间内充满了类似的仪器，好像休斯敦的火箭发射中心，但这里只有穆尔一个人。这间狭小的房间里灯光昏暗，最深处是一个巨大的不锈钢铁罐，顶上一盏孤灯照得它闪闪发光。这个铁罐中有强大的磁场，能影响到隔壁山下的电脑，让屏幕上不断出现脉冲信号。地毯上蔓延着粗大的灰色电缆，将这个巨大的铁罐与穆尔的控制台相连。黑色与黄色的胶带则在中间的地面上标志出安全线，提醒研究人员注意：走进去信用卡会消磁，手表会报废。穆尔总是习惯性地先把钱包掏出来，表取下来，扔到控制台上再开始工作。

和山下还有纳维亚一样，穆尔也是生物物理学家，他解释说："这是一门很奇怪的专业，因为到大四前你都不知道你学的是什么。"像其他人一样，他也被博格聘请来解析蛋白的晶体结构。但他使用的不是成熟且时髦的 X 射线晶体衍射法，而是核磁共振（NMR），这种方法刚兴起不过 5 年。山下和纳维亚这些传统晶体学家的方法类似X射线计算机断层成像(CT),穆尔的方法更接近磁共振成像(MRI)。核磁共振和X射线衍射都利用亚原子结构的活动来探测微观世界,但核磁共振似乎有替代X射线衍射的趋势,因此两派学者间的斗争非常激烈,他们就像CT专家和MRI专家一样,互相批判对方工作的缺陷。

就像电子绕着原子核转,有的原子核(尤其是氢原子核,即质子)也会像陀螺一样自旋。如果对一堆随意散布的磁铁施加外来电磁场,这些磁铁就会立刻形成有序排列;如果对这种原子施加外来电磁场,它们就会以几乎相同的频率共振,或者说自旋,这就是核磁共振的原理。FKBP中约有1600个氢原子,即有1600个质子,当它们被装入石英核磁管,放入实验室能产生500兆赫兹磁场的核磁共振仪中时,它们就会以与仪器几乎相同的频率发生自旋,即每秒转动5亿圈。

如果所有质子都以相同的频率共振,我们就无法区分它们。好在它们旋转的频率大约有十万分之一的差异。一个氢原子可能会因为与一个更大更有力的原子共享一片电子云,比如碳原子,从而影响其自旋频率。它也可能因为处于蛋白结构中特定的位置,自旋频率会因其他质子的影响而像坐上过山车般提高。穆尔等生物物理学家通过研究质子自旋频率间微小的差异,就可以像描绘夜空中的星光般定位分子中氢原子的位置。依靠氢原子的定位,就可以尝试勾勒出整个分子的形状。(磁共振成像是核磁共振的医学应用,它们的操作也是类似的:病人像面包上的热狗一样被固定好,然后在巨大的电磁场中确定体内每个质子的位置。因为水分子含有两个氢原子,在不同的细胞环境中共振频率不一样,所以这项技术可以用于检查身体中的病变,比如深埋在组织中的早期癌细胞。)

穆尔在8月首次得到了一"汤姆森单位"的纯化FKBP,比山下和纳维亚晚获得了几个月。他那时刚到福泰一个月,没有优先获得蛋白质是情有可原的:晶体学家毕竟比核磁共振学家解出了更多的结构,所以当然要优先试试。实际上,使用核磁共振来解析像蛋白质这样庞大的多氢分子还是门新学问。博格聘请穆尔这位新秀无疑是颇有远见的。FKBP 拥有 100 多个氨基酸,刚好超过了当时核磁共振对蛋白质的解析能力。但博格也知道晶体衍射的极限:蛋白质必须能够结晶。穆尔之前解析出了拥有超过 90 个氨基酸的蛋白质的结构,创造了当时核磁共振所能解析的蛋白质大小的纪录。穆尔性格刚烈,喜爱竞赛,有堪比橄榄球尖锋的决心,对于博格来说,强壮的穆尔既是探索广阔未知领域的希望,也是对纳维亚和山下的保险。

对于穆尔来说,加入一家公司同样是冒险与不确定的。他在宾夕法尼亚大学完成了他的本科、博士还有两轮博士后的学业,他本计划成为一位助理教授,开展独立研究。他得到了两份相当不错的工作邀请:领军核磁研究的佛罗里达州立大学与纽约长岛上的布鲁克黑文国家实验室。但在考虑学术路线的前景时,穆尔犹豫了。成为一位助理教授意味着不确定的经费、周期性失业危机、必须参与的教学、需要依靠学术权威……似乎福泰是更好的选择。福泰最吸引他的是能够直接参与最热门的项目,这对他这样的来自工业界之外的新人是不可想象的。

"在学术界,你绝对不能跟一些大牛竞争,"他说,"没有福泰的资源,我不可能跟斯图尔特·施瑞伯一样的对手竞赛。想想看,如果光靠我自己,或许还有一个研究生,再加上一个远不如汤姆森的合作者,需要多久才能将蛋白质分离出来?这样的故事有很多:比如你合作者手下本应负责提纯蛋白质的学生不怎么来实验室。学术界的人一直为这样的事苦恼。最后人们不得不去找一些没有竞争的小项目,希望自己能侥幸成功。"

纳维亚和山下入职前并不知道自己的对手会是施瑞伯的团队,但穆尔很清楚。施瑞伯也对核磁共振技术很感兴趣,早在 3 月中旬,他手下一位名叫马克·罗森(Mark Rosen)的研究生就在用他们自己生产的酶开始实验了。罗森之前从未解析过一个蛋白,博格正是利用施瑞伯的这个弱点说服穆尔加入福泰。但是在施瑞伯好运气的庇护下,罗森和他的同事进展很快。8 月时,他们已经根据少量实验数据在电脑屏幕上首次呈现了 FKBP 粗略的**拓扑折叠结构**,即蛋白的外形。到了 9 月,也就是穆尔刚准备开始工作时,他们已经确定了 FKBP 1600 个质子中 700 个质子的位置,已经足够用于推测结构了。用核磁共振分析蛋白结构,就像从碎片入手复原古老的瓷器,成果的累积是缓慢的。虽然施瑞伯小组的进展不错,但离得到精细结构还需要好几个月的工作。可他们已经比穆尔领先好几个月了,穆尔对此一无所知,却受命迅速赶上。

"对于没有经验的人来说,从质子的分布推导结构费时费力。但如果你知道该怎么做,又有合适的软件,还是有些捷径的。"他说,"博格让我觉得'啊,施瑞伯从没解析过结构,他们不会有什么进展的'。不管他了解多少实情,但他成功地说服了我。我接受了挑战,想起施瑞伯就能激励我。"

纳维亚和山下还不知道施瑞伯和克拉迪正与他们针锋相对,不过即使他们知道了,他们也无法更加努力了,因为真正的恶魔默沙东出现了。

科学家和运动员不同,他们不直接竞赛,他们很少能知道他们的对手是谁、进展如何,他们依靠谣言与小道消息。这些飘渺的信息自有其代价,它们可能夸大事实、恶意误导,或者干脆是假的。参与热点领域竞争的实验室中的气氛是隔绝的、秘密的、排斥外人的,甚至是偏执的。科学家像一群处于敌对海域中潜艇上的船员,阴沉地坐在各自的座位上,焦急地流着汗,监听着情报的变化,等待下一次下潜深度变化的指令。就连一向镇定自若的博格,每周拿起新一期的《科学》和《自然》时也会恐惧,担心会读到什么迫使他立刻改变方向的东西。

他尤其担心晶体学方面的新闻。据说默沙东在结晶上领先了福泰四五个月,而且培养晶体的科学家是纳维亚以前的助手布赖恩·麦基弗(Brian McKeever)。麦基弗是结晶界的奇才,正是他为纳维亚培养出了 HIV 蛋白酶晶体,他也是博格在和默沙东拉锯战中未能招募到的科学家。整个秋天,在纳维亚和山下试图获得更好的 FKBP 晶体的过程中(首次获得晶体是在 7 月),在山下整理第一次晶体的数据时,麦基弗似乎阴魂不散。

理论上来说，获得蛋白晶体后，结构就能被解析了，但实际上还需要进一步处理数据。山下已经获得了有关 FKBP 的海量信息，他由此获悉了每个蛋白分子中各个原子在静止状态下的相对坐标。但是这些信息还不够，他缺少一个突出的原子。他不知道哪个原子是开始，哪个原子是结束，原子坐标组成了一片无边无际又毫无差异的混沌。山下需要一个明确的标记来厘清这一切。

为了克服这个困难，科学家们通常会在结晶时混入一些更大、更重的原子，即"置换"入一些重原子，制备出蛋白晶体的"重原子衍生物"。贾德森将晶格比喻为"图案复杂的墙纸"，重原子就是能够区分重复画面的标记，比如"玫瑰花苞，鸟的眼睛"。只需要两三个这样的标记，就可以在复杂的图案中找出最小重复单元，也就是单个分子的外形。

根据纳维亚最早的预测，他和山下将在获得第一个蛋白晶体之后两个月内完成 FKBP 的重原子衍生物制备，再过一个月解析出结构。但事与愿违，困难重重。他们首先尝试了铂，用它作为待置换的重原子混入晶体中，结果就像把一个保龄球丢向一层薄冰，晶体立刻被挤裂了。他们也尝试了其他的重原子，但它们不是无法进入晶体，就是进入晶体后会改变蛋白的构象。他们还进行了一次非同寻常的科学冒险：汤姆森设法使 FKBP 处于未折叠的状态，就是一条氨基酸长链，连之前深埋在结构内部的原子也都暴露了出来。然后他们将这个链状分子浸泡在重原子溶液中，让它不失活性地自行折叠起来，就像孩子们在派对上玩的吹吹卷那样。可惜这还是没能帮上山下。

每次重原子实验失败后，山下就要在新的条件下尝试培养晶体，然后用一整周的时间收集数据，才能借助电脑图表弄清新条件下培养的晶体是否合格。整个流程耗时三周左右，每一次都让山下陷入更深的绝望。他不停地工作，几乎完全住在公司里。他晚上偶尔打个 45 分钟到 1 小时的盹，靠香烟或百事可乐唤醒自己，然后开始新一轮令人麻木的晶体培养、收集数据、绘制图表，再遭遇新的失败。他也体会到了汤姆森曾经的心境，整个世界似乎停滞、消失了，只有工作是真实的。他也像汤姆森一样相信公司的存亡系于他的工作，他不能失败。与世隔绝的他,觉得整个世界都在针对自己。

他觉得对手无处不在,而他要在自己幻想出的寓言剧中与他们秘密作战。他相信他的主要对手麦基弗肯定知道如何制备重原子衍生物,因此默沙东不可战胜。他不再相信博格,因为后者曾经告诉他默沙东必败。他也不再相信纳维亚,甚至将自己的惨境怪罪于纳维亚。山下认为纳维亚过于自大。纳维亚急不可耐地催促着山下拿出结果,可他经常在实验中过于激进,损坏了晶体,导致山下不得不重复工作。他用了太多的蛋白,而一旦他拿到蛋白,就不把任何人放在眼里,尤其是汤姆森。山下相信纳维亚最后会霸占解析晶体的所有功劳,而不论他多么努力地工作,多么优秀,在公司内部都不可能有任何发展。在重原子置换法不断失败的几个月间,纳维亚经常出差,参加诸如美国国立卫生研究院会议、航天飞机发射仪式、商业会议,或者仅仅是关注别的项目,让山下一人独自处理这倒霉的项目。而山下既没有指挥权,也不能指望能获得什么奖励。与此同时,山下看见穆尔取得了令他恐惧的进展。虽然输给穆尔比输给麦基弗好,或者比被纳维亚压制好,但还是会让他失去成为第一个解出 FKBP 的人的荣誉。山下陷于竞争的湍流中,只能奋力向前。

山下努力克制着自己的情绪,不让它成为另一个敌人。他在第一次结晶蛋白失败时,就立下了坚定的决心。他说:"我现在最高级的感觉就是饥饿。"在整个秋天,当别人问起他实验怎么样时,他会用低沉而悦耳的语气说:"很稳定。"而看到山下次数最多的汤姆森对此很怀疑,他认为山下处于**亚稳态**,即一个平衡系统崩溃并失去控制前的最后时刻。

在山下正常的时候,他开朗热情、笑对困难、还能鼓励他人。他曾经很关心纳维亚,他除了不满和恐惧以外,还遵循日本的传统——尊敬长者。有一次在调试 X 射线时,他说:"我不想让曼努埃尔来做这些。他年纪大了,不能总来弄机器。"(晶体学家因为过度暴露在 X 射线中,有罹患白血病的风险,山下曾经说:"我有一天会死。")

面对挫折,山下压制着自己的沮丧,纳维亚则咄咄逼人、喜怒无常。他现在的重心不是FKBP或HIV,而是设计一种能加速化学反应的酶晶体。早期的尝试成果颇丰,一旦成功,化工业和制药业都会趋之若鹜,博格甚至说要单独成立一家公司来市场化这项技术。纳维亚已经解析出许多晶体的结构了,他像博格和施瑞伯一样,也在寻找拓展自己科学边界的机会。他觉得自己正在孕育一项极其重要的将酶晶体作为生物制剂的新技术。但其他人并没有被他感动。博格从英国请了两个顾问,研究推广该技术的可行性,可惜他们认为从商业角度考虑并没有价值。在一场激烈的讨论后,其中一人总结说:"不能说完全不可能吧,但我得说非常不乐观。"纳维亚很生气。表面上他似乎从善如流,但大家,尤其是山下,小心地和他保持距离,他们知道纳维亚随时可能爆发。

纳维亚还是得和山下一起工作,所以他们之间的关系像喜剧一样有趣。他们都知道对方的心结,或许也清楚自己的缺点,因而彼此间分外礼貌,即使只有他们俩时也不例外。山下会在走廊里说:"纳维亚博士,您先请。"纳维亚则会说,"不不不,山下博士,你先、你先。"在这客套话下,是他们不同文化背景的冲突:纳维亚是热血的古巴裔,山下则是面无表情的日本裔,他们实在处不来。虽然他们目前相处还算愉快,也互相尊重,但仇恨隐隐产生了。虽然汤姆森很喜欢他们俩,但也被他们不断要求蛋白搞烦了。私下里,他叫他们"阿博特和科斯特洛"(Abbott and Costello)*。

9月,一则谣言震动了整个福泰。据说默沙东和耶鲁在进行探究FKBP生物学性质的决定性实验——基因敲除。博格和免疫学家一直都知道,唯一能确认FK-506对FKBP的抑制作用是否能导致免疫抑制的方法,就是给一个不含FKBP的动物服用FK-506,如果动物的免疫系统还是能被抑制,就说明FKBP不是药物的真正靶点。科学家可以剔除鼠胚胎中的FKBP基因,从而"创造"一种没有FKBP的品种。科学家们从多个渠道听说默沙东和耶鲁的团队已经培

---

* 阿博特和科斯特洛是20世纪40年代、50年代初期美国著名的喜剧拍档,他们留下了很多脍炙人口、妙趣横生的喜剧桥段。——译者

养出了这种动物。令人震惊的是,据说 FK-506 对这种动物依然有免疫抑制作用。

虽然这只是谣言——还没有文献正式报道这种实验——但其含义不啻晴天霹雳。如果 FKBP 不是正确的靶点,那么福泰所有的工作都白费了,所有的工作!抑制一个与免疫过程无关的蛋白有何意义呢?汤姆森辛辛苦苦提取蛋白,山下反复尝试重原子置换又有何意义?山下听说默沙东已经终止了 FK-506 的项目,因此更加相信这个消息。博格抑制住了山下等人的恐慌,他指出,在没有正式发表前,这些都只是不靠谱的谣言,尽管他也有一定的担心。"如果真有这么篇文章,你不会只听到这么点消息的,"他对纳维亚、山下还有慕克说,"你还会听见天空在哭泣。"慕克表示同意:"50 个博士痛苦的哀嚎一定会上达天听。不可能有人发现了这样的证据,这个世界上不可能有这么离奇的事情。"

FKBP 可能是无关的分子,重原子置换不成功,顾问说酶晶体没有推广的价值,必须小心地与山下周旋……这些事情让纳维亚颇为煎熬,上一分钟还风趣亲切的他,下一分钟就可能爆发。10 月的一天早上,他在与软件商谈判失败后愤怒地把电话挂掉,然后开始了一场令已经习惯他爆发的人都大开眼界的怒骂。

"我他妈每天都要来上班,而这个搞销售的王八蛋居然浪费了我一周时间才告诉我他不能给我我需要的!"他大吼,耶稣会士般沉静的形象崩塌粉碎,"他妈的销售问题……一群狗娘养的二手车贩子!"他狠狠地跺着脚,踢翻了两把椅子,还把一个约 15 千克重的塑料水桶扔上了饮水机。突然间,他控制住了自己,他道歉,正了正领带,进洗手间了。"我要用冷水洗洗头,这样我就不会完全发作了。"他悔悟地说。

这段时间里山下显得很冷静。他保持着一个克制的理性人的样子。只有在下班后和汤姆森还有劳拉喝酒时他才会大吐苦水。他和汤姆森一样努力,为什么毫无进展呢?之后他回到公司,整夜地坐在电脑前;就算回家,也是坐在餐桌前看着远程连接的电脑,他想不出怎么解析蛋白结构。他失去了信心,精疲力竭,决定圣诞时回夏威夷看望父母两周。但当日子接近时,他不知道自己到底要不要离开。在原定计划离开的前一天,他工作到深夜,回家洗了个澡,在沙发上小睡了五分钟。

他回忆道:"在梦中,我对自己说,'我不能走,麦基弗会打败我。我必须取消休假,不然麦基弗会打败我。'"

第十三章

从科学和财务的角度来讲,福泰有三种研究模式:主要项目、原型项目以及博格所谓的"预原型项目"。免疫亲和蛋白无疑是福泰的主要项目,因为这是他当时唯一拥有的。虽然这一项目问题很多,尤其是 FKBP 是不是真正的靶点还有待研究,但是博格当时急需找到一个能宣布福泰处于领先地位的领域,因此这些问题都被盲目地忽略了。从商业角度来说,这个策略成功了,博格卖了个好价钱。但是否要开展第二个项目呢?这不会是个容易的决定。

"这将是我们今年要作的最重要的决定。"他对科学家们说,"如果第二个项目搞砸了,我们可能也就完了。"

博格喜欢夸张,但这次他是认真的。纵观整个制药业,最终能产生上市药物的项目十不存一。没有一家公司能仅靠一个项目活下去,不管他们有多能干。创业公司面临的情况更糟,他们要在科学和商业风险最高的领域起舞,或者努力挤入狭小的细分市场。小的新兴药企就像第一次上场的赛马手一样,愿景很大,资产很少。他们没有一战成名的把握,所以只好尽量让别人相信他们有成长的潜力。博格曾在免疫亲和蛋白研究中赌上了全部的家当,但比赛还在继续,博格又需要下注了。

艾滋病研究作为福泰的原型项目已经失败了。纳维亚因为"幻觉"启动了它,最后可悲地结束了。罗杰·邓和戴夫·戴宁格尔(Dave Deininger)两位化学家花费了四个月的时间根据纳维亚的模型合成化合物,却发现它们并不能抑制HIV蛋白酶。与此同时,之前合成的一个FKBP抑制剂倒是出人意料地有点效果,但还远远不够。所以博格冷静地考虑着HIV蛋白酶能为福泰带来什么,而不是福泰能对这个酶做什么。"我们不会再做这些镜花水月的项目了,没戏的,"博格在9月与科学家开会时说,"但用HIV蛋白酶或许可以发展一个更大的天冬氨酸蛋白酶项目,那会很有趣。"

利用HIV项目作为掩护,为其他项目筹集资金的计划令有些科学家不齿,但博格可不会有一丝不安。科学发展很少是线性的,许多研究产生的信息一开始并不能回答它们本应回答的问题。比如业界最近因为肾素抑制剂研究的进展,突然又看好抗HIV药物开发了。肾素也是一种蛋白酶,博格在默沙东时对其出色的研究成就了他在业界的声望。虽然10年过去了,还没有一种肾素抑制剂最终成药*,但前期工作的积累已经让业界为抑制非常相似的HIV蛋白酶做好了准备。

博格说:"默沙东[围绕肾素]发表的文章与专利,极大地促进了相关领域的研究。现在肾素的研究热火朝天,但HIV蛋白酶很可能才是最后的赢家。世界各地的课题组和实验室都已经发展了大量的方法,积累了大量的经验,准备在HIV蛋白酶领域大干一场。如果最后肾素抑制剂的研究毫无进展,那将会完美地证明应用科学与基础科学的联系是多么紧密,两者之间并没有明显的分界。"

博格想启动艾滋病项目还有另一个原因——日清。这家日本方便面巨头的实验室曾被奥德里奇形容为诺博士的堡垒,他们也想在艾滋病研究中"掺上

---

* 2007年,阿利吉仑(Aliskiren)成为第一款上市的肾素抑制剂,但按研究程度来看,已经是第三代肾素抑制剂。——译者

一脚"。他们在查尔斯河对岸*的哈佛医学院(那里堪称是生物医学界的曼哈顿)附近设立了一个实验室进行分子筛选,并邀请福泰提交有希望的分子。按照传统的商业理论,艾滋病研究的商业布局已经到了后期,该领域已经挤满了玩家;各种战略联盟已经形成,而福泰至少还需要一年的科研积累才能在制药界找到一个有分量的赞助者。日清公司的方便面销售额每年超过10亿美元,能请得起阿诺德·施瓦辛格(Arnold Schwarzenegger)在日本为他们的产品代言。如果他们对HIV蛋白酶感兴趣的话,博格非常愿意编一个动听的故事。

"打出一记削切球的关键,"他对科学家说,"就是我们能在细胞水平上抑制病毒复制。当然,如果我们能做到这样,我们早就有肾素抑制剂了。"

这段时间里博格还去旧金山参加了为期一周的天冬氨酸蛋白酶会议。天冬氨酸蛋白酶包括了HIV蛋白酶和肾素等蛋白剪切分子。除非受邀演讲,博格现在很少参加科学会议了,但福泰对HIV的兴趣使得这趟旅途意义非常。"大家都在那,"他对奥德里奇说,"我会得到一张所有人的合影。"

"你是要去谈生意吗?"奥德里奇问。

"可惜我不能为这次聚会带什么东西。"

"之前我们也是这样的,这难不倒我们。"

"我决定保持神秘,我会带着面纱去的。"

会议成果喜人。目前,大部分业内人士仍认为最好的蛋白酶抑制剂是多肽,但是这些大分子氨基酸极易在肠道中被分解,这也是蛋白酶抑制剂开发的最大障碍。罗氏和雅培(Abbott)这两家药企试图挑战这一"金科玉律",他们在实验室合成了非严格意义上的多肽类药物,它们也能抑制HIV蛋白酶,邓叫它们"时髦货"。博格对此非常感兴趣,他在会议期间就给邓打电话,授权他开始合成这类分子,寻找可能的候选化合物。

---

* 哈佛医学院与哈佛大学主校区并不在一起。主校区位于剑桥市,医学院位于查尔斯河对岸的波士顿市西南部。——译者

更令人感兴趣的是组织蛋白酶 E(cathepsin E),研究人员发现这种酶能抑制一种在导致高血压的生化通路中起关键作用的蛋白。博格认为这个蛋白酶简直是为福泰量身定制的。博格知道高血压市场是世界上最大、最有利可图也是竞争最激烈的市场。这个市场中已经有一些极好的药物,但患者的特殊性(老年人,多数是男性,集中在工业化国家,有医疗保险,但是病情难以根除,发展到晚期很危险)使得对新药的渴求近乎贪婪。

如果不谈科学,仅从商业的角度来看,这又是一个像博格口中的 FK-506 一样独一无二的机会。如果福泰能通过一些自己的努力,证明组织蛋白酶 E 可以成为药物的靶点,并且在罗氏和雅培的基础上开发出非多肽类蛋白酶抑制剂,那么他们就可以在一个重要的新领域突然获得先导化合物,占据与他们在免疫亲和蛋白研究中一样显著的位置。

为了获得这种理论上存在的先导化合物,博格需要筹集一大笔钱。如果交易合适,他不光能支持组织蛋白酶 E 的研究,还能启动一项肾素的原型项目。他甚至还能重新启动 HIV 项目,那个项目在暂停前每天花销 3000 美元。就像在艾滋病领域那样,他也曾经发誓不会与大公司竞争开发天冬氨酸蛋白酶。但现在从逻辑角度看,这个领域实在是太诱人了。在他飞回剑桥市的途中,他已经为组织蛋白酶设计了一个"预原型项目",然后他开始考虑怎么先让科学家们买账。

"这是一个信仰问题。"博格一边说,一边在椅子上提了提他 47 码的棕色牛津鞋,然后好像要去视察似的理了理胡子。"我们有可能超过光速吗? 可以。那我们能靠现在的钱度过之后几年吗? 不行。这是个资源配置的问题。但是如果你问我,我们是否可以在有限的时间内利用有限的资金设计一个天冬氨酸蛋白酶抑制剂,我会说可以。"

慕克作为质疑者,对此耸了耸肩。他有些累了,这几个月来,他怀疑博格一直在 HIV 项目中给他下绊子。如果福泰要开展 HIV 项目,那为什么不在被落下更多之前早点开始呢？慕克在默沙东西点研究所时，每周投入超过100小时来设计抑制剂，他很清楚默沙东与其他大药企的资源。他觉得福泰要做什么再清楚不过，可是博格就是不肯为HIV项目分派超过5个人。慕克认为博格的谨慎另有原因。他试图从博格冷静的神情中发现一些能解释他不情不愿的蛛丝马迹，让他承认他觉得这个项目毫无希望，他只是想用一种不那么独断专行的方式结束它。但是博格一如既往地深不可测。

博格从加州回来几周后召开了一次会议，这次他拿出了一份不能说是保密的，但透明程度也绝对达不到能令慕克等在座科学家喜欢的计划书。这是一个周三早上的例会，福泰的天冬氨酸蛋白酶工作组（也就是HIV项目工作组）开会回顾工作并讨论三个可能的靶点。福泰各工作组会议都是闭门会议，科学家们身着便装，围绕着会议桌随意就坐。会议室不大，仅能容下桌子与椅子，两个亚麻色书架，一小张白板，还有中外制药赠予的富士山风景照。工作组是博格喜欢的扁平式管理模式，能加速信息流动，消除中间管理层。虽然慕克认为这也不过是另一种管理层罢了。

慕克认为，博格想用组织蛋白酶E替换HIV项目。慕克认为虽然博格不承认，但HIV项目对他个人造成了威胁。FK-506项目是博格自己选择的，但HIV项目是科学家们顶着博格的压力支持的，虽然博格一直宣称欢迎建议，但慕克认为，博格在选择项目这么重要的事情上无法放弃自己的控制权。

而博格自己并没有这么多心机。他更倾向组织蛋白酶E的原因仅在于福泰在HIV项目上的进展太少，无法卖给潜在的伙伴。一旦福泰要正式开展一项研究，那么公司也要作出相应的长期承诺：连续5年内，每年至少投入500万—1000万美元，这可跟预原型项目不一样。如果他们找到了一个候选化合物，那么需要的经费还会更多。博格急切地想在最近启动第二个项目，但是他需要看到HIV项目的前景。像往常一样，短期筹款的冰冷压力令考虑道德或是社会福利都成了奇思妙想，福泰不会选择受益患者最多、社会需求最强的项目，其他公司也不会。他们只会选择成功率最高的项目，也就是说，首先得能让投资者信服。从这个角度来说,HIV 项目在 1990 年末是很难卖出去的,或许是最难卖出去的。

慕克不是唯一挑战博格的人。罗杰·邓,另一位前默沙东化学家,也认为 HIV 蛋白酶对福泰而言是个不错的选择——至少是他自己绝佳的机会。邓 31 岁,他像阿米斯特德一样,对自己的雄心毫不掩饰。他也从默沙东顺利的职业渠道上跳了出来,希望在博格异样的社会实验中重获在默沙东的地位。邓是"美日中混血儿,有着复杂的背景,可以算是第 1.5 代移民"。他像山下一样,为了夺回失去的东西而奋斗。邓的外公是一位从事商业中介的日本人,在二战前就破产了,然后举家移民到了美国。他们在二战中被安置于蒙大拿州*,邓的母亲就在那里长大,她后来以撰写技术资料为业。邓的祖父是香港银行董事会主席,邓的父亲则主持设计了 IBM 最受欢迎的大型计算机。邓自己出生于纽约州北部,他见证他父亲因为不够坚定以及没有博士学位,后来在职场上受挫。"他撞到了所谓的玻璃天花板。"邓说。他决心不能重蹈覆辙。

在福泰成立初期,邓就试图与阿米斯特德一较高下,但阿米斯特德最终主导了免疫亲和蛋白的研究。"我是个非常强硬的人,"他说,"我不喜欢服从。"因此 HIV 项目成了他的逃生口。他在之后几个月中奴隶似地工作,合成了那些启发纳维亚的杨森分子,倒不是因为他认为它们会起效(实际上他认为它们是无效的),只是"我需要换一个领域,我不想和戴维在他注定要成功的领域竞争"。但是邓的独立也是有代价的,他过分挑剔与强硬,因此与同事们都疏远了。在他拼命合成雅培分子时,他原本乌黑色的头发似乎一夜间就镶饰了白丝。

虽然他也认为对抗艾滋病是"目前最重要的问题",但他对福泰是否能"设计"抗艾滋病药物持保留意见。邓是个怀疑论者,"我为发现错误而生"。但他现在不得不为了自己的事业,矛盾地宣称福泰可以基于结构设计抗艾滋病药

---

* 二战期间在美日侨被集中安置于几个偏远州。——译者

物。"我想知道我们热切拥护的科学到底行不行,"他说,"我想知道我们掌握的是不是真理。"

因此,邓在会议上与慕克一起对抗博格的虚荣。他指出博格喜欢的雅培的非肽类分子意味着有可能开发出可以口服给药的非肽类 HIV 抑制剂。在福泰的文化中,这意味着他们应当合成一个更好的分子。博格回应道,雅培是家成功的大药企,他们目前的候选分子很强势,福泰不能轻视。但这或许并不是真心话,因为他和在座的所有人一样都瞧不起大药企。

邓说:"但他们拿着这个分子什么也没做。"

"你并不知道他们现在在干什么。"博格说。

纳维亚回应:"他们的历史业绩可不怎样。"

博格强调,组织蛋白酶 E 还是片处女地,福泰和整个领域内其他公司尚处于同一起跑线上,他喜欢这种平等的竞争位置。但几个科学家很快反驳了他,他们指出,没人竞争是因为没人知道组织蛋白酶 E 是不是药物靶点。尽管 HIV 蛋白酶困难重重,但至少它不会成为一个彻底的错误与灾难。

"我不需要知道那个酶的具体生物学作用就已经很兴奋了,"博格说,"我仅需要知道我们不是在追逐彩虹就够了。"

"比如说,如果我告诉你,我有一种无害的药物,你每天吃一片,万一心脏病发作的话,你永久性心脏损伤的概率会减少 40%,你吃不吃?"

纳维亚说:"FDA 从不会批准这样的东西。"

"不,他们批准过,"博格说,"阿司匹林。"

阿司匹林已经被使用超过一个世纪了,但没人知道组织蛋白酶 E 抑制剂能否起效,更不要说安全性了,但这不影响博格的论证。他喜欢与大家交换意见,认为这是好事。他也喜欢刺激科学家们,他认为他们因为确信 HIV 项目一定会上马而过于自满。博格进一步指出,除了心血管疾病外,组织蛋白酶 E 似乎对免疫调控也有影响。也就是说他们将要发明一种既能保护心脏,又能阻止排异,还能治愈自身免疫病的抑制剂。

"免疫抑制抗高血压药?"纳维亚笑了出来。

"怎么不行?"博格说,"一站式购物。"

纳维亚的怀疑成了恼怒。他是福泰的高级科学家以及 HIV 项目组的代言人,博格经常顺从他的意思,也最不想和他争执。他认为博格幻想的组织蛋白酶 E 抑制剂属于"需要寻找疾病的药物",并质疑这个酶的免疫调控功能的重要性,"是功能还是不良反应",他把这些想法明明白白地说了出来。

"FDA 最讨厌多适应证的药物,"他接着说,"一个药管一个病才是他们喜欢的。"

博格插话道:"除了实验动物突然死了,FDA 什么都不会管。他们不会对着一张生化途径图说'这个可以有',他们不会对这些那么感兴趣。"

会议最后没有形成僵局,结论很简短:福泰将会同时尝试这两个项目。邓会继续合成雅培分子,他会将这些分子还有福泰自己的分子送到日清的实验室去,生物学家也会为结晶生产蛋白酶。与此同时,利文斯顿的酶学小组将会开始研究组织蛋白酶 E 是否是可行的药物靶点。

博格很高兴,因为他成功地把组织蛋白酶 E 送上了日程,同时没有导致 HIV 小组的反感。他还成功地提醒了他们:想推进项目,他们就要更努力。他希望通过民主的方式解决问题,但他也觉得有必要疏导科学家们造反的冲动,这不是件容易的事。他虽然觉得 HIV 项目对公司是毁灭性的,但是他还是允许他最好的几个科学家自己主导一项基于 HIV 结构的药物设计。默沙东曾经也对类似的项目抱有极大的期望,并受到国际赞誉,但现在只取得了极其微小的进展。奥德里奇对此表示:"我们可以讲一个极佳的故事,一个以默沙东为先例的故事。"

"再有 6 个月,"博格说,"我们就必须决定到底骑哪匹马。"

"6 是什么神奇数字吗?"纳维亚打趣道。

"没啥神奇的。18 个月后我们的经济就会出现问题,但 6 个月内还没问题。除非我们在 1991 年的 10 月前做出点东西,不然我们又得去找董事会了。这就是为什么要定 6 个月的期限。如果我们能在 3 月找到一个潜在的商业伙伴,上帝保佑的话,我们能在 11 月达成新的协议。总之,筹款就是火烧眉毛的大事。"

"6 月,"他预警性地说,"我们将必须作出决定。"

那时是 10 月中旬,博格以为福泰进入任何一个新的领域都还不算晚。但两个月之后,邓还在艰难地合成雅培分子,利文斯顿对组织蛋白酶 E 的研究也没有进展,他动摇了。

"我做了个噩梦,我梦见我在《自然》上读到一篇我们本可以发表的证明组织蛋白酶 E 生物活性的文章,"他在一次工作组会议上说,"然后我蜷缩在地上抱头痛哭。"

晚秋令人沮丧地过去了。不光化学与酶学小组没有进展,整个实验室都没做出什么来。实验失败、仪器损坏、结果不能重复、经销商不配合,人们勾心斗角、争权斗势、急躁愤怒,好像整个公司都生病了,每一天都愈发糟糕。半年前公司曾经组织过一场文化衫设计大赛,奥德里奇胜出了(科学家会说这是商业又一次绑架科学的证明)。他设计的文化衫背面印着"We don't leave success to chance"(我们不依靠概率)。虽然还有些科学家穿着这件衣服来上班,但公司弥漫着一种晦暗的气氛。"我宁愿是个幸运的傻瓜。"纳维亚半开玩笑地嘟囔道,然后继续他的重原子置换实验。汤姆森问穆尔:"我们的信条是?"穆尔照例借用慕克的话哼唧道:"悲伤!痛苦!烦恼!"

他们各自都经历过没有成果的时期,但是过去一年福泰的成就实在太惊人,似乎博格保佑了他们所有人。虽然他们并没有因此欺骗自己,认为自己真是在理性设计药物,但现在真正的难题出现了。科学家们觉得他们进入了一片未知领域。而这种未知可能是有原因的:有些人惊恐地怀疑也许这是彻底不可知的。

博格继续身先士卒,以身作则。他不可击败、无所畏惧、镇定自若、不知疲倦、勇于探索。他在商业与科学间周旋,在已有的工作和未来的计划间跳跃,他进入了禅的境界,他在日常工作外积极地为未来作准备。他像蒂什勒一样,喜欢"把所有的线都握在手上",但很少如福泰的科学家所愿——他们更希望博格能拉紧某条线。比如,虽然他向中外制药承诺过福泰年内会拿出在细胞层面有免疫抑制效果的分子,但他从来没向化学组施压。他完全不管实验室,专心制作新的幻灯片,或者仅是稍稍引导工作组的发展。"大家对我的管理方式不太了解,"有一次他就实验室整体气氛日渐慵懒表态,"大家似乎很希望墨索里尼(Mussolini)来当领导,但我不会这样做的,我希望我们有独特的运作方式。但相信我,如果我错了,只消45分钟,一切都会恢复'正常'。"

博格不愿直接插手,一方面是他不愿干扰他所认为的业界一流研究者。另一方面,是对科学节奏的欣赏。科研往往是积年累月无穷无尽的失败,突然间命运垂青,就会大有进展,不然就似乎是永恒的黑暗。这种节奏在其他任何领域都只会令人发疯,因此,耐心与超脱是必需的。博格曾在9月断言,阿米斯特德小组能拿出有细胞活性的化合物。他预测这种突破"会是一次跃升,而不是每次5%的蠕动"。因此他与具体实验保持距离,让它们处于"未决定的状态"。在这场大赌局以及持续的失败中保持淡定需要极强的定力,许多科学家都被吓怕了,但博格喜欢这种感觉,尤其是在这段似乎什么事情都不对头的时间里。"接下来会比较艰难,"博格在大家越来越疲惫的12月说,"这有些吓人,但至少能让我保持兴奋。"

但每个科学家还是希望取得一些进展,最好有人能帮忙。博格本以为让科学家们聚在一起,给他们共同的愿景,宏图伟业自然水到渠成。但结果他们大部分人要么是赶着点完成任务,要么是只顾自己的职业目标,变得自私自利。

他们被过多的任务困住了。比如,哈丁的本职工作应该是确定FKBP在免疫抑制中的作用,确认它是不是正确的靶点:细胞内除了FKBP还可能有其他蛋白能触发免疫抑制,其大小形状与哈丁最初发现的FKBP可能都有不同,FK-506和环孢素也可能与它们紧密结合。寻找这些新的免疫亲和蛋白将是重要的工作。哈丁作为亲环蛋白和FKBP的共同发现人,维持自己在学术界的位置是件利益攸关的大事。假如能发现新的免疫亲和蛋白,他就能摆脱施瑞伯的影响,建立自己独立的声誉(虽然施瑞伯也在竭尽全力维持自己的领先),如果能发现一整个蛋白质家族*那就更好了。此外还有专利费。耶鲁和哈佛每向一家药企授以 FKBP 的研究权,哈丁都能有数千美元的收入。这笔钱在他与妻子从纽黑文搬到波士顿并在郊区购买别墅时起到了关键作用,因为这两年正值新英格兰地区房地产热潮的高峰,他的妻子也得以从一家医院的财务部门辞职在家照顾刚出生的孩子。

哈丁本想通过一系列实验,用合成抗体将相关蛋白从汤姆森的胸腺提取物中拉出来,但可惜不行,因为他没空做自己的工作,他在忙着筛选有细胞活性的化合物,并帮助皮蒂的小组寻找编码酶的基因。他很沮丧,自怨自艾、自暴自弃,像一个殉道士般在实验台前抱怨、犹豫。他很嫉妒施瑞伯,因为这位前任合作者在学术界只用考虑自己的利益,唯一的责任就是为自己的目标努力。

"在生物学界,甚至在最好的环境下,五天中能有一天有进展,那就是非常理想的情况了,"他抱怨道,"而我现在却什么研究都没做。"

穆尔瞄着如照片在显影液中最初浮现的虚影似的结构。这里有个弯钩样结构,那里有个发卡样结构,还有一段长约三四纳米的平直结构。这几周里,穆尔要么忧郁地坐在博格办公室旁的暗室里,要么在模型室外的走廊中思考氢原子的位置,他渐渐地在电脑的黑屏上构建出了一个银色的螺旋,他认为这是 FKBP 氨基酸链起始处的一个螺旋结构。

离圣诞节只有几天了,穆尔好像穴居人一样面色苍白,但 FKBP 的结构已经在他眼前浮现,他大受鼓舞,准备开始检查结果。目前还没有人发表过这个研究,施瑞伯的卒子们还没有击败他。

"太棒了!"纳维亚边从餐厅走进来边说。他的重原子置换实验陷入困境,

---

* 蛋白质家族即一系列基因、结构、功能相近的蛋白质。——译者

因此他时不时就来看看穆尔，就像麦当劳总是关注着肯德基一样。

"发现了三个折叠和一个类似于螺旋的结构。"穆尔汇报道。

"你可真帮了我们一个大忙！"纳维亚说，"哪怕有一个低分辨率的结构就行。如果你能给我们一个飘带模型[蛋白折叠结构的总体概览]，我们就可以不用做重原子置换了。"

纳维亚开始正视他和山下可能需要很久才能用现有方法解析出结构的悲惨事实，他开始考虑其他的可能性。最近国立卫生研究院的晶体学家发展了一种叫作**分子替代**(molecular replacement)的处理数据新方法，这种方法以核磁共振解析出的结构为参考。纳维亚认为穆尔的新发现为他解析出 FKBP 结构带来最好也是最后一个机会。他给自己设定的最后期限是感恩节，但是已经过了，现在他想抓住一切走捷径的机会。他像汤姆森一样，已经把自己逼到了极限，开始动摇了。

"如果我们能做出这个来，那将是独一无二的，"他说，"分子替代法还从未用于解析新的蛋白结构。如果能成功，那将会终结 X 射线和核磁共振谁更好的无聊讨论。"纳维亚的求胜心不比福泰里任何一个人弱，现在却开始谴责科研竞争的荒谬，穆尔不由地怀疑起来。"这两个方法明明他妈的可以互补，但很多人就是喜欢在开会时吵架……幼稚。"

穆尔不置可否。他仅解析出了半数质子的位置，还不足以供晶体学家们使用，而且他也不知道他的结构对不对。由于他一言未发，纳维亚迅速转移了话题，他讲了一个他参加化装派对然后没有被认出来的故事。

"天哪，"他夸张地挠了挠自己的头，"纳维亚居然错过了派对！"

然后他换了一个语调，"啊，克拉克(Clark)，超人刚刚在这里，但你去哪了？你错过了他，为什么每次超人在场时你都不在*？"

纳维亚一直喜欢模仿这种愚蠢的惊叹，他轻轻地晃着，弹着自己的领带，咧

---

* 超人是美国动漫人物，平时化名为克拉克掩盖自己的身份。——译者

开嘴笑着说:"从小我就觉得奇怪,那些人怎么了?他们就这么不长眼吗?他们看不出每次超人出现时克拉克就消失了吗?"

穆尔也被这种差异逗笑了。和晶体学家一起密切工作,竞争性地解析同一个结构对他是件新鲜事,在大学里不太可能发生。情况有点尴尬,他正从事着可以建立自己声望的工作,如果他帮助纳维亚和山下,福泰就会受益,而他可能未必会受益。他决定先专注于工作,见机行事。

两天后,穆尔将各部分组合了起来,第一次看到了分子骨架的轮廓。5个平行的折叠结构构成了 FKBP 的 40%,看起来像一个棒球手套的背面。这个结构或许足够进行分子替代实验了,但他没告诉纳维亚,纳维亚也没明确地来要。博格像往常一样,什么都没说,他认为科学家总会自行寻求合作,因为这明显对他们有利。

帕特西·纳尔逊(Patsi Nelson)在实验服下经常穿着件翻领上有米老鼠胸针的连衣裙,像一位温和而又有个性的小镇儿科医生。她39岁,有3个孩子,她为福泰充满摩擦的个人主义环境带来了一份母性的无私。她在这个要么是喧闹的火热,要么是冷漠的酷寒的环境中就是一股温暖的清流。

纳尔逊是一位免疫学家,还是一位来自加州的免疫学家*。她加入福泰前在斯坦福做过博士后,在圣迭戈的斯克利普斯研究所待过一段时间,还在一家西海岸的生物技术公司基因实验室(Gene Labs)研究过几年艾滋病。她在这段工作期间要接触含有病毒的血液,让她养成了警惕的习惯。她说:"我总是当**所有**材料都被污染了。"

纳尔逊很有爱心,而且不像纳维亚和公司中的其他男人,她从不试图在工作中隐藏她的情绪。在男性主导的领域(比如科研)中的女性往往发展出了一

---

* 美国西海岸加州的科研文化及气氛与培养博格等人所在的东海岸有很大差异。——译者

种独特的幽默,比如,诺贝尔奖得主格特鲁德·埃利恩(Gertrude Elion)如此评价和她一起获得诺贝尔奖的乔治·希钦斯(George Hitchens):我就是他做科研的一只手。纳尔逊将科学融入个人的生活,感受其刺激与痛苦,并认为其他人也是这样的。当她看到化合物在细胞测试中无效时她会说:"哦,我真为那些化学家遗憾。"当她看到哈丁在苦苦挣扎时,她会富有同情心地说:"可怜的马修,我真希望我能帮到他。"

整个秋天里,化学家们每周向纳尔逊提交数个新化合物,但它们没一个有用。离博格承诺的期限越来越近了,纳尔逊也更加为化学家们担心,她非常希望他们的分子能有效果,而当那些分子无效时她也会很难过。11月下旬的一批分子格外令人失望:它们对FKBP的抑制力与FK-506相当,但是当她和哈丁试图将它们导入人体T细胞时,它们却从溶液中析出了*。这让哈丁想起那些圣诞节风景雪花水晶球,摇一摇,雪花就飘起来,然后又沉下去。纳尔逊很沮丧:分子如果不能进入细胞,即使它们有活性也没法知道。总之就是没用。

12月中旬,阿米斯特德提交了一种他认为既有酶抑制性又有细胞活性的分子。他把他认为能做的都做了,他减小了FK-506的大小,为目前最好的抑制剂添加了基团,他还试图用不同的基团去模拟FK-506的空间结构,类似于雕塑家为英雄雕像尝试不同的手臂。在第367号化合物中,他将FK-506中弯曲的角状结构换成了对称的V型结构,每一端都有三个碳原子,端头是一个环状结构,它看起来像一对弯着的兔耳朵,或者电视天线,或者像是博格提出的更优雅的比喻:船上用作打旗语的旗子。阿米斯特德自己说这只是从《奥德里奇试剂目录》上找到的结构。

数据令纳尔逊大喜过望。这个分子的活性比福泰之前最好的抑制剂还强

---

* 不同实验中可以使用的溶剂不同。在酶活性检测中,可以使用溶解性更强的有机溶剂,所以有结果。但在细胞实验中,溶剂更接近于水,所以药物无法溶解。——译者

100倍,这是一个极大的进步,也刚好符合博格对中外制药的承诺。在多种测试中,它的活性都与环孢素相当,但这也让她不免有些担心,因为这可能是一个人为的错误,可能是细胞计数器被污染了,或者其他什么问题。一般她会等下周再重新测试,但活性巨大的提升促使她立刻行动。

每周纳尔逊会从一家医院的血库得到一份从骨髓中获得的人体T细胞,但医院恰好因为放假关门了。她等不及了。她向哈丁展示了数据,哈丁也同意这个数据很重要,不能等,于是自愿献血。"可怜的马修,"她回忆道,"我从他身上取血。在第一次尝试时还刺穿了他的血管,但他没有说多痛。最终我得到了足够的细胞来测试。"

结果得到了确认。纳尔逊立刻用电脑制作了一张圣诞贺卡寄给博格,内页展示了VX-367*与环孢素相似的数据趋势。

"优美的数据,"博格欢欣鼓舞,"而且更好的消息是,只要提高水溶性,我们还能使VX-367成为活性更高的化合物。有了这个开端,化学家们应该能迅速把活性再提高10倍!"

博格兴致勃勃,每件事情都顺心如意。仅用了一年多的时间,福泰就创造了自己全新的类药分子。三个月前,他们的细胞实验结果还很糟糕,现在他们就有了可以进行动物实验的分子。再来一次跃进,他们就能有活性类似FK-506的分子,而且这都是在**没有**FKBP结构信息的情况下完成的。况且穆尔已经取得了很大进展,FKBP结构指日可待。一切都按照他所期望的进行。博格一边挥舞着纳尔逊的贺卡一边说:"如果这张纸现在落入别人手中,我会很担心他们在半年内就做出衍生物然后击败我们。但如果有了结构信息,我会说'随你们便',我们将会不可阻挡地大步向前。"

这一年尽管如博格所料,胜利结束了,但年度关键词并不是博格的生意经,

---

* 即前文的367号化合物。各公司一般会将化合物结合自己公司名字缩写进行命名,所以福泰的化合物是VX-xxx,默沙东的化合物是M-xxx。——译者

而是来之不易的科学与相伴随行的幸运。博格说,合成目标分子是一场"恶战"。而今,福泰在中外制药签字仪式时那股不可战胜的势头似乎又回来了。当然,有人在这场战争中受伤了,比如纳维亚和山下,他们听说阿米斯特德和桑德斯把结晶实验室叫作"化学家的吸烟休息室"时紧张地笑了笑。但即使是汤姆森也从FKBP的攻坚战中恢复了,也不再抱着与中外制药签字时的那股臭脾气。他穿着一件夸张的双排扣无尾晚礼服出席了第二天晚上福泰的圣诞派对,还带了一盘精心烹制的胸腺肉排。

"该死的!"阿米斯特德惊呼。

"我们有自己的环孢素了!"桑德斯略带着嫉妒在旁边应和。

"我们又要出差啦。"奥德里奇说。他知道科学成功的奖励就是更多更贵的科学,也就是需要更多的钱、更多的商业开发,也需要更卖力地推销故事。

第十四章

博格和奥德里奇总是在赶夜路时商量策略。博格经常忘了吃早餐或午饭,而今天他们终于在晚上 9 点到了餐厅。他们一早起来急匆匆赶飞机,一天讲了三遍幻灯片。博格饥肠辘辘,声音嘶哑却止不住地想说话。他嚼着锌口含片*(他从不吃别的感冒药),和奥德里奇像往常一样点了鱼。虽然是商务差旅,他们却久未安坐,于是先舒展了一下腰身,然后继续讨论他们的任务,"把钱从别人口袋里掏出来",奥德里奇回忆说。

他们的谈话不免转到这个话题。福泰大概需要筹集两次总统竞选那么多的钱,但他们不想向风险投资者要钱。公司烧钱越来越快,更好的方式,奥德里奇会说唯一的方式,是公开筹资。

这就是他们正在讨论的话题。科学家们凑在一起时会讨论研究、竞争、女人,以及他们有钱后想做什么。但博格和奥德里奇之间唯一而且百谈不厌的话题就是钱:如何筹款、筹码几何、如何谈判。他们做成了一些交易,但还不够,福

---

* 美国人习惯吃的一种感冒药,有缓解嗓子痛的作用。——译者

泰需要一大笔钱。在卖出他们的第一颗药丸前，他们需要 2 亿美元或者更多，唯一能满足他们的地方就是华尔街。

博格见多识广，对股票市场同样非常了解。他曾经研究过小型上市公司的发展策略，分析过他们股价的波动。他自己不会的，可以请教他的哥哥肯，肯曾经帮助十余家小型公司上市。奥德里奇对金融工具了解得更多，但就战略而言，他们同样老练，完全达成了共识。

博格说："你只能在市场认为可以时才能上市，而不能仅仅因为你迫切地需要上市就上市。"奥德里奇点头同意。

现在正是最不适合上市的时机。按最好的情况估计，福泰还需 5 年才能够销售自己的药物。而仅在 1 月，每日运营花销就高达 3 万美元，中外制药只承担了其中的三分之一，剩下的都要靠福泰自己。像这样每天 24 小时、全年 365 天持续地烧钱，公司花费到 1996 年将会高达 3500 万—4000 万美元。但这个数字并不准确，它基于一个错误的假设：公司不成长——这无疑是个自杀性的假设。如果不再尽快启动多个项目，福泰就只能押宝于几个可能仅在鼠身上有免疫抑制效果的分子，以及由不满半打还满腹怨气的科学家所支撑的 HIV 项目。这个假设也忽视了药物开发中非正态分布的经济结构：70%的开销都是在候选药物被确定**以后**产生的。虽然前景不错，福泰的财政依然像个无底的黑洞，投资者要能承受这种空虚。还有谁会感兴趣？在一个受监管的市场中，谁能摸着良心批准这样一个交易？怎样的承销商才会从中看到有利可图？

在福泰需要筹款时，不光时机不对，其他问题也很多。16 个月前在远景国际大酒店的遭遇重演了，华尔街对小型生物医药公司可谓铁石心肠。1990 年不仅是生物医药股份悲惨的一年，整个市场都是这样。道琼斯指数触底 10 年内最低点，许多大资本在海湾战争的最后通牒，即 1991 年 1 月 15 日前畏首畏尾。大药企业绩不错，第一代生物医药公司中的翘楚，在花费了十余年以及数亿美元后，也终于推出了几个有潜力的新药。但这些成功也是双刃剑：即使创业公司预算吃紧，它们还是会被认为估值过高。比如在 10 月，施密特卖掉了基因研究所的 1 万股，他曾协助建立了这家哈佛派的公司并担当董事长。到了 11 月，惠特尼投资公司（即施密特的风投公司）又出仓了 4.1 万股——公司股份的 22%。最大的打击来自次年 2 月第一周：雅培卖掉了它持有的安进的所有股份，占安进总股份的 6.4%，而安进曾被认为是生物医药界的明珠。聪明的人都跑了，留下的都是被套住的。华尔街认为这些年轻的生物医药公司预期回报时间太长、太不稳定、太令人费解，他们只看到了穆尔等科学家看到的：悲伤，痛苦，烦恼。"新年伊始，"一位资深投资银行从业者回忆说，"我们认为今年又将是低迷消沉的一年，整个市场都很凄惨。"另一位银行家说："我们实在想不出怎么为生物技术行业找钱。"

福泰面临的两难局面如此严苛：他们烧钱飞快，没有第二个项目可以出售，他们唯一的选择就是回头再去找那些就地压价、漫天要钱的投资人。奥德里奇因此变得焦虑严肃、紧张不安，而且对科学家很不耐烦，因为他认为他们已经变得懒惰。当他在周末去公司时，他发现停车场没停满，这令他很心烦，因为这一情景如此熟悉，百健也有类似的时期。更糟糕的是，一年过去了，他没有可推销的新货，科学家们也没给他任何新鲜东西。他说："在这行，我曾经推销过一些令人质疑的技术，有时候是因为他们专利的法律地位薄弱，有时候是因为他们的科学太超前，但现在并不是这样。"虽然奥德里奇从不看好 HIV 项目，但他还是力劝博格正式立项，毕竟他认为组织蛋白酶 E 项目在短期内前途更加渺茫。他急着要重新"给鱼钩上诱饵"。

博格像往常一样，不能体会奥德里奇的烦恼。"想要寻找不存在的东西，"他平静地说，"太难了。"科学，也就是数据，将会证明这点。

忙乱的 1 月过去后，2 月初，免疫亲和蛋白项目工作组开会讨论发表论文的事情。斯塔泽和藤泽制药最近宣布第一次国际 FK-506 大会将在 8 月底于匹兹堡召开，提交论文摘要的时间是本月底。

斯塔泽依然引领着 FK-506 的研究，但如今他的团队并不是药物的唯一拥有者，主导力也有所下降。欧洲与美国的十来家医疗中心都开展了随机对照实验,但数据并不理想。离开了斯塔泽的控制,FK-506就是一场风暴、一个恶魔。与斯塔泽最初的报告相反,FK-506和环孢素一样直达肾脏,能在超过25%的患者中引起急性肾衰竭。FDA被紧急呼叫淹没,不得不建立专线来安抚愤怒的移植专家们,他们觉得斯塔泽、藤泽制药以及FDA危险地误导了他们。斯塔泽依然坚持FK-506只有较弱的肾毒性,他认为其他人给的剂量太大了,因为藤泽制药的剂量方案比他的方案高出7倍。FDA对此同意,悄悄地调整着实验。博格希望会议成为一场围绕安全性的混战,希望有更多的争论。虽然他也希望FK-506成功,但不要那么快、那么好,不然就会断绝对第二代药物的需求。

福泰将会利用这次机会,像博格所说,"树起大旗"。默沙东和施瑞伯还是FK-506基础科研公认的领袖,他们会在会议上展示他们的新成果。福泰也必须有所展示,博格说:"我希望我们能做10场演讲。"他故意设定了一个任何科学家都会认为是不可能的目标。

有几个人当场脸色发白。虽然发表论文很重要,但这涉及商业机密。比如汤姆森准备介绍他们如何提纯FKBP,这令纳维亚惊慌不已。"在我们解析出结构之前,"他咬牙切齿地说,"我们不能告诉别人我们如何结晶蛋白,那无异于抹自己脖子。"

博格并不同意,他认为需要辩证地看待发表论文。学术界的科学家发表文章以宣布新结果,并确立自己的地位。在工业界也需要发表文章以打击竞争者,迷惑模仿者,刺激投资者。博格已经前瞻性地申请了大量专利,因此发表论文可以成为福泰的重要工作。宣告化学进展,用博格的话说就是"当我们的卡车开过后,在路上撒满钉子"。但他也认为发表更多的工作就有点冒险了。"只要我们不把化合物的结构放上去,我们就不算自杀,"他对纳维亚说,"一切都有办法的。"

"在两种情况下你会希望多发点论文。要么你遥遥领先,你发论文就可以打击对手的士气;要么你已经落后了,那你发论文也没什么损失。当你不知道自己的位置时最需要谨慎。"

博格知道没什么比发论文更能让科学家们骚动的了。从社会性角度来说，福泰就像一个 5 岁的孩子一样不安分。在没有可以报道的数据前，在没有可以分配的荣誉时，维持表面的团结很容易。但现在，科学家都想控制自己工作的公开程度，以彰显自己的成绩，这会导致凶残的竞争，进而影响到博格对福泰科学力量的指挥。博格的目的并非纯科学，有时候仅仅是为了吸引投资者，这使得博格不可避免地与科学家疏远了，他和奥德里奇一样都成了科学家的敌人。奥德里奇冰冷地将科学家们敏锐的见解、宏伟的实验称为"产品"。从法律角度来说，科学家的科研成果的确属于公司而不是他们自己。但博格知道，他不能像麦当劳处理汉堡那样，简单地没收这些科学产权。他悄悄地削减纳维亚的职务，以防以后要用更强硬的手段镇压一场起义。

整个 1 月和 2 月，博格在华尔街的铜墙铁壁上寻找缝隙，而且他认为他已经发现了这些庞大的机构投资者的弱点。健康产业，传统的高利润产品，现在流动性只有 40%。也就是说，那些依靠快速成长与转手赚取佣金的基金经理正将数百亿的资金可怜地放在低产出的项目中。这些基金经理还有他们的钱不可能离开市场太久。他们已经被关得太久了，他们感到无聊，迫不及待地想回到市场。他们就像风平浪静的海面上晒得快要中暑的冲浪者，四处搜寻哪怕是再小的一个波浪。

但福泰本身并不需要成为浪潮。博格知道小的生物医药公司在金融世界里就像浮萍一样上下漂浮，一荣俱荣，一损俱损。1987 年就是这样：基因泰克吹嘘许久的溶栓药 TpA 销量惨淡，导致整个生物技术板块下跌了 39%，之后三年几乎都没有起色。博格知道，业界一两个旗舰公司的成功将会逆转局势，为所有人带来一场天降横财。

而且还有其他过渡的办法。最近冰冷的华尔街还是允许了三家小公司以上市之外的方式从风投的奴役下逃脱。这些成立不比福泰早多少的公司通过向合格投资者——由证券交易监督委员会(SEC,下文简称证监会)认证,两年内盈利不低于 20 万美元或者资产不低于 100 万美元的投资者——销售股票,筹集了 7000 万美元。这就是所谓的私募。他们给的钱比风投或机构投资者高多了。

博格熟悉华尔街的脾性,它随时都可能变化。它激动、多变、不理性,和博格要做的基于信息的理性科学完全相反。但投资人就像太阳般耀眼,博格再讨厌他们也不得不毕恭毕敬。

1991 年 2 月 22 日,近年生物医药界的领头羊安进的一款能提高机体免疫力的抗感染基因工程药物获批,独创一类新的药物品种。虽然这只是该公司 11 年间推出的第二款药物,但是投资者与分析师兴奋不已。这种药物服务于癌症患者,虽然它不能治愈癌症,但是能弥补治疗的漏洞:化疗与放疗均会杀死白细胞,因此传统的治疗方案可能导致继发性感染,而安进这款药物作为辅助用药,可以允许医生提高抗癌药物的剂量,采用更激进的治疗方案。

这款药物就是粒细胞-巨噬细胞集落刺激因子(GM-CSF,简称集落刺激因子),从商业角度来说,可谓是为华尔街量身定制的。该药可以面向整个快速增长的抗癌药市场投放,缩短昂贵的住院时间;作为免疫促进剂,说明书外用药*的巨大潜力不可忽视,因此有分析师认为,其销量每年可达 7.5 亿美元。过去一年间,华尔街因为期待 FDA 的批准,已经将安进的股价抬升了三倍,现在他们彻底疯狂了。

虽然福泰和安进没什么太直接的联系,但安进股价突破每股 100 美元时,博格感觉到市场信心已经回升。华尔街为那些坚持到药物上市的公司给出了慷慨的估值:安进的市值很快超过了 45 亿美元,之后的一整周里安进的股价都

---

* 说明书外用药(off-label),即将药物用于说明书适应证以外的用途,便于医生灵活用药。但有的药企利用这点,派医药代表劝说医生在非适应证上常规使用某种药物,从而提高销量。——译者

非常高。博格觉得这正是华尔街与制药界期待的那一股疯狂。

他不怎么喜欢安进的科研,可以用他去年评价基因泰克以 21 亿美元将其 60% 的股份卖给瑞士的罗氏时的话作为例证,"对几个克隆学家来说还不赖"。但毫无疑问的是,市场发生了巨大的变动,华尔街原本坚不可破的外墙上突然出现了许多可以伺机进攻的缝隙,大把的钱从中涌出,博格立刻开始考虑如何利用这个变化。

施瑞伯要的不是钱,而是成就,他还在不断地发表论文。1 月,他作为唯一作者在《科学》上发表了一篇重要的综述:《免疫亲和蛋白与它们的免疫抑制配体的化学与生物学》,这篇文章试图将整个环孢素和 FK–506 研究领域都打上他的烙印。虽然这篇文章没有报告什么新的数据,但是展示了施瑞伯研究的重心。他目前认为,这类药物不是通过阻断蛋白折叠发挥作用,而是通过干扰了一个更复杂的过程——**信号转导**(signal transduction)。

细胞由细胞膜、细胞质以及细胞核构成。科学家对细胞核的研究最为透彻,人们知道它含有 DNA,能控制细胞复制。最近科学家们也认识到,细胞膜表面是分子与环境"对话"的地方。比如 T 细胞遇到外来分子时,它们会用细胞表面的蛋白识别这些外来分子,然后将信息传递给细胞核。接下来,细胞核就会动员细胞合成抗体,然后将抗体送到细胞外去困住入侵者。这是机体自身防御的一种方式。但是,人们还不知道入侵者的信息、抗体的设计图是如何在细胞质的蛋白间或平行或交织级联转导的,这也是分子免疫学家最关心的问题,施瑞伯称之为"信号转导的黑箱子"。

因为没有像 DNA 或者表面受体这样的明确结构供研究,免疫学家在细胞质内探索得很辛苦。他们有了一点生物化学的进展,但离理解完整的图景还差得很远,然而,施瑞伯相信他掌握了拼图中关键的几片。目前,生物医学界对环孢素和 FK–506 的认识仅仅停留在它们是重要的药物层面,但它们作为微观探针的作用其实更令人心动。它们能够结合的亲环蛋白和 FKBP 不仅存在于 T

细胞中，还遍布人体的其他细胞，这些探针"照亮"了它们周边的区域，为研究提供了新的线索。过去一年里，施瑞伯手下一个博士后已经在用这两种分子积极地寻找其他免疫相关分子。施瑞伯认为他将会回答生物界最有趣也最具挑战性的问题：细胞如何交流？

施瑞伯凭着那篇《科学》上的文章，在细胞生物学一个主要的领域里竖起了自己的旗帜。他以合成化学起家，已经走了很远。但他也不是在孤军奋战，他向哈佛大学最知名的两位免疫学家史蒂文·布拉科夫(Steven Burakoff)和芭芭拉·比勒(Barbara Bierer)积极地学习生物学知识。他俩也都和福泰有联系。布拉科夫因为施瑞伯的关系加入了福泰的科学顾问委员会，博格和施瑞伯决裂后他还留在那里。比勒曾跟随施瑞伯工作，现在是福泰的付费顾问。

施瑞伯和布拉科夫早在1988年就开始合作研究FK-506，那时他刚到哈佛不久，这是一个互利的决定。布拉科夫可以利用施瑞伯的小分子以及他对化学的理解，施瑞伯可以用上布拉科夫在医学院的资源以及对T细胞的理解。"斯图尔特对生物学知识的渴求似乎永不满足。"布拉科夫回忆道。后来他们在艾滋病领域"涉猎"时，发现了一个很有前景的分子。这次发现被300多份报纸报道，布拉科夫因此走进了《早安美国》*(*Good Morning, America*)的演播室，哈佛亦兴冲冲地新建了一家公司，虽然最后发现这个分子并没有用。

但是对于他们两人而言，科学界的终极大奖还是信号转导。"我们现在仅仅认识了交响乐队中各个乐器，"布拉科夫说，"我们还不知道它们是怎么织就和谐乐章的。"施瑞伯作为生物学的新手，初生牛犊不怕虎，他更加乐观，在那篇发表于《科学》的文章中总结道："发现基本原理指日可待。"

但其他人并不为动。博格挖苦道："向一间电话交换机室发射一枚导弹并不能告诉你电话公司是怎么运作的。"

---

* 《早安美国》是一档颇受欢迎的晨间新闻栏目。——译者

2月伊始,施瑞伯又向《美国化学学会会刊》(*The Journal of the American Chemical Society*)提交了一篇通信*。这是他与布拉科夫和比勒合作的文章,他们报道了其他几种可能也是FK-506靶点的蛋白——其他的FKBP。

哈丁为此心烦意乱,他在福泰的工作正是要寻找新的结合蛋白,结果施瑞伯居然宣布他一下发现了四种新的免疫亲和蛋白。是他教会施瑞伯如何发现蛋白的,是他应该和布拉科夫与比勒合作的,明明是他先来的。哈丁一直担心在工业界工作会导致他失去研究前沿的地位,现在噩梦成真了,而且他无力改变。他为公司奉献了心血(他真的为了公司的实验献了血),但是离自己的目标却越来越远。合作者的背叛令他尤为痛苦,"史蒂文和芭芭拉应该在我们这边的,但我们对他们在干什么一无所知"。

博格也很烦恼,他与他倚重的科学家之间出现了隐秘的隔阂。他其实不太关心科研结果是谁发表的,但他迫切地想知道是否有人已经掌握了确切的消息。而现在,最关键的问题是:哈丁和默沙东最初发现的FKBP是不是福泰的药物需要抑制的靶点。虽然如果新蛋白是由福泰自己人发现的,他可以借机振奋士气,还可以在投资人那里吹嘘一番,但这个问题本身的答案是最重要的——如果能有利于福泰那是最好的。他对布拉科夫和比勒还在与施瑞伯合作并且没有提前告诉福泰非常不满。但他现在没兴趣处理科学顾问委员会的问题,他在想如何才能用上施瑞伯的信息。

根据《美国化学学会会刊》上的文章,T细胞内还有四种能与FK-506结合的蛋白。哈丁和默沙东公司最初发现的FKBP分子量约为12 000道尔顿(即氢原子的分子量的12 000倍),施瑞伯等人发现的高亲和力蛋白的分子量分别为13 000、30 000、60 000和80 000道尔顿。施瑞伯依据分子量,称最早发现的FKBP为FKBP-12,他相信这个蛋白依然是FK-506和雷帕霉素的主要靶点,但是该家族中其他蛋白肯定也有作用。

---

* 通信(letter),短于常规文章(article),用于快速报道一些重要的发现。——译者

施瑞伯的研究难免会引来公众对福泰的质疑,而这正是博格最不能忍受的。首先,哪个蛋白是最关键的呢?是否抑制其中的一个就足以实现免疫抑制?还是要抑制多个甚至全部的蛋白才能起效?还是说,抑制一个是必须但并非足够有效的?如果 FKBP－12 像施瑞伯认为的那样是主要靶点,那其他的蛋白作何用途?有没有可能斯塔泽等移植专家观察到的不良反应不是由 FKBP－12 引起的,而是由其他蛋白引起的,而那些蛋白恰好在一些对药物敏感的组织,比如肾与大脑里?如何设计一个只针对其中一种受体蛋白的药物?这将需要知晓所有受体蛋白的结构。好像一切都要重新开始:汤姆森要重新开始吃力地提取另外四种蛋白,山下和纳维亚要为这些蛋白寻找结晶与重原子置换的条件,如此等等。博格一开始之所以选择 FK－506 作为福泰的主要项目,就是因为其看似明确的科学背景:为一种已知的酶设计一种更好的抑制剂。但现在问题的难度一下提高了好几个数量级。即使拥有全部五种蛋白的结构,弄清完整的生物过程还需要好几年:每个蛋白作用是什么,它们在体内如何分布,它们是否还通过其他未知的蛋白发挥作用?这些都是在药物设计前必须回答的问题,慕克称之为"一场可怕的噩梦"。

商业上也会有很大的麻烦。如果施瑞伯识别了真正的靶点蛋白然后申请了专利怎么办?福泰可能又得去找哈佛申请授权。如果问题复杂到基于结构进行设计的策略不管用了怎么办?如果没有明确的设计理念,福泰又能靠什么来吸引投资者呢?中外制药会不会因为发现新的靶点而终止合同?

这些曾经被压抑的问题全部浮出了水面,就像突然出现在潜水者前方的鲨鱼一样带来恐慌。博格立刻行动以减少损失。就像面对一年半之前斯塔泽突然公开 FK－506 实验成功那次一样,博格这次依然宣称此发现对公司有利,并证明了公司研究思路的大体正确性。他告诉福泰的科学家,可能存在一整个家族的蛋白是件好事,它扩展了整个领域。所有人都要面对这个科学难题,就算是拥有大量资源与先机的默沙东在此时也丧失了它的巨大优势。更重要的是,另外几种蛋白的结构应该会与 FKBP－12 很像,要不然 FK－506 无法与它们结合。因此福泰的结构解析工作不会被浪费，也不可能被浪费。至于商业开发，他认为他们的终极目标没有变：福泰不用真的制出一个比 FK–506 好的药，制出一个与 FK–506 有区别的就行。他们的先导化合物还能用。

就像博格认为尽早发表文章可以打击竞争者的士气，迷惑他们，施瑞伯或许也是这么想的。他想让福泰等对手陷入费时费钱的检查，然后撤退，任由他扩大领先优势。但博格不会认输，他只对目标提出了些许修改。他让哈丁专心去研究到底哪个蛋白才是最重要的。几周之内，阿米斯特德会在 FK–506 上接上一小段分子绳索，这样哈丁就能用柱层析的方法将那些蛋白分离出来，就像汤姆森曾经做过的那样。虽然穆尔称施瑞伯为"末日主宰"，博格没有被吓到。"如果我们的化合物还没有活性，我会很沮丧，"他说，"但我们已经有能用的化合物了，我很愉悦，因为别人想追上我们更难了。"

那篇《美国化学学会会刊》上的论文发表后，穆尔在实验室给施瑞伯打了个电话，他想知道施瑞伯文章中的一些实验细节。虽然他们之前没说过话，但这在科学界是一种常规请求。施瑞伯对福泰单个的科学家并没有任何恶意，热情地回答了问题，而且他总是答的比问的还多。他明明应该更谨慎，如此的直白反而令人不由怀疑他隐瞒了什么。穆尔说他正在通过核磁共振解析 FKBP 的结构，施瑞伯顺口就告诉穆尔，他们已经确定了 1600 个质子中 1000 个质子的位置了，此时穆尔才定位了不到 700 个质子。

穆尔迷惑不解。施瑞伯一向对发表论文孜孜不倦，总是着急地发表那些在他人看来并非地动山摇的数据。现在，施瑞伯似乎想说，虽然有了足够解析蛋白的数据，但他们还没有"彻底收工"。距离穆尔第一次看到蛋白骨架已经两个月了，这段时间他埋头苦干，早上 9 点来上班，晚上 11 点才走，周末也不休息。他对他的妻子朗尼（Lonnie）说，什么事情都不要指望他，她却总是默默地等着他深夜归来，给他提供晚饭和啤酒，而穆尔拖着身子进门后就瘫倒在电视前。1 月底，他拿出了 15 个可能是真实结构的粗略模型，但他需要更多的数据。他每天都盼着听见施瑞伯赢了，而当他没听说时，他就会鼓励自己说上天又给了他一次拯救自己的机会。他就是不明白为什么施瑞伯还没有给他个痛快。

穆尔坐在博格办公室隔壁的模型室里，不要命地工作着，他要尽可能地快。他预计能在数周内做出一个一致的模型。他变得像汤姆森一样（但还没有那么虚无主义），靠无形的强迫将自己关在密室中。他没有察觉到山下对他的嫉妒日益强烈，甚至不愿意靠近他，因为山下觉得穆尔已经赢了。穆尔的所求、所见、所感仅是他与 FKBP 的终局，此时此刻，世上再无他物。

"每个人都觉得他们应该能独立完成任务，"他说，"我想尽可能少地依靠其他人解出这个结构，一想到要依靠他人就让我有负罪感。我不是不信任别人，我就是想自己做，想证明自己是个合格的科学家。而我在读书时，总不得不将自己的数据交给别人精修（refinement）*，去确定结构。我想说：'干他娘！'那是我博士后期间最讨厌的事。"

然后要么他的电脑死机了，要么他的软件出问题了，于是他鼓起的劲一泄而空，绝望得像斗败的鸡一样。

"简直是一坨屎，"他用嘶哑的声音说，愤怒地敲打着键盘，看着他的化学结构被电脑毁掉，"我没有生活！"

---

* 最初的蛋白结构图由于计算中的近似，许多原子的参数还不是最优的，此时就要手动调整这些参数，即精修。——译者

第十五章

"利他主义,"博格啐了一口,轻蔑地说道,"只可能是受自身利益驱动的,不然进化上讲不通。'无私的利他主义'是个自相矛盾的词,是不可能的。在艾滋病研究中谈动机往往是要遭怀疑的,开展艾滋病研究最好的理由就是我们能有所作为。科学将我们带到了这里,时机将我们带到了这里。我觉得,这比说我们想挣一大笔钱或者拯救世界都更诚实。殉道者是些很自私的人,他们号称为了宏大的目标,最后却将自己神化。"

1991年2月28日晚上8点,正值剑桥市的数九严冬,天已经黑了很久了。博格面无表情地坐在办公桌前,身影陷在灯光中。过去几个小时内,他修改了科学家们准备向匹兹堡会议提交的摘要。他亲自挑选字体,复印,监督它们被寄出去(在此期间还顺手修理了一台老旧的复印机)——慕克不安地称之为"微观管理"。公司即将进入科学的竞技场了。之后博格赶紧回家看了一下他的妻子和孩子们,因为明早5点他就得出发前往日本10天。

最终选择艾滋病作为福泰的第二个主要项目并不是那么困难,因为科学家们得到了令人欣慰的数据,商业气候改善了,组织蛋白酶E的热潮过去了,时间也没了。但是,这个选择需要博格罕见地作出态度上180度的转变。在过去两年间,他都坚称福泰在艾滋病研究中没有位置,现在得带着同样的坚定去日本销售这个项目,这是他一年内第三次进行"死亡行军"了。他收拾好他的幻灯片,检查了一下桌子上堆积如山的文件,然后就像一位艺高胆大的飞行员开着一架未经检修的小飞机迎向风暴一样,严肃地出发了。

"我支持艾滋病研究是因为我相信我们能做得更好,所以我们的动机很明确,"他说,"这不是冷血或者工于心计,也不是乘着什么商业浪潮,这是科学。"

博格这么大费周章地解释,是因为他需要从感情与科学上驱逐心魔以说服自己。苏珊·桑塔格(Susan Sontag)曾经说过,人们对待疾病的态度反映了社会的风貌。在艾滋病研究中,科学界虽然格外的高产,但自私起来也相当的无耻。博格不是利他主义者,但也对该领域先行者令人起疑的动机早有耳闻。这些人令艾滋病研究起起伏伏,也正是他们令博格曾经对这一领域多有抗拒。

科学界一开始对艾滋病并不关注。那时,寻找导致加州和纽约男性同性恋死亡的微生物只是一项边缘性的常规科研工作。毕竟青霉素和链霉素已经发现超过40年,寻找新的感染性疾病似乎已经过时,癌症才是科学界的新宠。经过由施密特牵头并最终纳入联邦体系的"对癌症宣战"运动,研究者发现,只要他们能够说明他们的研究与癌症治疗相关(不管多么牵强、多么遥远),他们就可以建立并运营很大的实验室,然后继续研究自己感兴趣的方向。这座富矿改变了生物医学。科学家发现,最受关注的科研领域奖励最多,因为关注能带来资金,资金能支持更多的研究,因此他们蜂拥而上。争取资金、试剂、声望、渠道、优先权……这不仅是主要任务,而且是唯一的任务。制药业也因此而改变。癌症研究是一个绝佳的故事,华尔街全盘接受,所以每家药企不管他们原来做什么,现在至少要有一个大型抗癌症研究项目。

罗纳德·里根当选总统数周后,第一波美国艾滋病患者病故的消息开始传播。虽然艾滋病对患者来说是致命的,但在新时代中它也宽恕了科学家自私的罪孽。政府首席艾滋病专家罗伯特·加洛(Robert Gallo)为日后的故事定下了基调。加洛于1984年4月高调宣布他发现了导致艾滋病的病毒,随后他就被之前曾忽视艾滋病的白宫大力提拔。但加洛后来因为科学行为不端陷入了一场长达9年的丑闻,最终他承认,他其实是从真正首先发现病毒的法国科学家那里得到的样本。他一度被认为是诺贝尔奖的热门候选人,并因为作出的发现(实际上不是他作出的)每年得到10万美元的专利费。他最后不得不离开科学界,以躲避来自国会、国立卫生研究院、美国国家科学院、媒体以及审计局的多方调查。

加洛是如此的恣意妄为,他的名字成了在艾滋病研究中为赢取个人声誉不择手段的代名词*。但在1987年,药物研究的气氛更加醒酲。FDA于3月批准了第一款抗艾滋病药物——AZT。这款有23年历史的化合物最初被设计用于抗癌,在抗艾滋研究中被国立卫生研究院与宝来惠康[Burroughs Wellcome,这家英国药企之前最知名的产品是感冒药速达菲(Sudafed)]的研究人员共同重新发掘。这个分子的结构很简单,毒性很强,因为研发时受到政府赞助所以没有申请过专利,也被遗忘许久。在制药界对艾滋病还没什么兴趣时,国立卫生研究院就向宝来惠康施压,要求他们提交一些可能减缓病毒复制的化合物,于是宝来惠康依据文献提交了AZT等化合物。

宝来惠康的确研究了AZT的毒性,但大部分早期研究是在国立卫生研究院完成的。而政府研究人员于1985年确认该分子能抗艾滋病后,宝来惠康却要求其专利权。两年后,AZT获FDA批准上市。AZT是当时最昂贵的需长期使用的药物——每位患者每年需要支付8000美元。所以当宝来惠康在1988年获批专利时,他们获得了一种致命疾病唯一可用药物17年的专营权。分析师认为,该药物销量在1992年将达到10亿美元,但是宝来惠康既不是这个分子的发现者,也没有在研究中付过一分钱。

---

* 本书成文时加洛博士正处于争议漩涡的中心,但他最后并没有离开科学界,后续见附录1。——译者

科学循钱而至。在艾滋病领域科研投入微薄、药物市场潜力还很小时,大部分的科学家和药企高管认为,加洛和宝来惠康的罪行只是一场不值一提的闹剧。但1987年艾滋病在全球各地爆发,事态日益严峻,毫无消退的迹象,政府和药企都对此密切关注,大部分的科学家也转变了观念,并促生了一波科学浪潮。国立卫生研究院大力支持艾滋病研究,经费在三年内增加了5倍。科学家们以前经费申请书的结尾通常是"可能用于治疗癌症",现在都改成了"可能用于治疗艾滋病"。制药业对AZT事件更多的是羡慕而非反感,虽然他们一向不擅长抗病毒药物,如今也都尝试着启动自己的抗艾滋病项目。

此外,艾滋病研究也成了无与伦比的故事,媒体大肆宣传,人人趋之若鹜,那些在芯片技术后好些年没找到什么热点项目的风投者现在都被"感染"了。有创业精神的科学家们也因这一战成名、一夜暴富的天赐良机眩晕了。他们沉迷在商业中,迅速地成立了许多艾滋病研究公司,再迅速地倒卖给华尔街。1987年,这股狂热达到了巅峰。由罗斯柴尔德勋爵(Lord Rothschild)领导的一家英国投资公司投资了14家类似的公司。其中一家小型疫苗公司号称要继承索尔克的精神(虽然索尔克坚持拒绝为自己研发的脊髓灰质炎疫苗申请专利),它吸引到了巨额的资金,以至于创始人不得不退回多张支票。科学家仅凭一个听起来不错的想法以及试一试的愿望就可以变得有名有利,虽然他们几乎都没有药物开发与药物上市的经验。三分之二的公司注定要倒闭,因为没人知道如何不断引资、维持运营,但这些风险在狂热时期都被忽略了。

艾滋病最终吸引了科学界的关注,但是关注不代表进展。探索病因相对来说很直接——找到致病的微生物就行。然而想治愈它,则需要对病毒、免疫系统以及复杂的免疫反应有全新的深入理解。严格来说,艾滋病不是一种疾病,而是一种综合征。艾滋病可谓大自然创造的九头怪蛇海德拉,它有着噩梦般的复杂机制:高变异性的基因,漫长而隐蔽的潜伏期,各种能加速它传播的辅因子,能彻底瓦解免疫系统,并导致多器官同时发病。似乎很难找到疫苗或抗生素等类似"魔弹"的单一解决方案。新生的艾滋病研究共同体面临的复杂挑战像是扑灭一场森林大火，而非仅仅抓住一个反社会分子。这需要高瞻远瞩的规划以及各界通力合作。科学界已经开始研究艾滋病，但如何管理这么庞大的项目尚不清晰。

科学是如何发展的？诺贝尔奖得主巴尔的摩曾经说："科学更擅长按自己的节奏解决问题，而不是听从人们的要求。"在艾滋病研究的高峰时期，巴尔的摩是著名的麻省理工怀特海德研究所的主管，他也是重要的科研政策制定者与政治家。此时他已经卷入了一场整个世界很快就要知晓的科研不端丑闻中，虽然最后国会的调查免除了他的渎职罪，但因为判断失误与傲慢，他不得不辞去洛克菲勒大学校长的职务。巴尔的摩是艾滋病研究的先行者，他顺理成章地为艾滋病研究奔走呼号。在为艾滋病研究筹款时，他公开恳求科学家克服对计划项目的厌恶，放下对名誉的追求，将他们对个人事业与商业的追求升华为"响应国家的号召"。简单地说，他呼吁为艾滋病启动一项类似曼哈顿计划的紧急研究项目，或许用战时的青霉素项目类比更合适。科学家们都懂巴尔的摩的意思：在联邦政府的领导下，全国最顶尖的科学家搁置竞争，为了同一个目标携手同行。巴尔的摩呼吁暂时停止商业活动，这种思想源于战时科研政策，不算太具颠覆性。

但科学家们用一种奇怪的方式表达了他们的反对。一些重要或有前景的计划往往会被激烈地批判，就像乌鸦通过沙哑的嘶叫互相驱逐；而无趣、不值得投入的计划则会遭到轻蔑的沉默。听到巴尔的摩的倡议时，科学家们东扯西拉或者盯着自己的鞋子，没有人支持他。金钱已经足以控制科研，实验室之间的弱肉强食以及狼狈的专利大战比任何有计划的科研体系都更受欢迎，在艾滋病研究里也是如此。

这就是博格进入的世界：一个适者生存、波诡云谲、贪得无厌的竞争性世界。博格虽然不讨厌这些，但他深知这些特质会吸引大量虚伪、装腔作势的人。当然，艾滋病研究中也有顶尖的科学与可敬的仁爱，但博格认为，慈善仅是有钱人才能享受的。"有些公司为了钱能掘地三尺，所以他们更需要显得无私一点。"他戴着一个小型放大镜,一边修改幻灯片一边直白地说,"我觉得罗伊·瓦格洛斯和爱德华·史考尼克会认为,有一大笔研究经费时,表现得利他点是一种责任。"

默沙东于1986年末开始研究艾滋病。他们的确做到了一些巴尔的摩通过呼吁大众牺牲而没有做到的事情。他们不是站在木箱子上大谈良心,而是像骑兵队一样横扫千军。当时,默沙东在美国商业界同时扮演了施瓦辛格和特蕾莎修女(Mother Teresa)的角色。默沙东乘着历史上最大的牛市,股价在五年间涨了四倍以上,比道琼斯指数增长快了一倍。他们还会捐赠阿维菌素(avermectin)用于消灭非洲的河盲症。之后默沙东在《财富》杂志的年度总裁调查中被评为美国最受敬仰的企业,击败了常年霸占此称号的IBM(默沙东之后连续七年享此殊荣,他们将其高悬于罗伟的总部,后来还将其用于招聘广告)。默沙东创新能力非凡、收益率惊人,而且富有人道主义与社会责任心。他们在坚持蒂什勒与乔治·默克传奇的利他主义时,还维持了20%的年增长率,似乎还记得二战时期的奉献精神。"神奇的公司",《商业周刊》(*Business Week*)以一篇封面故事赞美他们,默沙东似乎是乌烟瘴气的艾滋病研究中的解毒剂。

默沙东张扬地将艾滋病研究推向新高度,拯救了这片烂摊子。时任CEO的瓦格洛斯是一位好斗的医学博士。他在杂志上的形象要么是在划皮划艇,要么是穿着网球服,然后宣称对公司的未来"很他妈地乐观"。他试图打破科研界保密的气氛,鼓励科学家们公开讨论他们的研究,并在文章正式发表前就展示关键的数据。那时艾滋病还仅被认为是个很小的市场,默沙东如果太开放,可能就会失去好不容易才取得的一点先机,但瓦格洛斯仍努力坚持说那不重要。默沙东是业界领袖,他们不管风险多大,必须处于科研的最前线。

瓦格洛斯自有其自信的资本,因为默沙东已经发现了一种大有前景的新靶点——逆转录酶,其他大药企也很快会将被这个靶点吸引入场。AZT能抑制逆转录酶,后者广泛存在于RNA肿瘤病毒中,而且药物不易与之发生作用。但在1987年初,默沙东西点实验室一位毕业于哈佛的年轻分子生物学家欧文·西加尔(Irving Sigal)发现了一个值得深究的现象。西加尔和同事在为别的靶点研究病毒时发现,天冬氨酸蛋白酶在 HIV 复制中有重要作用。由于博格的工作,默沙东已经在与病毒蛋白酶很相近的肾素领域取得了领先。而且公司正在开发的一个可能价值 10 亿美元的药物*,正是通过阻断某种蛋白酶来治疗前列腺肥大。默沙东在蛋白酶领域占尽先机,所以瓦格洛斯对艾滋病研究信心满满。他作为默沙东的 CEO 与研究主管,将酶抑制剂列为默沙东的主要研究项目。

西加尔在这个项目上独领风骚。他比博格还年轻两岁,背景也更丰富。他在做出一系列重大生物学发现前,也是一位化学家。他的父亲马克斯(Max)曾任礼来的研究主管,而西加尔似乎至少也能做到默沙东的研究主管。他聪慧而又单纯,热情到有些粗野,33 岁时就在公司内部有了非常大的影响力。西加尔组建艾滋病研究组,博格主持基于结构的药物设计,他们不可避免地成了对手。为了掌舵权而互相竞争,可想而知他们之间并没有多少友爱可言。

西加尔当时势如破竹,纳维亚这么评价他:"如果欧文说'我在某天前要拿到多少毫克的某种蛋白,而且纯度如何',那他一定会完成的,你可以为此打赌。"纳维亚正是被西加尔招募来解析蛋白的(博格本来也想招揽纳维亚,但还是让给了西加尔),"他相信他的目标是正确的,他不会因为他的实验室擅长什么就做什么,他会为某个特定的疾病而努力。"

1988 年夏天,西加尔正推进着他的项目,博格也正悄悄地准备离开默沙东,纳维亚和麦基弗则正在开始那个三个月后就能解析出 HIV 蛋白酶结构的实验,国立卫生研究院的一个课题组也正在与他们竞争。那是段紧张而充满波折的日子,大家在策略上有很大的分歧。虽然瓦格洛斯鼓励大家与默沙东的竞争者分享信息,但纳维亚总为在解析出结构前就发表蛋白的结晶条件忧心忡忡(他之后在福泰也会有类似的担心)。有一天,他和西加尔又大吵了一架后,他们筋

---

* 即非那雄胺(Finasteride),商品名保列治。——译者

疲力竭地各自去过圣诞节了。

但那却是纳维亚最后一次见到西加尔。圣诞节四天前，西加尔从伦敦乘坐泛美航空的 103 航班回国时，与 258 位乘客一起化作了苏格兰洛克比上空的一团火球[*]，年仅 35 岁。

"我很绝望，"纳维亚三年之后依然会说，"我们的灵魂人物走了，项目一定会出问题。恐怖分子视飞机上的人命如玩物，但我知道，其中有一个人，他本来能在对抗一种可能消灭人类的疾病中作出任何人都无法比拟的巨大贡献。"

西加尔的死，以及博格两天后的离职，对默沙东造成了巨大的冲击，世人都看到了默沙东的脆弱。西加尔为艾滋病研究殉道，他没有"将自己神化"，但纳维亚等人丧失了信念。默沙东曾为艾滋病研究指明了一个有希望的方向，带来了新的思潮。博格和西加尔是这个新思路的传教士。他们都相信通过逐个原子的设计，关键的蛋白能被抑制，从而阻断病毒传播。而现在他们都走了。虽然瓦格洛斯和史考尼克宣称公司的前景不会受到影响，但其他人可不这么认为。默沙东研究艾滋病 8 年了，外人认为他们深陷泥潭——他们无法制作出比容易代谢的多肽更小、更稳定的酶抑制剂。抗艾滋病药物的研发虽然不算是退回原点，但再次成了令人生畏、挫人锐气、顽石般不可攻克的领域。

正是因为这种不确定性，博格曾经拒绝在福泰开展艾滋病研究。虽然奥德里奇认为福泰继承了默沙东的主力：博格、纳维亚、慕克还有邓。夸张地讲，除了西加尔，其他能支持瓦格洛斯之前乐观态度的科学家都在这儿了。更何况现在雅培和罗氏发现了能像 AZT 一样抑制病毒复制的分子，博格也像瓦格洛斯当初那么有信心了。当化学家开始合成这两类同样具有活性的抑制剂时，博格就好像石蕊试纸那样说变就变了。

"我们现在要看看什么可行，"他说，"我们有责任让它起效，**现在**，这是有可

---

[*] 即洛克比空难。不幸的巧合是，2014 年被击落的 MH17 上也有大批正要参加国际艾滋病大会的科学家。——译者

能的,我们不能把机会让给大药企。"

福泰已经耽误了不少时间,现在会不会太迟了?但"错过时机"对博格来说就像"无私的利他主义"一样是不存在的。只要有了足够的数据,在他的世界里不存在错误。"当我需要作决定时,我让事情自己作决定,所以在没有足够的信息前不应该作决定。因为兹事体大,我设定了一个很高的标准——只有在某些条件达到时,我们才能明确地作决定。我静候这一时机。"

事实上,此时可谓天赐良机。新药开发昂贵而且充满不确定性,之前规模类似福泰的研究艾滋病的小公司必须尽早找到合作伙伴。但是艾滋病患者已经没什么好失去的了,对未来也不抱希望,他们想要的是缩短药物的开发时间。12月,默沙东宣布他们在欧洲已经开始测试一种新型逆转录酶抑制剂,这个化合物6个月前刚从天然产物中被筛选出来。时间就是金钱,这种程度的压缩对资金短缺的小型公司意义重大。福泰并未因落后而丧失信心,虽然他们的候选化合物还未进行动物实验,但博格现在自信地宣称,他们离业界领军只差一两个财政季度的时间,福泰一夜间突然变得有竞争力了。

新的抑制剂,默沙东曾经的主力团队,抹了油似的开发路线,破纪录般的周转时间,这些元素都曾经出现在博格给日本人讲的故事中,这回他又有新的故事可以讲了。但他不知道除了日清这家方便面家族企业外还有没有别的买家。"他想把这个精彩的故事讲给更先进的公司听,"在生物技术界摸爬滚打多年的酶学家利文斯顿说,"尽管我们在艾滋病领域还没取得什么进展,但我们已经决定要大干一场了。"不像与中外制药的交易,这次没有本诺·施密特的引荐了。

博格和奥德里奇在东京与大阪各公司总部间乘着出租车与火车穿行,拜访了十多家日本公司,他们受到了精心但谨慎的接待。他们先在中外制药参加了一场奢华的晚宴,使博格确信他们对投资还很满意。第二天他们拜访了日清,博格对达成交易的信心有五成。他们在异国他乡用先导化合物换得了热情的招待与奇珍异宝,最后像心满意足的旅行者一样颇受鼓励地回到了波士顿。

而恰在此时，一件比做成一大单交易还重要的事情降临了，它将重塑整个生物医药界。1991年3月7日，博格和奥德里奇还在日本时，华盛顿巡回法院否决了低等法庭的判决，完全支持了安进，令其赢得了与基因研究所为期5年的专利大战，取得了抗贫血药EPO在美国生产与销售的全部专利。虽然安进的股票在那时候已经被普遍认为高估了，但又涨了12美元，创每股113美元的新高。基因研究所的股价则跌了21.75美元，每股仅剩40.25美元。

华尔街或许不清楚克隆（clone）和小丑（clown）的区别，但他们清楚一场骚动发生了。安进获胜以后，他们的股价飙升至两年前的9倍。还有哪里能挣这么大一笔钱？还有哪里能仅靠几个聪明人（以及一群精干的专利律师）就能做出像EPO一样年销售额能达到10亿美元的产品？而且**政府**还会在竞争中保护他们。

这十年来，华尔街就像一个焦急的求婚者，等待小型生物医药公司板块给个明白话：他们到底能不能挣钱？现在至少胜利者响亮地回答了这个问题。

博格在日本就感受到了这一事件带来的震动。他一周前出发时，华尔街还是老样子，晃晃悠悠、无动于衷，但现在他明显感觉到热度在上升。判决出来两天后，他回到了天翻地覆的剑桥市。几家成立不比福泰早多少，而且博格认为离盈利也没比福泰近多少的公司，宣布获得大笔的私募投资，还有些公司在准备**上市**！前几年想上市的公司需要有已经进入临床试验的药物，即那些几乎就快挣到钱的公司才能上市。如果放在两个月前，需要买下大部分原始股的机构投资者甚至不认为这批准备上市的公司能值他们的打车费，而博格听说现在他们正一家家地登门拜访。

那些曾在缝隙中躁动的数十亿美金的投资资本现在破堤而出，涌入生物技术领域，寻找下一个安进。药企的管理层密切关注着这场金钱的风暴，博格也不例外。他在这个大事件前谨慎地将艾滋病项目和日本暂时放下。"我现在声称公司值3500万—4000万美金毫无问题，"至于体量类似福泰的公司，他这样评论它们如甲状腺肿般增长的估值，"他们值1.2亿？如果有人非要说值，我宁可当个不同意的傻瓜。"

EPO 的判决激起了更大的波澜。除了基因研究所以外,中外制药也是输家。他们有基因研究所的 EPO 在美国的授权,本希望通过美国市场成长为世界级药企。这次挫折无疑会阻碍中外制药的成长,并让他们更加急切地依赖福泰。"我真庆幸我们已经跟他们吃过饭了,"博格开玩笑地说,"如果我们周五才去找他们,我们能吃上一碗面就不错了。"而有些科学家则公开表示他们担心中外制药会从免疫亲和蛋白项目撤资,博格安慰他们说没那么糟糕。但没有几个人觉得心里踏实了些。

但博格的视野远超科学家们。就像他能想象出空间中分子构象的变化,他现在也能清楚地看到商业格局的变化。几十家类似福泰的小公司很快就会在华尔街四处寻找资本,他们要与许多人握手结交,就像细胞中的小分子要四处探索。如果某次交往能长久地持续下去,他们就会是幸存者与胜利者,市场将会欢迎他们。但他们与市场的联系就像分子之间的结合一样完全是竞争性的,亲和性最高的胜出,其他人只能被挤走、丢弃。博格认为基因研究所就是这个情况。"他们有大约 300 人,太多了,"他说,"他们会坠落,燃烧殆尽,最后的碎片会被精明的投资者洗劫一空。"

博格一直说,去华尔街的时机就是当华尔街准备好时。现在时机来了,但公司是否准备好了,并没有人有空去关心这一点。

乔恩·穆尔百无聊赖地盯着他的电脑屏幕。5 个 FKBP 的理论模型像教堂雕花窗框一样叠在一起显示在他面前。重叠的骨架以荧光紫显现,不重叠区域中的原子构成了一个愤怒的矩阵,就像破旧的织物暴露出的线头。蛋白的外形已经很清楚了,而人们对其的比喻也表现了他们的性格,比如福泰的设施管理员说它像是"破烂的啤酒桶",博格称其为"寄居蟹的壳"。

这些大体相似的结构说明解析基本正确,但它们的不同之处令穆尔心烦。与 X 射线晶体衍射不同的是,核磁共振实验测量的是处于自然状态下的分子,它们就像水母一样在溶液中上下漂浮。为了获得一个高分辨率图像,穆尔还要再奋战一两周,他至少需要 10 个高分辨率模型,才能够通过取平均值来消除目前结构的差异。仅知道大体结构是不够的,公开发表的结构需要绝对的精确。晶体学家还控制着这个领域,他们不能容忍悬而未决的"噪声",他们会说,人们不能设计一种用于填充"啤酒桶"的药物。

穆尔现在专心优化结构,以便向一份好的期刊投稿。"对一个有 20 个人的实验室来说,做这点工作简直小菜一碟。"他在 3 月 11 日说(这时博格从日本回来两天了)。就像过去半年一样,他这个周末又独自加班赶进度了。他越发地疲惫,开始质疑这种策略的可行性。"人们认为施瑞伯已经包办了整个领域,我们要改变这个观点,"他说,"但是我冲到了个容易受伤的位置,最后可能会很失望。"

虽然穆尔一开始不相信他能赢,但他现在坚定地工作着,而这极大地打击了山下。在穆尔解析出蛋白骨架后的两个月里,山下的行为越来越古怪,他离群索居,焦躁不安。1 月的一个周一,他在清晨 4 点结束工作后说:"我们输了或许是件好事,这只是我的工作,不是我的人生。"但他一会儿又改变了想法,"我必须整晚干这个破事,我必须这么做!"他像奴隶一样地工作,只在周日晚上离开公司去布里格姆妇女医院的急诊室当志愿者,他喜欢这种晦暗的改变。他开始谈及成为医生的愿望,并兴奋地说起他看到的第一个死人——一个送比萨的萨尔瓦多人,他遭抢劫时头部挨了一枪。山下数了数他口袋里的钱(78 美元),然后填写了他的死亡证明。他觉得,当医生是一件既有意义又能产生满足感的事情。

他的两只手呈现出不同的色调,左手变黄了,右手呈裸粉色。他坚持说这和工作无关,但他想起读研究生时,有一次他必须顶着充满实验室的辐射去关闭一台脱轨的 X 射线仪。之后几天里,他的白细胞数飙升,他不得不住院接受治疗,医生安慰他说他只有局部受到辐射。"没有留疤,"山下说,"至少没有可见的疤。"他现在有些神经质,一般很冷静,但有时候会突然暴怒一下。"有时候爆发个 5 分钟,"他说,"很有帮助。"为了冷静下来,他经常和汤姆森还有劳拉一起去喝酒,他们同情地听着他诉苦,却也无能为力。

山下也是独自工作。他想像穆尔一样证明一下自己,因此他拒绝了纳维亚的帮助。纳维亚也看出山下需要独立性,干脆让他自己犯错。作这个决定并不容易,毕竟重原子置换实验不断失败,纳维亚也没法再自吹自擂了。作为社会实验的一部分,博格支持了他的克制,但无疑这导致他们不能及时获得关键信息。"结构不仅仅对我们有帮助,"博格说,"结构信息对我们是至关重要、无可替代的。"没有结构信息,福泰的化学停滞不前。而且不光重原子置换不行,结晶也表现平平。2月下旬,山下做实验的手感越来越差,他甚至用之前的条件都无法使晶体生长。他非常沮丧,他告诉慕克情况无药可救,他可能永远也拿不到结构了,并打算放弃晶体学。"太折磨人了,"他说,"我想做一些更加可预测、成功率更高的事情。"

绝望之下,他终于听从纳维亚的建议更换了母液。这个改变突然稳定了蛋白,给了他或许能在之后两个月内解析出结构的希望。"我们现在终于赶上其他的晶体学家了,"实验终于走上正轨,他在3月初宣布,"这终于不是我们自己的问题了。"

山下和穆尔此时都很乐观,这样的时刻可不多有,但就在这时,博格听说施瑞伯及其合作者已经把他俩同时击败了。根据博格的情报,施瑞伯和卡普拉斯(他已从福泰的科学顾问委员会中除名)在1月底已经向《科学》提交了核磁共振解析出的蛋白结构。一周之后,施瑞伯又和克拉迪提交了X射线解析出的结构。这两篇连续发表的文章相辅相成,它们不光会展示FKBP的形状,更将体现FK-506附着在其上的方式,以及这两个分子的结合模式。

这场"突然袭击"在战略上大胆,在战术上卓越,博格都不得不承认施瑞伯"控制了这个领域"。穆尔猜测在他1月底给施瑞伯打电话时,施瑞伯早已完成了核磁共振解析,只是在等克拉迪的研究来互相印证。

"最后的精修以光速进行,"施瑞伯回忆,"我们加班加点地干活。克拉迪和他的研究生格雷格·范杜月(Greg Van Duyne)带着数据在2月6日或者7日,也可能是 8 日来的,差不多在我生日前后。我让他们住在附近的旅馆里。我们一早就开始写论文,分析数据,去汉堡店随便吃点,回来继续工作,然后边吃晚餐边写论文,回来继续工作到凌晨。"

博格在 3 月 12 日听说施瑞伯有两篇论文正在被审稿时论文已经提交了一个月了*。两天之后,也就是周四时(科学家们后来称之为"黑色星期四"),他确认了这个消息,并告诉了山下和穆尔。

"梅森,你怎么样?"博格把头探进模型室。这个到访太不寻常,正在工作的山下立刻就怀疑他不是来寒暄的。

"我很好,乔舒亚,你怎么样?"

"我也很好。"

"那么,"山下说,"默沙东打败了我们吗?"

"没有。"

"那是谁?"

是施瑞伯而非默沙东解出了结构,这令山下有点不知所措,他反常地平静。博格说:"他那么平静,反而让我很担心。"穆尔像往常那样咒骂了一会儿又回去工作了。

博格绝对不会放弃,桑德斯称赞博格是个能去"寻找小马"**的人:一个坚

---

* 一篇严肃的科研论文在提交至期刊编辑部后,如果编辑认为符合期刊的方向,会将文章递交给多位匿名审稿人,由他们提出修改意见。此流程即同行评议(peer-review),一般至少需要一个月才能有结果,一些文章需要反复修改、补做实验、交换意见,从投稿到发表的时间甚至会长达一年。——译者

** 寻找小马(finding the pony)是美国总统里根很喜欢讲的故事。他于 1981—1989 年任美国总统,正是本书的背景时期。"寻找小马"讲的是一个乐观的孩子到了一间充满了马粪的房子,他立刻开始清理马粪,因为他认为附近一定有匹小马。这个故事演化出了不同的版本,甚至被误传为里根小时候的故事。简而言之,这是里根喜欢的有关乐观的故事。——译者

定的实用主义者如果被领入一间充满马粪的房子,他会立刻找把铲子开始干活。他的哥哥肯说博格继承了母亲绝不接受一败涂地的态度,绝对不会坐以待毙或者顾影自怜。他立刻发现了一个藏在施瑞伯胜利表象下的绝佳机会。施瑞伯和合作者的确先发现了结构,但这不代表他们真的赢了。施瑞伯的结构还没有被印出来呢,发表而非发现,才是真正的胜利。施瑞伯或许赢了,但福泰未必输了,他们还能达成平局,他们还能在施瑞伯的文章被接受并付样前提交自己的文章,博格相信哪怕是默沙东也没有他们这么接近发表。几分钟之内,他就将施瑞伯带来的溃败转变为一场还可能"需要录像回放才能略分上下"的平局。

博格立刻着手恢复福泰的功能。施瑞伯的战略或许无懈可击,但他终究不该压着那篇核磁共振的文章。"施瑞伯知道我们在通过核磁共振解析结构,这是我告诉他的,"穆尔说,"但他也想发表 X 射线解析结构的文章,因为这可以形成一个更完整的故事。这就为我们留下了一扇门,留下点面子。"博格计划让穆尔在一个月内完成结构,并将文章投给《科学》的对手。与此同时,穆尔将立刻向山下提供已知的结构,这样山下就能绕开重原子置换,尝试纳维亚在去年 12 月提出的实验性的分子替代法。这样穆尔的文章在前,山下和纳维亚也有机会在施瑞伯和克拉迪的文章发表前解析出晶体结构,构成名义上的平局。

"最后关头了!"* 博格不看橄榄球,但他不介意用这个海湾战争期间的口号鼓励大家同仇敌忾。他就像诺曼·施瓦茨科普夫(Norman Schwarzkopf)将军**一样,兴致勃勃地告诉科学家,他们可以使用所有的资源,"公司里每台电脑,"他点了点自己桌上的鼠标,"包括这一台。"

---

* 原文为 first and goal,是一个橄榄球术语,指进攻方最后一轮进攻的机会,如果在该轮进攻中没有得分就要转为防守。——译者
** 海湾战争中的美军司令。——译者

十亿美元分子

. . .

这是美国历史上令人眼花缭乱又大有可为的年代。一周前,国会将乔治·布什(George Bush)捧上了天,他们赞美着他的名字、欢呼着战争。民主党都带上了美国国旗的胸针,但是共和党技高一筹,他们拿出了在电视上更好看的小国旗。民主党不得不请求对手分他们一点国旗,这样他们就能像《时代》报道的那样,"向乡亲们挥舞[国旗]"。华尔街似乎也同样受到爱国热潮的影响,海湾战争的7周内,道琼斯指数飙升了500点。狂热的投资者又开始撒钱了,他们的慷慨惠及所有的行业,无论大小如何、盈利与否。虽然国家还处于衰退之中,战争也没能实现推翻萨达姆(Saddam Hussein)政权的主要目标,但这无碍于这段好时光。美国又成为胜利者了。全国上下一起畅享这场意外的胜利。各种谬见不光不受限制,反而得以滋生,好像即使有人看穿这梦幻泡影也没关系,当权者传递的欢快景象是如此地深入人心。

现在也是生物医药界粉墨登场的时候了,他们为这一刻准备很久了,众多创业公司像组成了一个游行方阵般加入了华尔街与全国的狂欢中。他们每家都有一个炙手可热的有关奇迹疗效、新技术、无法形容的财富的故事。他们也都像民主党和共和党一样,打压竞争者、加大赌注,决心榨取这疯狂时刻的价值。华尔街又开始享受巨额佣金与投资组合的快速成长,在他们的鼓励下,创业公司宣布的交易越来越大,可是研发药物的时间却越来越短,科学支撑也越来越经不起推敲。有些没比福泰成立久多少、离盈利近多少的公司,通过上市筹集到了4000万美元的资金。他们的估值比那些体量10倍于他们、年收益数百万美元的制造业公司还高。

博格确认施瑞伯胜利的那个黑色星期四,《华尔街日报》报道了一家"超级创业公司",这是一家乘着华尔街的风向刚成立的公司,他们在第一轮融资中轻松筹到了3000万美元,而福泰两年前费尽千辛万苦才筹到1000万美元。目前他们披露的细节很少,毕竟没什么可说的。根据《华尔街日报》,这家公司还没有名字,但会位于东海岸,他们计划"利用细胞自己的机制"来开发药物。披露这个消息的人是令大家意想不到的金塞拉,他的阿瓦隆投资公司将和纽约投资家戴维·布莱克(David Blech)合作,共同建立这个公司。布莱克是一位34岁的前股票经纪人,也是位业余音乐家,他在将近20家生物技术公司都持有大量股票。布莱克喜欢将股票送给经纪人与商业领袖,这样他们反过来会帮他做大生意。他身处一个有影响力的投资网络的中心,前总统杰拉尔德·福特、比尔·盖茨(Bill Gates)以及花旗银行的前总裁沃尔特·里斯顿(Walter Wriston)等都是布莱克的公司的董事,他已经挣到了3亿美元。金塞拉说,这家还没有员工、没有实验室的公司估值已经达4500万美元,哪怕它还要好几个月才会开张。

"如果这也能值4500万美元,"博格哼了一声,"那我们就应该赶上安进了。"

《华尔街日报》没有解释金塞拉如何多算出1500万美元的。但博格知道,因为作为福泰董事会成员以及大股东的金塞拉亲自告诉了他。金塞拉还说这家公司要利用的机制正是细胞的信号转导,当下免疫学的大热门。他们组建了一个包括数位诺贝尔奖得主在内的格外强大的科学顾问委员会(博格称之为"上帝的科学顾问委员会"),最关键的是有施瑞伯。施瑞伯高调的工作在整个领域都留下了他的烙印。这家公司其实也是施瑞伯被开除后的结果。金塞拉对福泰失去施瑞伯很生气,他在去年10月刚得知这个消息时就急忙飞过去听施瑞伯怎么说。他气鼓鼓地邀请施瑞伯去跟董事会申诉(施瑞伯拒绝了),他又问施瑞伯有什么新成果。施瑞伯立刻开始了一场准备许久的有关信号转导的讲演。金塞拉发现了这个巨大的新商机,顾不上哀叹福泰失去施瑞伯,又立刻与他的伙伴组建了一个新的创业公司,就是现在这家被华尔街广泛报道的公司。

博格被施瑞伯的参与震惊了。他虽然不认为这家公司是个威胁,他说:"他们在很长一段时间里都还说不上话。"他鄙视的是这种"类似通奸的事情"。他惊异于金塞拉会建立另一家与福泰如此相似,以后注定要互相残杀的公司。

"这真是滑稽,"他恨恨地说,"凯文觉得开除斯图尔特是个错误。但他不想让竞争对手得到施瑞伯,于是他就让我们自己互相竞争。"

奥德里奇赞同:"我不知道他怎么能睡得着。"

对福泰的科学家来说,被施瑞伯再次从科学上击败已经够惨了,而施瑞伯又将在整个药物设计领域与他们竞争,这令许多人胆寒。

"不管你怎么看他,他分离出了 FKBP、克隆出了 FKBP、表达出了 FKBP,"阿米斯特德说,"他有核磁共振结构,也有 X 射线结构,而且他是一个**化学家**。他无所不能,该死。我觉得他能与我们竞争,我觉得他能与任何人竞争。"

"我们一直说信息为王,"利文斯顿说,"而施瑞伯现在有许多重要的信息,而且都掌握在懂行的人手中,这非常危险。我希望他会把这些信息卖给惠氏制药(Wyeth Ayerst)*,但他没有任何理由不卖给默沙东。"

当然,他没有说更加恐怖的那种情况:施瑞伯还可以把信息卖给金塞拉那家还没有名字的公司。而且博格还听说施瑞伯可能会向哈佛施压,要求将 FKBP－12 的结构专利独家授权给那家新公司(就像他曾经想把 FKBP 的专利独家授权给福泰一样)。发表结构的竞争现在逐渐成为了博格与施瑞伯的决战。这场战斗不光发生在化学或者免疫亲和蛋白领域,他们要在药物设计中交手了——虽然施瑞伯曾经发誓对此毫不感兴趣,而这是博格的必争之地。他们以前只是不成功的合作伙伴,现在成了交战中的对手。博格意识到,就像所有的科学争端一样,最后的胜负很可能不是在实验室里而是在法庭上决出的。他请肯·博格开始研究所有起诉施瑞伯和金塞拉的可能性。

突然之间,福泰充满了黑暗、困扰、世界末日般的危险情绪。

"乔舒亚认为他自己在拯救世界,而施瑞伯却处处和他作对。"汤姆森解释,他自己持一种更缓和的态度。他第二天穿着一件印着"Shit Happens"(破事多)的 T 恤衫来上班,想以此"鼓舞大家"。

---

* 惠氏制药并不以药物研发著称,见附录 1。——译者

第十六章

  山下十一二岁时,他的父亲在开拔前往越南前给他留下了一本托马斯·莫尔(Thomas More)的《乌托邦》(*Utopita*)。山下和他的哥哥、母亲在越战末期住在德国一处军事基地里。他那时在读小学六年级,作为一个无依无靠的日裔美国人,挣扎着融入环境。他的父亲是位医疗技师,山下对他很尊敬,却很少见他,约莫感觉是一个严肃的人。《乌托邦》讲述了一个靠理性治理的异邦城市,那里一切都很美好,这对处于困境中的山下是味不错的解毒剂。

  山下是一个动荡家族中的第三代人。山下的母亲会在家里桌上的**佛坛**中祭拜先祖;他的父亲对他而言,与其说是亲密的家人,更像是家族历史与他个人困惑的具象体现。他的父亲是加州吉尔罗伊(那里号称世界大蒜之都)一个小草莓农场主的7个孩子之一。二战期间,农场被没收,他们被监禁,那时他父亲只有十一二岁。

  "他们被送到了图利湖,"山下严肃地回忆着,"我的祖父心脏有问题,他在关押末期因为肺炎去世了,那时他们正考虑把他遣返回日本。在他生病期间,美国政府问他效忠美国还是日本,他说日本。所以在他死后我们全家还是被送回了日本。"

"东京,"他继续说,"那时已经是一片废墟。因为我父亲懂英语,他在一个军队食堂找到了一份看门人的工作。当时全家都在挨饿。由于他毕竟是美国公民,他去了夏威夷,在一处菠萝园里找了份工作,虽然条件很恶劣,但他坚持将工资寄回日本,保障家人的生活。"

菠萝园实在太艰苦,山下的父亲没怎么受过教育,后来就自己的年龄撒了谎,借着参军从那儿逃了出来。他最后乘船回到日本,并遇到了后来成为山下母亲的女人。"我妈早年的生活很悲惨,"山下说,"她父亲是个酒鬼,在她小时候就跑了。她的母亲则在一个大雪天骑车上班时被火车撞死了。她后来被收养,然后移居中国东北,战后被苏联人关押了一段时间。当她终于回到日本时,她遇到了我爸,于是他们一起到了美国。"

山下自己的童年没那么艰辛,但也是缺少关爱的。当他在父亲奔波于朝鲜和越南时,他在不同的军事基地长大:10 岁前住在夏威夷,之后又去了德国。"我总是活在我哥哥的阴影里,"他回忆道,"我哥哥非常了不起,一直是个全优生,就是有点古怪。他喜欢对我做一些奇怪的实验。我记得有一次,他去图书馆找了本有关儿童心理学的书,然后给我讲了一些让我非常害怕龙卷风的恐怖故事,比如玉米秆子能被风吹飞起插进树中,或者池塘里的青蛙因水龙卷被吸上天,然后在好几里之外摔下来。"

"他简直不可思议。在很大程度上,他比我爸还像我爸。可是当我们还在德国时,他就去了美国加州理工学院读书。那时,我第一次感觉糟透了。"

《乌托邦》(词源上的意思是乌有之乡)是山下的德育启蒙书。这本书写于 1515 年至 1517 年间,时值地理大发现,托马斯·莫尔在书中抨击了欧洲大陆上的贪婪与不公,以及因渴望权力与财富而攻伐不休的基督徒们。

"我更像是理查德*,像个共和党人。我父亲想管教我,让我变得更有同情

---

* 奥德里奇的名。——译者

心，我觉得那很蠢。"

他停了一下继续说："其实这挺奇怪的。有时我会想起我爸经历的那些事，如果换作我，可能早就自杀了。我觉得他的经历应该会让他变得刻薄冷漠，但是他没有。我长大以后才慢慢开始理解他。"

青少年时期的山下先在旧金山待了一段时间，然后回到夏威夷进了所公立学校。"很无聊，我很长一段时间里就是什么都不做，望着天空发呆。我可能有点怪。"但他的心灵并未沉寂，他痛苦地探索着正确的生活方式和所谓的归属感。他读了加缪（Camus）的《鼠疫》（*The Plague*），书中将利他主义奉为衡量幸福生活的终极标准。"在看到大家都遭受到的痛苦时，"加缪写道，"我们心头怒火翻腾。"* 与此同时，他在学校认识了一个来自五旬节教派的小伙伴，他们会在周六去一个破旧的购物中心当宗教义工。

经过长期挣扎，山下最终放弃了宗教。"在《鼠疫》中，有位教士跟信徒们说鼠疫是上帝的惩罚，"他解释道，"他最后也病死了，但是奇怪的是他并没有症状。然而塔鲁（Tarrou，书中主要角色之一）却同时得了肺鼠疫和腺鼠疫，死得很凄惨。我觉得加缪在这里的意思是，有信仰的人活在自己的壳里，活着死着都差不多。但是塔鲁抛弃了宗教的壳，虽然活得更艰辛，但也更充实。"

"对我来说，那是段艰难的时光，教会正在试图用戒律驯服我，他们想在我身边修起一层壳，但我想去经历人生并感受痛苦。"

他进入了夏威夷大学，认真、充实地过着每一天，但很快悲剧降临了。他本想像加缪书中的主角一样当个医生，但是他在大二的生物课上只得了个C，"于是我决定成为一个化学家"。

他突然发现了一个似乎能解决他长久困惑的答案，"一想到无数小东西正在按你想的那样进行反应就让我很奇怪。我一开始根本不相信，因为我只相信我亲眼所见的。但人们试图通过光谱学（一门包括核磁共振和晶体解析的物理

---

* 出自《鼠疫》的文字均参考顾方济、徐志仁译本。——译者

学分支学科)说服我相信。我得说我一开始是持怀疑态度的,我看着这些晶体便不由地会想,'它们的确很漂亮,但它们真的是有序的吗,我眼前的到底是什么?'"

在山下的心中,科学、真理、正确的事、对哥哥的复杂感情、对父母的歉意此时交织在了一起。所以最后,成为一位科学家,似乎是这位年轻人的必然选择。科学是严谨有序的,这种秩序根植于亚原子领域最小、最细微的力中。只要足够细致,人们可以看到它、理解它、操纵它。"相比之下,我们的手是如此的笨拙,"他说,"但我们的手可以指挥数十亿的分子来做同一件事,比如拾起或放下一个氢原子,这太神奇了。"山下认为,亚原子之间的相互作用是人类行为的完美典范,他弹指一瞬的生命也应当如此。在他看来,人群的熙熙攘攘也受简单结合力的控制,就像加缪在《鼠疫》的结尾处所写的:"在他们唯一的共同信念的基础上站在一起,也就是说,爱在一起,吃苦在一起,放逐在一起。"精确将带来真理,甚至救赎。

只有一个限制条件:必须绝对正确,不然一切就会土崩瓦解,坍塌为熵与痛苦。

山下对光谱学寄予厚望,然后怀着信念跃向万千世界。

有了穆尔提供的蛋白骨架,山下以惊人的毅力开始了结构解析最后的攻坚。穆尔在3月中旬按计划首先确定好了所有氢原子的位置,然后立刻开始写论文。山下紧随其后,逐步缩小着差距。长期盘踞在博格办公室旁昏暗的模型室中,山下两周内就勾勒出了FKBP-12粗略的轮廓,比预计的最短用时少了一半。

这是个孤独艰难、令人心生怨念的工作。X射线射向原子核后,电子云,或者说电子的密度,会使其发生衍射,进而类似在命案现场用粉笔将尸体的外形勾画出来般,描绘出原子的外壳与轮廓。在屏幕上,空间中的电子密度以等高线图的形式呈现,一条条闭合曲线形成了一个个空洞。这些曲线堆在一起,卷成一团，扭成波浪，让人想起20世纪60年代"流光幻觉秀"＊中油乎乎的"阿米巴虫"图案。

一副电池供能的3D眼镜和一对永不摘下的耳机，是山下工作时的标配。一周7天，每天12—14小时，他一直沉浸在亚原子的宇宙中。他一般从头天黄昏干到第二天早上，晕乎乎地结束工作，不熟悉他的人会以为他是8点前就第一个到公司的。知道蛋白的折叠方式虽然可以使他开始工作，但尝试依然是费劲的。黑色的屏幕深不见底，其上漂浮着一个由1600个原子构成的翻腾的、扭曲的电子密度网格矩阵。他要做的是将蛋白结构放进这个网格中，就像将船模放进一个玻璃瓶中，同时你不能打碎这个玻璃瓶或是改变它的形状。不仅如此，这个矩阵是不连续、不规则、一团一团的。所以他要做的工作更像是要根据虚无缥缈的鬼魂，将一种早已灭绝的动物的骨架搭建起来。

更糟糕的是，山下得到的"主要线索"——蛋白轮廓图——只是个假说，它还需要得到验证，可验证的方法顶多是主观的。因为这毕竟是依靠不全面的信息、不完整的理解，通过一种还在改进的技术做出来的，模拟的过程中存在太多误差和限制。比如，可能不是所有的电子密度都属于蛋白。FKBP－12内部有许多孔隙，其中存有数千个水分子，它们也会有自己的电子云。在绘制蛋白轮廓的时候，人们一不小心就会将某些水分子的电子密度也归属于蛋白。最后，晶体学家就不得不解释，为什么很多电子密度无法解释，或者哪里平白无故地多出些密度分布。电脑将会检验他们的假设：它们能不能满足原子结合的条件？键长与键角是否合理？即使都对了，也会如纳维亚所说，晶体学就是"输入一堆垃圾数据，得到一堆垃圾结果，你需要进行大量的精修才能洗脱身上的原罪"。

山下的工作好像是在行走在深渊边上，他决定不去想用这种以管窥豹的方法来寻找真理背后的科学伦理问题，但他无法避免生理上的恐惧。分子存在于

＊ 流光幻觉秀（liquid light shows），20世纪60年代时，曾流行过一种将染料、酒精、矿物油混合起来加热，以形成图案变化的艺术形式。

三维空间中,而 X 射线所获得的影像图是二维的。科学家需要将影像放大缩小、拉远移近来研究第三个维度上的问题。进入一个分子之内,人们很容易迷失方向,误入一处不熟悉的平面,滑过分子的山脊,最后落入虚空。盯着一幅无穷无尽又极端相似的电子密度图几个小时会令人陷入痛苦的眩晕,山下就算听着高分贝的摇滚乐也无济于事。他最喜欢听汽车合唱团的《正是我需要的》(*Just What I Needed*),其中一句歌词生动地描述了他的感受:"你在哪里都无所谓,反正都是深陷其中。"他基本上每个清晨起身时都感到一种弹震症般的恍惚,好像身体不属于自己。

虽然从外表看来他有些冷漠,但他的内心是愉悦的,近乎宁静。他终于能将重原子替代的绝望抛之脑后了。在与纳维亚、博格、穆尔,还有他的对手,默沙东的麦基弗痛苦地纠缠数个月后,他终于成了关注的焦点。目前只有 300 个蛋白结构被解析出来,发现一个新的蛋白结构总是一件大事,像 FKBP-12 这么重要的蛋白肯定还会受到更多的关注,而这都将是他的功劳。如果还在研究生院,他就不得不将精修的工作交给别人。但纳维亚认为,构建轮廓图是"一个人的工作",因此都让山下自己去做。他甚至从纳维亚那里感到了一丝嫉妒,他揶揄纳维亚说:"如果你想做这个,你可能要减薪 7 万美元,然后每天干 18 个小时。"(纳维亚和蔼地回应:"梅森的活干得不错,但是最后 99.99% 的成绩要归功于我,事情就是这样的。")山下选择成为晶体学家是因为这有种当国王的感觉,他觉得自己正骄傲地身披王袍,但这个想象可不怎么友善。"我和穆尔的文章将会被大家传阅,"他说,"而汤姆森的文章会被丢给技术员,然后说:'嗨,给我搞些蛋白来。'太可惜了,他在错误的领域付出了太多的努力。"

3 月底,山下基本完成了结构解析,就差精修了。为了尽快发表论文,他最后一个周末都在写稿子。到了周一,他精疲力竭但兴致勃勃地将稿子带到了免疫亲和蛋白工作组的例会上。这天是 4 月 1 日,阳光明媚,却是美国南塔克特岛人所说的可憎之月的开始。可憎之月,虽然看起来很无害,但情绪瞬息万变,满含未曾预料的恶意。

这个工作组在上周就起了一次冲突。结构解析的最后阶段需要大量的蛋白,酝酿了几个月的危机终于爆发了。好斗的汤姆森率先发难,"他们居然明天就要200—300毫克的蛋白,"他又挑起了对晶体学家经久不衰的抱怨,"生物物理方面的同事从项目一开始就向我要这么多的量,他们一天就能满不在乎地用掉1克蛋白。我是生物物理化学家,但这两年我几乎没做什么本专业的事。"纳维亚虽然愤怒却保持着礼貌与克制。他需要FKBP-12蛋白来与FK-506共结晶,但他并不是为了自己而需要蛋白,而是为了研究蛋白如何结合,为了设计药物、赶超施瑞伯、击败默沙东、证明福泰的地位,每件事都是这么的重要,但汤姆森此时却在抱怨他个人的工作多么辛苦。纳维亚巧妙地建议福泰多雇用两个人来"生产"蛋白,但汤姆森敏锐地发现,此举看似给他的小组添人,实际是要将他的小组降格为提供蛋白的"服务"部门。于是,他建议纳维亚自己生产蛋白,这让纳维亚气炸了,他俩因而争执不休。最后博格不得不训斥了他们两人,"公司只支持科学家的一种目标,"他说,"那就是发现新药。其他的,我不想再听到。"纳维亚一拍桌子,踢开椅子闷头走了,汤姆森也是恨得咬牙切齿。之后一周里,他俩都没有说过话。

山下幻想着他的文章能带来胜利与和解。自 VX-367 以来,化学家们再次缺乏数据了。现在福泰还有机会追上施瑞伯,如果能获得 X 射线晶体结构,就像在银行里有一笔巨款。山下分发着论文的复印件,觉得他凭一己之力就能将好几个悬而未决的问题一并解决,让大家再次团结起来。集中营幸存者的孩子们经常会说,他们想修复父母破碎的生活,将他们从动荡的过去中拯救出来,治愈他们的痛苦。山下似乎就在这种冲动下工作。他似乎认为他能调和他的密友汤姆森和他的老板纳维亚(也有类似于他父亲的角色)之间的关系,就像一个破碎家庭的孩子,认为能用一张漂亮的成绩单重铸父母破碎的婚姻。他大方却天真地将他俩,还有博格、穆尔、慕克,以及整个晶体解析小组(他们主要提供精神支持)都列为了共同作者。

"25个人要坐25辆出租车。"吉姆·赖斯(Jim Rice),一位愤愤不平的前波士顿红袜队队员有一次这么不客气地评价他不配合的队伍。工作组如今就是这样不团结。

除了汤姆森,没人认真读过山下的手稿,因此讨论的重点不是论文的内容,而是其存在的价值:福泰现在也通过核磁共振和 X 射线衍射解析出了 FKBP-12 的结构,他们该采用哪种发表策略呢?博格和纳维亚想像施瑞伯一样来个连续发表,最好投给《自然》,这样就可以和施瑞伯在《科学》上发表的论文相抗衡。他们认为这两篇文章串起来可以讲一个更完整的故事,可以全面打压施瑞伯的气焰。但是穆尔拒绝这种做法,因为他的文章即将完成。如果把文章压住几周,等山下完善数据,他说这简直是"自杀"。

"我的原话是,'我考虑过这个两篇文章连续发表的方案,但是我当即就认为不可行'",他说,"'我认为,如果我们把它们一起投给《自然》,他们很可能会把核磁共振那篇扔出来,或者让我们合并成一篇。本质上来说,我们就是用不同的方法来解析同一个蛋白结构,而且我们用了核磁共振获得的结构来获得 X 射线晶体结构,那为什么不把核磁共振信息并入 X 射线那篇中呢?'博格不喜欢我这个回应。"

博格其实另有考虑。他和奥德里奇周三将飞到纽约去拜访高盛集团(Goldman Sachs),讨论通过私募来筹资数千万美元的可能性。华尔街对生物技术的狂热看似愈演愈烈可又难以捉摸,福泰必须加入其中,不然就会被落下。如果能及时发表一篇有分量的文章(比如山下的晶体学文章),就能诱惑性地暗示福泰离基于结构设计药物的应许之地近在咫尺,从而不会被高估或者超卖*。

"[发表论文]可能就是我们能筹到 1000 万还是 2000 万美元的区别。"博格说。

随后是一阵尴尬的沉默。博格虽然没有明说,但他似乎暗示了他并不是出于科学的原因而扣押穆尔的文章,而是这样山下的文章就能卖个更高的价钱。

---

* 股票被过量卖出,导致股价下跌。——译者

"这让很多人大开眼界,"穆尔说,"人们开始议论纷纷,'我们是在搞科研吗,我们在这里干嘛?'"博格虽然引起了话题,但很多时候他只是为了激起讨论。但对于有些人,比如汤姆森,科学是一种荣誉,一种不容推卸的道德义务,把科学和金钱等量齐观简直是胆大妄为,绝对不可忍受。

汤姆森被惹怒了,这几周他在工作组会议中的肢体语言明显表现了他的蔑视:他坐得离桌子远远的,窝在椅子中,双手抱在胸前,领口挂着墨镜,像块大石头。他对自己的工作以及与纳维亚的争吵很沮丧,对福泰的科学精神马上要被明码标价地拍卖感到很心寒。他还对晶体学家充满怨恨,认为他们肆意浪费蛋白却逍遥法外;而尽管山下的文章的完成度离穆尔的还差一大截,博格却非常溺爱他们。他还认为山下把他和一些无关紧要的人一起列为共同作者是一种羞辱。再加上他没日没夜的艰辛仅"被当作技术员使用"……汤姆森愤怒地跳出来为穆尔辩护。

"我不明白为什么核磁共振要被当成难看的小妹妹,"他阴着脸说,"我是这里唯一一个读过这两篇稿子的人,梅森还需要做很多的工作,你们读啊,读了之后就会同意我的。"

博格打断了他。不管汤姆森还想说什么,但目前他的主张正合博格心意。他想让所有人都来读这两篇文章,包括诺尔斯和哈佛的晶体学家威利。这两位德高望重的科学顾问对酶的结构以及《自然》的发表要求都非常熟悉,博格希望借助他们压制工作组,以免产生更多的怨恨。他明智地认为,科学家们都需要冷静一下,目前更多的讨论没什么帮助。穆尔和山下勉强同意了下午亲自将两篇文章送到哈佛去。

山下不肯就此罢休。虽然他和汤姆森是朋友,但他觉得他受到了不公正的批评。等到会议结束后,他找到了汤姆森,要求他解释为什么要反对他的文章。

"约翰,你到底什么意思?"

"没什么意思,"汤姆森边说边走,试图回避一场争斗,"我就是觉得还需要润色。"

"嗨,伙计们,"纳维亚插了进来,"让我们都停一停。"但他可不是一个好的调停者。

"不行,"山下坚持说,"我也想停下来,但我想知道约翰在想什么。"

汤姆森摆了摆手,现在大家正从会议室里走出去,他希望私下单独和山下解释,而且他正赶时间给墨尔本的家里打个电话。可是山下不依不饶。

"看来不告诉你点什么你就不让我走了,"他不耐烦地说,"好吧,我想知道有一半的作者做了什么。"

山下惊讶地叫了出来:"啊,**这样!就是这样啊!**"

其实谁该得多少功劳不是汤姆森唯一的抱怨,甚至都不是他不满的主要原因,但是这就是山下所听到的。他既然已经逼得汤姆森承认了这一点,接着就此开始批判汤姆森。汤姆森失望而震惊。在福泰所有的科学家中,他可能是最无私、在最不受关注的任务上最辛勤奉献的了。他终日工作在实验台前,是公司最坚定的支持者,如今他觉得自己被当成了争功夺利之人。无望之下,他咬了咬牙,"我不想成为一个因为导致四个人没能在《自然》上发论文而被记住的人,"他对山下说,"随你便,但是别带上我。把我的名字从文章中拿下去,我拒绝成为作者。"

愤怒的汤姆森找到了穆尔,他俩带着穆尔的文章像一阵风般离开公司去了哈佛。他们没带山下的文章,不管是故意还是单纯地忘了,结果都是一样的。原本留给施瑞伯的刻薄情绪现在在公司里蔓延。人们不再聊天,不是因为他们不成功,而是因为太成功了。"我为自己坚持公理而骄傲,"汤姆森在车上摇了摇头,自怨自艾地说,"结果我成了混蛋。"

与此同时,山下独自坐在昏暗的模型室里,将脸埋在手中。他苦楚不堪,一切都大错特错。在他的文章中,他强调了穆尔提供的核磁共振信息为解析 X 射线结构的贡献,结果看起来就像是他想偷走穆尔的功劳。他将一大群人列为共同作者是因为他想显得团结,他本认为别人也会支持并称赞此举,结果触怒了汤姆森。没有汤姆森,他就没有蛋白可供解析;没有汤姆森,他在过去半年里就只能与悲伤为伴。他本是出于好心,结果得罪了所有人。

山下奉为圭臬的科学真理在荆棘丛生的科研实践中被快速地消磨。行好事固然不错,但胜利是必须的,而山下打心底讨厌竞争。他头晕目眩,无法工作,在自我厌弃中回家了。他决心辞职,再也不搞科研了,只要他的股票变现了,他就有钱去医学院读书了。他告诉自己,至少在那里他会明白规则。

他哀叹道:"我不认为这是个充满科学合作的时代。"

· · ·

博格在各个会议中奔波后,第二天快中午时闯进了奥德里奇的办公室,宣布了华尔街最新的愚行。"再生元(Regeneron),"他嘲弄地哼了一声,"9900万美元。"

再生元是一家只有三年历史的生物医药创业公司,他们自己的人都说离能挣到钱可能还有十年,但当天早上他们以每股22美元上市,共售出450万股,筹集了原计划近两倍的资金。醉醺醺的华尔街就像一群在春假期间用漏斗灌酒的大学生般毫不犹豫地接受了这笔募股。

奥德里奇惊讶地瞪圆了眼睛。他对股票市场和对哈佛一样没有信心。再生元在正确的时间带着正确的故事冲进了市场:他们在研究最时髦的疾病——阿尔茨海默病(即常说的老年痴呆),并与安进签订了一项价值高于5000万美元的研究协定。对当时的人来说,这就像和上帝合作研究长生不老药。

但在奥德里奇和博格看来,再生元的"里子"——他们的专利技术、竞争基础,尤其是开发药物的进程和盈利能力都毫不引人注目,而且他们只有两种神经生长因子的一些尚不明确的专利。神经生长因子是一些天然蛋白质,**可能**可以帮助逆转阿尔茨海默病和帕金森病患者脑细胞的损伤。但阿尔茨海默病会是任何试图寻找其疗法的公司的噩梦[*],因为没人知道其病理过程。有任何证

---

[*] 2016年11月,礼来宣告一款曾被寄予厚望的新药临床试验失败,目前尚无特效药。——译者

据能表明再生元可以开发出一种安全有效、可递送至病灶的药物来阻止患者大脑坏死吗？蛋白药物在试管中或许会有效，但它们很难在体内递送，往往需要直接注射到病灶区域。再生元打算把药物直接注射到患者的脑前叶吗，又有多少人会买这种药？这种药又该如何测试？验证一种药物能否治疗阿尔茨海默病的唯一方法是检验脑中的斑块（因为这种病发病缓慢、隐匿，临床描述模糊），也就是说，需要等受试者死后，人们才能确认他是否真的得了阿尔茨海默病，可能需要数十年才能收集足够向 FDA 申报上市许可的上百个病例。与此同时，整个神经药物领域充满了诉讼：抑郁症以及失眠症患者正要求数千万的赔偿，因为他们声称最畅销的抗抑郁药与安眠药使他们得了精神病，自杀患者的家属也乘势而上。专职于人身伤害案件的律师认为制药界存在一个巨大的市场，他们为自己打起了广告，而陪审团也很同情患者。

如果有人仔细研究一下再生元所描绘的愿景就会发现，问题几乎无处不在，但大家似乎都不在意，而且它的市值膨胀到了荒谬的 3.41 亿美元，这让奥德里奇开始担心它差劲的"里子"以外的事情。为了证明这个市值，再生元需要在盈利前就进入《财富》500 强企业。由于这是基本不可能的，再生元的股价必定甚至马上就会大幅下挫。华尔街的钱现在都被吸引到了高风险的生物医药领域，但奥德里奇担心一次突然的自由落体就会把他们全吓走。

"如果再生元股价跳水，"他从电脑前抬起头，漫无目的地四处张望，"那么整个市场可能都会付之一炬。"

博格点了点头，他告诫自己，在华尔街筹款的关键是在正确的时间点进入与退出。当下这个意外的融资窗口可能会非常短暂。

"很快就会过去，"他预测说，"上百亿美元涌进去，然后就结束了。"

速度就是一切。再生元如此戏剧性地筹集了这么一大笔赌资，上千万美元的资金似乎都不够看了。新的、更有钱的、更有力量的创业公司可以招募更好的科学家，做更多的项目，为他们的发现保留更多的价值，顺利地挺过有产品前的金融干旱期，而这对行业中剩下的人来说就是一张血盆大口。

"你想怎么说再生元都行,"博格说,"但是他们一时半会可不会倒闭。他们可以在10年内不断犯错。他们目前兴许没什么亮点,但他们有的是时间。"

福泰必须赶上这波金融浪潮。但真的是现在吗?博格认为私募或许依然是最好的选择。相较于再生元,福泰的里子是闪亮的蓝筹股:虽然他们离研发出药物没有更近(博格对此保留意见),但他们研究的是被证明有效的靶点,开发的是小分子,而历史上所有最畅销的药物都是小分子*。他们的市场很清晰,没有悬在头顶的专利危机,不会像基因研究所那样突然遭受重创,而再生元这样的蛋白公司很可能会挨上当头一棒。

博格不会自欺欺人,他很清楚公司的位置及方向。他们离盈利还很远,两个项目都还没能产出药物。他们虽然不是肆意烧钱,但公司的消耗也很快会达到天文数字。说到钱,博格出生在一个经济拮据、勤俭节约的家庭。他的祖母从德国股市那里学来了一条铁律:别花钱。她非常吝啬,在博格的爸爸因为浪费导致家里时不时就要勒紧腰带时,也从不施以援手。再生元上市之后,博格知道赌注大幅加大,但用他自己的话说,他可不会用婚纱去换乳贴和丁字裤。他更想在高盛那里通过私募筹集4000万—5000万美元,这样就足够再撑几年,等他们更有真材实料时再上市。他会迅速行动但不会仓促行动,他让事情自己作决定。

博格希望将福泰保持私有化的另一个原因是控制权。上市公司会受到密切的关注:持股者、分析师、监管者、媒体以及无知的大众。一群外行人突然人头攒动地来看你:公司怎么样,你们发现了什么,什么时候你们能研发出新药然后盈利?博格认为这是对科学的亵渎。而且他像很多科学家一样,讨厌被外行询问。他还是一个典型的精英主义者,他说:"独裁唯一的问题在于独裁者不够多。"博格希望福泰成为一家主流药企、制药界巨头。他离开默沙东这家当时最好的上市公司的部分原因就是,他认为华尔街坚持要求的每年20%的增长率令

---

* 现在生物大分子已经占据了大半畅销榜。——译者

公司变得短视、谨小慎微、放不开手脚。他在默沙东就知道该如何改变世界,但要做就必须做对,不然不如不做,而公众的监督和**期望**只会捣乱。博格虽然很擅长销售,但是不管多大的财富诱惑,也不能让他去取悦他不屑一顾的人,去招呼没有眼光的买家,"如果我每天都得面带微笑地和愚蠢的大众打交道,那我就什么事也干不了了"。

博格最想要的不是财富和声望,而是成功与胜利。他的每个决定都是为了最大化成功率。福泰虽然最后一定会上市,但现在还没准备好。他们刚成立两年不到,只有50位科学家在租来的实验室里研究着两个还处于初级阶段的项目,他们的管理结构也还没有成型。"如果这件事再晚一年到一年半就好了,"博格在再生元募股之后说,"那时我就能更有把握,对什么时间能做出什么更明确。立刻上市能加速我们的成长,但我也必须得雇更多的高级经理,甚至一个CEO。我非常不想这么做,但为了上市这是必须的。与此同时,上市公司想吸引人才绝对会更难,你不能发行低价股票了,公司的士气会随着股价起起伏伏,越来越像一个马戏团……"他停了一下,"但是你千万别低估5000万美元存款的力量。失去一些人的同时能吸引另一些人。如果我们一开始就有那么多钱,曼努埃尔无疑会早点来。"

奥德里奇从再生元的募股中看见了"另一场漫长的生物技术的核冬天"。他担忧福泰不能及时进场,他说:"各种各样的产品都在那里吸收资金。"但博格反常地振奋:如果华尔街认为再生元能值3.5亿,那福泰呢?就像一年半以前在远景国际大酒店那次一样,华尔街令人叹为观止的大胆与无耻令博格觉得就像异域风情的脱衣舞表演一样有趣。"真是太疯狂了,"他说,"一切都好像迷失了方向。"

博格笑着离开了奥德里奇的办公室,如同他进来时一样。欢笑就是他万能的解药,他对世界上虚无的道德、讽刺的失败都一笑置之。很多人并不喜欢听见博格的笑声,他们认为其中充满了傲慢与自大。但这正是他无所畏惧的证明,他用笑声驱散怀疑与痛苦。在一个男性主导的世界中,智者常乐,笑者为王。

但现在作为领导者,博格在进入会议室时严肃地抿住了笑容。他通常与科学家们笑得最欢,就像罗宾汉(Robin Hood)与好汉们一同作乐,但他觉得昨天突然爆发的争功透过一点也不好笑。比赛关键时刻内部的混战令他很愤怒。他认为科学家们自私又幼稚,必须在这种情绪扩散前将其立刻纠正过来。"每个人都要有大局意识,"他早上说,"在福泰破产前在《自然》上发一篇论文没什么了不起的,因为这不能筹到钱。"

博格召集了纳维亚、山下、慕克、穆尔和汤姆森单独开会。他们是参与结构解析最多的五人,除了慕克,其他四人都愤愤不平、闷闷不乐。汤姆森调整着他的愤怒,已经回来工作了(虽然他下午才来的)。而其他人上午都在生气,威胁着要辞职。此刻他们就像一群打架被抓住的小学生,垂头丧气但是拒不悔改。博格一改他平日和蔼的态度,也不再持"大家都是成年人"这个社会实验的假设,突然发起了猛攻。

"这里除了我,没人是不可替换的,"他对他们吼道,"重写论文、合作、微笑,不然就开了你们!"他接着说,在读了两篇论文后,他觉得都还不能发表。"我们都震惊了,"穆尔回忆道,"他当时编了些话想让我们乖乖就范。他说杰里米读了这两篇文章,然后说没有一篇能投给期刊。但我后来再问他杰里米说了什么时,他说:'没什么,你的论文挺好。'"

"啊,"穆尔换了个音调说,"这就像一脚踢到我小腹上,然后说'噢,抱歉'。"

科学家们从未见过博格如此严肃。他们在没有进展,或者输给施瑞伯时,都曾嚷嚷着需要一个墨索里尼式的领导,一步步地给他们下命令。博格一直都拒绝这么做,他让科学家们自己处理问题,但他这会儿可真是冷酷无情。纳维亚本来试图说些什么,但立刻被博格打断了。

"到明早前,我不想听见你们说一句话!"他厉声说道,然后转身出去了。

但此时下一步的行动很明确了。他们将会向《自然》单独提交穆尔的文章,之后所有的努力都是为了确保论文及时提交。

"从加州大学洛杉矶分校毕业后,我一度对能从事晶体学研究非常自豪,"山下说,"我对其深信不疑。我相信如果你能最优化你的速度,就像我现在不得不做的,你就能弥补你犯下的错误。"

或许一定程度的不确定性是可以容忍的,再加上对导师的信任,山下之前能忍受这种折磨。而今他加班加点地精修结构,曾经充沛的信心不断消退,他既绝望又愤怒。他每天工作18小时以上,他竭尽全力,穷尽所有的方法来逼近绝对正确。

慕克这么评论蛋白研究:"我们在研究蛋白时,其实是在计算原子间的作用力——化学键的伸缩和弯曲,非化学键的作用力,带电粒子之间的推拉。但是我们用于描述这些相互作用的方程并不是真正准确的,有些参数是随意设定的,有些是基于错误的实验数据,还有的干脆是纯粹的猜想。但是没人在乎这些,因为没人肯回去重复那些实验。硬件与软件中都有假设、偏见、错误。也有根据海量实验数据做出来的精确结果,但是太罕见了。"

山下深陷于无法自拔的抑郁中。虽然他有解析结构的方法(还是个试验性的方法),但想获得准确的蛋白结构,需要晶体学家长年累月的艰苦精修以及团队的精诚协作。但他只有孤身一人,却需要在几周内完成结构。愤怒驱动着他痛苦地挣扎,如果不能成功,他希望至少别败得太惨。在他电脑上方的白板上,有一幅他从一本童书中取出的画,画着一只狗奋力在院子中挖骨头,上面还写着:"小狗在干活,加油加油。"另一幅图片上是一个小男孩打扮成古代武士的样子。山下解释说:"所有的日本人都希望他们的孩子尽可能地成为勇士。"昏暗如山洞的模型室里隐约可见可乐罐、泡沫食物盒、叠在一起的盘子、软件使用手册,以及两台庞大的电脑屏幕,闻起来像是在健身房。

山下不再吸烟了,因为他在抽烟后有十分钟会觉得挺累的,这会拖慢他的节奏,但他还是不断地喝酒。他偷偷把一瓶伏特加带进了实验室,在夜深人静时浅斟低酌。建模与伏特加让他倍加乖戾,投稿闹剧几天后的一个晚上,他从餐厅向博格办公室的隔墙上丢了一个酒瓶,砸出一个高尔夫球大小的洞。另一天晚上,他在餐厅的水池中点了把火,然后迅速扑灭了它,之后哈哈大笑。"真是太痛苦了,"他在1991年4月11日说,那时结构精修只完成了30%,"我觉得我宁可断根手指头,也不愿意干这活了。"

4月4日周四,这是忙乱的一天,与众不同的一天,也是这段时间的研究中典型的一天。早上,哈丁平淡地通知了桑德斯最新的动物实验结果:VX-367,以及其他两个结构相似的化合物VX-398和VX-426"可以用"。这令桑德斯面露喜色。虽然哈丁试图保持低调,但是他们都知道此事意义重大。VX-367已经在细胞实验中表现出了与环孢素同样的药效,而在小鼠口服实验中,它顺利通过肠道,进入了T细胞,8小时后在血中仍可以检测到。动物没有死,也没有表现出什么病症,两周之后还能在笼子中蹦蹦跳跳。在药物开发阶段,口服有效性是个重大节点,是有希望的分子与能销售的药片间的区别,或许更是不断烧钱与巨大利润间的差别。

博格欣喜若狂。他让化学家为中外制药大量生产这三种化合物,后者将会在更大的动物中进行药物实验。化合物的产量突然要从微克级提升到克级,即要有一百万倍的提高,化学家们需要大量的资源,博格为此开玩笑说:"我告诉他们,哪怕看到一份要四把皮划艇桨的订单,我眼都不会眨一下。"年底的时候,这个分子,或是其更强力的衍生物,兴许能在比格犬甚至灵长类中进行测试。VX-367只是一个先导化合物,还不能成为一个药,但如果博格对潜在的投资人说福泰有一种很有希望的免疫抑制剂在按部就班地开发,并不算撒谎。博格嘟囔道,这可比再生元所能说的多多了。

与此同时,山下花费了一整个早上的时间试图使VX-367渗透入FKBP-12的晶体中,形成共结晶。此前,他已经成功地获得了FK-506和FKBP-12的共结晶,并送到X射线仪上去收集数据。一旦他得到了酶的晶体结构以及药物与酶的复合物的结构,就能研究药物是如何与酶相互作用的(施瑞伯和克拉迪明显已经完成了这步)。这几种结构的快照将会让慕克以及化学家们对蛋白的拓扑结构第一次有深刻的认识,进而设计更好的药物。

中午的时候,博格收到了《自然》发来的传真,这是一封退稿信。编辑甚至没有发给审稿人就直接拒绝了这篇论文,博格惊呆了。《自然》像其他重要的期刊一样,依靠外部专家来决定一篇稿件的科学价值,但是这群英国编辑(大体来说,他们对各学科都有一定的理解)居然认为穆尔解析出的FKBP－12结构不值得送给同行进行评议。

博格认为这种敷衍式的拒绝不光愚蠢而且不可接受,他决心改变它。他给《自然》回了一封尖酸刻薄的信。"我在最终打印前把所有的you twits[英国俚语:白痴]一词都给删掉了。"他在信中强调,穆尔解析的蛋白是第一个依靠核磁共振解析出结构的蛋白,而且是当下最热而且可能具有极其重要生物学意义的蛋白,仅凭这点,就足以进入同行评议阶段。他还提出了另一个让《自然》的编辑们无法拒绝的理由:他说福泰获悉《科学》(他们是《自然》最主要的对手)在福泰离完成分子替代法只有数周的时候,已接受了两篇通过核磁共振与X射线衍射解析这个结构的文章。也就是说,《自然》马上就要在一个重要而广受瞩目的领域被击败,只有福泰能拯救他们,而《自然》要做的就是改变他们的立场,然后将穆尔的文章送去评议。

不光是科学刊物,所有刊物的编辑都像帝王一样,认为他们对非特约稿件有一种不容侵犯的权利:一旦他们作出了决定,尤其是在当下"发表即一切"的凶残大环境中,那就是不容置疑的。《自然》作为典型的英国期刊,更是出了名的对科研界竞争的小手段没有好脸色。但博格的战术成功了。当穆尔还在因为意外的不幸而伤心时,博格打电话告诉他,《自然》已经回心转意了,他们将文章送出进行评议了。通过传真连接的世界信息网就像一只永不休眠的鲨鱼,退稿、协商、重新考虑全部发生在24小时之内。

博格现在马力全开,碾碎路上的障碍。他和奥德里奇与美林证券(Merrill Lynch)于当天下午见面,美林曾帮助再生元上市,也是华尔街最大的首次公开募股(IPO)承销商。他们对高盛为私募提出的数字一笑置之,他们要领着一群心意荡漾的投资银行来一场"盛装游行"。但此时再生元的股价已经像奥德里奇预测的一样"跳水"了。"美林赚翻了,"博格说,"他们把股价炒了起来,把他们在IPO时认购的股票都出清了,没给自己在二级市场留下一点股票。"再生元股价10天内跳楼般地缩水了30%,今天只剩15美元,博格自然怀疑美林建议福泰上市的背后有他们自己的小算盘。

"我在寻求一个非常简单的问题的答案,"博格在与美林会面后严谨地说,"我想筹集3000万美元,最好的方法是什么？最好的办法是让他们推荐一种好到足以能完全排除其他方法的方法,这样我们反而能从中看出些端倪。"

他们吊着高盛的胃口,与美林保持"随时可以做"的态度,接下来的一个周四,博格和奥德里奇又与基德尔皮博迪公司(Kidder, Peabody & Co.)的一个投资银行家见了面。基德尔是华尔街传统专精生物医药股票的三四家公司之一,他们比高盛或美林小很多,也刚从一场著名的灾难中抽身。1986年,因为大经纪人的热捧,他们被通用电气以三倍于市场的估价收购。但几个月之后,他们的明星兼并策略师马丁·西格尔(Martin Siegel)被发现参与了一场内幕交易,另一个经纪人则从他们的总部直接被戴上手铐带走。基德尔向证监会支付了2500万美元才摆平此事。他们赔钱又削减奖金,导致大量的顶级经理像《商业周刊》所形容的,"变卖家产"般离职。不过基德尔有良好的为小公司做市的记录,而且目前他们的规模也恢复了。但相较于美林等大公司,他们在最近生物技术浪潮中的业绩实在不佳。

这次与博格会面的是基德尔的投资银行家阿尔·霍尔曼(Al Holman)。他是位性格温和、精神焕发,洋溢着热情又非常真诚的哈佛商学院毕业生。他30多岁,身材修长,着装讲究,留着一头年轻人风格的金发,看起来既上进又肯撸起袖子干实事。他在1980年毕业后直接来到了基德尔,当时股票市场上充满了对生物技术不切实际的幻想,挨过了几年的艰难后,他终于熬成了公司仅剩的几个明星之一。他是公司的副总裁以及合伙人,曾负责运营公司的日本投行部,为大大小小的公司筹过资,有自己的固定客户群。在过去10年间,他主持了 8 家公司的上市,评估过上百家公司(大部分他都亲自访问过)。他带着基德尔的生物技术分析师鲍勃·库波(Bob Kupor)从纽约飞到波士顿。博格立刻喜欢上了他。

"我去年看了 50 家公司,"霍尔曼在会面 15 分钟后说,"福泰是最好的。"

霍尔曼尤其惊异于博格的管理哲学,"许多小创业公司有了四五十人以后,总裁突然就享有单独的办公室和助理,所有人都向助理汇报。我记得走过实验室时曼努埃尔指着文件柜的一个抽屉说'这就是我的办公室'。这个故事肯定会让我的客户们满意。"

回到纽约后,霍尔曼和库波放下手头所有事,全力来争取福泰的业务。"这是我 5 年来听到过的最有趣的故事,所以我们要好好研究这个故事的真实性以及乔舒亚这个人是否可信,"霍尔曼说,"我们回到公司后当晚就召集了四五个人,之后通宵达旦地连续干了 20 个小时。"

霍尔曼决心动摇博格认为保持公司私有会更好的念头。他熟悉生物技术行业的发展周期,虽然再生元和其他几家公司因为 IPO"让他们美得从床上掉下来",但市场可不会再这么慷慨。再生元"把所有人都吓了一跳",他说,"人们惊呼:'上帝啊!与其私募 4000 万,还不如通过上市搞个一两个亿!'这种事情自 20 世纪 80 年代中期后可是第一次发生。再生元突破了障碍。**即使股价缩水后**还有两个亿的市值,他们给各种公司留下了机会。"

在华尔街卑劣的计算中,再生元不是一场乌龙,而是一个资产,一个卖点,福泰来晚点没有丝毫问题。"他们有原创的故事,"霍尔曼说,"他们考虑 IPO 有 7 个月了,并且跟 80 多个人讨论过,因此我们有机会说'如果我们是你们,我们会如何如何做'。我们都被市场的反应震惊了,我们也都不相信这个窗口期会很长。所以我们的建议是,如果你真的需要筹款,那么现在就动手,而且越快越好。"

博格在周五过了 40 岁生日。下周二的早晨,也就是 4 月 16 日,霍尔曼和库波带着基德尔的团队飞到剑桥来了,他们还带着几份 50 页的 IPO 计划书,这离他们首次到访只隔了 5 天。计划书中包括了福泰与其他公司的对比,市场分析,一份按周进行、明细了所有快速公开募股中的监管与销售最后期限的责任表。根据日程,博格和奥德里奇将要在 7 月初进行一段紧张的路演,他们将会在两周半内与世界各地的投资者交谈,而在最后的冲刺期,他们要在一天内去两个美国的城市。"这是终极死亡行军。"奥德里奇敬畏地惊叹道。

这些表格和日程绝对不是套模板,博格称之为"干货",它们包含了参加"盛装游行"所需的准确信息。其中一张图给博格留下了深刻印象:这张图显示了三条上升的线段,第一条是股票市场,自年初就大幅上涨;第二条是制药业板块,涨幅比大盘还大;而比它俩都要高的是生物技术新题材板块。如今市场真是罕见地一致,钱全涌入一个领域了,这些资本本可以在其他更稳定的领域中更快地得到回报,但现在金主们都像得了癔症似的在捧类似福泰的公司。

"机不可失,时不再来,"博格感慨道,"我可不想在笔记本电脑公司引领市场时尝试上市。"

当天早上,实验室也同时收到了好消息。《自然》发来了一封简短的祝贺信传真,它几乎以破纪录的速度接收了穆尔的论文,此时离论文最初退稿仅有 12 天。大部分评审人认为科学界普遍会对 FKBP-12 的结构很感兴趣,因此督促立刻发表,不管有没有后续的晶体学论文。穆尔有点惊愕又有点飘飘然,他说:"我要出去转转,让大家祝贺我。"

穆尔的文章被接收意味着很多事,其中最重要的就是福泰突然获得了认可。大部分小公司和许多大公司好多年都无法在《自然》或《科学》上发表文章。这两个期刊可谓是过去百年间科学革命的裁判以及整个行业的内刊,比如当沃森和克里克发现了 DNA 的双螺旋结构时,他们就给《自然》写了封 700 字的通信。所以福泰第一篇论文能发表在如此重要的期刊上确是非同小可,尤其是他们令铁石心肠的《自然》编辑们改变了他们不容置疑的裁决,这非常符合博格自福泰成立之初,就为公司设定的堪比攻城部队般激进的形象。取得如此的成就后,整个公司的肾上腺素水平好像都飙升了。博格此时正在与基德尔公司讨论，听到这个消息后也得意洋洋。

  论文的四位作者，穆尔、皮蒂（进行了分子生物学实验）、菲茨吉本（汤姆森的助手）以及汤姆森，在公司里的地位都忽然有了提升。这个消息尤其令汤姆森欣喜，虽然他既没停止工作，内心的道德挣扎也没有丝毫减弱。自首次分离出蛋白已经一年了，他身体大体恢复了，但明显老了许多、憔悴了许多。最近他又开始加班加点地工作，这回他要处理十多千克重的胸腺，然后尝试分离出多达半克的蛋白。他有些羞涩地接受祝贺，回以耸肩和微笑。他对晶体学家还是很生气，因此大家议论纷纷，认为哪怕是他生涯中最有分量的文章都无法平息他的怒火。

  整个早晨，实验室在讨论穆尔和山下的蛋白结构论文，博格和奥德里奇则在会议室内考虑基德尔上市的提议。虽然起点不同，这两个讨论的方向很快就不可避免地汇合到了一起。福泰已经有了一篇重要论文，而且很可能会有第二篇，这些论文提供了他们需要用于药物设计的信息。他们的底子好像突然更加扎实了，似乎可以支持一次类似再生元体量的募股。博格一直说钱就是福泰最重要的试剂，现在他们只要利用他们最新的科研成果，哪怕有些初级、不完全，就能筹集超过5000万美元。

  基德尔的人此时想知道FKBP-12结构意义到底有多大？的确，它短期的社会影响力自然不小，但离能支持真正设计一款药物还有多远？商业与科学间模糊的界限现在彻底消失了。博格把慕克、纳维亚和哈丁从另一场会议中叫了出来，慕克本来正在向别人展示他利用穆尔的结构设计出的新蛋白抑制剂。之后的两小时内，他们很不自在地回答了基德尔关心的问题——他们干了什么以及他们成功的可能性。博格早就习惯了推销美好的愿景，他能带着必胜的表情谈论不确定性，用预言来撬动现实，但是慕克和哈丁此时连咽口水都很困难。作为科学家，他们的训练让他们相信并且只相信数据。虽然福泰的结构解析工作很出色，但还不足以令他们安心地支持博格最激进的主张，他们实话实说了。所谓预言家就是这样一种人：言中了他就是先知，否则就是个骗子。而他们谁也不像博格那样愿意扮演这样一个角色。

山下正忙于精修蛋白结构,结构已经完成 70% 了。他资历尚浅,工作繁重,因此没有参与讨论,但是他也有同样的担忧。这有些讽刺:此时他正严肃地怀疑,是否能有百分百的把握逐个原子地确认蛋白结构,尤其是在业界研究这种高压锅中。博格现在比以往任何时候更需要穆尔和他提供的结构绝对准确——这反而构成了一个更黑暗的讽刺。当山下快完成结构时,他发现这个结构和穆尔的结构有明显的不同。他开玩笑说:"但学界不会认为这些差异是什么大事。"他打算把这种差异的产生归因为方法不同,但这件事还是困扰着他。纳维亚本来要检查这个结构,但是他不断地被拉去参与商业洽谈。山下只好归结于水分子——晶体学家强行解释无法解释的电子密度分布时最常用的借口,顺便掩盖他们可能犯下的错误。"纳维亚会检查我的结构,"他说,"但是如果我归结于水分子就能快点完工的话,我就不想听他的了。"

山下被穆尔击败,跟汤姆森又闹着别扭,怀疑自己的信念和他解析出的蛋白结构,对捉摸不定的博格也同样失望,他整个下午都绝望地盯着自己的电脑。其实自昨晚开始他就一直盯着电子密度图,基德尔团队来访时他也一直在盯着。连续工作了 20 个小时,他精疲力尽,视线模糊,无可慰藉。在基德尔的人走了不久后,他终于倒在餐厅的一张粉色长椅上,缩成一团,喃喃自语道:"生活,就是一连串无法解决的麻烦。"劳拉·恩格尔坐在附近,试图逗乐他,"你等一年后再回过头来看这个问题时,你那时会说,'啊,我曾以为这是个多大的问题,看看我现在吧。'"但山下并不觉得很好笑。

"我要**精神崩溃**了,"他带着哭腔大声地说,"我就是想做完它,我就想回家,我做了个怪梦,梦见我把所有人杀了,我想离开这个破地方!这就是我每天的生活,我累了,我真的累了。"

他悲哀地呻吟了一会儿,然后叹息了一声:"上帝讨厌晶体学家。"

看到了这一切的纳维亚走过来,用一种父亲的口吻说:"继续工作。"于是山下不再抱怨了,只要他的上司需要他,他总能满足他们。

"我们必须尽快拿到结构,"他晚上严肃地说,"不然曼努埃尔就要完蛋了。"

山下的道德准则以及他的理想主义正从内部瓦解他,他因为无法实现完美而消沉,他认为这是对真理的亵渎。他觉得不再有胜利的希望,即使他完成了结构并与施瑞伯打成平手,他也是抄了近路,就原则问题进行妥协——以撒谎的形式。任务失败只是辜负了自己,背弃信念、背弃自己的上帝可严重得多。山下的理想破灭,他认为,不能同意他的人都是无药可救以及向邪恶妥协的人。

现在能驱动他继续前进的只剩他守卫纳维亚的愿望。不管他有什么样的个人情绪,如何不光彩,他觉得他必须要保护纳维亚,不让他受到失败的痛苦与耻辱。他的父亲一生都在受苦与赎罪,作为重视责任的日本人的孩子,他可以不管自己,但无论如何都要拯救纳维亚,那个曾因为一个结构的错误而深深受伤的人。

一切要追溯到 HIV 蛋白酶的研究。在纳维亚匆忙完成结构并向世界宣布结果时,他错误地解析了一小部分,大概 15% 的电子密度分度图。这个区域离酶的活性位点很远,看起来与生物活性无关。纳维亚的结构对药物设计来说是正确的,而且已经足够了,但是生物物理学界是个苛求的团体。博格打趣说:"一个物理学家,除非他亲自发明并搭建了实验用的仪器,不然他不会相信实验结果。"完美主义者谴责纳维亚犯了"严重的错误",加上最近其他的错误,已经损害了生命科学界对 X 射线晶体结构"福音书般真理"的信心。学术界已经有人认为,纳维亚变节了、堕落了。"这是一个值得反思的故事,因此我们要仔细解析结构,"亚历山大·沃达尔(Alexander Wlodawer)在《科学》上写道,"遗憾的是,我们无法避免错误。"沃达尔就是那个用纳维亚和麦基弗的结晶条件最终解出了正确结构的人。

这个发生在欧文·西加尔之死以及默沙东的 HIV 蛋白酶项目终止不久后的插曲令纳维亚很心酸,但没有山下想的那么悲戚。纳维亚并没有因此怀疑自已。相反,这强化了纳维亚对速度与实用性的重视,坚定了他在制药界做商业化科学的决心。这也是他来福泰的根本原因——至少他自己是这么说的。

"世界已经改变了,"他解释,"研究结构已经不再仅是为了研究结构。有人说'现在的结构太烂了',但他们得明白,人们最初研究的是矿物结构*,就这样,他们还花了 30 年的时间担心反射的数据是否准确、结构是否判定对了。"

"当下的结构研究主要是由生物学驱动的。[1980 年,]我到默沙东的第一天就知道,'你不是因为有这个晶体才研究其结构,而是因为你要解决这个**问题**,有时候我们连蛋白都没有。'而当你着手开始解析结构时,如果你只有一个衍射性不太好的蛋白,比如 HIV 蛋白酶,你要怎么做?过去有的人一看晶体就说,'我不做,这个晶体就是一坨屎,它衍射性不好,我得不到好的数据,我没法做。'"

"哼,我们在说的可是艾滋病,一种全球范围的疾病。人类都要灭绝了。那我该干嘛,解析一个完美的结构吗?当然不!"

纳维亚一点也不觉得自己有什么学术作风问题,他相信自己有更高的道德标准。"我个人的目标是用这些方法去发现药物,"他说,"我不是学者。当你在默沙东之类的地方工作时,你需要在 4 个月或者 9 个月内拿到一个结构,你必须抄点近路,或者说你**应该**抄点近路。我不是来提供完美的结构信息的,而是来提供足够的结构信息,够让世界各地像慕克这样的计算专家靠着它做出点什么东西给化学家用就行。我不能两年半后再给他们一个完美的晶体结构,我现在就要给他们一个大体正确的晶体结构。"

"这就是我想告诉梅森的,我们花个一两年来解析 HIV 蛋白酶的结构反而是**不道德的**。你不能那样做,哪怕外面有些人像苍蝇似的烦人……"

"你抄了近路,你拿到了结构,你兴许就延长了患者一个月的生命。"

---

* 矿物结构更加有序,比生物结构简单许多。——译者

周四，就是山下在餐厅崩溃的两天后，山下补了一觉，然后开始重新写他的论文，纳维亚和慕克则开始分析他那个几乎快精修完的结构。他们根据电子密度以及已知的蛋白几何骨架检查每个原子的位置。基于有限的分辨率，山下似乎解析得很好。但他们很快就发现了结构的问题——分子各部间有10—20埃*的缝隙，如果这是真的话，分子就不可能存在了。蛋白链的扭曲和旋转与穆尔的结构很像，但是这个间距意味着分子会分解，更不要说执行生物功能了。"我们一开始以为这是计算程序的问题。"慕克回忆道。于是他们从头开始检查山下的计算，结果到了晚上，他们发现整个结构都是错误的，不光有一个区域错了，整个骨架都错了。不管屏幕上显示的是什么，那都不是 FKBP–12。

纳维亚和慕克决定明天再去找山下对质。纳维亚虽然前天晚上很平静，但他今天怒火中烧，需要点时间来冷静。他虽然宣称自己只关心 X 射线晶体结构的医学价值，但现在他暴躁得只能想一点眼前的麻烦。他让山下独自研究晶体学界最吸引人的生物结构，不光是因为他信任山下，更因为这很方便。这样他就可以做自己想做的事情了，尤其是推进利用酶晶体作为超级催化剂的设想，结果这个计划适得其反。《自然》曾接受了 HIV 蛋白酶等奠定他职业地位的结构，他们正翘首以待福泰的新文章。福泰也很需要 FKBP–12 的结构，这关乎他们能否设计出药物、能否筹集到上千万的资金、能否存活，整个公司一直都在为此全力以赴。虽然他会否认这个结构对他个人也很重要，但整个科学界都伪善地想看看他能不能拿出个完美无瑕的结构来挽回他的声望。而 9 个月后，他只得到了一个无法启齿的错误。他气炸了，踢着文件柜，嘴里骂个不停，他指责山下因自以为是和幼稚而抵制他的帮助。他知道他得冷静一下才能去见山下，以防给自己带来更多麻烦。

当山下得知这个消息时，他一开始是防御性的，然后是有敌意的，最后用慕克的话说，"想自杀"。他咆哮了快一个小时，而纳维亚也不停地对他大喊大叫，

---

* 埃，微观距离单位，1 埃 = 0.1 纳米 = 10^{-10} 米。——译者

并时不时大爆发一下。他俩在模型室里针锋相对，吵架声在整个实验室里回荡，就像狗在桥下吠叫一般。博格来了。他试图让他们回到科学问题上去，但没用，积累了数个月的敌意与沮丧让他俩从第一次结晶实验开始算总账。最后，山下歇斯底里地拎起一把有垫子的铁椅子，猛地砸到地上，随着椅子又弹起来的声响，他怒吼道："你们都去死吧！"

博格最终控制住了局面。显然，失去的不光是山下精修结构的两周时间。但问题既然已经被发现了，就可以被解决。博格指示他俩一起精修结构，虽然这会再拖住《自然》几周，但他相信他与《自然》的谈判依然有效。同时，他快速地评估了形势以防再次发生这种问题。"我讨厌规矩，"他说，"但我要把这个规矩刻在石头上。福泰以后所有的结构都不允许仅由一个人解析，这太难了。如果曼努埃尔能够提前两周看看梅森的工作，一切都可以避免。"慕克受此波及，不知何时才能继续他的研究，他半开玩笑地插了一句，"这是由于所有晶体学家都有一个庞大到令人难以忍受的自我意识，这是普世真理。"

就像一艘帆船在茫茫大海上遇到了些风波，福泰很快重新调整了航向。几天后，纳维亚和山下就获得了一个就算不完美，但按博格反复斟酌后的话说，"足够好"的结构。足够令《自然》以及晶体学界满意，足够抢了施瑞伯的风头并让华尔街瞩目，更重要的是，足够用于设计药物。博格似乎从未就求真与实用作过道德高下的区分：对他而言，真的就是有用的，有用的就是真的。生活对他来说不是一连串无法解决的麻烦，而是可解决的问题，一有新问题产生他就立刻解决掉。而那些他无法解决的问题，他就让它们自行成熟，等有了更多的信息再来处理。

他现在相信福泰必将上市，而且不上市的话反而更危险。市场正在观望：再生元之后，许多公司正在上市，而且都比他们预计的卖得好。一个公司的募股筹资能力仅与其估值有关，而且就像霍尔曼注意到的，华尔街对福泰这类公司的估值与私募的估值差得太多了，大到令人无法忽视的地步。博格于5月1日瞒着科学家们秘密飞往纽约去见本诺·施密特，求取这位公司董事长以及财政导师的祝福。在会议室里见面后,他俩就像往常一样一拍即合。

"如果你想筹集 5000 万美元,那就筹 7000 万美元,"施密特说,"5000 万很好,但是 7000 万会更好。"博格似乎早已预料到般笑着同意了。

第十七章

博格同时推进着商业与科学。他像国际象棋大师在表演赛上轻松自如、毫不费力地与十多位对手对弈。福泰现在要追赶施瑞伯,准备IPO,研发一个药物,启动一个新项目,以及宣传他们的第一篇重要论文。比赛好像突然在三个维度上互相交织,每一步棋都会牵动整盘棋局,真金白银摆上台面,每一步棋的思考时间减半。博格似乎第一次感受到了挑战。

1991年5月7日,星期二,福泰还有不到一周的时间决定是否要上市。博格早上7点前就到了剑桥市,他要考虑两件大事。上周六,施瑞伯在耶鲁的一次讲话中提到,FKBP-12的结构将会于这周五发表在《科学》上。福泰为了能够宣称与施瑞伯在X射线晶体结构上打了个平手,山下和纳维亚必须在周四中午前投稿,因为那时媒体将会收到《科学》的预印版。过了那时,他们就难以宣称他们的研究是独立开展的。与此同时,博格还担心施瑞伯会抢走所有的风头。穆尔的结构按计划会在下周发表,但是《自然》禁止研究者在得到它的许可前就宣传他们的研究。违背此禁令会损害福泰与《自然》的关系,绝对不能硬来。福泰正准备上市,他们却不能做任何能抬高他们股价的事情。虽然他们还没进入政府规定的"上市静默期",但从现在开始,他们必须谨言慎行,不然可能就赶不上基德尔建议的 7 月中旬到 8 月前的募股时机,在那之后很多华尔街的人就要休假了。博格知道,生物技术募股的市场早晚会崩溃,而且可能很快。他一想到要等到 9 月再上市就吓得发抖。

他几乎整天都在和奥德里奇、肯还有基德尔的人一起闭门撰写红鲱鱼招股书*,即要呈交给证监会并最终面向投资者的初步募股说明书。晚上 10 点,他还在案头工作,而纳维亚、慕克和山下则在隔壁心急火燎地重建蛋白结构,他们只有不到 40 个小时了。

"我们明天一早就要疯狂地快递出材料,要让《自然》解除宣传禁令,再找律师问问我们怎样才不算非法夸张宣传,以免证监会驳回我们的募股。"博格愉快地抱怨着,"这不光彩,我不喜欢,但商业就是这样。"

慕克听到了博格的话,嘀咕道:"我们要把他拉回科学家的队伍中来。"当然,这只是一种设想,而且博格并不认为他脱离了科学。

"你会因为此事开除我吗?"山下在第二天早上 8 点左右问博格。他又干了一晚上,而且靠着自己的韧性,从道德危机中缓了过来。

博格大笑着说:"那得看数据怎么样了。"

博格像往常一样,七分开玩笑的同时又有三分严肃。博格几乎没有想去谴责山下,因为山下顶着极大的压力做了很棒的工作,哪怕他又失败了一次,博格也还是会支持他。另一方面,公司急需 X 射线晶体结构,博格付钱聘用山下,可不是让他无限期地失败。

更亟待解决的是公司目前复杂而颇具讽刺性的公共关系困局。两年半以来,博格四处奔波(用他自己的话说:"穿坏了三双踢踏舞鞋。"),他以宏大的叙

---

* 红鲱鱼招股书(red herring)可以看作招股说明书的初稿,为了提醒投资者这份招股说明书的信息不完整,在它的第一页会用红字标明这一点,红鲱鱼也由此得名。——译者

事风格来讲述公司的故事,让公司显得有扎实的科学基础。如今公司真的有了值得宣传的重大发现;《商业周刊》和《财富》也在密切关注生物技术浪潮,他们注意到了博格,并准备为他和福泰做专稿。正面宣传对公司上市有不可估量的价值,可是博格在此时却不得不谨慎地保持沉默。他的推销员性格和科学家性格都使他因这种矛盾而痛苦,他说这仿佛是"被扼杀在摇篮中"。

"我今早拒绝了《财富》的吉恩·贝林斯基(Gene Bylinsky)*的采访。"他以一种夸张到不可置信的语气告诉奥德里奇。

"事与愿违,嗯哼?"奥德里奇说。

"这真让人心烦。想绕过证监会的人,想卖垃圾股票的人,想从孤儿寡母手中骗取他们终身积蓄的人,都不去管这些条条框框。真正遵守规则的人却动弹不得。它没有保护任何人,这足以让你成为愤怒的保守党。"

博格的首要目标是让《自然》解除禁言令。他或许不能告诉《财富》福泰和默沙东的药物开发水平难分伯仲,但是证监会可没有条例限制一家公司在新闻发布会上宣布一项对公共卫生有重大意义的发现。这个问题的核心在于时机,这一点简单却关键。如果福泰能在施瑞伯、卡普勒斯和克拉迪宣布他们成果的同时宣布穆尔的结构,那媒体就会认为这是一场平局,福泰也就可以相应地利用它。但哪怕只是晚了一周,就不会再有媒体报道,最多只能在一些科学媒体上以零碎新闻的形式出现。穆尔一早就给《自然》在华盛顿的办公室打电话,但被告知《自然》的禁言令正是为了阻止像福泰打算进行的这种商业开发,他们认为这对科学发展毫无帮助。可穆尔不甘示弱,他说《科学》打算就这个蛋白结构连续发表两篇论文。一个小时之后,一个编辑打电话过来说他们改变了主意。

穆尔立刻告诉了博格,博格又给肯打了电话,肯说他和基德尔的律师(他们就是为了处理这种紧急情况而被聘请的)都认为证监会没有理由为此推迟福泰的募股。挂掉电话后,博格昂首阔步地走向大厅,他们已经为《华尔街日报》、

---

* 吉恩·贝林斯基,著名生物医药记者、专栏作家。——译者

《纽约时报》、《洛杉矶时报》(*Los Angeles Times*)、《华盛顿邮报》(*Washington Post*)、《波士顿环球时报》(*Boston Globe*)、《商业周刊》以及20多家行业内刊、商业杂志与科学期刊准备了新闻稿,随时可以发传真。"封锁解除了,"他宣布,"拔锚起航!让我们速战速决!而新闻出来时,我希望在脚注上有一句'哈佛有人也宣称进行了类似的工作'。"

博格没有赢,但他知道自己没有输。他思考着有关追赶施瑞伯的一切,整体还是挺好的,只是没能把施瑞伯打得落花流水。"这不是我最想要的,"他一边回餐厅一边说,"我想踩着他的脑袋,把他的鼻子按进土里!不过目前我还能接受。"

科学家们觉得《自然》能在一个月内两次改变主意简直令人难以置信,其嫉妒心也同样让人惊讶。"这就是在热门领域做研究的价值,"穆尔对哈丁说,"《科学》和《自然》都不知道这些结构到底对不对,但比起无聊蛋白的精致结构,他们明显都更想发表重要的蛋白,哪怕结构粗糙点。"被反对施瑞伯的情绪所感染,他补了一句,"我们要搅乱他的派对,再给他屁股上狠狠来一下!"

现在焦点都集中在穆尔和山下身上了,哈丁消沉而失落。他自1月以来一直在寻找其他的FKBP,并终于找到了一个,结果他早上刚听说福泰科学顾问委员会的布拉科夫也发现了这个蛋白,而且文章已经付梓了。"他们想做自己的工作,这没问题,"哈丁抱怨着布拉科夫与比勒,后者既是布拉科夫的首要合作伙伴,也是福泰的顾问,"但是他们从来不分享任何信息。"他正愤怒地填写一份专利申请,好赶在布拉科夫的文章正式刊登前,争取一定的优先权。这又是个福泰被自己的顾问打败的故事,愤怒的奥德里奇甚至建议炒掉整个科学顾问委员会。

饱受折磨的哈丁心烦意乱地回到了自己桌前,他觉得穆尔和博格好像口喷火焰的妖怪,今天又是他漫长而昏暗的一天。

福泰的首席分子建模学家慕克从早上到下午都在对蛋白进行"动力学模

拟"。获得 FKBP-12 的精细晶体结构后,接下来的关键问题就是它的功能是什么,以及这是如何实现的?静态的结构快照不足以回答这些问题,慕克需要模拟出分子自然的运动,让它"活"起来,不但在空间维度,而且在时间维度上赋予其生命,他需要去"感受"它。"卡普勒斯上个月就在干这事,"他说,"他们有 20 个博士后,计算能力也比我们强一个数量级[10 倍],我们只有几个人,但得看看我是谁!"

慕克坐在山下斜对面的工作站中(山下正忙做结构精修的收尾工作),他通过编程来研究蛋白的自然运动过程。原子的运动是以纳秒(秒的十亿分之一)计算的。为了让它们慢下来,慕克让计算机像个超级快速的频闪灯一样,每隔 0.3 皮秒(秒的一万亿分之一)就快照一下,然后将这些图像慢速播放:原子就像一群爬在蜂巢上振翅的蜜蜂一样不断晃动,整个舞蹈仅仅持续几秒钟,而慕克认为他从中发现了药物起效的原因。

他对活性位点特别关注。蛋白分子的大部分结构都是受到高度限制的,只能轻微颤动。但纳维亚和山下怀疑有一处空腔是"工作区",即蛋白与其他分子,比如 FK-506,相互作用的地方。慕克注意到了一处像"飞机襟翼"一样明显可动的结构。在模拟大约进行到一半时,这个襟翼会像一个小门一样张开大约 30 度,然后忽然合上,这对药物设计意义重大。如果这是真的(慕克立刻补充他对此持保留意见,并且强调这仅是一个猜想),从襟翼的运动可以作出几种推测:如果能控制住襟翼,空腔或许可以装下更大的原子团;襟翼可能是个"陷阱",一旦分子进入活性位点,就把它们关在那儿;最有吸引力的猜想是,在襟翼弯曲包裹住抑制剂分子时,蛋白和它所结合的小分子抑制剂(如 FK-506)的形状都会发生巨大的改变。施瑞伯之前提出的假设是说,药物的一部分与酶蛋白结合,另一部分再探出去与其他蛋白作用。慕克对此表示怀疑,认为这应该是一套非常精细的"动作",他提出了另一种假说:药物与蛋白结合后,整体构象会发生改变,从而发挥效果。

在与施瑞伯的竞赛中,慕克的模拟猛推了福泰一把。福泰本来仅希望能追上施瑞伯,但现在,就像纳维亚所说,"我们有自己的故事了。"纳维亚格外兴奋,"这篇文章会成为一个撒手锏,"他对慕克说,"比我所能想象的还要有趣。"私下里他开始策划一场与施瑞伯的大辩论,那将会是一场复仇之战,这场针锋相对的高潮很可能会发生在匹兹堡的 FK-506 会议上。到时候整个科学界都会见证福泰就蛋白如何运作这个核心问题提出新的假设,首次挑战施瑞伯的领导地位——最差的情况也是,福泰能在大家开始关注结构生物学时说点什么。

现在已经是周三下午,距投稿的截止时间只有不到 24 小时了。山下还在挣扎着完成结构,但他觉得无论是自己的贡献还是压力都在减少。他要做的就是在活性位点附近再精修一下,再分析一下水分子,其他都由纳维亚负责。纳维亚这两个晚上也都工作到凌晨 3 点,要么在准备给《自然》的论文,要么管理着整体进度。现在的情况有点荒谬。山下曾经不顾一切地想解析出这个结构,他在一年多的时间里屡次将自己逼到了危险的地步,他被打败,苦涩地退缩,重新振作,再次遭到痛击,崩溃,再次恢复……此刻他离成为一篇可以奠定他职业生涯地位的论文的主要作者只有不到一天了,而这篇论文会由他的"涅墨西斯"(nemesis)*纳维亚亲自替他撰写,而且根据之前的协议,这篇论文必将被世界最顶尖的科学期刊接受。他终于得偿夙愿,但是这个过程是如此痛苦,他并没有感到任何快乐,只有一种独自乘着救生筏,从一场毁灭人生的可怕灾难逃出后的庆幸感。他的祈祷仿佛已经上达天听,他现在只有一种麻木的谨慎、犬儒主义般的镇定。

除了完善他的结构以外,山下还有另一项重要问题要处理——作者该有谁?作为主要作者,山下需要确定谁将与他共同分享荣誉,他的选择曾引发分裂,今天他希望弥合嫌隙。他和汤姆森自上个月的争斗后勉强恢复了友谊,山下后来没有再提论文的事,汤姆森也一直坚持他不想被列为作者。与此同时,

---

* 涅墨西斯又被称为复仇女神,在希腊神话中是掌管复仇与正义的女神,崇尚绝对的正义,惩治一切罪恶。——译者

汤姆森和纳维亚的关系跌破冰点,汤姆森抱怨纳维亚不珍惜蛋白,而纳维亚认为汤姆森以蛋白要挟晶体学家。汤姆森因日夜工作得了严重的结膜炎*,下午4点之前都不会来,现在离4点还有一小时。

山下咨询博格的意见,他想让穆尔和汤姆森回到作者中来,但是他也明白博格希望科学家少想点个人功劳,多想点药物开发。博格早听说了纳维亚的抱怨,虽然他谁也不相信,但他希望山下想将汤姆森列为作者不是仅仅为了安抚他。博格不满地说:"你和约翰·汤姆森都是我的手下,这里没有什么互惠互利之说。"山下回应说,他也不认为汤姆森"扣押"了蛋白,但他想让汤姆森也成为作者,这样他们就能继续合作。"如果你真要这样做,"博格说,"约翰的名字就不会出现在论文上,他还要被开除。你跟我说说,这和走进你家旁边的干洗店,然后说'这个社区很危险,马上交出 500 美元,不然就会更危险!'有什么区别吗?这就是勒索。"山下更加困惑地离开了。

模型室中,纳维亚直挺挺地坐在椅子上睡着了,他的领带依然笔直。他低着头,轻轻地打着呼噜,宽大的下巴抵着胸口,看起来像熊一样。南希·斯图尔特(Nancy Stuart)进来了。南希**是奥德里奇的首席助理,也是福泰的全能勤务员:她要为工作组会议作记录,协助发展市场策略,努力让科学家们专心工作等等。她现年 32 岁,曾在实验台前工作过一段时间,对科学家有着天然的同情心,因此是科学家们最信任的商业人士。她轻轻地摇了摇纳维亚,纳维亚没动,于是她又给他按摩了一下。

"我得和你谈谈我们的《华尔街日报》策略,"她说,"企业记者戴维·斯蒂普(David Stipp)主管这类报道,但你还是得给迈克尔·沃尔德霍尔兹(Michael Waldholz)打电话。"沃尔德霍尔兹是医药领域的精英作家,他曾为《华尔街日

---

* 结膜炎患者需要避光。——译者
** 原文中以其姓氏斯图尔特称呼她,但是为避免与斯图尔特·施瑞伯的名混淆,译文均以其名南希称呼她。——译者

报》报道了 HIV 蛋白酶的故事,也是包括博格在内的科学家所熟悉、尊重的少数记者之一。纳维亚懒洋洋地从座位上起身,暂时放下科学事务,拨通了电话。

山下盯着一幅新的电子密度分布图。他哪怕在梦中也能认出活性位点,而他正在寻找福泰先导化合物 VX-367 的踪迹。虽然 FKBP-12 的结构几乎毁了山下,但蛋白结构本身并不足以进行药物设计或是研究分子如何相互作用。终极的目标是获得蛋白与其他分子结合的复合物的结构,这样才能显示不同的"钥匙"是如何开启不同的"锁"的,科学家们才能发现精确的作用位点。施瑞伯和克拉迪显然已经解析出了 FKBP-12 与 FK-506 复合物的结构了。如果福泰能得到自己的候选化合物与蛋白复合物的结构,化学家们或许就能知道该如何进一步提高分子活性。

培养复合物晶体的方法有两种,但同样可怕与不确定:第一种方法是将蛋白晶体浸泡在药物的溶液中,使药物渗透入晶体;第二种方法更为费劲,是将蛋白晶体溶解后再试图与药物共同结晶。山下尝试了第一种方法,他盯着屏幕,想在活性位点找到新的电子分布,可惜试验失败了。他漠然地将结果告诉了慕克,然后立刻去了冷冻室,准备共结晶 FK-506 与 FKBP-12。"我们知道这一定能行,因为施瑞伯已经做到了,"他耸了耸肩,"不管怎样,逻辑上下一步也是这个。"

"这真是个沉重的打击,"慕克从他的模拟中痛苦地抬起头说,"我们今晚又要做实验做到半夜,要是能有一丝 VX-367 存在的迹象该多好,可惜我们什么都没找到!真不知道我们要多久才能发现它,一周,一个月,三个月,半年?"他沮丧地停了下来。他来福泰快一年了,还是没有任何能用于设计真正有说服力的分子的信息,福泰的承诺与现实的差距让他自己都不能忍受自己的抱怨。科学是非常曲折的,科学家常常会怀疑自己是不是个骗子。"我还是会继续做些有用的,"他喃喃自语道,"但在没有真实数据的情况下,我只能做一些推测。"

博格现在处于指挥状态。他要立刻处理半打的事情,而剩下半打事情正在迫近。他以子弹般的速度在各个棋盘间穿梭,保持着亦庄亦谐、有条不紊的风度。他一边思考,一边平静地盯着麦金托什电脑的大屏幕,右手像魔术师把玩纸牌般飞快地移动着鼠标。他不断地与肯、霍尔曼、施密特、金塞拉打电话,间歇中还要与轮流进来的科学家们、奥德里奇还有南希交谈。

他从未压抑过自我,此刻更是激情燃烧。他对肯说,要让哈佛专利办公室"好好感受对上帝的恐惧"。福泰虽然目前还不能对施瑞伯提起任何诉讼,但可能很快就有机会了,施瑞伯与克拉迪的协议可能会违反与福泰的合约,而博格想在施瑞伯的前进之路上撒满大头钉。他快速地翻着另一家公司的红鲱鱼招股书,然后像想要离开似的假装披上了风衣,"切,热门领域,炎症,"他冷笑着啐了一口,"这就是一份投资大鳄们写的科技庞氏骗局*……就像是佛罗里达州那些一天只露出水面 6 个小时的土地**。"他对奥德里奇说,他决心告诉布拉科夫,"他严重违反了协议,他只要还在这个领域工作,他就对我们一钱不值,再也别想当我们的科学顾问。"他还愉悦地告诉金塞拉他可能不能在《华尔街日报》上刊发一篇用来宣传他与施瑞伯的新公司的谄媚文章。在另一条电话线上,当博格听到施密特想不起来金塞拉的名字,只说他是"董事会中出钱最少的那个家伙"时,咯咯地笑了。

诺尔斯自博格研究生时期就看着他成长,他在电话中反对博格的决定,他说:"我可能最好出差几周。"

博格大步走进了福泰的中心——餐厅,科学家们平时各自在自己的轨道上运行,但都会在此留步。博格抓了一些薄脆饼干,拿了一瓶果汁,悄悄地走向正以《时代》杂志为掩护偷看他的山下。他站在山下面前,和善地告诉山下他砸毁的椅子值 280 美元,这会直接从他的工资中扣除。

---

　　* 庞氏骗局是许以高额回报,不断发展下线的投资骗局,如 e 租宝、麦道夫骗局。——译者

　　** 佛罗里达州有大片沿海湿地,在低潮时才会露出水面。20 世纪六七十年代时,有人向不明就里的外州人出售这些土地,骗取钱财。——译者

"我小的时候,我们兄弟每人都有一棵属于自己的树,"博格说,"当我们气坏的时候,我们就朝那棵树上吐唾沫,我那棵树上总是黏糊糊的。"

"我喜欢通过物理的方式摧毁金属。"山下说。

"你玩的太高科技了。"

"或许吧。我读研究生时,实验室的主管曾经给了我一台旧的终端机和一把大锤子,"山下说,"太爽了。"

"你看起来放松多了。"

"我甚至什么都还没摧毁呢。"

这是一个放松的时刻,也是他俩几周以来第一次这么轻松。山下似乎缓过来了,也对之前他甚至宣称要杀人的暴力行为开玩笑了。现在没什么禁忌了。纳维亚走过来祝贺他:"结构精修得不错!"山下回应说:"或许又是一场梦。"

博格开了个好头,接下来就是一场大家对施瑞伯的无情挖苦。FKBP-12的结构虽然是由施瑞伯、卡普拉斯的研究生还有克拉迪在康奈尔的研究小组解析出来的,但只有施瑞伯才会大出风头。根据科学界的规矩与惯例,荣誉都将归于高阶科学家。提出想法比证明它更重要,哪怕是像解析 X 射线晶体结构这样的工作。虽然施瑞伯只是提供了蛋白,合成了些重原子衍生物,但这个结构还是会被称为"施瑞伯的结构"。他对 FK-506 的研究势如破竹,生物学交叉研究的进展比他预期的还好。然而在他即将取得最重要成果的那天,他会发现他将不得不与一家新兴公司共享荣誉,而他在 8 个月前被这家公司扫地出门,在公司内部只留下骂名。科学家们都喜欢讨论这件事,博格和奥德里奇对此格外幸灾乐祸。

"想想衰伯[博格和奥德里奇给施瑞伯起的诨名]开着他的保时捷前往哈佛时突然听到新闻广播时的情形,"奥德里奇说,"他估计会撞到树上去。"

纳维亚也参与了进来,他哼哼着新闻台的开场曲,假装得意洋洋地开着车,突然他做出一个扭曲的表情,然后模拟出急刹车与碰撞的声音。

只有汤姆森拒绝参与。他坐得远远的,对纳维亚的丑态皱紧了眉头。汤姆森因为长期切割组织、清洗玻璃仪器患了结膜炎和皮疹。"没人关心我们经历了什么,"他说,"很多跟掏下水道似的工作让我浑身难受,如果在工厂中,都可以申请工伤补贴了。每100微克蛋白都要产生近200升含有磷酸化胸腺组织液的废液,还会让我们的大氯仿瓶黏满恶心的东西。但是我们还是做了。"

"我想知道,"他嘟囔道,"其他人都做了什么。"

"乔舒亚和我不想被引用,"奥德里奇在电话中对福泰的公关人员*说,"没有什么价值10亿美元的药物。如果有电话打进来找我,前台就会说我不在,如果他们要找一个科学家,"他向被拉来参加简报的穆尔点了点头,"那就交给你了。"

奥德里奇不是不喜欢夸张的声明,但是他知道福泰最近得对媒体如何报道穆尔的文章格外小心。穆尔也感觉到了。虽然他认为这个演练毫无必要,也不喜欢在电话上被一个公关人员训练,但他还是积极配合。他就像一个第一次上场的投球手一样,想稳妥地行事,他回应奥德里奇说:"我就说这是重要的一步。"

"事实,而不是假设,"奥德里奇建议,"你可以这么说,'这是重要的一步,但离能产生出药物还有好几年。'"

公关人员建议道:"乔恩**,你肯定不想处于一个只能说'不不不,我不能回答'的境地。"

"或许我可以告诉他们,研究本身是永远不可被申请专利的。"

"别这么说,"奥德里奇插进来笑着说,"倒是你永远不知道我们想申请什么专利。"

奥德里奇和南希准备了背景资料,解释了穆尔的研究的重要性以及如何应

---

* 福泰那时没有自己的公关人员,是由大型公共关系公司外包服务。——译者

** 穆尔的名。——译者

对一些可能的问题。公关人员恭维了他们并且提出更多的建议。

"我们会把它放到网上,这样每个人和他的祖母都能知道了。"他说。

"我们觉得可以。"南希笑着说。奥德里奇揉着脸颊思考着,穆尔尝试着不两眼望天。

晚上7点半,X射线室里,山下和纳维亚并排坐着。他慌张地想到,把他自己从论文作者中除名或许是解决作者权争端的办法,但他很快改变了主意。"加缪说过,通过自杀来向世界传递信息是非常愚蠢的。"山下说,"换一个情景说,假如他们让我当第一作者,而实际上我不应该获此殊荣,我拒绝会有用吗?"

"或许我明天会突然生病。"

纳维亚一边低头看显微镜一边说:"你很少有这样的机会,我想看看你能怎么处理。"

他在查看山下的蛋白与VX-367共结晶实验,不是下午刚做的那批,而是本周初就开始培养的那批。在几个样品孔内,他看到了明确的微小的针状晶体。不像一年以前山下第一次结晶只得到了盐,纳维亚确定这些就是蛋白。

"噢,天啊,这是蛋白晶体。"

"真的吗?"山下克制住自己的激动,"我们明早再看看?"

"不用,梅森,我觉得那就是蛋白。"

纳维亚拍了拍山下的背,回去继续写文章了。山下彻底抛弃了任何殉道的念头,耸了耸肩。

"这就是生活!"他喟叹道,"我在这里学到的就是,不断地做实验,这就是我们避免自我毁灭的办法。"

半小时之后,博格拿着要发表在《自然》上的论文的第一稿摘要从办公室里冲了出来。这段不超过100字的短文包含了这篇论文最关键的信息,大部分的读者在草草翻阅期刊时都会扫一眼各文章的摘要。博格想多写几稿,他一言不发,把它递给了正在打字的纳维亚。

"我们想把脖子探出去多远呢?"纳维亚问。

"'我们'是谁,我的伙伴?"博格说。目前还没有决定是否要将博格的名字列在作者中,但他像蒂什勒一样,不喜欢在自己没有直接贡献的论文中署名。他对在简历中添加几篇论文没什么兴趣,他最需要的是发现一个新药。他认为功劳应该留给那些真正辛苦生产数据的人,而非简单地设定方向,或是在事后舒服地分析它们的人。作为一个化学家,他采用了化学界决定谁是专利作者的严格规矩:要么你设计了结构式,要么你合成了分子,其他人都是无关的。

这会儿已经晚上 9 点半了,博格、慕克和纳维亚开始吃饭。他们带着写稿子的狠劲撕开煎饺、速冻蔬菜、鸡蛋卷的包装。这是博格今天吃到的第一顿饭。

"这就是我在追求的,"博格翘着腿,用筷子夹起一个煎饺,在空中挥了挥,"斯图尔特已经有了结合域和作用域假说,但是我还没有听说有很多的人支持他。我觉得他有一定道理,但还不够,我希望我们提出另一种新的生物学假说。这个假说可以离谱点,哪怕能在上面开大卡车,但只要能为我们打出一片空间就行。"

纳维亚谈了谈慕克刚用福泰最好的抑制剂在蛋白活性位点附近模拟相互作用的结果。"[分子]可能太小了,"纳维亚说,"襟翼区可能会把它压扁然后合上,我们需要一个门挡。"

"一个分子门挡。"博格兴奋地说,就像在黑暗的房间中找到了灯的开关,"这比斯图尔特的假说还厉害,而且和他的还是一致的。你不光需要一个探向外侧的作用域,你还需要保持襟翼区打开。"换言之,博格认为 FK-506 的生物活性不光来源于外突的角状结构,更主要因为它能影响蛋白的整体构象,就像舌头把脸颊顶得突起一样。这个假说对药物设计很有意义,也直接挑战了施瑞伯,博格很乐于在福泰还没有证据前就为其背书。

"犯错不是科学中的罪过,"他一边大口吃着蔬菜一边说,"过度解读数据才是。如果大量新数据推翻了你原有的假说,没问题。你不想要的是被一点点新数据就反驳了,那说明你做的还远远不够。"

他们留下了一桌子的狼藉,回到电脑前去验证最新的假说了。距投稿时间还剩14小时,他们还想再做一组实验。

"这非常令人愉悦,"慕克说,他知道他将要一直工作到明早的投稿截止期限前,争分夺秒,尽量多地生产数据以支持一个刚刚孵化出来的假说,"就是这么任性。"

. . .

化学实验室里,邓和戴宁格尔在没那么多的理论指导下做实验。这几周以来,他们几乎都工作到深夜,试图合成能抑制 HIV 蛋白酶的分子。博格没能在日本卖出 HIV 项目,因此也没有钱拓展它,而邓和戴宁格尔则要承受其后果。公司已经向 HIV 研究投入了 200 万美元,而这个项目则陷入第二十二条军规一般的困境:没有资源就无法取得进展,没有进展就无法筹集更多资源。精疲力竭的邓格外焦虑、愤怒。

"我们没有明确的战略,我们没有酶,我们没有晶体,我们甚至不知道构效关系!"他说,"我每天都坐在这里说:'上帝带我走吧,我现在就要割腕!'"

"我们正试图利用别的公司用过的方法来改进分子的生物活性,但这是因物而易的。每个分子都不同,把马和驴子关在一起并不一定能得到骡子。"

邓所知道的就是准备上市会带来更大的压力。他最近完全沉浸于自己的工作中,好几周几乎没怎么看见别的科学家,更不要说跟他们聊天了,他仅仅隐约听说,商业运作的需求如何在公司其他地方主导了科研。他知道他和戴宁格尔迟早要感到这股压力。他们起步晚,人手少,却要做到默沙东等公司都没做到的事:合成一个很可能治愈艾滋病的化合物。邓认为这是对科学的亵渎。

"我们处在一个不能犯错的境地,"他哀叹道,"太蠢了。"

凌晨 2 点,累坏了的纳维亚在椅子上睡着了,博格叫醒了他,并让他回家。

他自己则改论文到 5 点,然后开车回家,洗漱一番后与家人一起吃了个简单的早餐,早上 7 点半前回到了办公桌前。现在是周四早晨了,到了《自然》投稿的截止日期。慕克 4 点回的家,8 点前也回到了电脑前。这一年来,他一向都很注意自己的饮食,但他正咕噜咕噜地喝着无糖百事可乐,嚼着甜甜圈盒里的残渣。房间里随意丢着空的薯片袋和比萨盒,慕克公文包中的订单、他正评议的论文、应聘者的简历全溢出在桌上。

慕克为几个抑制剂构建了模型,然后放入山下解析出的结构中以检验襟翼假说并设计药物。博格带着几位化学家走了进来,他们一起戴上 3D 眼镜并检验"分子门挡"理论:他们所见是否为实,这又意味着什么。

"它探进了虚空里。"约翰·达菲(John Duffy)说,他是一位直率的红头发化学家,他正看着从轮状蛋白结构中探出的细小的分子作用域,就像树木上的嫩枝。

"探出的不够多,不可能像施瑞伯说的那样,一定有其他机制,"博格同意,"但我们更大的问题是我们需要把活性提高 100 倍,需要一个突破,一个像旗语那么大的突破。"博格说的旗语即是 VX-367,那个从 FK-506 母核上伸出两个亚基的,有着与环孢素一样活性的分子,也是福泰在化学合成中取得的第一个重大进展。

科学家们提出几种模拟 FK-506 的方案,但博格猛地打断了他们,他说:"FK-506 不是自然精心设计出来的,只是个恰好有用途的分子,我们不能跟在 FK-506 的屁股后面。"

慕克心领神会,将一个抑制剂从蛋白中分离出来,并使它旋转,打破数个关键的化学键。"这是极端手段,"他将视线从键盘上移开,"不要在家里尝试。"

大家都笑了。福泰的药物发现流程强调协作,压力像接力棒从一个科学家传给另一个。现在该慕克接手了,他很清楚这种压力如何烫伤了汤姆森、穆尔和山下。博格离开了房间,然后是达菲,接着其他人都走了,只剩下他和山下还盯着屏幕上引人深思的黑色。

"福泰就是被傲慢所驱动的,"慕克自言自语地说,既有欣赏,又有浮沉其中、不由自主的畏惧感,"我们没有理由相信我们一定能赢,但我们拒绝思考别的可能性。"

慕克对自己推测性的工作还是很不安,尤其是公司正依靠他取得下一个重大进展,他们的对手也不仅是施瑞伯,默沙东正式加入了。他还需要数据。为了得到严格的计算结果,他需要知道准确坐标——FK-506 与 FKBP-12 在何处结合、如何结合,而这个信息只有施瑞伯和他的同事有。上周六慕克去耶鲁听了施瑞伯的报告,会后施瑞伯说他计划文章一发表就公布坐标信息。所以慕克毫不犹豫地给施瑞伯打了个电话。虽然他们平日里老是抨击施瑞伯、笑话他,但现在要谈的是科学,这绝对是两码事。而施瑞伯像往常一样热心地答应给他坐标。

慕克惊叹道:"斯图尔特真是非常非常擅长于从别人身上打探到他想要的信息,然后再把他们扔开,许多人也是这么评论乔舒亚的。"

上午 11 点,博格、纳维亚、慕克和山下最后一次讨论策略,他们终于在截止期限一小时前完成了 X 射线的论文。穆尔接到了几通来自媒体的电话,但是球已经传到了晶体学家手中。他们也赶上了最后期限。山下和纳维亚一起协作,完成了他们无法单独做到的事情。两周前的情绪风波已经消散了,留下的是有些拘谨的宁静。

"监督别人工作就像在驾驶一艘好船,"纳维亚反思道,"一切都很好,航行很稳定,你只需偶尔轻轻地转转舵。可是与梅森一起工作时,我得时刻握紧舵。"

另一间房间里,山下心酸地嘀咕道:"曼努埃尔是个没有原则的人。"

山下整个早上都在烦恼哪些人该列入作者名单。11 点半,他、纳维亚和慕克挤入餐厅旁私密的小隔间,最后一次讨论此事。福泰有两间这样的小隔间,每间仅够容纳一张桌子、一台电脑、一张椅子,这是博格向科学家作出的让步,他们能在这里暂时远离博格社会实验的喧闹公共频道,安静地想问题。科学家们称之为"科学的殿堂"。

为了拯救论文初稿"废墟"中仅存的那么一点理想主义,山下决定此次以"完全理性"的方式来作决定,"即使我们自己的名字可能被抹去"。理性上来说,这就意味着比山下原先争取的要少列几个作者。他同意博格所说,最初他的论文导致了激烈的争功夺利,分裂了公司,因此为了福泰的利益、科学的利益,将作者数量减到最小才能减少这种争端,或许只剩两三个真正做了实验的人。在重视名声的科学界,大家越来越倾向于涵盖尽量多的人,比如做了先期研究、为这项研究铺平道路的同事,或者需要靠论文来美化简历的研究生和博士后。博格鄙视这种增加作者人数以及不诚信的做法,山下终于能理解他了,因此他的态度有了个180度的转变,在这间科学的殿堂中,他建议只写上纳维亚、慕克和他的名字。

对于山下来说,这又是一个危险的殉道般的决定。他猜测汤姆森和穆尔肯定会怒不可遏,而且他还会看起来像一个欺世盗名的人,尽管这不是他本意。他再次因自己依靠纯粹理性推导出的正确做法心烦不已。他早些时候已经告诉了博格这个决定,博格急切地希望科学家们放下署名的欲望,保证在随后可能出现的狂风暴雨中支持山下。纳维亚也同意他。只有慕克犹豫着希望能缓解紧张的局势,他告诉山下他做的不够多,希望作者名单中没有他的名字。

这就是最终决定了。福泰将会对作者权采取严格的态度,严厉打击在研究中追求自己利益的愚蠢行为。因此 X 射线论文的署名将限于晶体学家,即山下和纳维亚。

但是,理性的不一定是实用的,博格认为维持福泰的运行才是最重要的。他担心风波太大,因此好像收到密报般在这个当口突然未经邀请就闯了进来。他说:"我改变主意了。"博格希望所有作出贡献的人都获得荣誉,哪怕和论文内容不是直接有关的。他要求山下把汤姆森、菲茨吉本还有穆尔都加上,然后就微笑着像他进来时那样快速而惊人地离开了。

"我们目瞪口呆,"山下回忆说,"简直不敢相信。博格曾说根据纯粹理性,我们最好今天就一劳永逸地解决谁该是作者的问题,可能牺牲我个人的名誉也比拖下去好。但是他说他能理解我、纳维亚和慕克的痛苦,并且认为我们不应当再被这种痛苦纠缠。他说他之前不让汤姆森立刻发表是个错误。他还说,如果他当时让汤姆森发表了论文,是否要署名就不是个问题了。"

博格的态度转变解决了问题,山下也不用自我牺牲了。在 11:55 时,博格亲自将这篇论文传真给了《自然》。其题目为"免疫抑制剂 FK-506 的主要结合蛋白的 X 射线衍射结构——基于核磁共振研究所获结构片段的分子替代法",作者的顺序依次为山下、慕克、博格、穆尔、汤姆森、菲茨吉本、纳维亚*。汤姆森和穆尔同意成为共同作者,但由于急着要将论文送出去,他们都没来得及看最后的论文定稿,因此他俩有些生气,不愿意加入大家的庆祝。

"犹大山羊是什么意思?"山下问道。

山下、纳维亚和慕克在下午匆忙地整理图片和表格,赶在 5 点将其快递给《自然》。空气中弥漫着庆祝、宽容,以及对那个小小谎言的反复解释,就像杀菌剂一样,虽然有些刺痛,但是很治愈。

纳维亚正在狼吞虎咽地吃三明治,他急着赶 6 点的飞机去圣路易斯市主持一次国立卫生研究院的实地考察,这也是他的副业之一。他解释说,犹大山羊是一只引领其他山羊去屠宰场的山羊,一种职业叛徒,最糟糕的那种。

"我们别再跟梅森玩脑筋急转弯了,"慕克笑了,他停了一下继续说,"只要梅森别再跟我们玩就行。"

"我也不想啊,"山下说,"那有犹大鸡吗?犹大牛呢?犹大……"

"梅森太棒了。"慕克说。

---

* 在自然科学论文中,作者贡献依顺序降低,但最后一个作者往往是该项目的负责人,即责任作者,或者称通讯作者,这就是为什么纳维亚的排名在最后。——译者

"我在他来的那天就这么说过。"纳维亚说。

"他的优秀,"慕克赞赏道,"只比他的谦虚差点。"

如果哪个科学家对博格设定不可能的目标然后完成它的能力还有所怀疑,这次肯定能令他印象深刻。博格轻松自如地在这周内引领公司穿越了商业与科学的双重难关。这周五将迎来他和他们的奖励。

媒体的闪电战堪称完美。考虑到福泰准备上市,《华尔街日报》的报导可谓举足轻重。它迅速报道了结构研究中施瑞伯(与卡普拉斯合作)、克拉迪(也是与施瑞伯合作)和福泰的三方和局。"三队科学家宣布他们发现了一种对免疫抑制有关键作用的分子的秘密。"《华尔街日报》在头版的第二栏这么报道。虽然施瑞伯和卡普拉斯是先被提到的,但是福泰作为唯一的公司,名字被加粗,这是《华尔街日报》为他们忙得没时间看报纸的总裁读者们的贴心服务。在备忘录上抄要点的投资者或许不清楚这项发现的意义,但他们现在有了个与克拉迪预言的"数十亿美元市场"药物有关的公司的名字。其他几家报道了此事的报纸中,只有偏心的《哈佛校报》(*Harvard Gazette*)没有重点提到福泰。

施瑞伯就像博格预测与期望的那样,震惊了。他想起自己和穆尔在1月底的对话,那场对话让他"强烈地认为[福泰]离得到结构还非常远",他也忘了穆尔的名字,毕竟穆尔年纪尚轻,而且他加入公司时施瑞伯已经是不受欢迎的人,很快就被开除了。施瑞伯几周前就听说《自然》会宣布一场平局,甚至想起他们提到过作者是"穆尔等人",但他绝没想到那就是福泰的穆尔。他摇了摇头说:"我真的吃了一惊。"

多篇文章汇集在一起,将会相互检验研究的正确性,这正是福泰在仓促赶工论文时所忽略的。因为哪怕是最强大的电子显微镜也无法真正看到结构*,所以确认一个分子结构解析是否正确的方法是看其他研究者能否独立地重

---

* 冷冻电镜技术的发展使我们能直接看到蛋白结构。——译者

复实验。穆尔在周四看到了施瑞伯论文的预印本,他与施瑞伯的核磁共振结构基本是一样的,而且与克拉迪的X射线结构也很像,仅有很小的一点不同,这互相印证了他们的正确性。他觉得格外庆幸,夸张地在胸前比划了一个十字。他认为自己与克拉迪结构的差异很可能是因为克拉迪的结构中含有FK-506。麻烦的是,山下的结构与其他三个结构在几个关键区域有差别,尤其是"襟翼"区的灵活程度。别人结构中的"襟翼"都不能那么自由地开放。在之前投稿的兴奋中,穆尔与山下忽略了结构之间的差异,但私下里,他们俩都无法停止担心这种不一致。整个"分子门挡"的概念完全基于山下的结构,必须拿出更多的证据。

在科学界,人们听说有一场明显的平局时,总是会怀疑地挑眉瞪眼。《华尔街日报》以"发表文章的竞赛"为副标题报道了《自然》打破宣传禁令的行为。在《自然》的新闻与评论区,美国布兰迪斯大学的晶体学家达格玛·林格(Dagmar Ringe)酸酸地写道,对免疫亲和蛋白的兴趣导致了一场竞争发表的"瘟疫","更多的合作、更少的竞争才是这个领域真正需要的"。有些人担心生物医药正在被盲目的竞争腐化。在发表文章的竞争中,论文要么没有被仔细审阅,要么压根没有被审阅。这些发现未经同行评议就在媒体上宣传,导致了误导、错误甚至是骗局。商界与学界都需要吸引资本,因此形成了一种无意义的冗余比严谨与创新更受重视的环境。解析FKBP-12结构的竞争又是一个可以被批评的新案例。福泰作为此事中唯一的私人企业,毫不意外地被公认为是不善的一方。

博格一如既往地毫不为之所动。他的目标很明确,现在既然已经完成了它们,他就可以开始准备下一场大战了:上市。他、奥德里奇、南希在周五早上离开福泰前往华纳和斯塔克波尔律师事务所,肯之前就是这家位于波士顿市区的律师事务所的高级合伙人,这也将是从纽约过来的基德尔团队的临时总部。这家律所所在的办公楼建于20世纪80年代中后期大兴土木的浪潮中,四处都铺满了大理石,却没有足够的租户。但这家律所本身生意很兴旺,一间间椭圆形办公间环绕着它后现代风格的圆形大厅。华纳和斯塔克波尔律师事务所正是福泰风格的对立面:锃光瓦亮、威严庄重、紧跟潮流,可谓是抛了光的老钱。

一家公司发行股票的核心问题在于如何估值。对于一家根基深厚,已经开始挣钱的公司来说,承销商直接将利润乘以一些能够反映公司表现的系数,再除以计划发行的股票的数量就好。但对于还需数年时间才能获得第一款产品、没有利润的小公司来说,估值则是一门玄学,需要大量的假设与猜想:这家公司什么时候才能盈利?他们能挣多少?能维持多久?基于目前市场表现,投资者的预期收益率该是多少?对于像福泰这样的新兴生物医药公司,这个问题更加模糊。决定一款新产品什么时候上市的是 FDA 而非这家公司本身。一家生物医药创业公司经历了耗资巨大的多年开发后,可能发现他们拿不出任何产品。还可能有专利侵权、无法预料的技术变革、无穷无尽的产品安全问题……最可能发生的情况就是彻头彻尾的失败。但是承销商还是要和公司一起努力,运用各种公式、系数,还有经验为他们估一个价。这种事情很像科学研究,看不见,摸不着,还可能完全不可知。

博格早就习惯了这种需要异想天开的事情,但基德尔想作最后的确认。他们想知道,就像霍尔曼所说,"乔舒亚这个人是否可信"。因此这个任务主要落在了南希·斯图尔特以及科学家们身上,大家都穿得整整齐齐,轮流从福泰前往律所,就像被陪审团召集的证人一样。

南希是房间里唯一的女性,她巧妙地介绍着福泰的预期盈利时间表。她说公司预计在年底发现一种新的免疫抑制剂,在 1993 年初进行临床试验,然后在 1997 年(6 年后)将药物上市。对于 HIV 项目,她提出了一个更激进的时间表:秋天结束之前发现一个先导化合物,1992 年底前开始临床试验,1995 年开始盈利。要在一年半以内开发一种能在人体内进行测试的抗艾滋病药物,然后在三年内实现盈利,这口气可不小。南希有力地为她的论点辩护。她对律师们说,福泰有一种能在细胞水平抑制 HIV 的新型化合物,他们已经与一家加州公司签约,在仲夏就要在一种经基因改造、与人类免疫系统类似的受 HIV 感染的小鼠身上实验这种药物。如果成功了,福泰就能缩短临床前研究的步骤,直接进行灵长类动物实验。之后他们就会像默沙东一样,先在欧洲进行临床试验,然后向 FDA 提交数据。FDA 目前急需抗艾滋病药物,对任何哪怕只有一点希望的药物都非常重视。

南希担心基德尔的人会认为这个故事太投机、漏洞太多、太经不起推敲。"这种故事人们大概听过好几百遍了:新技术、聪明人。人们会说'嗯,嗯'。"她顿了顿,然后继续说,"'那给我们讲讲你们的临床试验候选化合物吧。'"基德尔的人却对福泰印象深刻,小生物医药公司最大的隐患就是他们会永远大出血般地花钱,但是福泰显然很快就能挣到钱。事实上,这也是他们最终开展艾滋病研究的主要原因。虽然其他几十家公司也在因为相同的原因快速开发抗艾滋病药物,但是霍尔曼认为福泰的故事很特别。

科学家们则显得心事重重,为上市而提出的激进的发展计划只会增加他们的压力。"HIV 项目现在如履薄冰,"邓抱怨说,"我担心的是,即使在最乐观的情况下,我们也不能实现我们的承诺。即使我们人手充足也不行,况且现在人力还不够。我们更依赖运气而非实力,这让我很担心,这真的让我很担心。"

慕克也被律所约谈,他更加生气。他对这种打扰很愤慨,他回模型室时扯下了领带,恨恨地说:"他们 15 个人居然要吃 500 美元的午饭,而我们喝一瓶可乐都要另外算钱。"

博格和科学家们在科学研究的现实与华尔街的幻境中摇摆。当博格、慕克和纳维亚在律所吃午饭时,一封《自然》的传真到了。这封传真说,因为福泰的 X 射线晶体结构与《科学》当期发表的结构很相像,期刊决定不将福泰的论文送审了。山下看了以后心都凉了。24 小时之前,他们几人不光为赶上施瑞伯而庆祝,更因他们为世上最热门的蛋白提出一种新的假说而激动。而现在,他们玩命地赶上了与《自然》约定的最后期限,但他们的论文甚至不会被送出以评估其科学价值。就像穆尔的那篇论文一样,《自然》似乎仅是因为与其他期刊的竞争就拒绝一篇有重要科学意义的论文。

博格立刻着手回信。他写了一封单倍行距、长达三页、用词文雅的谴责信。经过一周连续不断的危机,博格将他的才智与刻薄全倾注在了信上。

他科学地分析道,《自然》有"强烈的"原因该去重新评估他们的决定。首先,这个结构很重要,而且很独特。不同于克拉迪的结构,山下的结构没有与药物结合(这是首个 FKBP - 12 单独的结构),而且与穆尔和施瑞伯的核磁共振结构又有一定的差异,能引发人们进一步思考蛋白的真实结构。与此同时,这个结构是对克拉迪和施瑞伯的直接挑战,他们认为 FKBP - 12 在与 FK - 506 结合时仅有"微小的变化"。"你们可以从我们的数据中看到,"博格写道,"这显然是个重大的错误……这个蛋白在与 FK - 506 结合时**一定会**[他在这里做了重点标记]有显著的变化,尤其是看护结合位点的'襟翼'区。"他也强调了山下和穆尔的合作——"这是第二例用核磁共振数据来解析 X 射线晶体结构的例子,"也是"第一次"用部分核磁共振数据进行分子替代法的结构解析。

其中任何一点都足以令《自然》重新考虑,结合在一起,它们当然更有说服力。但是博格忍不住再多写点,他直截了当地提醒《自然》编辑他们在重审穆尔论文时作的约定。"如果我们不就你们无理地处理我们的稿件表达失望,我们就不能算是坦率,"他在结尾处写道,"4 月中旬时,**正是在贵方的要求下**,我们答应将详细的 X 射线的文章在核磁共振的文章之后送达,这样才得以将核磁共振的文章送外评审。我们完全尽到了我方的义务,因此我们希望得到对等的回报。"

博格等了这么久不是为了被拒绝的。他在信的结尾给了《自然》一天时间,要求他们在周一结束前改变主意。不然的话,福泰以后就将 FK - 506/FKBP - 12 的论文投给《自然》的竞争期刊,他斥责性地提醒:"这可能是生命医药领域'最热门'的课题。"

纳维亚和山下等科学家的名字也同博格一起署在了这封傲慢无礼、令人惊愕甚至是毁灭性的信上。他们担心《自然》可能再也不会发表来自福泰的任何稿件，但箭在弦上不得不发。"我们已经烧掉了第一条规矩，'永不刊发被拒绝的论文'，"纳维亚开玩笑地说，"那么再把'不发表第二篇 X 射线晶体结构'这第六十二条规矩一起烧了也没什么问题吧！"但是他内心其实忐忑不安，他们只能等待，希望博格的狂妄不会导致一场伊卡洛斯（Ircarus）*般的毁灭。

英国伦敦和美国剑桥有 5 个小时的时差，《自然》的回复最迟会在周一中午前到达。

《自然》一个月内第二次撤销决定的通知第二天 12∶27 才到，超过了最后期限 27 分钟。博格宽宏大量地接受了它。虽然还需要其他更严格、更了解实际问题的审稿人的批准，但是纳维亚认为最大的障碍已经清除了。现在他们准备与施瑞伯全面开战，这是一场他和博格都志在必得的大战。

"斯图尔特你伸长脖子等着吧！"纳维亚说，"他的理论都是基于假设，他认为 FKBP 在整个过程中就是个令人不悦的干预者，它就像 FK-506 的托座一样没什么用，但是他不懂生物学。我们在《自然》的论文不会让他舒服的。"

"如果我们得到了复合物的结构，"他补充道，"我们就能打得他叫娘。"

---

* 伊卡洛斯，希腊神话人物，用蜡和羽毛制成了翅膀。他因骄傲而飞向太阳，蜡被融化，翅膀瓦解，他最终坠亡。——译者

第十八章

　　1974 年,博格在读研究生时,他的母亲终于受不了那场持续了 34 年的婚姻,与老博格离婚了。绝望的老博格在 10 月一个周五的早上回到了那座乔治王朝殖民风格的大房子中——他的孩子们在这里长大,他的妻子曾说"生活真美好……在这抚养孩子真美好",老博格在此饮弹自尽了。

　　博格那时在哈佛,虽然有些心烦但是并未慌乱。他年少时就有"控制世界"的想法,因此他有能力不去想那些他无法改变或者不能影响的事情。他和父亲关系疏远很多年了,他们同样强硬,一直以来就矛盾重重:有一次他们在船上钓鱼,博格把一条鱼扔了回去,老博格气得把他打落水中。湿透了的博格在那天下午和之后的好几天里都愤愤不平,拒绝和父亲说话。他上高中时,他父母的婚姻已经出现了危机,他与父亲也因此更加疏远。当他接到通知他父亲死讯的电话时,他的回应很冷酷。"当你决定掌握自己的世界时,你也要允许别人这么做,"他说,"如果是一个醉酒的司机撞死了他,或者他卧病在床数月,我会更伤心点。"

　　在 IPO 阶段,博格将主要依靠继承自他父亲的能力——推销,来完成任务。

他不是暗中苦苦挣扎着争取自主权，而是像心理学家一样，知道男人就是靠击败他们的父亲和父辈才成为男人的。在默沙东时，博格的迅速成长部分归功于他与第一任导师乔舒亚·罗卡赫（Joshua Rokach）的决裂，那是位脾气暴躁的埃及裔犹太人，他将博格从西点带到了罗伟。"就像所有的好儿子，我最后干掉了我的父亲，我从背后捅了他一刀。"博格说。罗卡赫帮助博格从实验台前的科学家成长为科学领导者，迈出这第一步后，博格人生不断上升直至故事高潮——成为一家上市公司的CEO。博格现在要在华尔街上做一笔大生意，相较于他发起制药界革命的宏大愿望，前者更需要他清除父亲作为一个失败商人的影响，需要他去测试自己能走多远、走向何方。

具讽刺意味的是，博格的主要目标永远在科学上，商业只是使科学能运作的必要手段。商业上的成功对他来说永远只是一种手段，而非目的。他不像很多类似职位的人，将华尔街神话为神兵利器的铸造厂，比如默沙东的总裁瓦格洛斯似乎很喜欢取悦投资者，而博格早在参加20个月前的远景国际大酒店会议前，就认定华尔街是无可救药且极端任性的，既无法匹敌他的智慧，更不要指望它有什么道德。此外，他虽然很擅长销售，但对忽悠一群无知的群众并无好感。不过，既然是博格需要华尔街，而非华尔街需要博格，只要能做成一桩大交易，他就会毫不犹豫、一心一意地按华尔街的要求行事。

他要做的第一件事，就是将福泰的故事重构成一个符合股票市场口味的、过分渲染的狂野故事。就像奥德里奇指出的，许多"产品"正在"涌入"市场，吸收着新近流入生物医疗板块的资金。与此同时，再生元股价的暴跌也让投资者们像小猫一样紧张。但博格认为，这些矛盾全部有利于福泰。

大部分上市的生物医药公司从严格意义上来说，都是像安进一样的生物技术公司，它们都是通过操纵基因来制造药物的公司。但不同于安进等第一代切割基因的公司，它们不再仅限于制造蛋白，因为蛋白难以生产、必须注射给药、在体内快速分解，还很容易受专利影响。新的公司主打令人眩目的"超级药物"：运用更精准的靶向或者更先进的技术，或者两者兼有，生产新的"智慧"分子,传统药物和之前的生物技术药物都会因而过时。这将是工作站和服务器的区别,固定电话和手机的区别。在这些故事中,有的药物能与糖分子结合,而糖分子正是细胞间互相识别的"路牌",这些药物能干扰其功能,阻断炎症过程;有的药物能截断DNA信息的传递,从而抑制艾滋病与癌症;有的能增强疫苗的效果;有的能像神风特攻队一样,为机体天然对抗疾病的斗士——抗体——配上小小的分子火箭,令其冲向变异的细胞;还有基因改造过的细胞,移植回体内后就能像工厂一样源源不断地产生抗癌或抗糖尿病的药物*。

但博格清楚,这些超级药物都存在一个大问题,那就是没人能证明它们是有效的。它们的机制大都是纯理论的,逻辑也很值得怀疑。它们如何到达靶点,那些靶点是不是真的有用,这些分子能不能在体内存在,它们会不会有不良反应?因为没有数据,任何人都无法回答这些问题。相对而言,福泰则是要研发针对已知酶的小分子抑制剂,默沙东等大型药企几十年来一直在生产这些"装在瓶子里,上面盖着片白棉花的小药片"。这些小分子易于生产、易于申请专利,大家都知道它们能起作用,它们的市场稳定而巨大。但博格知道,他得满足华尔街对超级药物的渴求,他也要借此区分福泰与其他充满问题的公司,安抚华尔街的焦虑,让他们安安心心地上钩。

市面上也有像福泰一样以基于结构设计药物为卖点的公司,最著名的是位于加州圣迭戈市拉霍亚的阿格隆(Agouron)制药公司。阿格隆成立7年了,是第一家专注于利用蛋白结构设计药物的公司。但是博格对任何将福泰与它们进行比较的做法都嗤之以鼻。例如,4月时,阿格隆在《科学》上宣布他们的晶体学家解析出了HIV用以劫持T细胞的酶的部分结构。他们还精心组织了一场媒体造势,令公司的股价大幅上扬。但如果仔细阅读他们的论文就会发现,阿格隆宣称的"明显具有重大临床意义的靶点"实际上"没有可测得的活性"。"这是个死靶点,"博格很不解,他冷笑道,"药在哪里?"

---

* 这种疗法经过了多年的发展,演化为了现在的CAR-T疗法。——译者

从商业角度来说，福泰的故事有什么不同？眼下福泰最想卖出的是什么？福泰有三个卖点：福泰的整体主义方法，他们在同规模机构中化学上的领先地位，以及他们源自华尔街最喜欢的公司——默沙东——的显贵血脉，奥德里奇总结为"前默沙东骨干运用计算机研发药物"。博格打算反复重申这三个卖点。阿格隆的结晶技术非常先进，甚至可以说是世界第一。但是药企是通过销售分子来挣得数十亿美元的，而非分子结构。不像福泰，阿格隆似乎只针对结构已知的酶设计抑制剂，因此不太可能在获得结构几个月前，就先获得一个像VX-367一样的先导化合物。博格和施瑞伯一样，都决心通过合成新分子来引领生物学的进展。而福泰的化学血统无可匹敌，他们来自默沙东，投资者还需要知道什么吗？

博格整个5月都在准备他的幻灯片。过去，他只对风投家、药企总裁以及科学家演讲，他们不需要太多解释。但是现在，博格即将要面对的是一群毫无知识背景的听众：机构投资者、投资经理、联合体参与者*、自营交易员，他们既不知道博格在干什么，还要以博格鄙视的方法买卖股票。像往常一样，博格尽量地去想象他们的思维。比如他在一张幻灯片上并排放着一个注射器和一个药瓶的卡通画，注射器旁边写着50亿，即生物技术制药的年销量；药瓶旁边写着一个更大的1600亿，这是小分子药物的年销量。这张幻灯片清晰简明地说明了好几个问题。奥德里奇说："急性病市场中一般看不到重磅炸弹药物，慢性病才有，而慢性病意味着可口服的药片。这就是生物技术倒下的地方**。"博格很喜欢这张幻灯片。就像他在另一张幻灯片上称天然产物筛选法为"池底的淤泥"，这张幻灯片预示福泰将成为药物发现的新典范，福泰代表了第三条道路，它比大药企更智慧、更理性，比生物技术公司更盈利、更友善。哪怕是最不懂行

---

* 在IPO语境中的联合体指多家承销商为了将一个公司上市所组成的临时集团。在福泰的故事中，基德尔与其他几家承销商就构成了一个联合体。——译者

** 但很快人们就发现，生物技术制药与急性病药物都可以凭着极强的效果，通过超高的定价攀上盈利榜，现在畅销榜中生物制药已经占据了大半江山。——译者

的买家也能看懂。

博格从他父亲那里学会了何时该明确,何时该含糊;只要谈谈潜在的市场就好,让买家自己展开想象。但是他还有一个更需要精确的任务,那就是出售福泰的科学。博格因为要不断简化故事而心烦,他和霍尔曼以及基德尔的销售团队周旋良久。哪怕博格仅使用"靶点""抑制剂"甚至"结合"等基础术语,他们都会疑惑地看着他。几个销售人员强烈建议他在形容分子间相互作用时,使用"粘住"代替"结合"。经过这样的一早上之后,博格两手一摊,"这太难了,"他抱怨说,"我从没降格到这个程度。或许我不用解释'安全性',但是我必须要解释'有效性'!"

"那就这样吧,"他叹了口气,"但我宁可先去解决一下美国的基础科学教育问题。"

最后,博格将福泰的故事包装在了 30 张幻灯片以内,比以前少一半,其中有很多慕克制作的炫酷模型。慕克为此暂停了许多天的科研工作,一直在忙着设计和制图,他怀着一种矛盾的心情看着自己认为太过肤浅的作品。这是一系列分子球棍模型图:首先是 FKBP-12 单独的模型,下一张是 FK-506 结合在活性位点附近的图示,第三张是 FK-506 与福泰的一个专有化合物如卫星对接一样的对比。这几张图显得公司好像的确如奥德里奇所说的"连点成面",填充了蛋白与 FK-506 接触中的间隙,设计了更好的药物。更吸引人的是一个闪亮的 HIV 蛋白酶飘带模型,其空腔中一个抑制剂亭亭玉立,好像维纳斯一般。多么简明、优雅而诱人的图案!

博格酷爱这套幻灯片以及分子模型图,他热情地称赞了慕克:"伟大的幻灯片!你的幻灯片可以用于任何场合!"奥德里奇也从他的办公室过来夸赞了一番。利文斯顿注意到一张幻灯片上写着福泰的科学家在天冬氨酸蛋白酶上一共有超过 40 年的经验,他开玩笑地说:"那我们在商业上有多少年故弄玄虚的经验呢?"奥德里奇笑了:"那是对工作的热爱。"

科学和商业是博格前行的动力,他顺利解决了《自然》的问题并宣传了穆尔的文章,而现在,他处于完全、彻底的销售模式中,满脑子都是钱。他急着完成初步招股说明书,这样福泰才可能在华尔街的投资窗口关闭前上市。实际上,已经有迹象显示福泰来晚了。在5月的第三周,再生元股价只剩11.75美元了,6周前他们的股价还有22美元。Isis,一家有着阻断DNA这样华丽故事的公司据说也陷入了麻烦。ImmuLogic,一家位于剑桥市的多肽类药物创业公司被迫将IPO每股发行价从14—16美元降到了12美元。商业媒体慌里慌张地大肆宣扬这些故事,而《华尔街日报》每天都在预测股市震动马上就会发生。整个市场似乎都忘了IPO本身就是风险很大的事情,许多新公司都会在上市初期跌破发行价(破发)。安进的股价一开始也曾跌到过3美元,直到市场复苏。最近市场好像带着宿醉般苏醒了。"他们还在寻找分子的阶段,就想要公开上市?"一个著名的基金经理愤怒地抱怨,"为什么我要以上市公司的价格买这些创业公司的账?"

博格一如既往地毫无畏色。直到必须决定是否要上市的最后一刻前,他都"让事情自行成熟"。奥德里奇则将市场最近猛烈的反弹归咎于《华尔街日报》的报道和过热的市场本身。他每天早上7点就开始写材料,一般要写到午夜,之后传真给基德尔以及律所,那里的法律秘书也正为证监会加班加点地准备材料。奥德里奇几乎每小时都要与博格还有董事会成员商讨,就像福泰一定会上市一样勤奋工作着,但他内心日渐觉得他们太迟了。"我看见Icos崩盘以及我在美林的朋友告诉我ImmuLogic业绩多糟糕时,我会笑着说:'那又怎样,都过去了。'但是当你写了一天的材料时,那些事情总是萦绕于心。"

红鲱鱼招股书完成于1991年5月29日——自福泰决定上市起,只用了不到5周时间。这是份很特别的文件,并不是因为它与证监会那里其他的招股书有所不同,而是因为它们都很像——缺乏事实(虽然的确乏善可陈)、充满风险。

后者尤为重要。公司有责任标明:基于结构的药物设计目前尚未生产出一款通过审批的药物;福泰没有何时能停止烧钱的预期,也"不能保证"能发现、开发、制造、获批、上市、销售一款新药,更不要说从中盈利了;它的许多竞争者有

"明显更强的金融、技术以及人力资源",而福泰没有博格可能就生存不下去,因此博格有一份价值200万美元的"关键人物"人身保险。

不确定性如此之多,机会如此之小,有人或许会奇怪福泰以及其他的生物医药创业公司怎么能被批准公开销售股票,但是,社会秩序或公众信心并不是华尔街关心的。在华尔街只有一条核心规矩——买者自慎(caveat emptor)。只要在证监会那里申报了文件,福泰就算是履行了对国家的责任,也"守护"了真理,不管发生了什么,投资者都不能说他们没被警告过。

博格从未否认任何风险或是为风险辩解。在制药界,失败是常态,小公司尤其如此。博格创立福泰的原因就是要一个一个地剔除药物发现过程中的风险,让这个流程更科学、更确定、更可测。而既然已经公开承认了风险,博格就可以不用再说它们了,可以将它们掩盖起来,好像一切尽在掌握中开始销售福泰的故事。他继续像以前一样摆出无所不知的浮夸姿态。福泰可能的确是一家看不到利润的小公司,它没有产品、没有成熟的技术、没有成功的保证,却要攀登噩梦般充满不确定性的大山,但是其他小公司也是这样。博格说,和其他小公司比起来,福泰就是安进。他马上就要直接对投资者说这些话了,他相信他们必定赞同。

现在进入了注册期。在接下来的4—6周内,证监会会审查福泰的文件,基德尔等承销商则会向大基金的经理预售股票,他们最终会好像福泰已经开始盈利一般,大无畏地买下IPO中60%—80%的股份。经过与霍尔曼以及基德尔销售团队的反复讨论,公司将首次募股的发行价定在13—15美元,这是个野心勃勃但又不至于太离谱的数字。博格一路冲出重围终于赶上潮流,但这次没人能——就算是他也不能——预料瞬息万变的华尔街接下来会如何反应。

科学家们对此有不同的看法——这可以理解。

他们看到了未被证明的科学、未达到的预期、不确定的目标,整个故事离现实越来越远。他们看到的是还远不能被称为"药物"的分子、已达到极限的实验室、施瑞伯致命的威胁。他们在免疫亲和蛋白项目上看到了没有答案的问题：FKBP-12到底是怎么工作的？它是相关的靶点吗？它如何与FK-506结合？FK-506的不良反应与环孢素越来越相似是怎么回事？这让他们对如何设计更好的药物疑虑重重，有的人甚至怀疑到底能不能设计出更好的药物。在HIV项目上，他们看到了被严重剥削的化学家挣扎着试图绕过其他公司的专利结构，他们没有供晶体学研究的蛋白，设计一款能口服的蛋白酶抑制剂似乎高不可攀。最糟糕的是，他们看见了不断分散的注意力。每一位科学家都各自作出了卓越的科研贡献，但是药物研发需要精心的领导。而博格要么和奥德里奇待在一起，要么就在做幻灯片，再不然就是飞到纽约去见基德尔的销售团队。6月初，他还抽空去了一趟日本，为将HIV项目卖给"我们做面条的朋友"最后努力一次。没有他，项目工作组踟蹰不前。博格希望冠军自己能脱颖而出，因此故意没有指派领队，任科学家们在科学的迷宫中探索。但是这个社会实验进行得很不顺利，科学家们沮丧失望、满腹怨气，偶尔有人彻底崩溃。

"乔舒亚需要停止和玩钱的小子们打交道，他得回来敲打他手底下的人，"穆尔解释说，"科学家需要被敲打。他们像孩子一样，要被告知每天该做什么。"

这是个矛盾的局面：大家在他的领导下才能完成一个可以被销售的科研项目，但他因为正在销售这个项目所以无法领导大家，这就是亲自做生意的代价。他像一个父亲对孩子说话那样，就像老博格曾经对他说话那样，解释为什么他要离开家那么久。他最终会说，这才能让他更密切地参与公司的科学（而非更疏远），因为只有筹到一大笔钱才能让他彻底从持久的推销项目和谈判中解放出来。他描绘了一个他不用每天进行死亡行军，反而是其他公司主动找上门来，他也能仔细地处理科学的愿景。科学家们自然不信这一套。他们看着他去律师事务所，或者去见机构投资者，他们认为他发现了一种新乐趣、新挑战，有了新的爱人……他们开始怀疑博格对待科学的态度是否能赶上他对提升自己地位的渴望，比如"登上《商业周刊》的封面"。

福泰股票的定价进一步加深了他们的怀疑。虽然IPO的确会让公司里的每个人更加富有，甚至是令人难以置信的富有——小公司上市之后员工一夜暴富是百听不厌、脍炙人口的经典故事，但因为行情走低，福泰与基德尔需要依靠一种叫"股票合并"或者"反向分割"的数字游戏来维持股价，就是以减少股份数量来提高股价，这是新上市公司常见的手段。市场现在无法支持福泰最初期望的13—15美元的发行价了，随着融资窗口逐渐关闭，像 ImmuLogic 等公司不得不降低自己的要价。但是降价会损害福泰的威望，还会被投资者看作是示弱的信号。博格与董事会决定以三比二进行股票压缩：如果原来持有三股，每股价值两美元，压缩后就成了两股，但每股价值三美元。虽然每个人的股票价值没有变，但是很多科学家还是觉得被骗了。

"这种感觉就像是'你要对我干什么？'"霍尔曼解释说，"'我给你三股，然后你还给我两股？然后股价可能比以前说好的要低？好像我亏了两次！'"

股票合并计划在正式宣布前就在实验室里传得沸沸扬扬了。博格曾认为这不是个问题，最终不得不匆忙地在餐厅召开了一场敷衍式的会议以宣布这个决定，他因为被迫要回答这个问题显得焦躁而又不耐烦。结果民怨沸腾了。领导免疫亲和蛋白项目的化学家阿米斯特德尤为震惊。他与其他化学家很大程度上就是因为股票激励才到福泰来的，但现在，博格改变了游戏规则，这相当于欺诈，他甚至试探其他科学家想不想对公司采取法律行动。他折腾了几天后终于冷静了。"你可以看出来，我没有被这个计划蒙蔽，"他后来生气地说，"我不会为这件事生一整年的气，但最近几天我都会抱怨个没完。"

整个6月，股票合并事件就像当初穆尔的《自然》论文一样侵蚀着团结。而博格处理它的方式令许多科学家看到了他与公司的新重点。"这是乔舒亚的混蛋模式，"化学家桑德斯抱怨说，"他不是针对谁，但是他盛气凌人。当他进入商业模式时，你知道的，他就在做一些不方便说的事情。"阿米斯特德小小起义的失败更是造成了一种集体的无力感，他的密友兼对手桑德斯不高兴地将其比喻为"背景噪音……老鼠啃东西的声音"。

最糟糕的则是科学家之间不可避免的攀比心理。股票合并减少了蛋糕的大小，几个人的股份也因证监会的要求而曝光。博格原始的780 000股缩水到了520 000股，纳维亚从103 000股缩水至67 000股，奥德里奇从87 500股缩至59 000股（假设每股依然值15美元，那他们的股票就分别值780万、100万和90万美元），这进一步加剧了怨气。"这就好像被当众脱了裤子。"纳维亚说。而且因为博格需要"[在招股书上]再写一个来自默沙东的人"，他被安了个头衔，导致他9.2万美元的年薪也曝光了，因此遭到了双倍的白眼。整个公司弥漫着尖酸与刻薄。桑德斯说："福泰俱乐部里科学家与管理者的关系和施贵宝那里很像了，整件事表现出来的贪婪真让我吃惊。"

在科学研究上，这也是段令人沮丧的时期。虽然他们在施瑞伯那篇详细描述如何得到共结晶的文章正式刊发前就读了预印本，但他们还是无法用自己的方法解析出FKBP-12/FK-506复合物的结构。慕克尤为沮丧。"默沙东有了，雅培有了，葛兰素有了，"他说，"只有我们没有。我们有酶的原始结构，一开始的确在理解酶的灵活性上有优势，但是他们有更多的人和电脑。如果目标是设计药物的话，他们领先了。"

博格曾说，免疫亲和蛋白项目就是为FKBP-12设计一个分子扳手以抑制其活性，科学家和中外制药都相信了这个故事。但现在这个项目成了一个科学陷阱，科学家们不知道他们在做什么。他们要去模拟施瑞伯的"作用域"吗？或者去阻止山下"襟翼区"的关闭？两者都做或者两者都不做？FK-506暴露在蛋白外的部分在细胞里有作用吗？药物的不良反应是否源于结合了过多的蛋白？其他蛋白能否被去除？"这比我做过的任何项目都难上100倍，"慕克说，"包括HIV蛋白酶项目。这就是一场恐怖的噩梦，一年以后，我们都会虔诚许多。"

由于福泰的X射线结构论文已经落后于克拉迪与施瑞伯，《自然》也不急于审稿（或许也有对博格狂妄言论的报复），他们花了很长时间审查山下的论文。纳维亚在与施瑞伯的假想战争中不得不"停火"，再加上其他科学家对他白眼相待，因此他整天怒气冲冲。山下费了好大劲才使他冷静下来。"曼努埃尔，"山下诚恳地说，"是个非常伟大的人。"

没有 FKBP－12/FK－506 复合物的结构,穆尔和山下相互矛盾的结构对化学家没什么帮助,他们怎么也无法合成比 VX－367 更好的化合物。但穆尔和山下认为这个矛盾不影响发表或者药物设计,一旦有了复合物结构,问题就会迎刃而解。由于没有清晰的方向,加上他们的竞争还在继续,他俩都转而去做别的工作了。博格震惊了。他马上就要满世界地去告诉谨慎的投资者们,福泰基于结构的药物设计进展顺利,结果他们最值得推销的卖点至今竟然还疑云重重。

"最近几个月大家越来越懒了,"他在 6 月底的工作组会议后厉声说道,"我们有两个完全不同的结构,而除了我以外似乎没人在意。他们似乎都没有记性。两个月以前他们还会帮别人把曲奇及时从烤炉中拿出来,现在他们都不再说话了,真是糟糕的科学。"

就像与中外制药的谈判,博格再次遇到了一个令他抓狂的两难问题:你需要钱来做科研,但是你需要违背科学精神、营造幻境才能使你的项目显得有竞争力,从而吸引到钱。

"我们的策略是把所有的刹车都去掉,"霍尔曼说,"市场让我们都非常紧张,但让我们别在结束时说:'天哪,要是当初我们做了……'"基德尔计划来一场"在美国、日本和欧洲的全面开花式的推销"。这场全球范围的闪电战将会于 1991 年 6 月 27 日从东京开始,之后在 7 月初于 5 天内扫过欧洲的 5 个城市,然后在美国展开一场双向作战:两个团队每天到访两座城市,最后于 7 月 12 日在旧金山、帕洛阿尔托、西雅图和波特兰盛大收尾。希望那时投资者会热情高涨地令福泰的股票达到二比一甚至三比一的申购率,这样福泰就能实现其要价,甚至像再生元那样超募。霍尔曼绝不依靠运气。一般来说,路演只针对机构投资者,但他坚持要派出由纳维亚和福泰的新审计员基思·埃利希(Keith Ehrlich)组成的第二支队伍去拜访散户投资者们,即那些不像基金经理"对价格那么敏感"的个人,他们或许能炒高福泰的股价。

"福泰是那种我们必须拿下的故事,"霍尔曼说,"但是市场已经过热了,情况太典型了：上市过多，成交价都很低，大家都受了伤。我们敲定好路演的计划时，光基德尔就有 22 个已经注册了的上市计划，其中八九个正在路演。我们不管给波士顿哪个投资经理打电话，他都会说：'嘿，我今天已经有 12 个午饭邀请了。'我们的机构对接小组得做大量的工作。所以我们让全国所有分支的人都来见乔舒亚，让他们兴奋，这样他们就会告诉客户，'我知道你很忙，但这有个你一定要看的项目。'"

"问题是，"奥德里奇在路演开始前一晚说，"许多投资者已经看到大量的破发了，他们会说：'我再等一个月，股价就会跌一半，我为什么要现在买呢？'所以我们得对募股表现出绝对的信心。我甚至对朋友们说：'一定会成功的，没有任何问题，你当然也应该买一点——如果你还能买得到的话。'"

基德尔为福泰不断造势，计划将其包装成这个季节里最有吸引力的故事，用霍尔曼的话说，"最精华的"（crème de la crème）。一直认为福泰永远都是同侪之首的博格高兴地同意了。他也将故事中所有的疑点都抹去了。现实不应该，也不能入侵故事。他前往日本前留给南希与科学家的最后指示就是，别让他知道实验室里发生了什么。既是为了从表面上保持他演讲的真实性，也允许他否认任何失败。如果有任何坏事发生了，他不想知道，以免让他从精心构建的完美愿景中分心。他必须保持完美，他只要一个干净利落的胜利。为了增强这种效果，他在出发前特意理了胡子以体现他哈佛/默沙东双料神童的身份。

但是现实还是入侵了。6月24日，在博格等人正准备前往东京时，一份俗称为"粉单"*的业界快报——《药情》（F-D-C Report）发表了一篇题为"福泰的口服活性 HIV 蛋白酶抑制剂"的文章。他们从招股书上未加考证地抄了一段，

---

* 粉单（pink sheet）原指报告场外交易的股票价格涨跌的信息单据，场外交易的股票指那些无法在大型证券交易所上市的股票，这些股票价值低、风险大，与小型制药公司的新药有相似性。——译者

说福泰有三种能在细胞水平阻断 HIV 蛋白酶的小分子化合物,并计划在1992年底进行临床试验。事实上,招股书只说了福泰"正在探索"为未发病的携带者设计一种能口服的抗艾滋病药物。福泰没有声称也从未有过那么神奇的药物。这份报道显得正要出发的博格等人是要去销售艾滋病研究的先机。博格正要宣传公司,对这种说法没什么意见,但其他科学家非常担忧。

邓最为担忧,这一年来他都因为没能做出公司马上就要宣称他们已完成的事情而深感疲惫。他像博格一样,知道科学研究就像是穿过一片雷区,不断有东西在你面前炸开,但这也是刺激所在。就他自己而言,他本科毕业于里德学院,那是俄勒冈州一所倾向于培养天赋异禀而特立独行的学生的学校。他读书时经常跳上货运火车,在加州和俄勒冈州间往返。药物研发也是这样,需要独自冒险,时常行走在边缘,而且它混乱扭曲、不可预测、工作条件非常艰苦。邓担心博格将这个过程说得过于简单,让人误以为药物研发像做比萨那么简单。"我觉得我们还没夸张到那种程度,"他感叹道,"至少目前还没有。"

没过几天,他和利文斯顿听到的谣言就是福泰已经发现了能阻断受感染的 T 细胞复制的化合物,而且有"生物活性",即喂给小鼠的药物能进入血液中。但问题是,这其实是两种不同的分子的性质,"完全风马牛不相及",邓批评道。利文斯顿也左右为难。博格可以将这些"数据"作为他路演中的王牌,但是它们太含糊了。为了解决这个矛盾,一种方法是立刻将那种口服有效的药物进行细胞学测试,看看他们能不能阻止病毒复制。但是福泰自己不能做 HIV 的细胞学测试,博格也没有授权任何人去外面做。利文斯顿、慕克和邓站在博格的办公室门外不知所措。如果他们实话实说,他们就会污染博格完美的故事;如果他们不指出这一点,他们就会在维持误报导致的幻觉的同时耽误关键的实验。

"告诉他我们得做那个实验,但是别告诉他为什么,"邓建议道,"就说他不会想知道的,但是有关人员认为是非常必要的,这就够了。"

慕克耸了耸肩:"他很聪明,他会想到的。"

最后他们决定什么都不说。

如同霍尔曼预期的,路演受到了万人空巷的关注。他说:"在日本,有次午餐会有85人参加,这是我见过最多的一次。在欧洲,除了一两个城市,每次都是人潮涌动,大家都想听这个故事。"博格在伦敦、苏黎世、日内瓦、斯德哥尔摩和巴黎连续作了演讲。他尚不知道能卖出多少,毕竟公司只计划在美国外销售300万股中的50万股,而且现在申购也太早了点。不过他在7月5日周五深夜回到波士顿时信心满满。

博格充满了无穷无尽的能量,他在过去两年内不断出差,也练就了一种能快速适应家庭生活的本领。因此当纳维亚、奥德里奇和埃利希在周末将他们的衣服送去干洗,并试图为下次旅行倒倒时差、多睡会时,博格在周日下午顶着35度的高温和孩子们在自家的小路上打了两个半小时篮球,然后牛饮了近两升的水,他虽然不再年轻但依然健壮。他最小的儿子山姆(Sam)因为很少见到他,一开始都没认出刮了胡子的爸爸。在整个周末,每当博格离开房间他都会说"爸爸再见"。

周一早上的路演在波士顿进行。波士顿既是福泰的主场,也是大量共同基金的所在地,是仅次于纽约的重要市场。早上7:30,一辆豪华专车将博格和奥德里奇从福泰接走,送到已经热热闹闹的金融街,开始一天的会议;8:00,他们与富达管理研究公司(Fidelity Management and Research)见面;9:30,他们要见麻省金服(Massachusetts Financial Services);11:00则是见道富研究(State Street Research)。以上三场都是单独会见。中午,他们在默里迪恩酒店举行午宴。三周前霍尔曼曾在此为另一个基德尔的客户——剑桥神经科学(Cambridge Neuroscience)——组织过一次路演,但只有15个人来。"让你的客户开心的方法就是控制住他们的期望。"霍尔曼说,他告诉博格和奥德里奇大约会有30人来,而他内心估计会有35人来。

结果来了 55 人。哪怕是听够了故事,大部分人还是对福泰印象深刻,甚至心悦诚服。"这要么是自切片面包以来最好的事情,"一位机构投资者在离开时嘟囔道,"要么就是彻底的骗局。"

福泰的科学家不能参会,所以也没有人听到这个评论。如果他们听到了,他们可能会对自己更加失望。为了证明可疑的科学,他们正绝望地聚集在实验室里。

位于曼哈顿中心麦迪逊大街 50 号的赫尔姆斯利皇宫酒店的原型是罗马的文书院宫。这座正对圣帕特里克大教堂大理石后殿的华堂广厦可不仅是酒店大亨哈利·赫尔姆斯利(Harry Helmsley)和妻子利昂娜(Leona)的广告噱头,它是美式文艺复兴风格的典范,还有着欧式的奢华:镶金的拱顶,大量的浮雕,高耸的大理石壁炉。霍尔曼将这里选为福泰的路演场地,而不是其他离华尔街更近的地方,一是因为壮观,二是为了体现基德尔对福泰的信心。"上次我在纽约租用这么大的房间是 1986 年,为了健赞公司(Genzyme),"他说,"那是彻底的超募,我们只卖 300 万股,但是收到了 3000 万股的订单。"

最终,近 80 人到场。今日这些聚拢而来聆听博格发言的人,均无法想象他自 21 个月前参加远景国际大酒店那场"马戏表演"以来,走过了何等漫漫长路。博格经历过太多的销售,其中许多毫无结果,他也不屑回顾,因此他并不会责怪客户离奇的兴趣点。但是他还是有一点不安,这毕竟是纽约。

他一开始语速有点慢,也没有在波士顿那么坚定,但是他很快就调整好了自己。他这套幻灯片已经讲过十多遍了,他对节奏很熟悉。当银质餐具敲击餐盘的声音减弱后,他先为股票断言道:"我们用突破性的方法设计了化合物,它们正要进入临床试验。"他吸引了听众的注意,让他们立刻明白了福泰的位置。

就像在其他地方的路演,博格按照他与基德尔一起讨论出的、双方都能接受的讲稿进行演讲。比如在展示慕克的 FKBP - 12/FK - 506 幻灯片时,他说:"我们可以看见药物的这部分碰到了蛋白靶点,只有这些原子,或说圆点,即药物碰到蛋白的部分有实际作用……想象一下搭建脚手架,我们在实验室里管这叫作'连点成面'。"

在解释公司为何选择这个药物靶点时,他说:"我们不会去研究生物学背景不清晰的项目。福泰不会仅因为某人提出了个假说就将药物带入临床试验。这太冒险了,这是国立卫生研究院的事……我们研究有明确生物背景的项目,我们研究在短时间内能依靠化学与生物物理学做出来的项目。"

他向前探了探身,继续说:"我们运用了信息,设计了比 FK-506 小得多的、能与体内蛋白结合的化合物……这些分子比 FK-506 结构简单、特异性强……我们已经确认这些分子在人体细胞内也有生物活性。"

博格尽量避免过于简化他的故事,以免变成公然的误导或是错误。不过销售自然需要一种夸张的语言艺术才能给别人留下一切尽在掌握之中的完美印象。如果好好琢磨博格的演讲,就会使人不禁想问:这个理性有序的药物发现故事是否与实验室里的阵痛有丝毫关系呢?

的确,福泰有"即将进入临床试验的化合物"。但是它们是用"突破性方法""设计"出来的吗?所谓的"突破性方法"在克服重重困难后只解析出了一个蛋白结构,还没有产生任何有关 FK-506 的重要信息。"只有这些原子,或说圆点,即药物碰到蛋白的部分有实际作用",这是真的吗?这个故事很诱人,但是福泰还不知道分子哪部分真的具有活性,而且施瑞伯的角状"作用域"假说越来越可能是真的,即可能不仅是与 FKBP-12 结合的原子发挥了作用。博格所说的,和正在困扰着慕克等人的"恐怖的噩梦"绝对不是一回事。

博格的豪言壮语可能会进一步激怒科学家们。福泰真的知道 FK-506 的"关键部分"在哪儿吗?实验室里除了奥德里奇谁还会说"连点成面"?的确,福泰知道移植器官时服用免疫抑制剂能阻断排异,但是他们并不知道他们倾尽全力解析的 FKBP-12 是不是相关的生物靶点,这个酶可能是个糟糕的靶点。更糟的情况可能是,福泰设计的"结构简单、特异性强"的分子能阻断 FKBP-12,却不能成药。生物学背景真的"清晰"吗?在福泰还不知道靶点是什么,以及其如何作用的情况下,博格怎么能说福泰已经在基于结构设计药物了呢?

但博格就是这样的人,哪怕他将冰冷的科学现实化作了简单明亮的光芒,他也会为自己辩护说,相较于其他站在这个位置上的人,他已经是最最克制的了。而且这无关紧要。华尔街早就被各种故事蒙蔽了,他们沉溺于自己的幻想中,道德在推销时就像洪水中的一根苇草那么无力。投资者只会看见他们想看见的,听见他们想听见的。

而且他们听到的似乎真的刺激到了他们。哪怕福泰现在还没有在设计药物,博格也让公司显得像已经在利用最前沿的知识,马上就要成功了。虽然速度是个问题,但是博格是先驱,他不会陷于泥淖的,他知道如何行动、如何销售。投资者很满意,只问了他几个简单的问题,然后一群群地出去了。他们一边看着表一边回办公室,然后把福泰这个他们许多人第一次听说的名字添加在热门新公司的名单上,再拨通几个电话,将这个名字送入华尔街的喧嚣中。

奥德里奇愁眉不展地接起了电话。

"你是来告诉我们有新的交易意向的对吧?"他嘟囔道。他眼窝深陷,沉重地眨着眼,神色好像偏头痛发作般凝重,脸上带着哀求的表情,声音几乎不受控制:"信孚银行(Banker's Trust)有任何意向吗?"

他停了一下,接着说:"阿尔科姆斯(Alkermes)今天交易的情况如何?"

他又停了一下,"他们交易了吗?"

奥德里奇揉了揉他疲倦的脸。现在是6月13日,周四晚上8点,路演之后第二天。奥德里奇在办公室里跟在纽约的霍尔曼通电话,试图用尽可能多的外交手段来了解为什么还没人来做交易。他难以置信、焦躁不安,就像不在场的儿子打电话要求医生解释为什么他为父亲建议的治疗没有效果,老人家为什么难以解释地突然濒临死亡。

"销售团队还在努力吗,"他问,"还是他们认为我们已经完蛋了?"

他摇了摇头,不满意霍尔曼的安慰。"你觉得你还要再试几次他们才会买?"他茫然地张望,"啊,但是电话别打得太勤。这是心理战,如果他们闻到一丝的弱势就全完了。"

奥德里奇愤怒地挂掉了电话。"除了搞销售的小子们,别人都做了他们该做的事,"他说,"他们让我们把发行价定为13—15美元,又让我们大幅降价,但他们还是没有做成一单,这真让我心急如焚。"

这是难以理喻的一周。他们完成路演后膨胀又疲惫(纳维亚说:"狗也受不了这样的虐待。"),本以为基德尔会立刻带来成堆的订单:几个机构可能一家买10万股,然后基德尔的销售人员很快就能宣布申购已初具形态,接下来就是疯狂抢购了。他们本以为已经营造出奇货可居的幻觉,但是基德尔居然一单也没做成。奥德里奇和博格自己倒是谈成了40万股的申购,比三个承销商加起来还多。前一天下午,他们绝望地同意将13—15美元的要价降低三成,即9—11美元,但还是没有买家。不出所料,科学家们很生气。博格则苦笑着说:"球从球场上神秘地消失了。"

霍尔曼认为福泰撞上了一系列致命的大事件。"7月时,大部分机构的投资组合都想在半年报时做到25%—30%收益率,"他回忆说,"这就是个本垒打。他们现在就想保持这个成果到年底,这样他们就能因为一年30%的回报率而领一大笔年终奖了。他们已经达成了目标,他们不想亏钱。"

"所有人都在冲向终点。福泰之前有7家医药公司准备上市,其中6家是以他们要价的底价甚至更低的价格卖出去的,而且这6家都是在募股开始后两周才卖完的。机构会说:'市场已经过热了,我们不想买了。我不管你是不是要将 IBM 或微软上市,我们就是不买了。'这就是为什么现在会有这种观望。"

霍尔曼接着说:"福泰是一家从天堂来的公司,却只能做地狱般的交易。而这不是我们能控制的,我们唯一能做的事就是回去告诉他们降价。"

愤怒的奥德里奇无法相信基德尔不能简单地强迫他们的熟客买点福泰的

股票。可这就像电话另一头无能为力的医生一样,他们无法做出些英雄壮举挽回病人的生命。基德尔并不是业界主导,他们最近也遇到了监管与业绩的困难,强迫是不行的。"德崇证券(Drexel Burnham Lambert)曾经在卖垃圾债券时对一家银行说:'你得买这个混蛋债券,不然我再也不和你做生意了。'"霍尔曼说,"你猜德崇最后怎么着了*?我们的风格不是这样的。"

博格并没有因为福泰股价大幅缩水而难过,考虑了各种因素,他认为公司还是会以新要价的高值上市,但他还是为背后荒诞的贪婪而愤怒。"我不对福泰感到失望,"他听了奥德里奇转述霍尔曼的话之后说,"我对这个世界很失望。"

"有一些投资者对我说:'我永远不会为一个还没进入临床阶段估值就上亿的公司付钱。'他们精明过头了,这是迷信。我想对他们说:'听着,你所做的虽然会让你的业绩比标准普尔[S&P,即股市大盘]多一个百分点,然后你就已经很了不起了。但往长远想想,你这样做却会让新股都破发20%,这可就是大问题了。你这种锱铢必较的做法真是太傻了。'"

上市造成的讽刺局面就是,最喜欢掌握一切的博格现在反而最无力。募股的主动权掌握在基德尔等几家承销商手里,从更高的层面说,掌握在无情的市场的手里。第二天从早上到下午,他和奥德里奇都在等霍尔曼的电话,这段时间里他们的表现很有个性:交易者奥德里奇经历了一系列痛苦后只与中外制药做成了一单,这时哑巴吃黄连一般默默忍受着。科学家博格思考着数据,反复检查自己的假设,寻找着解释。他在电脑上每半小时就看看17家生物技术公司股票的动态。道琼斯指数在午后涨了32点,但是生物技术板块好像冻结了似的基本没动。博格开始怀疑原因出在福泰自己身上:习惯与生物技术公司打交道的机构投资者可能不知道如何为一家打算与猛犸象般

---

* 德崇的迈克尔·米尔肯(Michael Milken)曾经利用垃圾债券大量盈利,但是由于各种违法操作导致公司于1990年破产,他本人也入狱三年(但又东山再起了)。——译者

的对手争夺巨大市场的新兴小分子药企定价。"我们太急着去钻耗子洞了,"博格轻快地说,"分析师都是做生物技术出身的,他们得经历过兴泰克*(它在安进之前上市,是20世纪40年代出现的最后一家白手起家的小分子药企)才能知道我们在做什么。"

与中外制药谈判最黑暗的日子重现了,博格和奥德里奇代表了双面门神的两张脸。奥德里奇吊丧着脸,像历经浴血奋战般疲乏不堪。没有完成募股的每一天,都在告诉投资者们,福泰有麻烦,让他们更警惕、更不想买。他担忧地说:"我们可能以任何价格都不能卖出去。"他对承销商很生气,怪自己和博格都太"天真"了。

"这就是上市立竿见影的效果,你对自己的评价都建立在别人愿意付多少钱之上。"奥德里奇说,"几个月前我们还自以为是支超棒的管理团队。我们现在则会说:'我们他妈的在干嘛?'这会大挫我们的锐气。"他好像在暗指博格。

博格依然士气昂扬、冷静睿智。但他也在反省自己为什么一开始要听基德尔的,在关键问题上放弃了决策权。"如果我们一开始将价格定在15—17美元,我们也会降价三成。这是个猫鼠游戏,买家一定会按这个规矩出牌,'不管初始价是多少,我都要砍掉三成'。盲从基德尔这些承销商的话让我们损失了600万—1000万美元。我们总算明白拍卖和内在价值无关了,我们要拿到钱然后继续走我们的路。"利文斯顿是少数几个参与评估事态的科学家,他预测说:"我们会以新要价的中间值上市,卖出450万股。"这样福泰仅能筹集到3000万—3500万美元,已经比博格一开始向科学家们描述的5000万美元少多了。

"这简直是场噩梦,"利文斯顿后来说,"我们仅筹到够过几年的钱,但是却没有足够时间向世界实现我们的承诺,场面会很难看。"

---

* 即第十一章中在甾体合成中击败伍德沃德的公司。——译者

第二部分 竞赛

7月23日周二上午*，按霍尔曼的话，福泰的新要价"惊动了很多人"，但还是不够完成交易。这离奥德里奇和霍尔曼的谈话已经过去四天了，在变化莫测的市场上这好像就是永恒。奥德里奇的黑暗预言似乎正无情地嘲弄着所有人，如果他们不尽快完成募股，市场就会反噬他们，将他们留给食腐者。福泰和承销商都会受辱：一个广受追捧的创业公司在历史上排得上号的股市泡沫中居然都不能上市？终止IPO会让以后的筹款非常困难，甚至再也筹不到一分钱。怎么会有合伙人、投资者会搭理一个能接受再生元这么夸张故事的市场都不屑一顾的公司呢？奥德里奇想象着他得在董事会上为这件事作出解释。正是因为董事会满意，他和博格才能经营福泰。如果董事会需要亲自来掩盖福泰惊人的烧钱速度，只怕他们不会再高兴了。现在还来得及请真正的高级管理人员将公司上市，去完成他和博格的未竟之业。博格并没有这么多担忧，他对上市还有信心，相信交易能做成，自己是无可替代的，但是他也不太想去打扰董事会。

基德尔内部的赌注也很大，精神也很紧张。他们对前几年公司遭遇熔断记忆犹新，如果他们顶级的银行家霍尔曼把近年来最好的一桩生意搞砸了，这将会有可怕的后果。霍尔曼的人早上7点前就聚到了销售部，频繁地给客户打电话，一直干到午夜。他们令博格安心许多，他笑着说："我觉得基德尔不会搞砸我们的事。"

福泰已经有了300万股的申购了，他们还需要再预售出一些股票才能敲定最终价格并向证监会以及纳斯达克（NASDAQ，一个场外交易市场）申请上市。周二晚上以及周三早上的销量有所增长，基德尔认为他们能做一场稍小于300万的募股。霍尔曼悄悄地"给系统加压"。"公司内部许多人、许多高管都在买股票以促成交易，"他说，"我们不想对自己的合伙人说，'我们需要你从自己的账户中掏点钱出来。'但很多人都这样做了，我们需要一切可能的订单。"

最后，下午3点，基德尔的高管们开会决定价格。他们经过一番东拼西凑，

---

* 原文为7月22日周二上午，根据后文上市时间调整为7月23日。——译者

能以每股 9 美元，即福泰新要价的底线卖出 275 万股。会议紧张而急迫，他们时间所剩不多了，再过一天交易很可能就黄了。霍尔曼给其他承销商打了电话，他们只想做个更小的募股。目前申购快到 325 万股了。二级市场不够大——没有足够多的投资者在 IPO 后接盘，福泰的股价注定要下跌。下午 4：15，霍尔曼给博格打了电话，他之前都接受了基德尔的建议，但是这回博格说他能接受价格降低但不能接受规模减小一点。

"我们的底线是，"博格回忆说，"要么做 300 万股，要么一股也不做。"

"我听见霍尔曼的声音都变了，因为他的奖金要完蛋了。"

奥德里奇认为博格的决心是很有实际意义的：在定价会议时，基德尔的律师曾经警告说，如果他们缩减交易的规模，证监会可能会要求承销商重新募股。"这场交易太脆弱了，"奥德里奇说，"重新募股可能会杀了它。"但其实博格是因为另一个原因而坚持到底。他认为承销商虽然在路演时的工作不错，但太没效率了，他决定亲自拯救最后的交易。"他们谁也没提供一点有远见的建议，"博格说，"我发现他们知道的不比我多时，我决定亲自接手。"他这次用了诡异的均富思想解释自己的强硬，"我认为将这些股票都卖出去很重要。虽然让愚蠢的投资者挣钱很没品，但如果我要卖股票，我就要让买家都发财。如果我们只卖 200 万股，就会有人买不到，我想让大家都开心。"

博格并不想试探董事会对他的信任，但是此刻他别无选择，他必须立刻卖掉另外 25 万股。即使董事会同意了，福泰也只有 325 万股的总申购，仅比计划募集的 300 万股多一点点。他就这危险的申购比例开玩笑说："我们可不能把亲戚都忘了。"现在是下午 5 点，之后三个半小时内他像旋风般不断地给董事会成员打电话。他给纽约的施密特打电话，给在车上的金塞拉打电话。另一位来自马里兰州的董事邦斯尔正在怀俄明州度假，离最近的电话有好几千米远。但在博格的坚持与恐吓下，一个司机开着吉普车带着移动电话去找他了。IPO 中还从没有过这么慌乱的事情。这些最初的投资者去年第一次买福泰的股票时每股仅要 2.5 美元，今天博格请求他们屈尊每人以 9 美元再买 8 万股。惊奇的是，他们都同意了。"他们是援军，"博格说，"但我得花掉我不想轻易动的资本。本诺得掏72万美元，这是一种犯罪啊！"

霍尔曼至今单身，他本要在公寓为基德尔的25个实习生组织派对，但他在办公室等博格的电话等到9点。确定能卖出300万股后，他和博格同意以每股9美元上市。这真是一场无休无止的降价：博格和施密特在再生元上市后曾幻想每股能卖出18—20美元，而在5月初博格计划上市时就降到了15—17美元，在股票合并时再降为13—15美元，上周打折后仅为9—11美元，最后还是以底线价格成交的。不过其他公司的价格更低，有的低至7美元。总之，由于股票合并以及股价的下跌，公司的估值较三个月前科学家们第一次听到博格宣扬上市宏图时缩水了三分之二。但是一个成立两年半的公司，既没有产品，也没有利润，更没有保障，仅靠博格洋溢的自信就能筹到2700万美元已经非常难得了。基德尔和福泰自己吞下了最后的风险，一个他们和华尔街都能接受的交易达成了。

疲惫不堪的霍尔曼在9点后回去参加派对了，他说："我的工作基本做完了。"博格继续处理桌上堆积的文件，12点前回到了家。

但是交易还没有这么简单就结束，还有一系列令人紧张不安的法律与监管事务需要证监会以及纳斯达克的批准。博格和霍尔曼在午夜到凌晨3点半之间通了四次电话，周三白天他们的电话更多、更紧急。奥德里奇阴沉沉地担心着万一下午不能完成交易，警觉的投资者只怕会闻到血腥味，然后四散逃窜。终于，下午3:59，离闭市一小时前，在福泰声称要去纳斯达克的对手美国证券交易所上市的威胁下，纳斯达克终于批准了福泰的上市，股价在闭市前都没有变。

终于结束了。

三个月前，福泰还是一家资金吃紧的私有创业公司。博格带领大家杀出重围，成功将公司上市并获得了3000万美元的存款，其中他和奥德里奇自己就卖出了超过60万股,即募股总量的五分之一。他为此竭尽全力,从一个科学家出身的企业家变成了主管公司科学的路演专家。现在挣扎不前、毫无章法的科学最需要他的照看,他将再次全力以赴,但科学能否毫无保留地接受他的回归是另一个问题。

"IPO提高了人们的期望,"阿米斯特德说,"大家在股票合并以前曾以为我们能以每股15—20美元上市,并憧憬着百万富翁的生活。结果股票合并砍了三分之一,最后的打折又砍了他们三分之一……还有曝光了谁有多少股的招股说明书:化学组去年工作不错,晶体学家什么也没做,但是他们居然有更多的分红股,而且他们人还比我们少。这就像在默沙东,人们开始发现并不是表现决定了奖励,这很危险。"

科学家认为博格的缺席是一种轻慢,他醉心于销售则是一种背叛。当他回到实验室日常工作中时,他需要修复因为他离开造成的损害,但是他不知道这种损害有多严重,也不想知道。他完成了自己的那份工作,因此愈发地难以忍受不能完成自己任务的科学家。他承认领导人对自己手下不耐烦不是个健康的态度。博格的领导理念源自汉娜·阿伦特(Hannah Arendt)*,她曾说过权力来自群众的信任。但是IPO已经暴露了他与科学家们之间的矛盾,科学家们作为福泰故事的第一批听众开始无法信任他,有人甚至特别不满。博格理解这种感觉,他自己就对以前的领导常有这种感觉。

---

* 汉娜·阿伦特,20世纪政治思想家,著有《极权主义的起源》。——译者

第十九章

虽然钱是藤泽制药出的,但第一届 FK-506 国际大会必然是会议主席托马斯·斯塔泽的秀场。他是会议的东道主和亮点,1200 位研究者推掉一切事情,在 8 月末费时一周云集于匹兹堡,就是为了来看他。夏天是科学家会面的时节,但有谣言称藤泽制药并不想召开这次会议。作为药物的生产商,藤泽制药在欧洲与美国的临床试验进展颇为不顺。各地的移植学家感到沮丧,他们都无法重复斯塔泽的工作。藤泽需要缓冲,想保持低调。但是斯塔泽可不管这些,他自心脏手术后从未放慢过速度,在药物研究上也没有丝毫的松懈。为了向世界宣传他的药物,他不想在两年内第三次暂停移植服务,于是他决定利用他的地位将世界吸引过来。斯塔泽那几天都穿着红白相间的翻领套头衫,瘦削的他在宽敞的会议中心里如幽灵般徘徊。他不作正式演讲,只是时不时加入朋友或对手的讨论中,偶尔走到话筒前,以他低沉平淡而又意味深长的语调,慢慢提出尖锐的问题或者反驳别人的论点。

对斯塔泽而言,这次会议就好像是一场悲伤的告别致辞。他相信 FK-506 是一种非凡的药物,坚定地为其辩护。但是这个分子不是他最终的目标。他认为 FK-506 仅是跨越移植中生物学障碍的工具。通过一系列实验,他已经成为世界上首屈一指的临床免疫学家。他竭尽所能地从中汲取知识,然后冲向下一个哈米吉多顿*。他在会议前一天晚上疲惫地说:"这是我要在 FK 上做的倒数第二件事,或许是最后一件事。"

但是斯塔泽想从 FK-506 脱身可没那么容易。在会议开始前,严峻的形势预示了他必须为不稳定的药效作出解释,他受到的指责也会比巴塞罗那会议或者旧金山会议更猛烈。现在,欧美十余家医疗中心都有药物了,但是他们谁也得不出接近斯塔泽的结果。这种差异炸飞了学者间薄薄的友善,匹兹堡将再次成为战场**。不光他的数据受到质疑,许多人也开始怀疑他推广 FK-506 的动机。"这药没我们听说的那么有效。"一位移植学家在一次秘密的市场调查中愤怒地说。另一位专家厉声说道:"我不应该依靠《纽约时报》来获得药物信息。"斯塔泽一直以来就因为非主流的研究方法饱受批评,如今他的可信度与人品也成了批评的对象。虽然他想跟这些事情、FK-506 甚至他移植生涯中最辉煌的一段时间说再见,但他现在必须加倍努力来收拾这场残局。

他的核心论点是:FK-506 比环孢素**质量**好。很多人没有这个分子,有分子的人也没怎么试过,因此也没什么人能反驳这点。但环孢素的制造商山德士正悄悄地开展一场打击 FK-506 的行动,他们戏称 FK-506 为"藤泽毒素",还以数据暗示移植专家:日本人的分子没什么特别的。他们会说 FK-506 就是"安了推进器的环孢素——同时增强了好处与坏处"。虽然斯塔泽坚称事实远不是这样,但山德士无需派出自己的研究者到场去反驳他。几乎所有的移植专家都要用环孢素,而他们大部分人都接受了山德士大量的资助,从免费样品到研究经费。山德士最不缺的就是代言人。

反对派的领导人正是罗伊·卡恩爵士。来自英国剑桥大学的卡恩个子不

---

* 哈米吉多顿(Armageddon),《圣经》中末日审判前正邪大决战之地。——译者
** 上一次是关于哪种小儿麻痹症疫苗更好的争论。——译者

高却勇猛好斗,他是斯塔泽最大,或者说唯一的对手。他曾领导了环孢素的临床开发,也曾宣布FK-506对于人类毒性太强,这为之后斯塔泽拯救FK-506铺平了道路。他们表面上是很好的朋友,相互间非常尊敬,但他们之间似乎总有条裂缝。

在第一天早上一个分会场的讨论中,卡恩承认他对斯塔泽在FK-506上取得的成功"感到惊讶并且印象深刻",但是他冰冷地表达了他对FK-506的"关心"。他说FK-506与环孢素"惊人的相似",他预测FK-506会被批准,但仅作为不能耐受环孢素或是要减轻特定不良反应患者的替补药物,比如患有"令人不悦的多毛症"的儿童。"或许,"他语带讥讽地称赞道,"儿童将会是最大的受益者。"

斯塔泽和藤泽制药绝不会将FK-506视作一种替补药物,他们认为FK-506是一个革命性的分子,是斯塔泽所谓的"不世出的奇迹"。但是他们的同盟最近没起作用,他们的目标不一致,他们的关系中了毒。自斯塔泽两年前在肝移植中成功拯救FK-506起,藤泽制药就多次试图将药物开发的主动权夺回来。他们担心斯塔泽公然拒绝通过随机试验直接比较FK-506与环孢素会令药物审批受阻甚至失败。藤泽制药曾经试图不让斯塔泽参加与FDA会面的关键会议(哪怕FDA强烈反对)。他们还拒绝将斯塔泽的方案推荐给其他移植专家,反而要求将剂量提高到斯塔泽团队认为是犯罪的水平。藤泽制药的战略是依靠FK-506数十亿美元的利润成长为世界规模的药企。这款药物将是他们在北美的王牌,他们也将成为第一家开发出重要治疗方案的日本药企。但是到目前为止,他们只证明自己所付的代价高昂而且没有成效。他们可不想将自己的未来交托给一个顽固易怒又爱异想天开的美国佬,比如斯塔泽。

藤泽制药在会议期间始终保持低调。几个科学家作了演讲,但他们大部分时间都三三两两地聚在一起,舒服地待在一间烟味萦绕、零食充足的休息室中,只与少数受邀的商业伙伴会见,远离大多数科学家。"从科学上来说,我们对药效十分有把握,"一位高级研究主管说,"但是从营销角度来说,我们还不确定它是不是一个好药。我们需要更多证据来证明其优于环孢素。"

斯塔泽的人正相反,他们无处不在,四处与人愤愤不平地争论。他们对药物最有经验,出席了最多的会场,作了最多的报告,主导了会议的进程。他们进进出出,偶尔还得找人替班,因为他们需要回到移植病房去处理更紧急的问题。整整一周,他们过着不停息的双重生活,一边紧紧盯着医疗中心的大漩涡,一边要在会议中心试图用科学压服他人。在斯塔泽看来,第一种生活的急迫性令第二种生活显得很卑鄙。

斯塔泽的人都非常辛苦。安德烈亚斯·察基斯(Andreas Tzakis)是一位声音轻柔、眼球微凸、像喜剧演员般随和的希腊裔外科医生,他是斯塔泽最信任的手下之一。在一场血药浓度检测的讨论中被质疑了一小时后,他回到匹兹堡儿童医院的肝脏病房,去照顾玛丽·阿瑟(Mary Arthur)和她的家人,玛丽是位从肯塔基州路易斯维尔来的17岁的漂亮姑娘。

1990年1月,即19个月前,她"切掉了所有东西",即下腹中所有内脏。她是第一位尝试"簇移植"的患者,在该手术中胰腺内的胰岛细胞要被灌入一个新移植的肝中。她的手术很成功,胰岛素产量正常,没有出现排异,堪称数个领域的突破性进展,她也回归了日常生活。但在1991年1月,癌症转移性复发了。经过了大量的化疗,肿瘤还是转移到了她的口腔中并恶性增生,两周内增至原先的三倍。她和焦急的父母坐在嘈杂的等候室中,摸着胸前一个小金十字架。她涨红了脸,告诉察基斯,她愿意做"任何能摆脱癌症的事情"。之后两小时内,察基斯和几个肿瘤专家与放射专家悲观地讨论该做什么。他们很绝望,因为放疗会毁掉她的容貌而只能让她多活几个月,察基斯尤为痛苦,就像心头压了重重的铁块。

斯塔泽团队中很多人都有这种永无止境的道德压力,而斯塔泽的副手戴夫·范蒂尔(Dave Van Thiel)在会议上表露得最明显、说话最刻薄。这个270多斤的大胖子是匹兹堡的首席肠胃病专家,他在一场关于欧洲与亚洲临床试验的讨论会上感叹道:"他们用药过量了。"他在听完卡恩嘲弄的评价后,把手里的一次性咖啡杯都捏凹陷了,他说:"事实上他们是在给病人下毒,尽管如此他们还认为那是个好药,真让人惊讶。"

FK-506总归是个医学问题,它会在临床中被解决。但哪怕是非常挑剔的斯塔泽也认识到了基础研究在解答药物问题中的关键作用。就像博格和施瑞伯,他也早跃出了自己狭窄的领域。他知道,只有细胞生物学和分子生物学才能揭示药物的极限潜能。

当然,这些问题也引发了学术竞赛,斯塔泽难免不被卷入其中。由于施瑞伯一直领导着这些领域的研究,第二天早上他和他的朋友兼合作者,斯坦福大学的格里·克拉布特里(Gerry Crabtree)分别作了一场35分钟的大会特邀报告,这是整个会议期间最长的演讲。即使他之前研究工作卓越或者他要宣布一个大新闻,这份"报酬"也过于丰厚了。施瑞伯和克拉布特里都是审稿委员会的人,而且是细胞生物学分会场的共同主持人。施瑞伯几个月前就知道大家要讲什么了,他至少有一次明显地影响了议程:他要求将默沙东的科学家约翰·谢凯尔卡(John Siekierka)挪到一个不那么重要的会场去,因为他是FKBP-12的共同发现人之一,也是他在新蛋白发现战中的潜在竞争者。

斯塔泽承认:"谢凯尔卡因为我们把他挪到另一个会场,脸都气紫了。"他为了平息事态,还是把谢凯尔卡请了回来,参加该分会场第二天的活动,但是谢凯尔卡的演讲被安排在施瑞伯和克拉布特里的演讲之后,给的演讲时间也没那么长。福泰的科学顾问,也是施瑞伯另一个主要合作伙伴布拉科夫将主持早上的会程,施瑞伯因此不必担心被抢风头。不过其实这不要紧,斯塔泽已经认定施瑞伯是关键的盟友,不请自来地热情称赞他的工作。而且就算没有斯塔泽的介绍,施瑞伯早已功成名就了。

而福泰,就像博格曾经说的,派出了一支庞大的团队:汤姆森、哈丁、利文斯顿、穆尔、皮蒂、纳尔逊、南希……但是他们没有一人受邀在全体会上作演讲,博格怀疑这是施瑞伯搞的鬼。在这类会议中,学术汇报也是分等级的,他们只能作会议最低级的10分钟演讲,或者在特定时间站在大厅里的展板旁边介绍自己的工作,就像展会上的供应商。有些安排很有问题,比如穆尔在《自然》上的论文广为人知且备受好评,却只得到了一个展板的位置。但是从整体上来说,这个安排与科学家的认识是一致的:他们的研究虽然很重要,但不是震撼性的,医学界对此兴趣也不太大。

博格这几个月一直在考虑自己要不要来,但是考虑到施瑞伯"拥有这个会议",他最后决定不来。"这本该是属于福泰的会议,"他说,"可惜有斯图尔特碍事。不过当我们能够一边放幻灯片一边说'这是个小分子的 FKBP 抑制剂,一个硕士水平的化学家一个下午就能在他家的厨房里合成出来',我们就能在任何 FK-506 会议中博得满堂彩。"

他发誓说:"在**第二届 FK-506 年会上就行**!"

仅获得一个展板位置的纳维亚也改变了他的计划。他一开始决定去一天,最后一刻又突然改变了主意,彻底不去了。这是他职业生涯的狼狈时刻。7月,经过了数个月的审稿,《自然》最终拒绝了他和山下的结构论文,因为那个结构还是错的,他和山下不得不灰溜溜地用施瑞伯和克拉迪的参数修正它。与此同时,他的"至爱",运用酶晶体作为超级催化剂的文章也被《科学》退稿了。此外,他也没有得到福泰化合物与 HIV 蛋白酶复合物的共结晶。纳维亚来福泰时曾吹嘘他的小组将是福泰的发电站,但是由于他本人的缺席,他们跌跌撞撞,似乎成为了他个人野心的牺牲品。他自离开默沙东两年以来,没有发表任何论文,学界对他在晶体学家中地位的怀疑甚嚣尘上。

山下的精神问题以及博格强加给他的职位令他在福泰内颇受冷落。他闷闷不乐,自路演后就失去了信心,时常突然发怒,然后又悔恨不已。一想到他要站在一个靠施瑞伯才能解析出来的蛋白结构的展板旁,而施瑞伯在讲台上主持会议,他就觉得难以承受。他依然相信施瑞伯的作用域假说太简单了,但是没有足够的数据与舞台,他无法在匹兹堡挑战施瑞伯。当时飓风"鲍勃"正在东海岸肆虐,导致大面积航班延误,他借机请哈丁和穆尔在他的展板上写一个"飓风受难者"。对此汤姆森嘲笑道:"对,飓风'施瑞伯'。"

纳维亚既是这个所有人都需要力争第一的科研体系的受害者,也是他自己过于鲁莽的受害者。他错误地判断了他自己、这场竞赛以及需要回答的问题。不过,即使是在这场竞赛中小有所成并继续努力的人,也难免会犯同样的错误。FK-506比所有人想象的更神奇、更强大,他们都想去了解这个分子:它的形状、它的机制、它做了什么、它能做什么、如何控制其药性、下一步**该做**什么。他们一个比一个更大胆地去尝试、去探索、去求知。然而,即使是普罗米修斯般的斯塔泽也遇到了无法避免的失望。

为了FK-506,斯塔泽常年将自己逼到极限,去超越可能的界限,去欺骗死亡。玛丽·阿瑟的胰岛细胞移植手术成功后,他立刻让小组启动下一步研究:肠移植。由于无法吸收食物,接受胰岛细胞移植的患者饱受折磨。他们要么使用饲管,要么像阿瑟一样只能喝一点点蛋白饮品,吃一点点面包圈,却别想长一点肉。肠道被斯塔泽称为"移植禁区",因为肠道内充满了大量的细菌,这些细菌一旦侵入血液就可能导致大面积致死性感染。但是头5个接受肠移植的患者活下来了,经过艰苦的恢复期后,他们能吃东西、消化食物了。

新一轮的实验总伴随着新一轮的口诛笔伐。"我读了那些报道……特别恐怖,"一位英国医生在读了察基斯关于阿瑟的手术报告后写道,"我以为这种凶险的手术早就该停止了。在推动科学发展的名义下,还要做多少残酷、非人道的手术!"

这类事情一直都跟斯塔泽纠缠不休,随着他年龄的增加、健康状况的下降,他对这些批评也看淡了。现年66岁的他似乎终于承认自己不是不朽的了。他曾经放弃了任何宗教信仰,心态年轻而张狂。但是患者们往往是靠着虔诚的信仰才熬过来的,这潜移默化地影响了移植专家们。一位刚接受肝移植的年轻女性患者床边的墙上有张手写的字条,引用了《圣经·新约·罗马书》8:18:"我想,现在的苦楚若比起将来要显于我们的荣耀,就不足介意了。"

这句话用于斯塔泽很合适。这30年来他从未停止工作,他操作过数千台艰难可怕的手术,他每次拿起手术刀,都会对自己要做的事情感到恐惧。这些年来，他付出了沉重的代价。他患过一次溃疡，两次肝炎，还因为手术室激光事故暂时性失明过一次，最近他又经历了一次心脏搭桥手术。不仅他自己"伤痕累累"，他第一次婚姻也破裂了……不过与此同时，他也成为了美国历史上最多产的学者，他在1981—1990年间共发表503篇学术论文，很多都发表在重要的期刊上。除了他口述的文章，其余都是他与他勤勉的（团队里很多人会说是饱受欺压的）编辑助理一起写的。

但他还没获得终极大奖，不光是发现一个能大幅促进医学的生物学现象，还有那个为重大突破保留的科学荣耀——诺贝尔奖。施瑞伯也有同样的野心。但前一年秋天，两位移植学家已经获得了诺贝尔生理学或医学奖，这排除了近期再次为移植学家颁发诺贝尔奖的可能性。颁奖那天，施瑞伯给斯塔泽打了个电话，他惊异于斯塔泽钢铁般的冷静。他在哈佛的一位同事每年都会因为没有获奖而郁郁寡欢，但是斯塔泽没有，他继续每天工作18个小时。

斯塔泽知道自己的统治地位将要结束了，他今年早些时候已经不再做手术了，而是将剩下的时间用于科研，直面他从无尽手术中发现的颠覆性结论：移植学的未来总归是控制排异，而这远远不够。阿瑟的癌症复发，以及之前许多类似的病例，提醒着斯塔泽和他的团队，即使他们尽了最大的努力，最后也可能完全无效。移植学能做的很有限。

继续探索，这就是斯塔泽目前最迫切想做的事，这也是他延续传奇的热情所在。他一如既往地士气昂扬，同时闯入数个新领域。他最近也开始关注声望了，包括越来越频繁地飞到各地去领他曾经不屑一顾的奖，或者在媒体上积极宣传他的事迹。匹兹堡会议本身虽然医学意义重大，可斯塔泽参与会议的目的更在于试图将数个领域的注意力集中于**他的**分子，哪怕大家对这个分子的兴趣已经在消逝。

"老人模糊的视线很有意思，"之后他在回忆录——这是斯塔泽热心夸耀自己的另一个表现，他以三个月的时间飞快写就了这本书——中写道，"我头脑中的景象比眼前看不清的现实更加鲜活。"他好像看到了免疫抑制的核心问题，开始完善自己的认识。虽然他缺乏数据,但他依靠无与伦比的经验来构建一种愿景。没有人,尤其是外科医生,像斯塔泽那样在本体论的阶梯上攀登了那么久,从机体到器官,从器官到细胞,从细胞到分子,在每个阶段他都发现了许多重要的现象。

具讽刺意味的是,他日渐认为多药物治疗不光能减少他一生都致力发展的激进手术,甚至能消除手术的需要。"器官移植,"他说,"可能只是整个故事的脚注。"

这就是斯塔泽要在会议上强调的理念,但是这有些障碍。他最好的数据是由意大利肝脏学家安东尼奥·弗兰卡维拉(Antonio Francavilla)做出来的。斯塔泽的团队一直都是多语言团队,日本人试图和希腊人交流,瑞士人得和意大利人说话,他们或多或少都要克服英语的困难。而就算是这样,弗兰卡维拉的口音还是非常重。("他的英语不是很完美,"斯塔泽在回忆他们20年前第一次见面时说,"他说的我一个字也没听懂。")

这个棘手的麻烦浮现于会议开始前两天的晚上。斯塔泽在与参加他周一晚上例会的100多号人排练演讲时,发现弗兰卡维拉将FK-506的名称发音为"艾佛—开—唔—拎—遛"(effa-kaya-fiva-oah-seex),他无法理解。

这个演讲能与施瑞伯的媲美,斯塔泽在弗兰卡维拉下台继续练习时鼓励他说:"我们要重视起来,因为如果发音不准确,我们自己的信息就会丢失。"

感觉匹兹堡团队的"震撼性"结果将要夭折的范蒂尔则没那么好的耐心。"我觉得我们得把前两个结论去掉,它们是别人做出来的,"他在弗兰卡维拉讲解完头几张幻灯片后建议。而弗兰卡维拉为此作了一番谁也没听懂的解释,范蒂尔摇了摇他的大脑袋说:"如果弗兰卡维拉能说一口流利的英语就好了。"他嘟囔道:"我可不想他去解释这张幻灯片,他还不如直接用意大利语解释呢。"

"我们可以重新开始了吗?"斯塔泽生气地说。弗兰卡维拉带着焦虑与歉意说他会努力的。

自始至终,气氛越来越紧张。斯塔泽总是提到施瑞伯,他一个个地谴责自己的研究者和他们的研究成果,尤其是那些做自身免疫研究的。临床研究是匹兹堡团队还占优势的领域,斯塔泽决心抓住一切机会维持优势。比如,他希望FDA批准一项尝试用FK-506治疗多发性硬化的临床研究,但是FDA拒绝允许用已知有神经毒性的药物去治疗神经系统疾病。因此当神经科的本杰明·艾德尔曼(Benjamin Eidelman)报道了三位多发性硬化患者因为移植等原因使用FK-506后症状有明显改善时,斯塔泽兴高采烈地说:"我今天见了第三个患者,她看起来很好。虽然她瘦得跟鬼一样,但她很好。"

艾德尔曼是谨慎的资深研究者,不想下过于夸张的断言。他严肃提醒斯塔泽,多发性硬化非常容易复发,但是斯塔泽压住了他:"你太紧张了,你讲了一个可以炫耀许久的故事,但是你太保守了。耶稣基督啊,我们有三个多发性硬化患者,这是天大的好消息。"

"神经毒性跟神经活性是一个意思,"范蒂尔也帮腔说,"只是剂量问题。"

艾德尔曼还是坚持着,于是斯塔泽亲自上阵了。"或许没必要那么炫耀,"他开玩笑地说,"没人会在意,重要的是药物被用在三个多发性硬化患者身上了,这就是整件事中最他妈重要的部分,大家都需要知道这点。这是FDA的过失,他们为此应该感到些压力。"

艾德尔曼坚持自己的立场。他不会为药物下任何断言,只会报道他的发现。斯塔泽微笑着,但是咬着牙接受了他的决定。

"所谓发现,"斯塔泽以授课的语气说道,"就是要知道你发现了新东西,不要总瞻前顾后的。"

这一幕仿佛宿命般地重现了福泰几个月前的场景,当时博格等人在准备山下的晶体学论文时,在最后一分钟才得到大部分数据,冒着过度解释的风险建立了一座巨桥。

但现在再想做什么可能都太晚了。斯塔泽已经任命自己既是裁判又是教练,只能"尽量保证质量"。药物机制的发现不再青睐那些在手术台与病床前观察现象的人,而是那些在实验室里工作的人。虽然他强压了艾德尔曼一头,他也不得不承认事实。从另一种角度来说,他已经放弃了。他当晚又熬夜许久,修改了十几篇论文。第二天早上,他在媒体发布会上对记者们谈到他对会议的预期时,他说:"过于关注某个人是不公平的,但是我觉得波士顿的施瑞伯课题组有些大新闻……我觉得你们应该去问问施瑞伯。"

施瑞伯没有按议程参会,随意地在会场中四处游荡。他几乎谁也不认识,他和斯塔泽也才刚刚第一次见面。实际上,也没多少人认识他。大部分的医生自大学起就没见过什么合成化学家,而分子生物学家和细胞生物学家即使听说过施瑞伯的名字,也很难将这个名字与一个一边闲逛一边想事、面相和善的人联系起来。施瑞伯虽然在自己的领域内很出名,但此刻就像一个到了外国的观光客一样,等着什么人认出他来。他和斯塔泽一样,在科研上走过了跨越好几个时区那么长的路,但对免疫抑制依然所知不多。大厅入口的大屏幕上投影着 FKBP-12 与 FK-506 复合物的电脑模型(这是卡拉迪的结构,旁边还写着"感谢哈佛大学化学系以及斯图尔特·施瑞伯"),不过大部分的参会者不知道这是什么,毫无反应。

而认识他的人,自然是他之前在福泰的同事们。在第一天午餐会后,施瑞伯在兴致勃勃地参观展板区时,从人群中认出了穆尔和哈丁,他忍不住想跟人讲讲他最近的工作。而后者听说施瑞伯要报道个大新闻,也在找他。这不光是好奇的问题,福泰越早知道施瑞伯要讲什么就能越早作出回应,毕竟默沙东超过施瑞伯已经是近在咫尺的事情了。博格曾这么评价对数据的追求:"新药头三年的年均收益为 3 亿美元,因此三个月的优势就值 7500 万美元。"每分每秒都是钱。他们三人都满怀期待,在穆尔展板旁边的茶歇台前聚了起来。

"我们找到了,"施瑞伯开门见山地说,"我们找到了两种复合物的真正受体,这会让所有人大吃一惊。"

哈丁呆如木鸡。利文斯顿会说这是"史无前例的发现",卡恩也会说这是"神谕般的启示"。自从发现环孢素与 FK-506 以来,人们一直就药物机制争论不休：它们是怎么抑制免疫系统的？它们的不良反应是必然的还是偶然的？它们为什么如此相似？有其他蛋白参与吗？蛋白哪部分对药物设计最有意义？这些问题构成了现代生物化学中最诱人的谜团。现在施瑞伯难以置信地将它们一并解答了，而这一切都是他早已预测到的。

施瑞伯、他的研究生与斯坦福的合作者共同设计了一组精巧的实验，这组实验揭示了这些药物的工作原理。在细胞中，FK-506与FKBP结合，环孢素与亲环蛋白结合，这几乎是毋庸置疑的。但是他们发现药物本身并不起作用，它们将自己深埋入蛋白中，将剩下的原子探出去，与第三个蛋白结合以激活生物反应。施瑞伯与合作者发现这第三个蛋白就是钙调磷酸酶（calcineurin），细胞中常见的一种酶。

"我们当然希望机制越简单越好，就是说它们恰好有共同的真正靶点。"施瑞伯说，"果真如此！果真！"

施瑞伯笑得像烟花一样灿烂："天哪，难以置信！两种不同的药物，两种不同的结构，两种不同的免疫亲和蛋白，居然与同一个靶点结合，这是怎么办到的？"

"我想，"他继续说，"自然进化出了两种微生物产物，它们都是**胶水**。它们都是分子**胶水**。"

他笑得更开心了，开玩笑地说："这两种药物，其实根本不是药物。"

哈丁保持着冷静。他提了应该问的问题：钙调磷酸酶有多大？它有什么功能？它还有**自己的**受体吗？它有自己的抑制剂吗，比如某种天然机体产物或者某种药物？在这些问题的背后，是哈丁内心激荡着的愤怒。

哈丁妒火中烧。他无比希望自己能发现相关的生物靶点，解释其机制，维持自己的学术地位，结果他更睿智的前合作者与朋友把他打得溃不成军。他再次懊悔不已，觉得自己的性格与外在的压力让自己陷入背叛，他被压得喘不过气，被逼到边缘，被众人责备，他觉得自己已是败军之将。他两年前在他职业生涯最辉煌的时候作为亲环蛋白和FKBP-12的共同发现者到了福泰，他本应与施瑞伯继续合作,他们两个年轻人本可以征服世界,但是施瑞伯丢下了他,并远远超过了他。更糟的是,施瑞伯的新成果完全盖住了他们之前的共同发现。蛋白及其发现者的地位,随着蛋白本身的生物重要性起起落落。不断进步的科学与残酷的时尚其实很像。哈丁发现的两个蛋白,最后就像奴仆般,仅是给真正"有趣的蛋白"呈递了些原子。抑制 FKBP‐12 显然与免疫抑制还有药物设计都无关,FKBP‐12 立刻成了明日黄花,一个不重要的脚注,他觉得自己也如秋扇见捐。(不知道是故意还是无心,施瑞伯第二天演讲时介绍 FKBP‐12 的幻灯片上仅写明是由"施瑞伯等人"发现的,哈丁作为《自然》发表的论文的第一作者从未被提及。)

谈话结束了。哈丁和施瑞伯敷衍地说以后要再聚聚。穆尔无法掩饰他的震惊与羡慕,回到了自己的展板前;施瑞伯继续去参会;哈丁则靠本能支撑着穿过人行天桥,回到毗邻酒店位于 11 层的房间,给博格打电话。

在电梯里,过去两年间他所有的委屈与不满一并涌上心头。哈丁认为施瑞伯的胜利就是他的失败,这不光表现了谁是更好的科学家,而且证明了哪种体系更适合科学:施瑞伯的还是博格的。他觉得施瑞伯毫无争议地大获全胜,而他,还有福泰的科学家们为此付出的代价则是他们的科学生涯。

他红着脸,愤怒地将这一切怪在博格头上,神色比往日更加悲伤。博格的最高信条是用实验说话,但是在福泰做实验越来越难,甚至成了不可能的事。压力不断增加,生产与测试任务无休无止,人手与试剂也长期匮乏,博格不知所踪,项目工作组胡思乱想,大家因自大而矛盾重重,外部合作者不可信任,还有得将公司的故事卖给银行家和律师这样的烦心琐事。他在福泰没有时间与空间去思考。施瑞伯赢了,而且哈丁认为自己从一开始就没有机会赢,他因处处受掣肘而失败。公司不能集中力量,施瑞伯的目标则很明确。"我就是个有博士学位的技术员,"他哀叹道,"我是个科学家,但是乔舒亚就希望我每天按时上班,好好做实验,这可不是科学家该干的。"

"我心痛欲裂,如果能重来一次,哪怕我在耶鲁移植中心痛苦地继续干下去,我现在也是世界上最著名的科学家之一了。"

施瑞伯发现了宝藏的消息在福泰的团队里传开后,大家都对哈丁的苦楚感同身受,他们居然一直在为一个错误的蛋白要死要活,接着就是一场彻底而剧烈的宣泄。博格在匹兹堡没有辩护人。不管每个人怎么看施瑞伯的胜利,他们都得以吐露长久以来被博格压制到溃烂的悲伤,甚至是绝望。

汤姆森是他们之中最乐观的,这并不让人意外。他欣赏蛋白与科学,欣赏博格与施瑞伯尼采式*的对抗。哪怕施瑞伯的帽子戏法让他在 FKBP - 12 上的成就像哈丁一样折损,哪怕他得从小牛脑中艰辛地提取钙调磷酸酶,他还是很欣赏施瑞伯。第二天早上他演讲的开场白是这样的:"我想说'我不想浪费大家的时间,我想把时间让给斯图尔特,让他多说点。'"他穿着皮夹克,与身后大屏幕上的实时转播一起反复赞颂着施瑞伯——这是不寻常的举动。在一位来自史克(Smith-Kline)的研究人员赞赏了施瑞伯在提供实验材料的慷慨后,汤姆森深深地为失去施瑞伯这个合作伙伴表示遗憾:"除了他担任顾问的那家公司以外,这里有谁**没从**施瑞伯博士那里得到过实验材料?"但他并未因此批评博格。他欣赏施瑞伯的发现,并向他致意;但是他也早就打电话给福泰,让他的助手菲茨吉本把西格玛(Sigma,一个主要的蛋白供应商)所有的钙调磷酸酶都买下来,这样别人一时半会就得不到了。

生物学家们则没有这种肚量。利文斯顿争辩说,福泰应该完全停止化学研究半年,先检查施瑞伯的结果是不是对的,再开发一个可用的测试新化合物的实验。他认为继续开发 FKBP - 12 抑制剂毫无意义,简直荒谬。他、皮蒂、哈丁,甚者福泰理念最坚定的支持者、以往怨言最少的纳尔逊,都为博格选择了一个生物学背景不清晰的项目感到遗憾。他们一致同意,博格由于缺乏生物学背景导致他一再低估了生物学和生物学家。他们恼火于他们还不清楚要设计的

---

* 尼采(Nietzsche),19 世纪德国哲学家,提出"上帝已死",主张强力意志、超人哲学。——译者

分子的**作用**时,福泰就声称在基于结构设计药物。一位肾脏学家在施瑞伯报告后的午餐会上问哈丁:"你们是有了药物呢,还是只有靶点呢?""半小时前我们各有一个,"哈丁咕哝道,"现在我们有了三个新靶点。"

在弑君仪式中*,博格要为所有的事情负责。汤姆森和穆尔等人认为他没有给予足够的指导,没有告诉他们该干什么,并核实他们所做的一切。利文斯顿、皮蒂和哈丁则代表了另一种意见,他们认为博格管**太多**了,他独断地作出了主要的决定。利文斯顿进一步认为博格兼而有之,而且每次都在最糟糕的时候。他举例说,博格在没有与科学家商量的情况下就向中外制药许诺,福泰会合成 FKBP-12 的小分子抑制剂并解析蛋白结构,而那时他们还没确定这些目标是不是该做;之后他却让科学家自己去完成这些目标。这太糟了,利文斯顿说,应该有另一种方法。他认为博格应该在设立目标前先咨询一些高级研究员,再去利用权威执行目标。利文斯顿认为,这种错位全怪博格的自负,他的手下如今都看得一清二楚。

这些分析中也有一些幸灾乐祸或者复仇的快感。利文斯顿像大家一样,失望、沮丧、悲伤。他不敢直接跟博格说,因为他知道博格总能颠黑倒白。而退一步说,其实他比所有人都清楚博格的方法是正确的,只是博格总喜欢争当班里最聪明的孩子,这对公司的科学很不好。但是博格不得不自负,他必须依靠不完整的数据作出大胆的许诺,不然福泰早破产了。如果他不那么浮夸地表现自我,他断然不能在两年半内筹集 7000 万美元,在实验室放满最先进的仪器,招募一群顶尖的科学家,让他们在最火热的领域中不落下风地与全世界竞赛,给他们现在价值数十万美元的股票,让他们至少在今后几年衣食无忧。

如果博格能来为自己辩护,他会摆明利文斯顿等人都知道的事实:福泰是一家药企,他们的任务不是去作出重大科学发现,而是去利用这些发现。与施

---

* 弑君仪式是人类学的重要母题,即君主如果不能再指导人民就要被处死。许多神话传说与风俗都与这个理论有关。——译者

瑞伯的竞赛只是一个助兴节目，毕竟施瑞伯有一切优势。他会指出施瑞伯背后是哈佛以及联邦政府，施瑞伯不需要像踢踏舞巡演一样满世界筹款。他还会挑衅般地指出，施瑞伯手下有一群世界上最聪明、最有进取心的研究生和博士后，他们一心一意只想取悦施瑞伯，而非一群喜欢争论、野心过度膨胀的科学老油条（他还会说他们却天天跟小孩子似的）。施瑞伯不用经营一个不进则亡、快速成长的创业公司，施瑞伯不用为别人挣钱，施瑞伯也不用讨好华尔街，而博格却要承担这所有的一切。事实上，最好让施瑞伯这些学者去研究生物学而福泰去争夺终极大奖：设计分子。

但是博格不在这里，他成了科学家真正的"靶点"。博格在经营公司时必须与众不同、昂首挺胸，因此疏远了科学家，在一个只有毫无保留地合作才能成功的世界中令大家搁浅了。默沙东、斯塔泽的团队足够大，因此能克服这些问题。但是福泰不行，之前的种种骄傲现在深深地羞辱着它。

对施瑞伯来说，这是他与博格决裂最精彩的环节。"福泰一个非常不一样的地方就是，它绝对希望自己做完所有的事情，很多人也认识到了这点，"他说，"我真觉得它不想要任何外来的帮助。"

"这就是我和福泰真正的矛盾，而其他东西，"他指博格认为他缺乏道德、偷窃功劳、蔑视公司对保密的需要，"都只是烟雾弹。"

"我在这个领域很受瞩目，从这个角度说，他们找上我就是要冒一定的风险，我对他们的研究有很大影响，因此我自然要分一杯羹，他们得评估这种情况。我不是说他们不能完全靠自己解决所有的问题，只是他们明白得越早，他们才能进步得越快。"

匹兹堡会议显现了博格与施瑞伯巨大的差异。在他们对自我优越性的认识中，在他们追求卓越的道路上，他们就"如何依靠他人"这一问题得出了完全不同的结论。施瑞伯可以为了自己的目的轻松地吞噬他人与他人的思路，别人就是他的工具，而他认为别人也是这么利用他的。博格则秉持"己所不欲勿施于人"的信念，他相信别人只需要一个表现的机会，也能像他一样无所不能。他认为他们**应该**自觉去做正确的事情,因为没有理由不去这么做。这就是他任由别人犯错的原因。

虽然科学家们无法否认博格的观点,但他们的不满在会议过程中日益加深。虽然博格的主张对福泰、对商业、对制药业、对研发更好的药物都可能是对的,甚至博格对道德坚持也可能是对的,但是在这次会议所代表的赢者通吃的科学世界中,这就是错的。在这里,施瑞伯是所有人的焦点,享受着无上的尊崇,相比之下,福泰的科学家们默默无闻。他们工作出色,但是施瑞伯**赢了**。在施瑞伯演讲后当晚的宴会中,施瑞伯被人们簇拥着,身上好像有来自上天的光芒。博格、霍尔曼还有奥德里奇在等候的豪华专车旁自信地笑着的画面曾宣告了博格的胜利,现在则是施瑞伯的时刻:衣着光鲜的资深科学家们、各领域的领袖们、世界上最强大的实验室的主管们,都围绕着他。他们眉开眼笑地四处敬酒、碰杯,一边吃饭一边像斯塔泽一样说着"我们的策略……我们之后该做什么"。斯塔泽在人群中,福泰的顾问布拉科夫和芭芭拉也在。而离这炫目场面远远的则是福泰的人,他们垂头丧气,无力地为自己的不幸声讨着博格。哈丁酩酊大醉,整晚都在凄惨的嫉妒中度过。

哈丁出了电梯,将房卡插入锁中,进入了自己的房间。房间刚刚被清扫过,像暑假里的教室一样明亮整洁,有一种清冷的美感。现在是下午3点左右,客人都去参会了,服务员也去休息了,整个酒店安静得像座坟墓,哈丁给博格打了电话。

"斯图尔特发现了那个关键的蛋白,"他故意以一种轻松的语气告诉博格,好像只是在谈一起无人受伤的离奇车祸,"是钙调磷酸酶。"

"我没听说过这个酶。"博格说。他的声音冷静、克制,哈丁可以想象他正飞快地在电脑上查相关资料,他轻轻地说:"他怎么总能做到?"

他们之后又说了几分钟,几乎都是哈丁在说。博格大概在做笔记,他问了些基础问题以便开始收集信息,这也从另一方面反映了施瑞伯的发现是多么惊人、多么具有原创性。

"钙调磷酸酶是哪几个字？"他问。

哈丁告诉了他。

"有多大？"

博格想知道其大致大小以及解析难度，哈丁告诉了他这个蛋白分子质量为55 000。"天哪，"博格说，"我们不用担心斯图尔特在核磁共振法上击败我们了，太大了。"

博格又草草地问了几个问题，之后工作部分就结束了，他感慨道："他怎么总能做到？"

"你的意思是为什么他这么幸运吗？因为他每天都坐在那里想，想他要做什么、怎么做，他还有一群努力工作的手下。"

"我觉得我们也是这样的。"博格明显生气了，他更多的是恼火而不是嫉妒。

"他受到神佑了。"哈丁作出了让步。

一阵沉默。

"为什么，"博格以问的形式回答了自己的问题，"每次都是斯图尔特？"

第二十章

博格轻轻地调整了福泰的方向,避免了彻底的溃败,算是不幸中的万幸。他建议从匹兹堡回来的科学家们彻底忘掉施瑞伯。现在重要的,也是一直以来唯一重要的就是数据,最新最漂亮的数据,最好是福泰独家的珍贵数据。

"在下一次实验中寻找救赎",博格毫不犹豫地用了这剂强效药,他提醒大家,如今正是他们一直期待的机会。多亏了施瑞伯很快地如约公开了他和卡拉迪的X射线结构的坐标数据,福泰终于有足够的信息来进行货真价实的药物设计了。他们有FKBP-12天然状态的结构以及FK-506/FKBP-12复合物的结构。与此同时,纳维亚在大家去匹兹堡时怀着抱歉的心情亲自做实验,种出了耳钉大小的FKBP-12和VX-367(那个福泰最好的旗语状化合物)复合物的共结晶,并将它交给了山下;山下由于开始准备医学院入学考试,也振作起来了,再过几天就能将结构解析出来了。而且不管大家怎么看,施瑞伯的钙调磷酸酶的确是一个富矿。如果不去考虑这是由施瑞伯发现的以及它带来的新挑战,博格很乐于利用这些新知识。他还很高兴地看见科学家们再也没有理由无所事事地晃悠了。

至于他如何化解输给施瑞伯的事实,就像他一贯的做法:贬低施瑞伯的作用,攻击他的野心,谴责让施瑞伯一家独大的学术明星体系,然后再开一些玩笑以强调他的观点。施瑞伯认为博格太依靠自己,博格则说施瑞伯是个无底黑洞,匹兹堡会议之后大量涌现的论文鲜活地支持了这一观点。

根据文献的引用链,第一篇报道免疫亲和蛋白复合物的文章不是来自施瑞伯的实验室,而是来自斯坦福大学的免疫学家欧文·韦斯曼(Irving Weissman)的实验室。韦斯曼是世界著名的 T 细胞研究专家,在细胞生物学界远比施瑞伯有名望。5 个月前,他的研究生杰夫里·弗里德曼(Jeffrey Friedman)发现环孢素和亲环蛋白能一起与一种分子质量为 55 000 的未识别蛋白结合。韦斯曼听说施瑞伯正在为 FK-506/FKBP-12 复合物寻找一种类似的受体,因此给他打了个电话。弗里德曼说:"我们都很清楚一定有一种共同的中间体,看来这可能是个好的候选蛋白。"为此,施瑞伯特意飞到帕洛阿尔托,并在一家意大利餐厅请弗里德曼吃晚饭,弗里德曼当场同意分享数据——这项重要的工作自然是弗里德曼博士论文的核心。

不久之后,施瑞伯的博士后刘钧*识别了弗里德曼发现的蛋白就是钙调磷酸酶,他进一步发现该蛋白是两种复合物共同的中间体,他还发现另外两种稍小的蛋白也参与了这个生物过程。最后的确是施瑞伯为故事画上了句号,但如果韦斯曼和弗里德曼没有告诉他基本事实,他绝对做不到。

但在匹兹堡,施瑞伯只是大力称赞了刘钧,却几乎没提斯坦福的人,于是整个世界都认定钙调磷酸酶是施瑞伯的独家发现——就像 FKBP-12 及其结构一样,施瑞伯用他的特权在宣布研究成果时将功劳全都据为己有。弗里德曼说:"施瑞伯也太狂妄了,我绝不会再和他合作。"

---

* 刘钧是本书唯一出现的中国人,后来成为约翰斯·霍普金斯大学的教授。而另一位研究生杰夫里·弗里德曼(与瘦素的发现者同名)后来在斯克里普斯研究所当了一段时间教授,最后进入工业界,现为多家药企董事会成员。——译者

在博格看来,这明显又是施瑞伯例行的自我吹嘘。施瑞伯看清了大局,站到了科学浪潮的最前沿,完美地诠释了什么叫科学领导力。但是显然,他不是最初发现关键现象的人。博格不光要贬低施瑞伯的成就,还要贬低这项发现的意义,尤其是施瑞伯说环孢素和FK-506只是"分子胶水"。博格对环孢素和FK-506能依靠所谓的作用域将两个巨大的蛋白结合起来的说法嗤之以鼻,他说:"这是尤里·盖勒(Uri Geller,以色列著名魔术师)弄弯勺子的那套吧,别给我看什么证据,那是完全不可能的。"

博格机敏地化解了大部分对他领导力的挑战,但是这对提升科学家们士气毫无帮助。施瑞伯声称FK-506根本不是药,而恰好只是一团分子胶水,这对免疫抑制领域中每个人都是很可怕的,尤其是福泰,他们的处境不能更糟了。

不管博格怎么说,福泰优化FK-506的逻辑无疑得做一个巨大甚至是彻底的转变。在两年不到的时间内,项目的难度呈指数增长。他们本来只要设计一个比FK-506更好的抑制剂,然后放进FKBP-12的活性位点就好。原本这只是一个简单的酶抑制剂项目,现在成了一片泥沼。如果施瑞伯真是对的,即免疫抑制的关键不在于FKBP而在于钙调磷酸酶,那大家就都得换匹马了。他们要面对的问题将远比模拟未知分子的结构困难,可能涉及5种在互相接触时会大幅形变的分子,需要多个甚至全部的复合物结构才能搞清机制。这就像是要蒙着眼,用一些老旧的模具为一座不断晃动的立体模型设计缺失的零件。

博格依然坚信这个项目具有可行性,他说:"觉得FK-506已经是完美的药物是非常可笑的。"他相信通过筛选得到的药物只是自然的意外,因此一定有缺陷。虽然最近的报道指出默沙东在动用了总计数百年工时的人力后,发现对FK-506结构的任何修改都只会大幅降低其活性,但博格认为这没什么影响,在成功率格外低的形势下,他还是呼吁科学家们跟他一起干。

科学家们则很有理由不乐意,毕竟FK-506太离奇了。施瑞伯发现FK-506和环孢素有同样的受体蛋白,再加上藤泽制药极力鼓吹,他们潜移默化地受到了影响,他们认为这两种药物可能根本不是自然意外的副产物。在这套理论下,这两个分子就是自然进化出来以执行它们在 T 细胞中表现出的功能的：将 FKBP-12、亲环蛋白与钙调磷酸酶黏合起来(在所有生物的所有细胞中都有这三种蛋白),这可能是某种普适性的生化过程。这个理论能解释 FK-506 和环孢素的神秘活性：山德士在该领域比默沙东早出发接近 10 年,合成了 1200 种环孢素类似物,结果活性都不行。仅从将相关蛋白黏合起来的效果看,FK-506 和环孢素好得令人难以置信,它们可能生来就是完美的。

博格自然拒绝相信这种解释。如果分子不能被传统药物化学改进,那它们就是完美的药物了吗？他对此观点冷嘲热讽,提出了有力的反驳：就算它们在各自的微生物中已经进化为完美的分子胶水了,它们对于人体细胞而言肯定还不是完美的,更不要说还需要提高它们耐受肠道消化的能力,减少它们的不良反应。博格相信,科学的上帝在细节里。哪怕微生物进化了 40 亿年,它们自身已进化得臻乎完美,它们都无法成为药物设计的基础。但是药物的靶点普遍存在于各细胞中,这是否暗示它们的活性与不良反应是不可分割的呢？博格很明智地没有提这点。

FK-506 和环孢素最受诟病的地方就是不良反应太大,博格相信福泰可以因此大有作为。但是还有个"信仰问题",即福泰能否在资金耗尽前研发出更好的药物？奥德里奇对此格外担心。他对博格的预见能力依然有信心,但是他不相信默沙东和山德士的失败仅仅是失误。"如果大孩子都做不到,"他说,"你就要小心。"博格的坚定无畏、热情专注一向都是公司的锚定点,他的成功源于他能说服手下去做不可能的事,但现在他的手下动摇了。"乔舒亚把我们逼得太狠了,"邓说,"不是每个人都有他那么大的雄心,也不是每个人做起事来都像他那么易如反掌。"

匹兹堡溃败后第一次工作组会议时,博格以关心、支持的姿态出席了会议,以前科学家过于关注自我或是过于激动时他都会这么做。由于博格在 IPO 期间的缺席,工作组矛盾重重、步入歧途,成了过去几周中无言哗变的呈堂证物。有些科学家私底下里希望博格解散工作组,自己接管,再任命几个部门领导与项目经理,然后发号施令。

但博格并没有那样做,他并未就此停止社会实验,他认为这才是第一次真正的考验。他理想的组织文化是能根据新信息立刻调整项目,以默沙东等大公司跟不上的速度快速转向。工作组就像列宁的苏维埃,是他用于追寻完美的永恒革命利剑,他绝不会放弃。此外,他和颜悦色地承认,他也不知道具体该做什么。他只能从大家提供的数据中学习,当信息足够多时,他才能作决定。

就目前而言,他更在意资源。他慢悠悠地走到白板前,随手写了几个数字:35,这是福泰免疫亲和蛋白项目科学家的总数,其中 5 位从事化学合成,9 位进行生物物理实验,21 位开展生物学研究。这些数字反映了公司的优先级,也暗暗地谴责了在匹兹堡闹得最大的生物学家们,此时他们默不作声。他之后写了一个标题:"未来",然后在每个数字后面写了一个问号。他说科学家总数不会增长,过几周后会进行人事调整,大家最好认真做实验。

虽然博格并不想彻底推翻公司的核心项目,尤其是两个月前他刚告诉世界,他们很快就会有一个临床候选化合物了,但是他喜欢当下的情况,喜欢把事情搅起来,他认为福泰就是不用绳索进行攀岩的徒手攀岩者。整个 9 月,他在科学家设法回应他时都很高兴。在他们转而开始设计钙调磷酸酶抑制剂之前,有些实验是必须要做的,比如得先检查一下刘钧和弗里德曼的数据,毕竟施瑞伯等人也可能犯错。直接启动一整个新项目听起来太可怕了,如果在福泰的长期规划小组,即新项目工作组会议上提出的话,一定会被嘘下去的。福泰还需要大量的钙调磷酸酶以及测试其受抑制程度的方法。与此同时,他们选择继续合成并测试 FKBP - 12 的抑制剂。利文斯顿暂停化学部门工作的建议没有被接受,毕竟福泰已经有具有口服活性的小分子免疫抑制剂了,虽然他们还**不知道**其受体是什么,但如果不继续就太蠢了。

博格的乐观、能量与热情令大部分科学家很快恢复了状态。他们从钙调磷酸酶的灾难中振作过来,9 月底时又继续向前看了。而且他们有了一种新的激励:福泰的股票。股价似乎与公司的表现没什么关系似的,在 9 月 26 日涨到了每股 15 美元,恰好是福泰四个月前第一次为 IPO 提出的价格,涨幅达 66%。

"两个月前我们连每股 10 美元都卖不到。"福泰的股票有一天涨了 7 个百分点以后奥德里奇无奈地感叹道,他之后一下午都在打发那些好奇为什么福泰突然被热捧的记者。他知道股价的大涨与福泰本身没什么关系,好像只是提醒他们福泰选择了在最糟的时间上市。华尔街六七月间冷酷的神情消解了,好像又进入了新一轮的欢欣喧闹。生物技术再次火热,市场又陷入了幻觉。一家名为 Medimmune 的创业公司在 5 月曾以每股 9.25 美元上市,8 月底股价已经涨到了 27 美元,而他们离做出能治疗艾滋病的免疫调节剂还有许多年的光景。另一家号称要开发人工血液替代品的 Somatogen 公司一个月内股价从 19 美元涨到了 36 美元,尽管实际有没有这种需求还有待商榷。概念股又有了这种群体免疫力*:只要别的公司看起来还健康,它们就能适应,甚至克服自身的不稳定性。

不管怎么说,买者自慎,反正没发生什么能阻止福泰股价上涨的事情——或者说没发生什么公众知道的事情。而就在福泰的市值增长了约六成时,有些科学家开始对福泰能否真的去做它曾承诺要做的事情感到绝望,这种不协调的氛围很难让人不愤世嫉俗。而博格立刻提醒大家,不要因为华尔街的轻率而搞不清自己的进展或价值。他们与华尔街的经历或许只证明了投资者没有搞清他们买了什么,或者说他们没能力、也**不应该**搞清这点。药物研发是一场混乱而不确定的生意,有许多让人心头一沉的时刻,很多事本来好好的,然后突然像霍尔曼说的一样,"从床上摔下来"。小的未盈利的公司就是一场毫无章法的噩梦。这就像是制作香肠或者起草法律,最好不要太清楚他们具体在做什么。制药业因故事而生也因故事而死。10 月时就有这样一个令人心凉的消息:一家

---

* 群体免疫力(herd immunity),可以理解为当人群中有免疫力(比如接种过疫苗)的人足够多时,没有免疫力的人被感染的概率就能降低,因此整个群体都对传染病有较强的抵抗力。——译者

名叫 Anergen 的不幸公司的股价曾经飙升了三倍,但一场谣传其他公司推出类似技术的误会令它的股价立刻触底。Anergen 因为谜一样的相似,被强行拉进了一场让人捏一把汗的冒险,再也没人打通过公司的电话。

博格不喜欢幸灾乐祸。Anergen 也在研究自身免疫病。一旦投资者受到刺激,意识到他们是如何被蒙骗的,很难说其他类似的小公司会有什么样的命运。"虽然听起来有点像主日学校里的说教,"博格说,"的确,会有最后审判日,但是惩罚可能不会公平。难道索多玛和俄摩拉*一个好人都没有吗?我不是在担心我们自己,我是在担心摔向我们的人。"

股价的上涨是士气的安全阀,对山下尤其如此,他要依赖这笔钱去读医学院、去逃离。其他人,尤其是慕克却有些生气:"我宁可它跌到 4 美元。"他不是在讽刺或者开玩笑,他考虑的是股票期权**,股价越低,能得到的股份就越多。

9 月中旬,山下解析出了 FKBP－12/VX－367 复合物的结构,福泰得以第一次好好看看他们自己的分子与蛋白的结合模式。就像落水的滑冰者突然发现冰面下的一点空气,慕克大口地吸着数据。他终于能做一些建模以外的事情了,不用再去猜测、再去验证、再去道歉了。几分钟之内,他将新的结构投影到了屏幕上。与施瑞伯和卡拉迪的 FKBP－12/FK－506 结构比对后,他立刻就看出了为什么 FK－506 是无与伦比的药物,而 VX－367 只是个弱小的模仿者。他终于能**看见**他该做什么。

比对的结果是显然而且残酷的。FK－506 同施瑞伯预测的一致,除了与 FKBP－12 结合的部分以外,还有一个向外探出的作用域。而 VX－367 像旗语部分的右侧,也松垮垮地探出来,但是没探出那么多。这两个结构看起来就像是刮胡刀广告中的"使用前/使用后":FK－506 从结合口袋中像胡须一样伸出

---

* 索多玛和俄摩拉是《圣经》中两座被上帝毁灭的罪恶之城。——译者

** 股票期权(stock option),即公司成员可以在未来以优惠价格购买股票的权力。——译者

来，VX-367虽然也与结合域结合了，但只伸出一点，就像被刮干净了一样。就算还不知道VX-367如何与钙调磷酸酶结合，慕克也觉得应该为这个分子探出蛋白表面的部分加上个钩子什么的。他钦佩地承认施瑞伯的作用域假说完全正确，但是对施瑞伯关于钙调磷酸酶的评论保留意见。"这个蛋白占大脑中蛋白的百分之一，"他说，"我觉得你不会想简单地把它敲除。"

施瑞伯的假说并没有解释所有的现象。慕克在三维空间中观察了这两个结构后，他发现探出去的作用域好像有点小，就好像一个破板子上突出的钉子：能够衔接另一块木板，但是离牢牢固定还差得远。能有更多的接触面积就好了，比如"涂上一层胶水"。不管还要不要用分子门挡来撬开"襟翼"区，慕克都怀疑作用域理论能否单独解释所有的药效，博格提出的活性位点附近分子构象发生改变的理论似乎也有一定道理。

慕克在福泰的计算系统中安排了数十个比较这两种复合物结合能的计算任务。他一直都说药物设计是一种"迭代过程"，一种更聪明的试错法。他不是说自己比化学家们更聪明，而是通过为不同的分子构象建模并计算它们的性质，他能预测出哪些分子构象会更有效。他知道，只要移动几个原子一两埃的距离去填充一个空"口袋"或许就能让结合更紧密。他能摆弄电子云、基团电荷，以百万分之一的程度微调分子的热力学属性。他的任务是整合他得到的信息，然后向阿米斯特德、桑德斯等化学家提出可行的建议。没有一个化学家会对一个可能很有效但要花费一个月才能合成的分子感兴趣。慕克愈发地急于证明他的方法以及他的价值，他为此苦恼焦虑很久了。他的信心不光基于他预测的质量，更在于他能否说服化学家们去合成他设计的分子，这是所有建模师的痛点。

根据VX-367与FK-506的差异，看来必须要在作用域上做点什么，慕克经过一番考虑后决定专注于旗语部分。他在纸上写了一个"Y"代表这个部分，他知道这个结构在立体空间中是会扭曲的，就像拳手绷紧的胳膊，这看起来是个切入点。哈丁曾经将VX-367比作掉进冰窟窿的滑冰者，旗语的结构就是他的胳膊,如果"胳膊"放松了,分子就会掉进冰洞中;如果能够固定住"胳膊",分子兴许就会卡在冰面上,这个分子可能就有救了。

慕克尝试加入几组原子,使得旗语部分指向外侧,抵住"襟翼"区并向外伸出,延伸作用域,然后进行分子模拟。他计算结合性能的提升,再找出最能提升药效又最容易合成的改造,然后建议化学家们去合成。

大众经常认为科学突破是很戏剧性的:真相突然浮现,闪电似的洞见,雷鸣般的启示,放声大笑,像篮球比赛那么激烈,又像咏叹调那么高亢……可实际上,大多数情况恰恰相反:有所突破仅是因为一点调整,一些小事,一个沮丧的科学家靠着略有苗头的数据坚持走下去。一切都源于那个选择了一种试剂、一项实验、一个方法的瞬间,那个微小而关键的节点。

化学家们欢迎慕克的建议,但矛盾的是,他们并不会很热心。建模师与一线化学家的沟通难免有些龃龉,因为药物化学家去合成别人的分子时,不光需要时间和精力,也需要放弃自己最喜欢的主意。不过化学家们很久都没有进展了,他们这几个月合成了结合力更强的 VX-367 衍生物,但是这些化合物的免疫抑制力没有得到相应的提高。他们也认为这个分子向外伸出得不够远,并且怀疑旗语部分就是问题根结。从合成的角度,问题就是如何撑住这个部分并且不使分子复杂到毫无价值的地步。阿米斯特德说:"我们的底线就是不要像施瑞伯的人一样花 6—8 个月去合成 506BD。我们不想做那个。"

阿米斯特德和桑德斯一起着手于慕克的思路:在旗语结构的根基处插入一个作用类似楔子的苯环(6 个碳原子和 6 个氢原子组成的扁平环状结构)来撑起旗语结构。合成了 6 个化合物之后,桑德斯合成的 VX-563 在细胞测试中的药效是福泰之前最强的分子的三倍。几周后,纳尔逊发现小鼠体内的免疫抑制力有相应的增强——这是个在动物体内有免疫抑制力的分子,这是福泰做出过的最好的分子。

化学家们士气大振,立刻着手大规模生产,这样福泰就能做更多的测试,进行毒理学研究,还能给山下和纳维亚一些——他们立刻将其与 FKBP-12 共结晶,这样慕克就能比较其和 VX-367 的差异了。此外还要给中外制药送一些——正好博格又向他们许诺了分子活性会有增长。

这是漂亮的一击,一项杰出的科学成就;这不是理论上的突破,而是实践上的成功。药物细胞活性的增长往往很慢而且无法预测,但只要再来一次类似的增长福泰就能有候选化合物了。突然间,慕克的"迭代过程"立刻就有用了,循环令人振奋,效果完美,跟博格预测的一模一样。

博格得意洋洋,充满能量。这件事再清楚不过地证明了他基于结构的药物设计理念,是具有重大意义的一刻,不亚于施瑞伯在钙调磷酸酶上的胜利。他在工作组会议上反常地低调,他说:"下一步药物化学工作要做什么还不是很清楚。"基于结构信息,他们预测了生物活性,从而设计出了一款更好的分子。在那一刻,他们为神秘的分子结合过程带去了光。过去 50 年间,人们只能依靠随机抽样和蛮力在侥幸与痛苦间漂泊,如今终于有了选择的机会。

50 年前,蒂什勒等药物研发先驱创造了系统筛选药物的范式,将制药业带入了现代。他们发现了大量的传奇药物,掌握了重组分子以提高药效的方法;他们理论化了药物发现流程,赋予其惊人的效率和效益。但是他们还不能随心所欲地提高药效,他们没得到终极大奖:依靠非凡的想象力去控制分子。

这就是博格的目标,这一坚定的、永不褪色的理想一直驱使着他。不同于蒂什勒,药物开发对他来说不是一项道德义务,而是一场智力挑战。现在第一颗果实诞生在了福泰,这让他感到了前所未有的心智上的满足。他设计了整个流程,控制了所有的步骤,这就是他的化身。蒂什勒去世时认为博格从默沙东出走是故意为了让他难过,博格多么希望他能理解这些。

从科学的角度考虑,福泰新的信息迭代循环方法是场隐形的胜利。无法被发表,也不能被谈及。化学家选择合成了一个分子,这只是一个小小的数据点,不足以宣称这就是基于结构的药物设计。

讽刺的是,经历了那么多苦难,攀登了那么多高峰后,博格似乎不太在意这个成果了。施瑞伯对他的评价很贴切:博格对世界的态度与他很不同,与大部分科学家的世界观都不相同。科学家需要别人对他们事业的认可（有些人完全活在他人的认同中）；博格也需要被关注，但是他更在意自己的理想、自由,自己能否够依照自己设定的计划独立完成目标——建立一种依靠信息来设计新药的完美体系。他对更好的分子是否会接踵而至胸有成竹。他相信终有一天,制药界的产品线上将全是这样的药物;而先行者们将会去教学,博格经常说这是他以后想做的事。

他和施瑞伯的竞争就像一场兄弟间的竞赛。施瑞伯是探索者,他以合成化学家的身份照亮了生物学的秘密。而博格盯着下一个目标：控制生物学活性。这解释了他们生活的选择、各自的动力以及互相之间不同的看法。科学赞赏理念上的突破,商业需要实践。虽然施瑞伯在诸如匹兹堡之类的很多地方看似甩下博格很远,他们在终极大奖的竞赛中依然并驾齐驱：在化学、科学以及世界上留名千古。他们的研究互为表里、相辅相成、缺一不可。

科学家们对形势还不是很清楚。VX-563还不是个药物,它在获批上市前还要经过一系列严苛的考验。它可能有致盲性、致幻性,还可能导致高血压和脑卒中。这只是福泰迭代过程的一步,就像齿轮转了一格,这只是一次独立的胜利。他们还需要不断开发与改进技术,再有数十次这样的胜利才能证明理性药物设计在任何情况下都可以适用。不过,即使到了那时候,理性药物设计可能也无法减少FK-506以及环孢素的不良反应。施瑞伯和斯塔泽的研究表明,不良反应可能跟药物机制息息相关,而不是简单切掉几个原子就能解决的。在前往结构信息的应许之地的路途上,问题还很多,尤其是毒性。

VX-563成为了博格一直宣称的有清晰生物学背景的、锁与钥匙模式的完美范例。但是科学家还是不清楚他们试图控制的生物学过程的机制。钙调磷酸酶就是最终的靶点吗？如果是,复合物是如何与之结合的呢？其他的FKBP有什么用？慕克只靠研究钥匙的形状就设计出了更好的分子,他遗憾地对本应被研究的锁芯的结构知之甚少,实际上他几乎一无所知。

慕克再次刻薄地压制了博格的兴奋。"我认为目前我们做到的一切,雅培都可以做,"他谈到那个拥有业内一些最好的生物物理学家的大药企,"我们有什么根据说我们做的理性药物设计是独一无二的呢?"

整个秋天,科学家们摆脱了施瑞伯胜利的影响,一个一个地回到工作,但慕克的问题就像一个戛然而止的音符般让人心神不宁。博格曾经说过,科学中最大的风险不是犯错,而是对数据的过度解读。但在求索真理的路上,风险还不止这些。博格等科学家一开始就要决定去相信什么,这与他们的职责有着不可调和的矛盾。他们是萨满,要么对要么错,相信他们就像走出世界的边缘,迈向未知。最终,数据会告诉他们答案,告诉每个人答案。

福泰能设计出药物吗?更好的药物能被设计出来吗?博格的信念从未动摇,那些考虑这些问题的人只会让他感到无趣。

"**我**知道答案,"他笑了,然后慢慢地说,"该知道的人都早已知道答案。"

尾声

寻找小马

1993 年 4 月 28 日

不同于纽约的世贸中心,波士顿的世贸中心不是财富与权力的秀场,只是水边上一处修缮过的交易市场。波士顿世贸中心坐落于老港口的码头上,严寒的冬天刚刚结束,从那里向城区望去,阳光下的摩天楼仿佛闪耀着极光,让人好像在欣赏一张明信片。两个月前,一辆满载炸药的汽车在远景国际大酒店地下车库爆炸,纽约曼哈顿世贸中心浓烟滚滚,一片混乱。博格 1989 年曾在那里向华尔街许下豪言壮语。而今天,在波士顿,他面对着 250 位忧心忡忡的麻省生物技术协会成员,宣布末日审判的到来。但他自己没有一丝不悦,因为他早就预见到了这一天,而且他相信福泰一定是赢家。

很少有哪些产业的运势崩塌得这么快。1991 年的生物技术热潮刚过去一年半,一系列泡沫就骇人地破灭了,大公司小公司的股价几乎都跌了一半。更糟的是,与会者担心政客盯上了制药业长久以来的暴利。一位制药业的说客指出,克林顿政府认为医疗改革最好的方法就是"向制药界宣战"。希拉里·克林顿（Hillary Clinton）*的特别工作组正在计划最狠的一招——价格控制。没有了巨额利润的期望，投资者和资本就会一哄而散，然后就是创新停滞、股价下行、公司倒闭。高风险研究曾经非常成功，也是对超高利润合理性的证明，而如今这种模式正面临着从未有过的妖魔化与围攻。

博格说他觉得"天上很快就会下青蛙了"**，他告诉参会的高管们只有最智慧、最敏捷、适应性最强的公司才能在新时代中取得胜利——比如福泰这种为了快速研发新药而烧掉数亿美元的公司。为什么呢？"我们更有动力，"博格说，"我们对死亡与上帝的敬畏更甚。"药企可能将会失去他们三种主要盈利手段中的两种——提高价格和开发仿制药，因此博格的分析很有说服力。高度重视研发，精简组织构架将会是未来的关键。为了活跃气氛，博格在幻灯片的结尾放了张漫画，画面中药企的高管对科学家说："我喜欢这个药物，给我为它找个适应证。"

博格可以稍微放肆点。尽管整个行业前途未卜，但是福泰的光景相当不错。两周以前，他们与日本新兴药企橘生制药（Kissei Pharmaceuticals）签订了一份价值2000万美元的协议，为日本和中国市场开发一种抗艾滋病药物，而福泰再过几周就能从几个强效分子中选出一个临床候选化合物了。（橘生制药为签字协议的赠礼是一副裱起来的富士山风景照，和中外制药的如出一辙。）另一家巨头认为，获得该分子在美国和欧洲的授权是"当务之急"，博格和奥德里奇放出要价一亿美元的消息也没吓退他们。20个月前，福泰曾因钙调磷酸酶的发现被痛击，但现在他们马上就要有两个能进入临床试验的候选化合物了，其中一个正是之前大力宣传的免疫亲和蛋白项目的继承者。福泰目前有110人，5000万美元的存款，刚为纳维亚的酶学研究成立了一家子公司，股价也还不错，比博

---

* 希拉里·克林顿是时任美国总统比尔·克林顿（Bill Clinton）的妻子，她当时试图建立"克林顿医保计划"。后来她在2016年参加总统竞选时再次表示要控制制药界，引发制药界股价震荡。——译者

** 可能是指《圣经》中埃及十灾中的青蛙灾。——译者

尾声　寻找小马

格曾经设想的最积极的情况还要好。

这场会议本身是全国药物交易年会,也是博格影响力与日俱增的体现。他不光受邀展望行业前景,福泰的标志也到处都是:会议宣传册的封面是一幅达利(Dali)超现实主义风格的艺术画,描绘了穆尔的 FKBP－12 和纳维亚的 HIV 蛋白酶的结构。本次会议的一个主要科学议题是"基于结构的药物设计",这顺便成了福泰的一次路演。人们谈起化学与生物物理学时恢复了敬意。这次会议好像是一次加冕仪式,宣告药物的未来不是蛋白而是蛋白抑制剂——这也是博格一直宣称的。

当然,赢得生物技术界的尊敬从来不是博格的主要目标,甚至不是他的目标。他要颠覆大药企,尤其是默沙东。现在财势的转化让他心满意足。会议的特邀演讲人是默沙东睿智而暴躁的研究主管史考尼克,他曾是博格在罗伟研究基地的重要支持者,三年前还曾在哈佛医学院说 HIV 蛋白酶的结构对默沙东的药物设计帮助"不是太大"。今天他就坐在主席台上,而坐在他旁边的是慕克。慕克令人眼花缭乱地介绍完福泰设计 HIV 抑制剂的项目后,史考尼克的演讲主题是为默沙东的抗前列腺增生药保列治辩解,这让听众挺吃惊的,博格也认为这个演讲很怪异。默沙东过去几年的市值停滞在 200 亿美元左右,很大程度是因为保列治糟糕的业绩。史考尼克关于投资与销售的讲话暗示,即使是业界巨头也有本难念的经。几天后,博格高兴地收到史考尼克恭贺他成功的亲笔信。

从各个角度看,福泰在四年内就高歌着进入了青春期,除了一点:它还没有一个上市药物。

事实上,他们快有三种上市药物了。博格的运气,还有他及时变现的能力起到了很大的帮助,惊心动魄的大逆转也在这段时间中成了常态。

对福泰旗语状的化合物 VX－367 进行的改造证明,基于结构设计药物是可行的,但之后整个免疫亲和蛋白项目就陷入了钙调磷酸酶的泥潭,化学家合成的分子药效与 FK-506 依然相距甚远。此时欧洲的临床试验显示，FK-506 的药效与斯塔泽报告的接近，但是毒性远高于斯塔泽所说，而默沙东、山德士等药企都无法通过修饰结构减轻毒性。

有一天，桑德斯合成了一个新分子。这个分子与 FKBP-12 结合紧密、免疫抑制力强、似乎通过别的途径发挥作用，彻底绕开了迷宫般的钙调磷酸酶。之后 7 个月里，化学家们几乎全在优化桑德斯的分子，但是最后他们发现那只是个假的奇迹。动物实验最初显示药物有效，细胞实验却又显示药物无效，而再去重复那个动物实验时，结果也变成了"谜一样的无效"。博格一反常态，夸张地说这是"毁灭性的误导"。心烦意乱的化学家们在 1992 年的夏天再次回到了慕克所谓"恐怖的噩梦"中，他们没有钙调磷酸酶的结构，也不能指望近期就有，却要去抑制钙调磷酸酶。

那是段艰难时刻。山下按自己的计划，在 1992 年* 7 月离开福泰，回夏威夷与父母团聚，然后在那里读医学院。他走了以后，福泰暂时失去了一半的晶体学研究力量。许多科学家认为，如果博格指示纳维亚给山下安排自己的研究课题，他本可以不走的，但博格不肯这样做。与此同时，纳维亚几乎将所有时间都用于四处宣传他的酶学技术，这很快会促成新的实验室和新公司 Altus Biologics 的成立，这是福泰第一家子公司。慕克没有免疫亲和蛋白和 HIV 蛋白酶的结构数据，再次生气地抱怨公司不再重视基于结构的药物设计。项目工作组没有了立足点，问题频发、士气消沉。

去年秋天，福泰赶在泡沫破碎前又卖了一些股票，筹集了 2500 万美元，此时与中外制药的协议已经过了将近两年，后者有些着急了。如今福泰每年要烧掉 700 万美元，博格还跟董事们吹风说准备每年烧掉 1000 万美元以上，但就连他自己也不知道下一笔资金该从何来。而且最近华尔街的态度再次冰冷，博格说："现在可不是去卖能让人长生不老的护发水的时候。"

---

* 原文为 1991 年，其实是 1992 年，翻译时订正。——译者

尾声 寻找小马

福泰在 HIV 蛋白酶研究中似乎领先了一段时间,但是 1992 年 8 月的一次会议上,化学家邓发现他们化合物的发展路线被另一家公司的专利挡住了*。邓之后把自己关在酒店客房里一天一夜,绝望而愤怒地设计新的分子。秋天时,在福泰短暂的历史中,它似乎第一次陷入了迷茫,不知道通往下一阶段的路该怎么走。

博格依旧保持自信,但他也知道有必要作出些改变。福泰规模很大了,他不可能无处不在、无事不管。他低调地聘请了维姬·萨托(Vicki Sato)来主管公司的科研。萨托曾是奥德里奇老东家百健的研发主管。博格承认引资的需要让他无暇积极参与科学。在这个由商业主导的世界里,他最终的目标是"培养"公司。博格继续保持对项目的决策权,依然是研究的驱动者,但是萨托机敏、懂得人情世故,还曾是哈佛大学的教授,她将会成为公司的一线指挥官,确保事情按计划完成。博格说,聘用萨托部分是为了让公司的生物学家满意。自钙调磷酸酶事件后,他们许多人不太信任博格。

几个月内,萨托重组了福泰的项目工作组。她任命了项目领导,阿米斯特德负责免疫亲和蛋白,邓负责 HIV 蛋白酶,利文斯顿负责新的抗炎症项目,哈丁负责新的抗癌症项目。因为没有足够的职位了,博格还同时任命汤姆森、哈丁、慕克、利文斯顿及皮蒂为资深科学家,这一头衔之前是纳维亚独有的。博格和萨托认为推翻以前社会实验的扁平化结构非常有必要,不然有的人估计就会辞职了。博格最初招募的人跟了他快四年了,他们的原始股很快就可以变现,也就能摆脱创业公司留住人的"金手铐"了,猎头们以后也会频繁地给他们打电话。博格有些勉强而又遗憾地承认,科学家也需要类似头衔与地位这样的传统奖励来满足他们的事业心。

新的等级管理模式也带来了新的压力。比如,桑德斯现在就得向他的朋

---

* 在药物研发中,可以在已有化合物的基础上,为一整类分子申请专利,从而阻止其他公司的研发。——译者

友、冤家兼以前的实验伙伴阿米斯特德汇报。后者已经不再亲自做实验,而是忙于开会、管理。免疫学家纳尔逊选择离开公司而不是成为哈丁的下属,因为她觉得他俩水平相当。科学家之间的竞争性的炫耀暴露了原来没有发泄口的嫉妒心。汤姆森的小组无疑为公司创造了最大的价值,和那些不够有效率、对公司投入不足的人一起晋升让他不太高兴,他说这就像"全班一起毕业"。

只有个别人想回归到博格开放平等的社会实验中去,大部分人欢迎新的变革。博格自己认为实验算是成功了,因为它产生了冠军与领导,他们组成了福泰新的科研核心团队。公司悄然转变为更常规的管理结构,没有像一些性急的创业公司一下把自己憋死了。年底时,福泰已经非常像其他的上市公司了:存在一个阶梯,每个人都努力地一级一级向上爬。

博格内心其实没有那么失望。他得到了他想要的:自行产生的领导、科学家们的想法会得到重视的气氛。就像大部分概念一样,平等主义也只是他的一个工具,而非目标。他想要的是机会平等,而非结果平等。头衔的设立已成定局。资深科学家中,只有纳尔逊离开了。

1992年6月28日,匹兹堡的医生们为一名35岁的乙肝晚期患者移植了一个狒狒的肝。一共有27人参与此项手术,光外科医生就有10名。斯塔泽自己没有参与其中,但是他批准了这项试验以解决人类移植器官短缺的问题。不过具讽刺意味的是,器官短缺正是在斯塔泽将肝移植发展为常规手术后才出现的,匹兹堡的肝存量只够一半患者使用,很多医生没有手术可以做,可谓是某种意义上的"产能过剩"。受试患者使用了FK-506,将生命延长了70天,他最后因为卒中和大面积感染而死,死的时候肝脏本身没有排异,还能运作。当年晚些时候,他们又为一个4岁的小女孩移植了5个器官:胰腺、肝、胃、小肠、大肠。次年1月,他们又尝试了一次移植狒狒的肝,最后取消了该项目。

斯塔泽依然天不怕地不怕，像年轻人那么敢闯。如今他已经是成功的免疫学家了，只有在分子层面研究机体防御的免疫学家还不太认可他。但他不是要去成为什么学术泰斗，而是要证明那些权威都错了。1992 年，他发表了一系列有关移植耐受理论的文章。他认为机体接受移植器官后就成了喀迈拉、一个混合物、一种宿主与供体的嵌合体，移植器官与受体会交换细胞。他提出，免疫抑制剂的作用就是形成一种"生物学篱笆"，从而阻止两种细胞接触。虽然证据不多，但他坚信这个理论一定能解释移植排异与自身免疫病。斯塔泽说这是他职业生涯最最辉煌的一刻，他称其为"窥见了永恒的奥秘"，他还说"这是对他 35 年工作的回报"。

由于斯塔泽进入了新的领域，人们对他在 FK-506 上作出的贡献的认可也减少了。他还在不断地向 FDA 提出新的临床试验要求，尤其是自身免疫病的，但现在其他人对药物更有经验、更有见地，他们也在推动药物的临床研究。比如脑研究专家认为 FK-506 可能对卒中有效。韦斯曼和施瑞伯发现的钙调磷酸酶引起了整个医学界顶尖专家的兴趣，他们为旧的机制提出了新的解释，为免疫亲和蛋白带来了新的研究视角。1993 年中期，终于有消息说 FDA 将在年底时批准 FK-506 上市。7 年前，斯塔泽在 FK-506 因对狗的肠道有毒而险遭抛弃时拯救了它，如今他已经在系统地评估化合物，迈出了新的一步。

玛丽·阿瑟，这个来自路易斯威尔的少女是第一位接受胰岛细胞移植的患者，她的癌症在匹兹堡会议期间曾让察基思颇为担忧。她最后挺过了手术，也没有毁容。这几年来她的癌症没有再发，她的胰岛细胞的功能也正常，她正计划结婚。她本来想成为一位厨师，但最后在大学选了药学专业。

至于施瑞伯，他依然像以前那样耀眼地大步向前，只是略少了一点激情。他继续每周工作 7 天，决心牢牢掌握免疫亲和蛋白研究的主动权。在影响力日渐增长的同时，他的责任也愈加重大。他有些不情愿地度过了自己 40 岁的生日,还开始抱怨永无止境的科研,他说当你在科研的压力下争得第一后,下一场比赛立刻无情地开始了。他最近说话的语气有时就好像他被绑在桅杆上。"如果没有科学奖章,"他在1992年秋天恨恨地说,"世界将会更美好。"

对个人声望的执着追求,是科学的动力也是痛苦的根源。施瑞伯之前的一位合作者说他"几乎成了讽刺漫画的典型主角",但是这丝毫没有动摇施瑞伯的决心,他像他计划的那样改变了科学。虽然生物学家认为他是个化学修正主义者,化学家认为他是个叛徒和业余生物学家,但是他们无法否定他的成就。施瑞伯和合作者们详细阐释了细胞内部如何交流信息的机制,他所做的比质疑他的人多得多。1993年5月,他不再说信号转导是个"黑箱子",他认为问题已经解决了。

施瑞伯和金塞拉成立的研究信号转导的公司Ariad制药位于福泰6个街区以外的麻省理工研发园区。施瑞伯担任公司顾问,每周去一次,年薪75 000美元。与此同时,他还积攒了一大批像FK-506和环孢素那样有神奇生物活性的天然化合物,他把它们像精子样品一样冻存起来,"比我这辈子能做的研究还多"。施瑞伯现在急匆匆地奔向了下一个研究热点——基因治疗,他要开发一种能使转入细胞的外源基因启动表达或关闭表达的方法。夏天时,他开始和风投公司讨论建立一家新公司了。

福泰的免疫亲和蛋白研究麻烦不断,无情地嘲弄着科学家。多亏了山下在离职几周前摸清楚了结晶条件,公司如今每个星期就能获得一个FKBP-12与公司新化合物的复合结构。但是没有钙调磷酸酶的结构,他们还是很迷茫。最后,他们发现他们和施瑞伯都是对的。FK-506既通过作用域,**也**通过改变FKBP-12的构象来发挥作用,但这只让他们知道问题更加困难。他们要处理的原子太多了,而就算他们能做到,他们要影响的蛋白可能有太重要的生物学功能,不能随便抑制。作为一个药物靶点而言,FKBP就是一场噩梦。

化学家们愈发地觉得他们在把死马当活马医,他们的确在基于结构设计药物,但对于他们的项目来说,光有这项技术似乎还不够。

最后是博格找到了小马。

环孢素能抑制多药耐药性。多药耐药性是细胞内的一种排毒机制,能像水泵一样将对细胞有毒的物质排出细胞。肿瘤学家视多药耐药性为眼中钉、肉中刺,因为他们给患者使用的强效药物总会因这种机制被排出肿瘤细胞。

博格想到,既然福泰的旗语型化合物VX-367能与FKBP-12结合,但是免疫抑制性不强,那么它可能会像环孢素一样抑制多药耐药性,同时又没有那么多的不良反应,这可能对化疗有一定帮助。博格在1991年冬天把这个设想告诉了哈丁,而且很快就有一篇文章指出,FK-506也能微弱地抑制多药耐药性,支持了博格的假设。

哈丁将VX-367等几种化合物送到耶鲁去测试,结果显示这个分子格外有效。突然间,福泰在一个规模达5亿美元的全新市场上有了一种先导化合物。1993年初,在博格最初设想不到一年半的时间内,公司已经选出了一种VX-367的衍生物准备开始临床试验。

福泰的第一个临床候选化合物不是通过有序的、以数据支持的迭代重复过程选出的,这体现了福泰另一个格言:科研的终极大奖可能是偶然所得。关键是要从中吸取教训,做正确的实验,作精明的决断。

几周内,福泰还买到了一个可能开启第二个临床试验的候选化合物的专利,这是一种治疗镰状细胞贫血的药物,是从欧洲一家顶尖的药企眼皮底下抢来的。

1993年5月19日

福泰的会议室中充满了欢快的气息,公司"迭代循环"开发模式毫不含糊地展示了它的速度与效率。晶体学家尤妮斯·金(Eunice Kim)正在展示一个强效HIV蛋白酶抑制剂的新结构。几个月来,化学家连奏凯歌,不断地提供更好的分子,金也压缩了她的周转时间,以尽快告诉他们分子是如何与蛋白酶结合的。她从拿到 VX-328 起,只花了 5 天时间就得到了结构,而山下和厄运连连的 FKBP-12 则纠缠了一年多。

博格赞许地打趣道:"你为什么花了那么久?"

萨托也开玩笑地问:"VX-330 的结构在哪?"VX-330 是上周刚提交的一个分子,虽然药效差了一点,但是耐受肠道消化的能力令人瞩目。大部分最好的蛋白酶抑制剂无法在体内存留足够长的时间,所以福泰根据金提供的结构,以埃为单位微调了一处结合口袋中两个碳原子的位置,专门设计了 VX-330 以提高生物利用度。福泰可以接受药效稍微损失一点,因为他们设计出来效果最好的分子的药效已经超过了公司检测能力的上限。

福泰现在要从 6 个分子中选一个进行临床试验,这是复杂而昂贵的一步,需要公司上下每一级的通力合作。博格为这事催促了好几个月,项目工作组快没时间了,他们需要"扣下扳机"。邓素来谨慎,坚持需要更多的数据。三周后,他将带着福泰的 6 位科学家去柏林参加艾滋病年会,公开展示福泰的研究成果。他希望能讲一个完整的故事。

博格等不及了。"在之前的比赛中,我们不得不用下等马撑场面,这没问题。"他说,"而当我们有了好马时,我不想把它关在围栏里,只因为我们想让下等马跑完最后一圈,让它好受点。我想要好马立刻出击。"

博格认为目前唯一的问题就是要赶在默沙东的 HIV 蛋白酶抑制剂获批上市前获得 FDA 的临床试验批准。默沙东的蛋白酶抑制剂是在 2 月公布的,博格对默沙东选择那个分子有些奇怪,因为它看起来没什么特点,不是一个"杀手级分子"。他猜测默沙东急匆匆地要开展临床试验是希望能在 CEO 瓦格洛斯于 1994 年 11 月退休前将药物上市。博格相信福泰有更小、更易于合成、更能透过血脑屏障的更好的药物。但如果默沙东的药物先上市,一切都完了,默沙东最擅长的就是占领市场。博格更担心默沙东会免费送药,就像在河盲症那次一样,他们换得了巨额的免税优待以及舆论盛赞。在最好的情况下,默沙东的药物也将成为其他药物上市的标准。

"整个世界都在疯狂冲刺,"纳维亚说,"哪怕他们的结构就是粗制滥造的垃圾,但如果你没得第一,你就完了。"

"扔飞镖吧。"萨托催促。

几分钟后,他们作出了决定。福泰将会开发VX-330,但如果有新的数据支持别的分子,选择也可以改变。

大功告成。

艾滋病项目中有更多的刻意与更强的私人动机:纳维亚的"幻觉",邓想借此逃脱阿米斯特德的掌控,博格的反利他主义以及想击败默沙东的强烈愿望,艾滋病研究是能最快来钱的途径,还可以在IPO时增加卖点……博格相信,崇高的动机永远比不上纯粹的执念。科学太过复杂,人们不能仅依靠类似他13岁时写下的"将人类从疾病与饥饿中解救,创造和谐美好的世界"的愿景做科研。他们做科研是因为他们相信他们一定能做到,然后还要向世界证明他们就是第一个做到的。他们做科研是为了痛击对手,获得自以为是的虚荣。他们要赢得光荣的胜利,躲避恐怖的失败。征服艾滋病靠的不是崇高的道德,而是痛苦的科学、纯粹的贪婪、原始的恐惧。博格对此坚信无疑。他不想拯救世界,他想控制世界。他从不怀疑自己能否做到,如今世界将会见证他雄心壮志的成果。

他一刻也没有浪费。以一阵带着纯粹傲气与领导魅力的大笑庆祝后,他让大部分科学家各忙各的去了。邓、萨托、利文斯顿和他要一起研究怎么进行毒理学实验、动物实验、多药联用实验、两两对比研究、药物递送剂型研究、血药测试、超纯大规模生产;他们要在多种动物、多种细胞中进行实验,在各种能想到的温度与酸碱度下进行实验;他们要进行长期实验与短期实验,重复两次然后重复第三次,他们需要解决所有可以想到的风险、厘清所有的不确定性。根据福泰的时间表,这个分子需要能在1993年底或是1994年第一季度开始在艾滋病人中进行临床试验。在此之前他们有很多事要做,然后他们还会有更多、更难以想象的事要做。

博格非常钦佩的一位默沙东老将曾说过:"寻找候选分子太简单了,把它做成药才是真正的难题。"

第二天,即 5 月 20 日,汤姆森回澳大利亚探亲去了,这是他四年内第一次回家。他的父母病了,他也很想看看自己的孩子,他还需要去申请一份去柏林的签证。汤姆森靠着强大的意志力,经过两年的努力终于得到了足够多的 HIV 蛋白酶,结晶再也不缺原料了。他还分离并结晶出了一种非常稀有而且很有商业价值的蛋白,那将用于福泰下一个项目。

汤姆森的努力带来了成功,也帮助他走出了人生的低谷。他依然努力,但不是靠着愤怒。他重拾自尊,也尊敬他人。他的酒量和烟量也降低到了一个适量的标准——能保证他活到明天。汤姆森的小组扩大到 11 人,他也欣然接受了自己的荣誉——一间没有窗户的小办公室。他强调说,这仅是因为他需要它,而非他要求什么奖励。在离开前一天,他开出支票,订购了一辆威风凛凛的新摩托。他笑称那是辆"火箭",而只有他知道唯一能让他感到快乐的事就是快、更快。

1993 年 12 月 16 日

HIV 研究将公司从虚无缥缈的免疫抑制中拯救出来,并将公司的发展推进到了新的阶段。

经过了两年的努力——其间免疫亲和蛋白项目彻底失败,征服艾滋病的希望也变得渺茫——福泰宣布将与英国药企同时是 AZT 制造商的宝来惠康一起开发蛋白酶抑制剂。他们要开发的分子不是 VX-330,而是它的第二代化合物 VX-478。这项协议一共会为福泰带来 4200 万美元,而实际上远不止这个数,因为宝来惠康将会支付全部的研发费用(可能超过 2 亿)。据新闻报道,福泰的股价应声而涨了 2 美元,达到每股 17.50 美元。

尾声　寻找小马

虽然正是宝来惠康将制药界带入了艾滋病研究，但博格很关心接下来会发生什么。自从宝来惠康在20世纪80年代中期将AZT上市后，对他们的声讨就没有停止。艾滋病社会活动者在宝来惠康北卡罗来纳州的总部外组织了持续的抗议，他们还闯入纽约股票交易所高呼"卖掉宝来惠康的股票！""剥削病人的冷血药企！"这10年间，宝来惠康的专利官司打个没完，他们每年5亿美元的收入也受到威胁。卷入这么大的公众争议对福泰这样的小公司压力实在太大了，博格和奥德里奇一开始拒绝进入艾滋病研究很大程度上是因为这个原因。

博格很高兴与业界最了解艾滋病的企业合作，哪怕会大幅减少福泰的曝光度。根据协议，宝来惠康将拥有潜在药物在北美以及欧洲的开发权，并向福泰支付专利费。博格说："我很高兴钱从天上掉下来。"

与博格的满意相符，宝来惠康也很庆幸自己能找到AZT之后可能的继承者。半年前欧洲一项研究指出，AZT不能延长艾滋病患者的寿命，仅能轻微推后症状的发作。最近，哈佛大学的研究更声称，AZT微弱的效果尚不能弥补不良反应带来的伤害。眩晕、呕吐、疲乏等不良反应令服用AZT延缓艾滋病发作得不偿失。不过AZT还是有治疗价值的，它能阻断艾滋病的母婴传播，也给了许多患者生活的希望。《时代》杂志这么报道业界的共识：AZT是一种"在一段时间内，能缓解某些艾滋病患者的病程，有一定作用的药物"。AZT贡献了宝来惠康15%的收入，宝来惠康可不想就此从利润丰厚的艾滋病市场离开。

AZT依然是感染HIV患者的首选药物，但是他们对药物、对近8年大量颗粒无收的科学研究愈发失望。艾滋病已经被发现13年了，似乎没有治愈它的希望。11月，一项疫苗试验宣告失败。这种疫苗对实验室中的HIV病毒很有效，但对患者的HIV病毒一点作用都没有，没有一个受试者有一丝改善。希望跌到了一个新低点。

博格像往常一样，没有被失败吓倒。他认为与其抱怨生物太复杂或者病毒太狡猾，不如说这项技术有问题。他相信福泰选择了最好的靶点。其他几家公司的研究也显示，抑制HIV蛋白酶最有希望阻止病毒扩散，其中最积极的就是默沙东。四位患者试用了默沙东的蛋白酶抑制剂,经过数个月的治疗,他们血液中病毒的数量大幅减少。这个人数有限的试验显示,默沙东的药物似乎比其他公司的药物能更好地阻止 HIV 病毒复制。

博格不但相信福泰的 HIV 蛋白酶抑制剂会比默沙东的好,更相信他们可以基于结构设计出更多更好的药物。一周以前,他在华盛顿的一个会议上试图证明这一点。这几个月来,福泰一直在尝试合成默沙东的化合物,以便和 VX-478 在原子层面比较与 HIV 蛋白酶的结合能力,这对任何新药研发都是必需的。当他们终于合成出足够多的化合物后,化学家利文斯顿给了晶体学家金一些样品,她很快就解析出了其与 HIV 蛋白酶形成的复合物的结构。在那场会议上,默沙东的科学家承认他们不知道他们的化合物在分子层面上如何发挥作用,于是博格在演讲的最后放了一张幻灯片,显示了默沙东的分子与酶活性位点的结合模式,清晰地替他们解答了这个问题。为了保护福泰的专利,博格没有展示福泰自己的化合物*。

默沙东、罗氏、雅培、杜邦(DuPont)等几家制药巨头现在都在开发蛋白酶抑制剂。同样也是基于结构设计药物,但起家更早也是博格一直瞧不上的阿格隆制药也有候选化合物了。孟山都(Monsanto)的子公司 Searle 也有候选化合物了,这正是 1992 年用专利阻碍邓化学工作的那家公司。他们几乎都比福泰和宝来惠康更早进入临床研究阶段。对华尔街的兴趣、科学界声望、临床研究者,甚至对病人的争夺,都进入了白热化的阶段。

而这些都不是博格在意的,他的视野更加开阔。最重要也最振奋的是,虽然福泰化合物的药效没有其他几家那么强,但是它有一些特殊的性质。VX-478 比大多数蛋白酶抑制剂更能耐受分解,即使是口服给药,它也能在血液中维

---

* 药物研发进行到特定阶段时需要披露一些信息,默沙东的药物已经开始临床试验,因此披露了结构。而福泰此时还没开始临床试验,因此结构信息还需要保密。不要误解成博格故意暴露默沙东的结构。——译者

持数小时的高血药浓度,也就是说在可接受的剂量下,它能提供持续的保护,这是别的药物做不到的。而且从大鼠到灵长类的动物实验中,VX-478几乎都是无毒的,唯一已知的不良反应是在超大剂量下,大鼠易患肠梗阻。此外它成本低廉,只要7步就能合成,而默沙东的化合物要21步!博格指出,在利润下滑的制药业,每步都要精打细算,而VX-478比默沙东的分子容易合成"三倍以上"。

不过在没有临床数据前,这些优势都只停留在理论层面上。福泰接下来要迈入最关键的一步——临床试验,而他们的合作伙伴是强大的宝来惠康,世界抗病毒经验最丰富的药企之一。这是博格保持乐观的另一块基石。现在人们普遍认为,HIV变异性很强,单个化合物可能无法控制,多药联用是必需的。当年最火热的一篇文章就是报道三药联用抑制艾滋病的。由于目前所有的多药联用方案都会用AZT,而宝来惠康对AZT经验最丰富,因此福泰的这个盟友可谓是意义非凡。

在之后的日子中,他们继续保持着乐观。次年3月,默沙东发现患者体内的病毒水平总会回到服药之前,也就是说,病毒发生了耐药性变异,因此他们宣布暂停临床试验。艾滋病患者、学术界以及华尔街都对这个消息很悲观。机构投资者认为默沙东的失败等于整个蛋白酶抑制剂的失败,作为对同类公司(包括福泰)的惩罚,他们抛售了福泰等公司的股票。博格和宝来惠康却笑话默沙东的失败,他们认为一是默沙东的分子不如VX-478长效,因此给了病毒喘息然后卷土重来的机会;二是他们的临床试验是单药试验而不是联合用药试验。不过这是后话了。*

博格和奥德里奇都知道华尔街筹款的时机不是在你需要钱时,而是在你能

---

* 最后是罗氏的蛋白酶抑制剂沙奎那韦(Saquinavir)于1995年最先上市,默沙东的产品于1996年上市,而福泰的安瑞那韦(Amprenavir)则于1999年上市。由于宝来惠康与葛兰素于1995年合并,福泰相当于是和老冤家葛兰素一起开发的安瑞那韦。——译者

筹到钱时,而现在正是好时机。在福泰宣布和宝来惠康合作的第二天,也就是 12 月 17 日,福泰提交了快速募股申请,在 6 周后筹集到了 6200 万美元,在制药与生物技术板块的动荡时期成功增发。1 月中旬,博格和奥德里奇在欧洲进行路演时,他们的股价为每股 16 美元,两周后,等他们回到美国东岸时,已经到了每股 18 美元。虽然福泰离能有上市药物还有很多年,但是在 1993 年,他们做成了三桩交易,实现了报表盈利,年利润达 200 万美元。他们银行里还有 1.2 亿美元,可以安心烧钱了。以经济状况来看,5 岁的福泰已经不算是创业公司了,毕竟大多数新公司总是接近赤贫的。

在内部,公司也有一些相应的变化。他们曾由风险投资家组成的董事会多了两位资深药企高管:唐纳德·康克林(Donald Conklin),他是先灵葆雅(Schering Plough Pharmaceuticals)的总裁;巴里·布卢姆(Barry Bloom),他毕业于麻省理工学院,最近刚从辉瑞研发主管的位置上退休。福泰还向大多数元老级科学家发放了慷慨的股票期权以留住他们。奥德里奇现在是高级副总裁,无论在职务上还是事实上都是公司内第二号人物。在新闻发布会上,博格热情称赞他"为福泰的胜利作出了重要贡献"。

1994 年 7 月 1 日

福泰现在和寒酸的创业公司完全不一样了,它有 5 个办公场所、6 个正式项目、135 位员工,先进而强大。最初的科学顾问只剩诺尔斯(他现在到哈佛任文理学院院长)和布拉科夫。博格最初聘请的 10 位科学家除了皮蒂以外都还在,但是他们几乎都渐渐不亲自做实验了。皮蒂去哈佛商学院进修了,还生了个孩子。哈丁、邓、阿米斯特德还有利文斯顿都有各自主管的项目,是福泰的中层管理人员。汤姆森负责公司的丙肝项目,有时也还会亲自通宵纯化蛋白。有趣的是,纳维亚虽然最近刚当了父亲,反倒是更能集中精力,比以前做更多的实验了。

4 月中旬,经过 5 年的临床试验后,在顾问委员会的一致推荐下,FDA 终于批准了藤泽制药的 FK-506 在美国上市,药物名为他克莫司(Tacrolimus,商品名普乐可复)。但医学界一致认为它和环孢素药效相当,安全性也差不多。尽管斯塔泽不会同意,但是施瑞伯的机制研究表明这两种药物的相似性大于差异性。两个月后,一则新闻支持了这个观点:一名 15 岁的肝移植患者在用药后出现了头、背、腿部剧烈疼痛的症状,他说他宁可死也不想再继续用普乐可复了。

虽然 FK-506 的获批早在意料之中,但 FK-506 的上市让福泰面临一项艰难选择。它是靠着 FK-506 成长起来的,在对 FK-506 结构的模拟中掌握了基于结构设计药物的技术。但是福泰目前跟 FK-506 至少有 5 年的差距,也没有一丝能超越它的把握。时机也发生了变化,博格说:"世界不再期待什么改良版的 FK-506 了。"这时已经有新的实验性免疫抑制剂和药物靶点了,如果福泰继续坚持最初的战略,只会让它离大部队越来越远。

如果是由福泰独自作决定,他们很可能会放弃 FKBP-12 和钙调磷酸酶,好去研究其他更有希望的靶点。他们会停止免疫亲和蛋白项目然后继续前进。但是,中外制药对项目的热情与日俱增,这令人费解,也让福泰左右为难。即使是博格也无法对这个项目继续保持乐观。"至少在生物学上,"他说,"我们做得非常好。"但胜利的代价太沉重,公司承担不起。不过他们也不想得罪一直大力支持他们的中外制药,博格和科学家们决定至少在 1995 年协议结束前,继续免疫亲和蛋白项目。

任何一个以研究为基础的公司都应当反对这样的盲目。福泰如今有幸能在资金充裕的情况下同时进行数个项目,它必须尽快抛弃失败的项目,更坦诚地对待科学和投资者。奥德里奇认为他们不能再继续支持不尽如人意的候选分子。越来越多的生物技术公司在巨额的烧钱速度、糟糕的临床结果、削减的投资组合、华尔街的长期吝啬等多重压力下,被迫在不清晰甚至负面的临床数据下,继续研究可疑的治疗方法。奥德里奇认为这种绝望吹大了泡沫,只会让最终的失败更加惨烈。

事实上,那些曾经的明星创业公司缓慢的进展与惊人的消耗让投资者对**整**

个生物制药板块都产生了疑虑。这种事情很多,最近一次广为人知的是再生元。再生元曾经在 IPO 时募集了 9900 万美元,宣告了 1991 年生物技术狂潮的巅峰,如今他们却和他们治疗肌萎缩侧索硬化的候选化合物一起坠入了死亡旋涡。几年前,药物还在小鼠身上进行实验时,再生元就知道它有严重的不良反应,而在人体中也出现类似不良反应的传闻,迫使他们在 3 月暂停了临床试验,于是再生元的股价立刻跌了三分之一,每股只剩 8.75 美元(最高价是每股 22 美元)。两个月之后,再生元终于宣布放弃临床试验,股价也跌得仅剩 4 美元。这件事情警示奥德里奇还有福泰的每一个人,制药公司(尤其是那些没开始盈利的公司)与失败项目纠缠太久会付出什么样的代价。

福泰会不会也面临这种失败?只有时间能告诉人们答案。没有进入临床试验的药物的好处就是,没有什么客观的评估标准能影响人们对公司的期望。博格和奥德里奇并没有因为再生元的崩溃而幸灾乐祸(虽然他们早就相信会有这么一天),他们自己也觉得期望管理越来越难了。

福泰目前有四个已经进入或者将要进入临床试验的化合物。其中两个分别是治疗镰状细胞贫血和 β-地中海贫血的血液病用药。这两个分子不是由福泰的科学家发明的,而是买来的。虽然这不违背博格与奥德里奇最初的商业战略("成立福泰不是为了验证某个理念,而是为了将药物上市"),但这无助于支持福泰宣称自己是基于结构设计药物的化身的主张。第三种化合物是癌症辅助用药,是免疫亲和蛋白项目中"找到的小马"。抗多药耐药研究是时下的新热点,山德士对该领域也寄予了厚望。而福泰突然闯入,只表现了他们善于把握机会以及精于营销,而非他们宣称拥有的尖端科技。虽然这个药物看起来不错,但是它离博格对公司药物的期望还有些距离。"它的毒性有点大,不是我想要的,"博格说,"我想要的是像 VX-478 那样能就着汉堡吃的。"

实现福泰诺言的重任落在了最后一种药物,也就是 VX-478 的肩上。"我们知道我们想干什么,"奥德里奇在 6 月说,"我们想建立世界上最强的药物研发公司,我们想开发新治疗方案,我们想为我们自己与股东挣一大笔钱。"在 1994 年夏天,在他们一度不愿涉足的艾滋病领域中,这些野心将受到一一检验。

整整一年,福泰都没公布分子的结构,只有漂亮的基础研究数据、飘渺的分子机制传言,科学界对这类一家之言的故事早已听得耳朵起茧。这种故作姿态自然引发了许多怀疑。去年福泰在柏林首次展示艾滋病项目时,邓曾被严辞追问。"在这种级别的会议上[国际艾滋病大会]",一家竞争公司的科学家抱怨说,"不拿出化学结构来就是浪费大家的时间。"

现在,福泰终于能公开秘密了。6月,他们将开展一场博格所谓的"真正的科学宣传闪电战",邓会再去欧洲参加一场艾滋病会议,然后不断参加各种会议直到秋天。博格知道,在福泰和宝来惠康将药物卖给真正的病人前,他们要先让临床研究者买账,只有他们能找到参加药物临床试验的患者,因此他们的支持至关重要。这些医生像斯塔泽一样,对药物机制不感兴趣,他们只想知道药物是否**有用**,然后他们能否有机会(最好是独占研究权)来证明它。邓将在法国尼斯揭示VX-478的化学结构,也将第一次面对真正的挑战。

人们的反应大致在谨慎的乐观到轻微的失望之间。由于邓能够逐原子地解释药物活性的由来,没人觉得福泰之前是靠吹的,但也没人立刻相信VX-478就像公司说得那么好。如果Searle制药类似的分子无法透过血脑屏障,福泰的药物就能进入中枢神经系统吗?VX-478部分化学结构类似磺胺甲噁唑(Bactrim),这是一种常用的抗生素,但是许多人对其严重过敏。虽然药物过敏在免疫抑制与抗艾滋病治疗中似乎只是小问题,甚至是可以忽略的问题,但这让人担心药物进入临床试验后会有什么意外的不良反应。这些质疑似乎打碎了博格美妙的预言,但只要药物有效,它们也就不攻自破了。

更棘手的是商业问题,福泰的化合物的专利有些麻烦。博格一直等到他们在欧洲的专利申请公开后才揭示了分子的结构,但是目前他们还没获得专利*,

---

* 专利申请后有一段公示期,专利申请书将向社会公开,之后才会开始实质审查,进而决定是否授予专利。——译者

短时间内也得不到专利。福泰的分子从整体来看和 Searle 的分子有不小的区别，但结构骨架却惊人地相似，福泰的 HIV 蛋白酶抑制剂可能根本得不到专利保护。美国国立卫生研究院过敏与感染研究所治疗开发主管、联邦政府抗艾滋病药物评价专家卡尔·迪芬巴赫（Carl Diffenbach）博士这么说："我觉得他们的专利可没他们自己想得那么有保障。"

不过博格毕竟是博格，他早就料到了这些问题，尤其是最后一个，而且他已经通过与宝来惠康的协议减少了问题的影响。宝来惠康早就认定福泰无疑是 VX-478 及其衍生物唯一合法的所有者。更何况宝来惠康的专利律师在长达 10 年的 AZT 纠纷中都赢了，他们将是福泰坚实的后盾。博格认为药物开发与战争一样，都是策略的较量，在多条火线上的交锋将决定胜负。在秋天 VX-478 的临床试验真正开始前，他们没什么可做的了。博格预测说："会有树挺过冬天的。"他相信福泰已经作好了最终证明自己的准备。

像往常一样，博格相信未来会给出所有问题的答案。

致谢

我想向所有提供慷慨帮助使本书得以面世的人致以我最诚挚的谢意。我尤其要感谢乔舒亚·博格、托马斯·斯塔泽、斯图尔特·施瑞伯,以及福泰的每一个人。感谢他们与我分享,我才能带来这个故事。

在福泰,我特别感谢理查德·奥德里奇、阿米斯特德夫妇、麦克·巴迪亚(Mike Badia)、凯茜·比钦尔(Cathy Beechinor)、戴维·戴宁格尔、约翰·达菲、劳拉·恩格尔、马修·菲茨吉本、马修·哈丁、杰里米·诺尔斯、格雷斯·李(Grace Lee)、克里斯·莱普雷(Chris Lepre)、茱迪·利普克(Judy Lippke)、戴维·利文斯顿、哈尔·迈耶斯、乔恩·穆尔、马克·慕克、曼努埃尔·纳维亚、帕特西·纳尔逊、史蒂夫·派克(Steve Park)、戴维·帕尔曼(Dave Pearlman)、黛博拉·皮蒂、布雷恩·佩里(Brian Perry)、戈文达·拉奥(Govinda Rao)、塞尔焦·罗斯坦(Sergio Rostein)、薇姬·萨托、杰夫·桑德斯、南希·圣克莱尔(Nancy St. Clair)、南希·斯图尔特、约翰·汤姆森、罗杰·邓、阿尔·瓦斯(Al Vaz)以及梅森·山下,他们都花了大量的时间帮助我。我还要感谢弗兰克·邦斯尔、比尔·赫尔曼(Bill Helman)、丹·格雷戈里(Dan Gregory)、凯文·金塞拉以及本诺·施密特这些公司最初的董事们,他们允许我采访福泰。我特别感谢梅森·山下,在剑桥市时我都住在他空闲的房间里。

在匹兹堡,我感谢约翰·冯(John Fung)、安德烈亚斯·察基斯以及戴维·范蒂尔向我提供患者资料,并为我安排采访接受移植的患者以及他们的家属——他们虽然痛苦,但基本都同意说几句话,他们的乐观极大地启发了我。

在本书写作的过程中,一些图书馆与档案馆为我提供了珍贵的资料。我要感谢史密斯学院的尼尔森图书馆及各科学图书馆,阿默斯特学院的弗罗斯特图书馆,汉普夏学院和曼荷莲学院的图书馆,北安普敦的福布斯图书馆,马萨诸塞大学中央图书馆,宾夕法尼亚大学档案馆[那里的盖尔·皮耶奇克(Gail Pietrzyk)对我帮助颇多],化学史中心,卡内基研究所,以及国会图书馆。

哈佛大学医学院的史蒂文·布拉科夫为本书提供了写作的契机,是他把我介绍给了博格。迪克·托德(Dick Todd)是《新英格兰月刊》(*New England Monthly*)的编辑,在本书的初始阶段大力支持了我;他的继任者丹·奥克伦特(Dan Okrent)也对我鼓励有加,并提供了大量的建议。我还要感谢《纽约时报》的布鲁斯·韦伯(Bruce Weber)、凯瑟琳·布顿(Katherine Bouton)还有吉姆·阿特拉斯(Jim Atlas)。在西蒙与舒斯特出版社,我要感谢我的编辑鲍勃·本德(Bob Bender),他非常耐心也非常理解我。我还要感谢他的助理约翰娜·李(Johanna Li)。我的研究助理波希娅·基廷(Portia Keating)一直都提供了比我期待的还充分的协助。我还要特别感谢我的经理人阿曼达·厄本(Amanda Urban),她的决断与奉献一直支持着我。

最后,我感谢我的家人和朋友。我要深深感谢父母希尔达(Hilda)和赫布(Herb)、妹妹苏珊(Susan),以及姻亲缪里尔·古斯(Muriel Goos)和菲尔·古斯(Phil Goos)夫妇。我要感谢艾伦·索斯纳(Alan Sosne)和安妮塔·索斯纳(Anita Sosne)夫妇以及弗雷德·艾森斯坦(Fred Eisenstein)的掌声和支持,还有比尔·纽曼(Bill Newman)的鞭策。凯西·惠特莫尔(Kathy Whittemore)和斯特拉·施瓦茨(Stella Schwartz)一直在鼓励我。比尔·麦克菲利(Bill McFeely)、乔恩·哈尔(Jon Harr)还有安东尼·贾尔迪纳(Anthony Giardina)是我热心与细致的读者。乔·诺切拉(Joe Nocera)帮我整理了最初的稿件并提出了许多专业性的建议。我9岁的女儿艾米莉(Emily)与6岁的儿子亚历克斯(Alex)用他们美好的天性、信念、理解与包容给了我难以回报的激励。我还要感谢一直支持我的妻子凯茜·古斯(Kathy Goos),她使一切成为可能。她的建议是无价的,她在我出差与犯错时的耐心是珍贵的。

如果我忘了提及谁,请原谅我的过失。

文献与资料

本书有赖各当事者本人的陈述方得以面世。我在福泰四年的时间里几乎享有完全的自由,因而才能做足研究并写出本书。我在成稿后允许福泰核对了事实,确认没有不能公开的信息。与福泰直接相关的对话中,所有的人(包括斯图尔特·施瑞伯)都看过了我写的内容,确保了准确性以及没有不能公开的科学机密。对于那些在公司以外发生的对话,感谢参与者的帮助,我得以重建对话。大多数情况下,我都采访到了所有的参与者。只有几个人拒绝了我的采访,在那些情况下,除了从福泰那儿取得确证外,我都与另一方的至少一个人进行了确认。

对于没有亲历者的部分,我查阅了各种资料。我特别感谢玛丽·斯尼德·博格为我梳理她儿子的成长背景,我也感谢肯·博格和艾米·博格提供的独特视角。石墙杰克逊手艺培训与工艺学校的主管唐·卡明斯(Don Cummings)帮助我梳理了博格家族的历史。卫斯理大学新闻办公室的比尔·霍尔德(Bill Holder)帮我查询了校报 Argus 的往期期刊。其他关于博格家族和康科德生活的资料包括康科德当地报纸、康科德图书馆的短片,以及威廉姆·鲍威尔所著《北卡罗来纳——历经四个世纪》(*North Carolina: Through Four Centuries*, 1989, Chapel Hill, NC: University of North Carolina Press)一书。

对于科学知识,我仰仗于我采访的科学家们,尤其是斯坦福大学的吉姆·马林斯(Jim Mullins)和加州大学旧金山分校的马克·范伯格(Mark Feinberg)两位教授,虽然他们没有在本书中出场,但是他们耐心地为我解释了分子生物学以及高风险的生物医学研究界的概况及文化。在出版物中,我主要参考了两本包罗万象的好书:布鲁斯·阿尔伯特斯(Bruce Alberts)等人所著的本科教材《细胞的分子生物学》(*The Molecular Biology of the Cell*, 1989, New York:

Garland Publishing),以及霍勒斯·贾德森讲述生物学革命历史的《创世纪的第八天》(*The Eighth Day of Creation*, 1979, New York: Simon and Schuster)。此外我还参考了以下文献与书籍：

Angier, N. 1988. *Natural Obsessions: Striving to Unlock the Deepest Secrets of the Cancer Cell.* Boston: Houghton Mifflin.

Bishop, J. E., and M. Waldholz. 1990. *Genome: The Story of the Most Astonishing Scientific Adventure of Our Time—The Attempt to Map All the Genes in the Human Body.* New York: Simon and Schuster.

Borek, E. 1961. *The Atoms Within Us.* New York: Columbia University Press.

Doolittle, R. F. 1985. Proteins. *Scientific American*, October.

Fruton, J. 1950. Proteins. *Scientific American* 182, 33—41.

Gold, M. 1986. *A Conspiracy of Cells.* Albany, NY: State University of New York Press.

Goldberg, J. 1988. *Anatomy of a Scientific Discovery.* New York: Bantam Books.

Gund, P., J. D. Andose, J. B. Rhodes, and G. M. Smith. 1980. Three-Dimensional Molecular Modeling and Drug Design. *Science* 208, 1425—1431.

Hall, S. S. 1987. *Invisible Frontiers: The Race to Synthecize a Human Gene.* Boston: The Atlantic Monthly Press.

Hilts, P. J. 1982. *Scientific Temperaments: Three Lives in Contemporary Science.* New York: Simon and Schuster.

The Howard Hughes Medical Institute. 1990. *Finding the Critical Shapes.* Bethesda, MD.

Jevons, F. R. 1968. *The Biochemical Approach to Life.* New York: Basic Books.

Kendrew, J. C. 1961. The Three-dimensional Structure of a Protein Molecule. *Scientific American* 205, 96—110.

Lessing, L. 1969. The Life-Saving Promise of Enzymes. *Fortune*, March.

Marx, J. L. 1980. NMR Opens a New Window into the Body. *Science*, October.

Monod, J. 1971. *Change and Necessity: An Essay on the Natural Philosophy of Modern Biology*. New York: Alfred A. Knopf.

Perutz, M. F. 1964. The Hemoglobin Molecule. *Scientific American* 211, 64—76.

Salem, L. 1987. *Marvels of the Molecule*. New York: VCH Publishers.

Spilker, B., and P. Cuatrecasas. 1990. *Inside the Drug Industry*. Barcelona: Prous Science Publishers.

Stein, W. H., and S. Moore. 1961. The Chemical Structure of Proteins. *Scientific American* 205, February, 81—92.

Thomas, L. 1974. *The Lives of a Cell: Notes of a Biology Watcher*. New York: The Viking Press.

Watson, J. D. 1968. *The Double Helix*. New York: W. W. Norton and Co.

Weinberg, R. A. 1985. The Molecules of Life. *Scientific American*, October.

科学类小说写作的一大便利就是所有的研究工作都被精心整理归档了。当有困惑时,我可以查阅科研文献来厘清事实,我主要参考了下列文献:

Bierer, B. E., P. K. Somers, T. J. Wandless, S. J. Burakoff, and S. L. Schreiber. 1990. Probing Immunosuppressant Action with Nonnatural Immunophilin Ligand. *Science* 250, 556—559.

Boger, Joshua, et al. 1983. Novel renin inhibitors containing the amino acid statine. *Nature* 303, 81—84.

Handshumacher, R. E., M. W. Harding, J. Rice, and R. Drugge. 1984. Cyclophilin: a specific cytosolic binding protein for Cyclosporine A. *Science* 226, 544—547.

Fischer, G., B. Wittmann-Liebold, K. Lang, T. Kiefbaber, and F. X. Schmid. 1989. Cyclophilin and peptidyl-prolyl cis-trans sis-trans isomerase are probably identical proteins. *Nature* 337, 476—478.

Friedman, J., and I. Weissman. 1991. Two Cytoplasmic Candidates for Immunophilin Action Are Revealed by Affinity for a New Cyclophihn: One in the Presence and One in the Absence of CsA. *Cell* 66, 799—806.

Fretz, H., M. W. Albers, A. Galat, R. F. Standaert, W. S. Lane, S. J. Burakoff, B. E. Bierer, and S. L. Schreiber. 1991. Rapamycin and FK506 Binding Proteins (Immunophilins). *J. Am. Chem. Soc.* 113, 1409—1411.

Harding, M. W., A. Galat, D. E. Uehling, and S. L. Schreiber. 1989. A receptor for the immunosuppressant FK506 is a cis-trans peptidyl-prolyl isomerase. *Nature* 341, 758—760.

Lepre, C. A., J. A. Thomson, and J. M. Moore. 1992. Solution structure of FK506 bound to FKBP-12. *FEBS* Letters, May 4.

Liu, J., J. D. Farmer, Jr., W. S. Lane, J. Friedman, I. Weissman, and S. L. Schreiber. 1991. Calcineurin Is a Common Target of Cyclophilin-Cyclosporin A and FKBP-FK506 Complexes. *Cell* 66, 807—815.

Michnick, S. W., M. K. Rosen, T. J. Wandless, M. Karplus, and S. L. Schreiber. 1991. Solution Structure of FKBP, a Rotamase Enzyme and Receptor for FK506 and Rapamycin. *Science* 252, 836—839

Moore, J. M., D. A. Peattie, M. J. Fitzgibbon, J. A. Thomson, et al. 1991. Solution structure of the major binding protein for the immunosuppressant FK506. *Nature* 351, 248—250.

Navia, M. A., P. M. D. Fitzgerald, B. M. McKeever, C.-T. Leu, J. C. Heimbach, WK. Herber, I. S. Sigal, P. L. Darke, and J. P. Springer. 1989. Three-dimensional structure of aspartyl protease from immunodeficiency virus HIV-1.

Nature 337, 615—620.

Pauwels, R., K. Andries, J. Desmyter, D. Schols, M. J. Kukla, H. J. Breslin, A. Raeymaeckers, J. Van Gelder, R. Woestenborghs, J. Heykants, K. Schellekens, M. A. C. Janssen, E. De Clercq, and P. A. J. Janssen. 1990. Potent and selective inhibition of HIV-1 replication in vitro by a novel series of TIBO derivatives. *Nature* 343, 470—474.

Schreiber, S. L. 1991. Chemistry and Biology of the Immunophilins and Their Immunosuppressive Ligands. *Science* 251, 283—287.

——. 1992. Using the Principles of Organic Chemistry to Explore Cell Biology. *Chemical and Engineering News*, Oct. 26.

Siekierka, J. J., S. H. Y. Hung, M. Poe, C. S. Lin, and N. H. Sigal. 1989. A cytosolic binding protein for the immunosuppressant FK506 has peptidyl-prolyl isomerase activity but is distinct from cyclophilin. *Nature* 341, 755—757.

Takahashi, N., T. Hayano, and M. Suzuki. 1989. Peptidyl-prolyl cis-trans isomerase is the cyclosporin A-binding protein cyclophilin. *Nature* 337, 473—475.

Van Duyne, G. D., R. F. Standaert, P. A. Karplus, S. L. Schreiber, and J. Clardy. 1991. Atomic Structure of FKBP-FK506, an Immunophilin-Immunosuppressant Complex. *Science* 252, 839—842.

对于托马斯·斯塔泽以及移植免疫学,我查阅了更多的资料,主要是《纽约时报杂志》(*The New York Times Magazine*)中的一篇文章——1990年9月30日的《匹兹堡的"神药"》(The Drug That Works in Pittsburgh)。我在匹兹堡时,虽然校方要求我在医学中心与患者谈话时需要有校方人员陪同,但斯塔泽以及所有人都畅所欲言。我得感谢谢里尔·阿克曼(Cheryl Ackerman),芭芭拉·班纳(Barbara Banner),理查德·科恩,本杰明·艾德尔曼,安东尼·德米特里斯(Anthony Demitris),阿肖克·贾殷,村濑幸夫(Yukio Murase),杰瑞·麦考利(Jerry McCauley),米歇尔·纳莱斯尼克,卡米略·里科尔迪,拉曼·文卡塔拉曼和维贾伊·瓦尔蒂。我尤其感谢斯塔泽的秘书特里·曼根(Terry Mangan)。

落合泷雄是最早进行 FK-506 动物实验的日本外科医生,他的地位经常被斯塔泽掩盖。他帮助我梳理了药物的早期历史,我特此感谢他。

斯塔泽的自传《组装人》(*The Puzzle People*, Starzl, 1992, Pittsburgh, PA: University of Pittsburgh Press)以及李·格特金德(Lee Gutkind)的《多个不眠之夜》(*Many Sleepless Nights*, 1990, PA: University of Pittsburgh Press)都是非常有价值的,尤其是对移植病房以及哈当厄尔荒原的描述。此外,以下书籍与文章也很有帮助:

Billingham, R. E. 1966. Tissue Transplantation: Scope and Prospect. *Science* 153, 266—270.

Billingham, R. E., P. L. Krohn, and P. B. Medawar. 1951. Effect of Cortisone on Survival of Skin Homografts in Rabbits. *British Medical Journal*, May 26, 1158—1163.

Foreman, J. 1987. Cracking the secrets of body's own "army". *Boston Globe*, 30—31, Oct. 18.

Medawar, P. 1957. *The Uniqueness of the Individual*. New York: Basic Books.

Silverstein, A. M. 1989. The History of Immunology. *Fundamental Immunology*, 21—37. New York: Raven Press.

Starzl, T. E. 1991. My Thirty-five Year View of Organ Transplantation. *History of Transplantation: 35 Recollections*, ed. P. I. Terasaki. Los Angeles: UCLA Tissue Typing Laboratory.

——. 1990. The Development of Clinical Renal Transplantation. *American Journal of Kidney Diseases* 16, 548—556.

Starzl, T. E., S. Todo, A. Tzakis, M. Alessiani, A. Casavilla, K. Abu-Elmagd, and J. J. Fung. 1991. The Many Faces of Multivisceral Transplantation.

Surgery, Gynecology and Obstetrics 172, 335—344.

Thomas, E. D., 1987. Bone Marrow Transplantation in Hematologic Malignancies. *Hospital Practice*, 77—91, Feb. 15.

Thomas, E. D., H. L. Lochte, and J. Ferrebee. 1959. Irradiation of the Entire Body and Marrow Transplantation: Some Observations and Comments. *Blood* 14, 1—23, January.

Thompson, L. 1988. Jean-François Borel's Transplanted Dream. *Washington Post*, Nov. 15.

罗伯特·登克瓦特、拉尔夫·霍斯曼、尤金·科德斯(Eugene Cordes)以及哈罗德·博伊德·伍德拉夫(Harold Boyd Woodruff)四位原默沙东资深研究主管为我回忆了蒂什勒的岁月。其中伍德拉夫是瓦克斯曼的学生,他为我介绍了微生物学及土壤筛选。我感谢里昂·戈特尔(Leon Gortler)和约翰·海特曼(John Heitmann),他们曾应美国化学会之邀,对蒂什勒进行了详细的采访。还要感谢卫斯理大学化学系的系主任彼得·雅各比,他为我提供了有关蒂什勒以及伍德沃德的资料。在哈佛任教超过50年的玛丽·法伊泽(Mary Feiser)丰富了我对伍德沃德的认识,哈佛化学实验室的前主管唐·恰帕内利(Don Ciappanelli)为我提供了伍德沃德授课的录像。

对于二战期间的医药研究,我主要依靠两份档案:宾夕法尼亚大学提供的阿尔弗雷德·理查德的文章,其中包括医药研究委员会的会议记录,以及由国会图书馆提供的万尼瓦尔·布什的手稿。

其他有关药物研究史,尤其是有关蒂什勒、默沙东、伍德沃德以及哈佛的书籍与文章包括:

Barber, B. 1952. *Science and the Social Order*. Glencoe, IL: The Free Press.

Baxter, J. P., III. 1946. *Scientists Against Time*. Boston: Little, Brown.

Borkin, J. 1978. *The Crime and Punishment of I. G. Farben*. New York: The Free Press.

Braithwaite, J. 1984. *Corporate Crime in the Pharmaceutical Industry*. London: Routledge & Kegan Paul.

Browning, C. H. 1955. Emil Behring and Paul Ehrlich: Their Contributions to Science. *Nature* 175, 570—575.

Conant, J. B. 1970. *My Several Lives: Memoirs of a Social Inventor*. New York: Harper and Row.

Crosby, A. W., Jr. 1976. *Epidemic and Peace*, 1918. Westport, CT: Greenwood Press.

Dolphin, D. 1977. Robert Burns Woodward: Three Score Years and Then? *Aldrichimica Acta* 10, No. 1, 3—9.

DuBos, R. J. 1950. *Louis Pasteur: Free Lance of Science*. Boston: Little, Brown.

Engle, L. 1951. Cortisone and Plenty of It. *Harper's* 203, 56—62.

Epstein, S., and B. Williams. 1956. *Miracles from Microbes: The Road to Streptomycin*. New Brunswick, NJ: Rutgers University Press.

Galdston, I. 1943. *Behind the Sulfa Drugs: A Short History of Chemotherapy*. New York: D. Appleton Century.

Gallese, L. 1990. Venture Capital Strays Far from Its Roots. *New York Times Magazine* (The Business World), 24—39, April 1.

Garland, J. E. 1961. *Every Man Our Neighbor: A Brief History of the Massachusetts General Hospital*. Boston: Little, Brown.

Harris, R. 1964. *The Real Voice*. New York: Macmillan.

Hayes, P. 1987. *Industry and Ideology: IG Farben in the Nazi Era*. London: Cambridge University Press.

Hixson, J. 1976. *The Patchwork Mouse*. Garden City: NY: Anchor Press.

Hobby, G. L. 1985. *Penicillin: Meeting the Challenge*. New Haven: Yale

University Press.

Kahn, E. J. 1981. *Jock: The Life and Times of John Hay Whitney*. Garden City: NY, Doubleday and Co.

Liebenau, J. 1987. *Medical Science and Medical Industry: The Formation of the American Pharmaceutical Industry*. Baltimore, MD: Johns Hopkins University Press.

Mahoney, T. 1959. *The Merchants of Life: An Account of the American Pharmaceutical Industry*. New York: Harper Brothers.

Merck and Co. 1992. *Values and Visions: A Merck Century*.

Merck, Sharp and Dohme. 1977. *Profiles in Discovery*.

Merck, Sharp and Dohme Research Laboratories. 1962. *By Their Fruits*.

Noble, D. F. 1977. *America by Design: Science, Technology and the Rise of Corporate Capitalism*. New York: Alfred A. Knopf.

Pearson, M. 1969. *The Million Dollar Bugs*. New York: G. P. Putnam's Sons.

Pfeiffer, J. 1939. Sulfanilamide: The Story of a Great Medical Discovery. *Harper's*, March.

Rettig, R. A. 1977. *Cancer Crusade: The Story of the National Cancer Act of 1971*. Princeton, NJ: Princeton University Press.

Richards, A. N. 1964. Production of Penicillin in the United States (1941—1946). *Nature* 201, 441—445.

Roberts, J. D. 1990. *The Right Place at the Right Time*. Washington, DC: American Chemical Society.

Roberts, R. 1989. *Serendipity: Accidental Discoveries in Science*. New York: John Wiley and Sons.

Rouéche, B. 1955. Annals of Medicine: Ten Feet Tall. *The New Yorker*, Sept. 10.

Russell, F. 1957. A Journal of the Plague: The 1918 Influenza. *Yale Review*,

December.

Sheehan, John C. 1982. *The Enchanted Ring: The Untold Story of Penicillin.* Cambridge, MA: The MIT Press.

Sheehan, J. C., and R. N. Ross. 1982. The Fire That Made Penicillin Famous. *Yankee*, 125—127, November.

Smith, F. R. 1947. Good Microbes Fight Bad Ones. *The New York Times Magazine*, 17—19, Aug. 10.

Soper, G. A. 1919. The Lessons of the Pandemic. *Science* 49, 501—505.

Sneader, W. 1985. *Drug Discovery: The Evolution of Modern Medicines.* Chichester: Wiley and Sons.

Sturchio, J. L. 1981. Chemists and Industry in Modern America: Studies in the Historical Application of Science Indicators. Graduate dissertation. University of Pennsylvania.

Swann, J. P. 1988. *Academic Scientists and the Pharmaceutical Industry: Cooperative Research in Twentieth Century America.* Baltimore, MD: Johns Hopkins University Press.

Talalay, P. (ed.) 1964. *Drugs in Our Society.* Baltimore, MD: Johns Hopkins University Press.

Temin, P. 1980. *Taking Your Medicine.* Cambridge, MA: Harvard University Press.

Tishler, M. 1974. Is Science Dead? New Brunswick Lecture, May 15.

——. 1969. The Siege of the House of Reason. *Science* 166, 192—195.

Todd, A. 1983. *A Time to Remember: The Autobiography of a Chemist.* London: Cambridge University Press.

Tuchman, B. W. 1978. *A Distant Mirror: The Calamitous 14th Century.* New York: Alfred A. Knopf.

Vogel, M. 1980. *The Invention of the Modern Hospital*. Chicago：University of Chicago Press.

Waksman, S. A. 1954. *My Life with the Microbes*. New York：Simon and Schuster.

——. 1949. *Streptomycin: Nature and Practical Applications*. Baltimore, MD：Williams and Wilkins.

Wilson, D. 1976. *In Search of Penicillin*. New York：Alfred A. Knopf.

Woodruff, H. B. 1981. A Soil Microbiologist's Odyssey. *Annual Review of Microbiology* 35, 1—28.

对于哈佛的历史，我主要参考理查德·史密斯的《哈佛世纪——锻造一所国家大学》(*The Harvard Century: The Making of a University to a Nation*, 1986, New York：Simon and Schuster)以及卡尔·维格兰(Carl Vigeland)的《巨大的财富——哈佛如何赚钱》(*Great Good Fortune: How Harvard Makes Its Money*, 1986, Boston：Houghton Mifflin)。

管理顾问吉姆·菲尼(Jim Feeney)和黛晴敏(Harutoshi Mayazumi)向我介绍了日本制药业以及日本的商业文化。我认为，黛和约瑟夫·鲁津斯基(Joseph Rudzinski)所著的《武士因素——企业中的日本战略思维》(*The Samurai Factor: Japanese Strategic Thinking in Industry*)非常有用。我还参阅了以下有关日本的书籍与文章：

Christopher, R. C. 1983. *The Japanese Mind: The Goliath Explained*. New York：Linden Press.

Gibney, F. 1982. *Miracle by Design: The Real Reasons Behind Japan's Economic Success*. New York：Times Books.

Prestowitz, C. V., Jr. 1988. *Trading Places: How We Allowed Japan to Take *the Lead.* New York: Basic Books.

Reich, R. 1983. *The Next American Frontier.* New York: Times Books.

Toland, J. 1970. *The Rising Sun.* New York: Random House.

生物技术行业还很年轻,尚未进入正统史学的关注范围。而罗伯特·泰特曼(Robert Teitleman)的《基因梦想》(*Gene Dreams*, 1989, New York: Basic Books)是非常好的入门读物。以下文章对于我理解生物技术行业的早期科学、立法规制以及金融模式很有帮助:

Biddle, W. 1981. A Patent on Knowledge: Harvard goes public. *Harper's*, June.

Culliton, B. 1977. Harvard and Monsanto: The $23 Million Alliance. *Science* 195, 759—763.

Gurin, J., and N. Pfund. 1980. Bonanza in the Biolab. *The Nation*, Nov. 22.

Noble, D., and N. Pfund. 1980. Business Goes Back to College. *The Nation*, Sept. 20.

Wade, N. 1980. Gene Goldrush Splits Harvard, Worries Brokers. *Science* 210, 878—879.

后记：在一切开始前*

我们生活在一个出续集的时代里。很多影迷认为最好的续集是《教父Ⅱ》（*The Godfather: Part Ⅱ*），我对此深表赞同。《教父Ⅱ》更深远的影响是让所有小说家、导演、制片人、音乐人在一开始就会考虑能否将最初的故事拓展为值得不断挖掘的富矿。但根植于时代中的原初故事能否预见到后来的一切呢？回顾开始不仅只是有趣，更能加深我们的理解，就像是，能让我们看看现在成熟的生物在胚胎时是什么样的。

在我的新书《解药》（*The Antidote*）中，我讲述了福泰之后 20 年的历史。福泰最初是一个新兴的但是急速烧钱的创业公司，他们那时候就决定与大药企一争高下。故事的高潮是他们在医疗与社会都在快速变化的时代中，同时在多个重要的疾病领域击败了大药企，这连福泰自己富有远见、具备超凡领导力的创始人乔舒亚·博格也没能预见到。他们挨过烧掉近 40 亿美元的艰难时刻，挑战与碾碎旧日的生物医药秩序，奉上了一场有关野心与希望、傲慢与华尔街、惨烈的竞争与非凡的合作、世界之巅与绝望之谷的故事。

对我而言，这个故事最有趣的地方在于福泰的 DNA 在第一本书中就为后来做了铺垫。比如，当年博格 39 岁，他刚"叛离"默沙东一年。他向当时世界上最大的药企葛兰素提出合作建议，并要价惊人，于是葛兰素的总裁们立刻送客，他这么回应："傲慢既不会惹怒也不会取悦我们，我们理解傲慢。"还有一次，在福泰的科学顾问会议上，他向一群著名的资深哈佛科学家阐述通过逐个原子地设计更好的药物这一颠覆制药界的计划时，有人问：如果葛兰素说"很好，那我

---

* 这是本书于 2013 年重新出版时作者的新前言，但是似乎放在后记更加合适。其中提到的《解药》讲述了福泰在本书之后的故事，于 2014 年出版。——译者

们可以按你的点子自己来做",那怎么办?

"他们做不到。"博格说。

"那默沙东总可以。"

"不,默沙东也做不到。"

博格十分确信他能做到当时美国最受敬仰的企业默沙东都做不到的事情,因为他有着非凡的自信以及强大的研究小组。我在福泰的时候,他们更像是一个自由的实验室以及私有化的学院派联合公司,而非一家商业化的制药公司。包括我在内的几乎所有人都比博格年轻。他们相信自己能够设计出更好的小分子,比世界上最好、最强大、利润最丰厚的药企所设计的还要好。为此,他们需要完全的投入、极端的热情、惊人的洞见以及无所畏惧。他们年富力强,雄心万丈,渴望做出能让自己在业界扬名立万的事业,在职业生涯中大跨一步。

我印象中的福泰是一家研究导向型的精品店,而非一家药企,所以我在2010年想再回去时发现了巨大的差异。我那时又联系了博格,然而他打击了我。药企一直是联邦检察官们的"最爱",各药企因欺骗政府经费、贿赂医生和医院、为未经批准的适应证做广告、强迫疗养院的病患吃抗抑郁药、试图从过了专利保护期的产品中榨取超额利润等事情,赔付了天文数字的罚款。博格那时候已经从福泰退休了,他说他觉得福泰不会再让我回去了。但是肯,博格的哥哥以及公司的顾问,说服了时任CEO的马修·埃门斯(Matthew Emmens),说有个记者不是大问题,而且福泰可以相信我。

我在1989年秋天进入福泰时对我将会看见什么毫无头绪,更不会想到25年后我还会再写本续集。但是我很快发现,福泰的每个人都知道可能得花上25年甚至更长的时间,才能知道他们是不是真的成功了。默沙东不是一天建成的。他们在四五十年代时就已经堪称重要的科研堡垒了,但又过了几十年,才在开发出一系列最新、最好的药物后,于20世纪晚期成为业界典范。在巅峰时期,默沙东的股价在5年内涨了5倍,与此同时他们还为非洲的河盲症免费、不限量地发放阿维霉素,并领导抗艾滋病药物的研究。那时候,默沙东在市场上成为一种文化、一个品牌已经半个世纪了。

我思考过福泰的故事与美国著名企业家以及他们公司的故事的相似与差异。1872年，安德鲁·卡内基35岁，他在英国参观了贝西默制钢法后"灵光一闪"，意识到钢将会在铁路与桥梁的建设中代替铁，这激发他"以非比寻常的热情"去开创自己的钢铁公司。三年后，他建立了自己第一家钢铁厂。26年后，即1901年，他将卡内基钢铁整个卖给了J. P. 摩根（J. P. Morgan），让其成立了美国钢铁公司，自己也由此成为世界首富。

托马斯·爱迪生（Thomas Edison）于1876年在新泽西州门洛帕克市，建立了他的全规模工业研究实验室，其中有电力实验室、化工实验室，还有一个机械车间，他那时才29岁。三年之后，他发明了第一款碳丝灯。又过了三年，他在曼哈顿下城区设立了办公室，并兴建了第一座发电厂。在他40多岁时，他又发明了留声机以及一套制作和放映可动画面的机械系统，还发明了铁矿石分离器（虽然这项技术因为中西部发现了新的富矿而赔本）。25年后，也就是1901年，他的门洛帕克"创新工坊"的继承者——通用电气，组建了第一家现代意义上的R&D实验室。

而在当下，在讨论创新型公司的戏剧性历史以及它们富有远见的建立者时，不得不谈的就是堪称三幕历史剧并形成了独特文化的苹果公司和史蒂夫·乔布斯。1976年春天，乔布斯刚刚20岁，他和史蒂夫·沃兹尼亚克（Steve Wozniak）一起在家里的车库中组装出了第一台苹果I代电脑。9年之后，在推出了麦金托什电脑后，管理层发动政变把他赶出了公司。十几年后他又回到了苹果公司并重建公司，那时他42岁。2007年，在他最为知名的展示上，他推出了iPhone及其革命性的触屏界面，可谓是手机革命中的《解放黑人奴隶宣言》。

如今我们天天使用Siri，忘记了乔布斯和其他现代通信方式出现前的日子是多么的不一样。1990年时，那时还没有互联网，我惊讶地发现福泰用传真与日本公司谈判的效率比跟在同一条街上的公司谈判还快一倍。他们是这样做的：首席商务官理查德·奥德里奇在下班时将文件传真过去，日方就能在上班时收到,然后在下班前将修改过的文件传回来……也就是说,当奥德里奇和美国在睡梦中时,地球的自转将本来必须推迟到明天的讨论提前完成了。

然后时代的宝石出现了,就像我在书中写到的,博格后来不再用纸质备忘录,而是通过"电子邮件"来通知科学家。福泰比电子商务、人类基因组学、移动电话时代都老一些。博格如今也62岁了,他和他的公司离历史上最伟大的商业巨人以及影响深远的企业还有距离。我无意将博格比为卡内基、爱迪生或者乔布斯,也不必将福泰与美国钢铁、通用电气或者苹果公司相提并论。

但我也不是说他们绝无可比性。(或许2039年时,那时已经85岁的我坐在轮椅中,通过某种只有上帝才知道的仪器,将我脑中的话直接写成有关福泰的第三本书,那时我就能对此作一些补充。)作为故事的主角,博格和福泰在这两本书中跨越了很多障碍。今天的福泰无疑是一家主流的药企,他们开发出了两种突破性的创新药物,获得了价值数十亿美元的特许经营权。就像《教父》中,维托·柯里昂(Vito Corleone)在第一部建立了他的家族事业,他的儿子迈克(Michael)才能在第二部中有更多的发挥,博格也将福泰交给了能带领它走得更远的人。

当我在为《解药》做研究时,我试图解释我的工作与感受。我对人们说:"就好像我曾经与乔布斯和沃兹尼亚克一起在车库里[组装电脑],现在则在舞台后面看着乔布斯推出iPhone。"博格卸任后,福泰能成为世界上最好的药企吗,就像苹果在乔布斯离开后那样续写辉煌?虽然可能性很小,但也是有可能的,就像博格经常说的那样:"一件事,直到成为不可能之前,都是有可能的。"坦率地说,我觉得这个问题不太重要,因为现在已经足以公正地评判:自博格在家里的白板上写下他的目标(更快地开发更好的药物;成为另一个默沙东,但更好;建立21世纪的药企),到福泰开发出治疗囊性纤维化的突破性药物Kalydeco,总的来说,他可以与美国商业史上的英雄比肩。

如果想为博格和福泰找一个更好的参照,那么只能是乔治·默克以及他的精细化工家族企业。默沙东以维生素起家,到了本书首次出版时,已经成为《商业周刊》盛赞的"奇迹公司"。与博格不同,默克不是科学家,但是他意识到了重视专利的研发模式是未来所在。像博格一样,他召集了能创造未来的人。1952年8月,他登上了《时代》杂志的封面,标题是"药物是为人类而生产,不是为追求利润而制造"。乔治·默克因无私而受赞誉,但是他也是很精明的,他还补充了一句:"只要我们坚守这一信念,利润必将随之而来。"

福泰完全是根据这个原则建立的(尤其是被人遗忘的下半句)。博格也是秉持这一信念离开了默沙东并踏上建立自己的药企的漫长征途。我想看看博格的愿景发展得怎么样了,因此我在2011年回到了福泰。经历了海湾战争、互联网革命、生物制药浪潮、医保支付危机、全国性的自我怀疑这么多事情后,我发现博格最初为我描绘的那副图景已经实现到了惊人的程度,我再次为福泰的无畏创新所触动。

《十亿美元分子》一书记录了福泰大胆创业、挑战陈规的故事。《解药》讲述了它如何成为美国创新试金石的故事。福泰以后会发展成什么样我们不得而知,但他们在行业与世界中的力量无疑将主要来自实验室,那里正是福泰最初的企业文化形成的地方。

敬请期待。

巴里·沃思
北安普敦,马萨诸塞州
2013年9月5日

附录1：人物与机构

此部分由译者根据资料补充，完善了部分人物与机构的背景或者现状。原文中有时部分人物的名采用了昵称，比如用 Sam 替代 Samuel，为了便于感兴趣的读者进一步查询，译文中均采用正名。所有人名译名除有特定翻译外，均按《世界人名翻译大辞典》（中国对外出版公司，1993）翻译。人名按姓氏汉语拼音排序，机构按名称拼音排序。

人物

埃利恩，格特鲁德（Elion, Gertrude）

1988 年诺贝尔生理学或医学奖得主，同年得主乔治·希钦斯的前雇员与合作者（他们都为宝来惠康工作）。参与开发了抗癌药 6-MP、免疫抑制剂硫唑嘌呤（与罗伊·卡恩合作）等药物，她也参加了 AZT 的开发。

奥德里奇，理查德（Aldrich, Richard）

他任福泰的副总裁与首席商务官直到 2001 年。后来他成为投资者，建立了 RA Capital 和 Longwood Fund 两家基金，投资各种生物技术公司。

巴尔的摩，戴维（Baltimore, David）

1975 年诺贝尔生理学或医学奖得主，发现了逆转录酶。1982 年在慈善家埃德温·怀特海德（Edwin Whitehead）的赞助下成立怀特海德研究所，任首任所长，后任洛克菲勒大学校长。1987 年，他因合作者卷入一场重大的学术不端事件（后称巴尔的摩事件），被密歇根州议员约翰·丁格尔主持调查。他在调查中因为过分地维护自己的合作者而声誉受损。之后他任加州理工学院校长直至 2006 年。

博格，乔舒亚（Boger, Joshua）

博格任福泰的 CEO 直到 2009 年，之后在各药企与药物研发咨询公司担任高管或顾问。

布莱克,戴维(Blech, David)

著名生物医药投资家,支持了大量生物医药创业公司,号称"生物科技之王"。他曾进入《福布斯》富豪排行榜,但后来因为行情走低而破产,并因为商业欺诈而入狱。其弟艾萨克·布莱克(Isaac Blech)依然在该领域投资。他投资的公司包括第六章提到的Icos,该公司开发了他达拉菲(Tadalafil),商品名希爱力。

布什,万尼瓦尔(Bush, Vannevar)

著名科学家与科学项目管理者。在二战期间他提出并主持了曼哈顿计划,战后在信息技术领域继续作出巨大贡献,对128公路以及硅谷地区的兴起都有很大影响。此外,他还参与建立了"雷神"(Raytheon)(原称"美国器械公司"),这是一家著名的军工以及军工民用化公司。

邓,罗杰(Tung, Roger D.)

他于2005年离开福泰,在2006年与奥德里奇一起成立了专注氘代药物研究的Concert Pharmaceuticals,任CEO。他们与福泰有密切的业务来往。南希·斯图尔特也加入了这家公司任COO。

哈丁,马修(Harding, Matthew)

一直在福泰工作,直到2016年。

贾德森,霍勒斯(Judson, Horace)

科学史学家,著有《创世纪的第八天》以及《大背叛——科学中的欺诈》(*The Great Betrayal: Fraud in Science*)。

加洛,罗伯特(Gallo, Robert)

他与法国科学家争夺HIV发现荣誉,最后闹到美法两国总统亲自参与调停。本书成文时他正处于舆论漩涡的中心,但后来的调查部分恢复了他的名誉。受此事件影响,他最后并没有获得诺贝尔奖(最早发现的法国科学家获了奖),但依然活跃在科学界。

卡普拉斯，马丁（Karplus，Martin）

随施瑞伯一起被开除的科学顾问委员，哈佛理论化学家，2013年获诺贝尔化学奖。他在核磁共振理论研究中发现的耦合常数与二面角之间的关系已经成为有机化学中的基础内容。

利文斯顿，戴维（Livingston，David）

在福泰一直工作到1998年，后来离开福泰，在多家生物技术公司任高管与顾问。

刘钧（Liu，Jun）

1983年毕业于南京大学，在美国俄亥俄州立大学获硕士学位，后赴麻省理工学院攻读博士学位。之后前往哈佛，在施瑞伯课题组进行博士后研究，其间阐明了FK-506的机制。现任约翰斯·霍普金斯大学医学院教授。

慕克，马克（Murcko，Mark）

计算化学家，后任福泰CTO，经过21年后于2011年退休，成为多家制药公司的顾问，兼职在麻省理工学院任教。

纳维亚，曼努埃尔（Navia，Manuel）

制药界晶体学家，他于1980年加入默沙东时建立了业界首个大分子结构实验室。他在福泰一直工作到1997年，之后在各药企与药物研发咨询公司担任高管或顾问。

诺尔斯，杰里米（Knowels，Jeremy）

化学家，博格的论文导师。自1991年起任哈佛文理学院院长至2002年。但在2006年，校长劳伦斯·萨默斯（Lawrence Summers）和文理学院院长比尔·柯比（Bill Kirby）发生冲突，双双离职，前校长德里克·博克回来任临时校长，请他回来任临时院长。2007年他因病辞职，不久离世，可谓鞠躬尽瘁。

斯塔泽，托马斯（Starzl，Thomas）

移植专家，完成了首例肝移植，被誉为"现代移植之父"。著有自传《组装人》。他2017年逝世，享年91岁。匹兹堡大学有一栋楼和一条路均以他的名字命名。

史考尼克，爱德华（Scolnick, Edward）

史考尼克自哈佛毕业后在美国国立卫生研究院工作了15年，参与发现了RAS通路，于1982年加入默沙东，1985年任默沙东实验室主管，2002年底退休。在此期间虽然有很多贡献，但据说他仓促将罗非昔布（Rofecoxib，商品名万络，用于治疗关节炎）上市，该药物致多人死亡，默沙东为此付出了巨额赔偿。他退休后到布罗德研究所（哈佛和麻省理工的联合研究中心）主持神经科学研究。

施密特，本诺（Schmidt, Benno C. Sr.）

1946年与约翰·惠特尼成立惠特尼投资公司，是最早的风投公司之一，"风险投资"的概念也是他提出的。1971年起主持"向癌症宣战"计划。他的儿子小施密特（Benno C. Schmidt Jr.）曾任耶鲁大学校长。

索尔克，乔纳斯（Salk, Jonas）

匹兹堡科学家，发明了脊髓灰质炎的灭活疫苗，然而至死都在与发明减毒疫苗的艾伯特·萨宾（Albert Sabin）争论不休。可参见《他们应当行走——美国往事之小儿麻痹症》（*Polo: An American Story*）。

瓦格洛斯，罗伊（Vagelos, Roy）

他在书中形象虽然不是很正面，但其实是默沙东传奇的CEO。他推广了以靶点为中心的研发思想，研发了包括洛伐他汀在内的多种重要药物；退休后任再生元董事长，拯救了再生元。此外他热衷慈善，除了书中提到的赠送治河盲症的药物，更在1989年向中国低价（700万美元）转让了重组乙肝疫苗的技术。

瓦克斯曼，塞尔曼（Waksman, Selman）

主导发现了链霉素，创造了"抗生素"一词，获1952年诺贝尔生理学或医学奖。但在链霉素的发现上与其学生艾伯特·沙茨（Albert Schatz）陷入法律纠纷。值得一提的是，他有个中国学生王岳，后来成为我国抗生素研究先驱。王岳于1966年发现庆大霉素，并在1983年，也就是FDA批准环孢素上市那一年也找到了环孢素的产生菌。

杨森，保罗（Janssen，Paul）

比利时科学家，杨森制药的创始人，主持研发了多种著名药物，包括书中提到的氟哌啶醇。杨森制药于1961年被强生制药作为全资子公司收购。杨森本人曾于1976到访中国，促成了杨森制药成为第一家进入新中国的西方药企（即西安杨森），生产了许多重要药物，可以说是中国人民的好朋友。重要的"吴阶平-保罗·杨森"医学药学奖就是为了纪念他。

机构

Ariad 制药

书中说是"施瑞伯的公司"，其实施瑞伯也只是顾问。真正的 CEO 是哈维·伯杰（Harvey Berger），他带领 Ariad 开发了多款激酶抑制剂。Ariad 在2017年初被日本武田制药（Takeda Pharmaceutical）收购。

宝来惠康（Burroughs Wellcome & Company）

1880年由美国药剂师宝来与惠康成立于英国伦敦，他们首次大规模使用压片技术，将药物粉末制成药片出售，开发了夏士莲雪花膏，还首先采用了药物代表的销售手段。宝来惠康后来在美国也成立了研究部门，1988年诺贝尔化学奖得主乔治·希钦斯和格特鲁德·埃利恩在那里做了大量的研究。1995年宝来惠康与葛兰素合并，但在英美两国各留下一个独立的基金会以支持基础研究。在英国的惠康基金会现在是英国重要的科研基金来源，在伦敦还有一家惠康医学收藏馆。

葛兰素史克（GlaxoSmithKline，GSK）

葛兰素史克是由多家公司合并而成的英国制药公司。葛兰素于1850年左右成立于新西兰，最早是一家贸易公司，1920才开始生产药品，1935年搬到伦敦，1978年通过收购 Meyer 实验室进入美国市场。1995年，他们收购了宝来惠康，成为葛兰素威康。2000年，与同样是经过多次合并的史克公司合并，成为今天的葛兰素史克。虽然在书中他们以反对理性设计的形象出现，但有趣的是，雷尼替丁的前身,也就是史克研发的西咪替丁,正是第一个运用药物设计理念研发的药物。

惠氏(Wyeth)

成立于1860年,1930年整合成为美国家庭用品公司(AHP),在1992年收购基因研究所,但自1997年起就不断陷入诉讼与商战。2002年,AHP剥离了药物研发以外的资产,重新启用惠氏的名称。惠氏于2009年被辉瑞收购,其营养品业务(奶粉)于2012年被转卖给雀巢。

Isis

一家专注于反义核苷酸技术的公司,于1989由葛兰素的高级研究主管斯坦利·克鲁克(Stanley Crooke)建立,开发出第一款上市的反义核苷酸药物福米韦生(Fomivirsen,最初是由美国国立卫生研究院发明的,通过对人类巨细胞病毒mRNA的反义抑制发挥抗病毒功能)。从很多意义上,它都与福泰很像。在2015年底,因为与恐怖组织ISIS重名,它改名为IONIS。

基德尔皮博迪(Kidder, Peabody & Co.)

在1994年因为更大的一起内部诈骗而彻底破产,被通用电气卖给瑞银普惠(UBS Painewebber)。

基因泰克(Genentech)

由风投家罗伯特·斯旺森(Robert Swanson)和生物化学家赫伯特·博耶(Herbert Boyer)成立于1976年,是世界上最早几家生物技术企业之一,也是目前世界顶尖的生物制药企业。1982年,他们的合成人胰岛素上市,这也是第一款获批的生物药。之后他们开发了大量的生物药,很多具有里程碑的意义,比如阿替普酶(Alteplase)、利妥昔单抗(Rituximab,商品名美罗华)、曲妥珠单抗(Trastuzumab,商品名赫赛汀)。基因泰克于2009年被罗氏收购,但依然保持着相对独立的开发运行。该公司总部位于旧金山南湾的一座小山上,正对旧金山国际机场。关于该公司有许多传奇故事,比如斯旺森在10分钟内说服了博耶成立公司。

基因研究所（Genetics Institute）

成立于1980年，波士顿地区早期的大型生物技术公司之一。1991年输掉EPO专利后在1992年被美国家庭用品公司收购大部分股份，最终在1996年完全并入美国家庭用品公司。

立达实验室（Lederle Laboratories）

美国氰胺公司（American Cyanamid Company）旗下部门，首先发现了四环素，现在属于辉瑞。

马辛吉尔公司（S. E. Massingill Company）

因为没有测试用于溶解磺胺的乙二醇的毒性造成"磺胺酏剂"事件，"齐二药"事件与之类似。该公司之后继续经营，曾于2000年被葛兰素收购，于2011年被售出。

山德士（Sandoz）

瑞士药企。成立于1886年，1917年开始经营药物，他们最早研发的药物是用于治疗偏头痛的麦角碱，后来以此为基础，开发出了著名的致幻剂LSD。1996年，山德士和汽巴-嘉基（Ciba-Geigy，发明了DDT）合并成为诺华公司（Novartis）。2003年，诺华将旗下的非专利药部门整合，重建为山德士公司，因此现在的山德士是著名的非专利药生产公司。

藤泽制药（Fujisawa Pharmaceuticals Company）

2005年4月与山之内制药（Yamanouchi Pharmaceutical Co.）合并为安斯泰来制药（Astellas Pharma Inc.），合并后的公司是日本规模数一数二的药企。

兴泰克（Syntex）

由美国化学家罗素·马克（Russell Marker）于1944年在墨西哥建立，对糖皮质激素及避孕药的发展有很大贡献，于1994年被罗氏收购。

远景国际大酒店（Vista International Hotel）

位于双子塔之间的酒店，博格参加投资会议的地方，于"9·11"事件中坍塌。

再生元(Regeneron)

在书中灾难性的失败后聘请退休的罗伊·瓦格洛斯任董事长。瓦格洛斯力挽狂澜,现在再生元已经是非常成功的生物制药企业。

中外制药(Chugai Pharmaceutical Company)

成立于1925年,在80年代开始转向生物制药研发,购买了基因研究所公司的EPO的开发权,还与大阪大学联合开发IL-6抑制剂,即后来的托珠单抗(Tocilizumab,商品名雅美罗),在2002年加入罗氏制药。永山治现任公司总裁与董事长。

附录2：年表

本书时间跨度大，叙事手法丰富，因此译者特将各年发生的重要事件梳理如下，供读者参考。福泰发展叙事集中于1989—1991年的三年间。

1951年以前

1906年（1906—1952年的内容基本见于第七章）

马克斯·蒂什勒出生。

1910年

保罗·埃尔利希发明砷凡纳明。

1913年

本诺·施密特出生。

1917年

罗伯特·伍德沃德出生。

1918年

大流感爆发。

1925年

乔治·默克接管默克公司。

中外制药建立。

1926年

托马斯·斯塔泽出生。

1928年

亚历山大·弗莱明发现青霉素。

1929 年

蒂什勒从塔夫茨大学毕业,进入哈佛读博士。

1933 年

伍德沃德进入麻省理工学院读本科。(与伍德沃德相关的内容见第十一章)

1935 年

格哈德·多马克发现磺胺,这是第一种现代抗菌药。(其实多马克于 1932 年发现百浪多息,1935 年法国科学家发现百浪多息可在人体内分解为磺胺。)

杰里米·诺尔斯出生。

1937 年

蒂什勒加入默克,完成维生素 B_2 合成路线及开发。

"磺胺酏剂"药物安全事件致大量患者死亡,促成《食品和药品法案》的通过和 FDA 的建立。伍德沃德博士毕业(他只花了四年就完成本科和研究生学习,拿到博士学位),前往哈佛进行博士后训练。

1941 年

8 月 7 日,医药研究委员会第二次会议,主席阿尔弗雷德·理查德会后与英国人商量开发青霉素事宜。

10 月,多家药企合力开发青霉素。

12 月 7 日,珍珠港事件爆发,美国参战。9 日,施密特参军。

1942 年

3 月 14 日,美国第一位患者接受青霉素治疗。

12 月 2 日,默克的青霉素向波士顿大规模投送。

1943 年

9 月,塞尔曼·瓦克斯曼筛选出链霉素。

伍德沃德合成奎宁。

1944 年

10 月,第一位患者接受链霉素治疗。

刘易斯·沙瑞特首次合成可的松。

1947 年

永山治出生。

1948 年

8 月,第一位患者接受可的松治疗。

1949 年

蒂什勒与伍德沃德一起改进可的松的合成工艺。

1951—1988 年

1951 年

4 月 12 日,博格出生。

1952 年

8 月,乔治·默克成为《时代》的封面人物。

瓦克斯曼获诺贝尔奖。

1953 年

曼努埃尔·纳维亚随家搬到纽约。

约翰·沃森和弗朗西斯·克里克发现了 DNA 结构。

默克与沙东合并成为默沙东。

1954 年

布里格姆医院首次成功进行肾移植。

1955 年

斯塔泽从约翰斯·霍普金斯医院完成实习轮转,前往迈阿密。

1956 年

2 月 6 日,斯图尔特·施瑞伯出生。

1957 年

11 月,乔治·默克去世。万尼瓦尔·布什接任公司董事长直到 1962 年。

1958 年

斯塔泽开始尝试肝移植。(第三章)

1963 年

3 月 1 日,斯塔泽首次尝试人体肝移植,患者死在手术台上。

5 月,斯塔泽首次完成肝移植手术。(第三章)

1965 年

伍德沃德获诺贝尔奖。

1970 年

蒂什勒从默沙东退休,开始任教于卫斯理大学。博格此时读大二,两人结识。

山德士筛选出环孢素。

1971 年

尼克松启动"向癌症宣战"计划,并任命施密特为执行主席。

1973 年

博格前往哈佛大学读博士。

1977 年

施瑞伯加入伍德沃德的实验室读博士,博格博士毕业。

1978 年

博格加入默沙东。

1979 年

7 月 8 日,伍德沃德去世。

1980 年

施瑞伯博士毕业,进入耶鲁大学任教。(第十一章)

艾滋病被发现。

让·博雷尔以身试药,证明了环孢素的药效。

基因研究所成立。

纳维亚加入默沙东。

1982 年

远景国际大酒店开业。

1984 年

4月,罗伯特·加洛宣布发现艾滋病病毒(HIV)。

11月,马修·哈丁发现亲环蛋白的文章发表于《科学》。

1985 年

基因研究所将 EPO 的亚洲开发权授予中外制药。

1986 年

8月,落合泷雄报道 FK-506 药效。

年底,罗伊·卡恩放弃 FK-506,斯塔泽获得独家研究权。(第三章)

默沙东开始艾滋病研究。

1987 年

博格开始负责默沙东的药物设计部门,并招募马克·慕克。

10月,股市大崩盘。

FDA 批准 AZT 上市。(第十五章)

1988 年

纳维亚解析出 HIV 蛋白酶结构,默沙东完成 FK-506 全合成。

秋天,凯文·金塞拉找上博格。(第七章)

施瑞伯回到哈佛任教。(第十一章)

12月,欧文·西加尔死于洛克比空难,博格从默沙东辞职。

1989—1991 年

1989 年

1月,博格建立福泰。

2月,《自然》发表亲环蛋白抑制蛋白折叠的文章,博格决定进行 FK-506

研究。

2月28日,罗宾·福特成为第一个使用FK-506的患者。(第三章)

3月,哈丁发现新蛋白。18日,蒂什勒去世。

4月,福泰开始修建实验室。(第二章)

10月,福泰第一次全体会议(第二章),博格前往远景国际大酒店参会(第一章)。18日,《纽约时报》报道了斯塔泽的故事。31日,斯塔泽在巴塞罗那会议上首次披露FK-506的临床试验结果。(第三章)

12月,博格参观葛兰素,在与哈佛的谈判中知道施瑞伯也在与其他公司合作。施瑞伯合成506BD,为FK-506药物作用机制提出新假说。(第四章)

1990年

中外制药在日本上市EPO。

1月,施瑞伯主动来福泰汇报,大家表达对他的不满。(第四章)

2月16日,约翰·汤姆森在公司停电前分离出了真正的FKBP,博格去纽约见施密特与中外制药。(第五章)2月间,葛兰素到访福泰,中外制药主动上门谈判,博格和奥德里奇前往日本。(第八章)

3月初,纳维亚希望研究HIV。27、28日,博格与葛兰素谈判失败。(第八章)

5月,施瑞伯的文章惹恼了博格。慕克加入福泰。29日,汤姆森提供了130毫克FKBP。

6月,梅森·山下第一次结晶实验失败。

7月,福泰已经有了40人。7日,博格公布与中外制药的协议。11日,斯塔泽突发心梗。月底,山下获得了FKBP的结晶。(第九章)

9月26日,博格解雇了施瑞伯与马丁·卡普拉斯。

10月3日,福泰与中外制药正式签署合作协议。(第十章)

12月,慕克初步解析了FKBP的核磁结构,戴维·阿米斯特德合成了VX-367,哈丁和帕特西·纳尔逊证明了其免疫抑制作用。(第十三章)

1991 年

2月初,施瑞伯报道至少存在四种FKBP。22日,安进的GM-CSF获批。(第十四章)28日,福泰向匹兹堡会议投稿,博格再次前往日本。(第十五章)

3月7日,安进赢得了EPO的专利。12日,博格听说施瑞伯将要发表结构论文,决定反击。

4月1日,福泰内部因为山下文章署名的问题争吵。2日,再生元上市。4日,乔恩·穆尔的文章被《自然》直接退稿,但是经协商后很快重新送审。11日,博格与基德尔皮博迪公司的人见面。16日,基德尔带着上市计划来找福泰,穆尔的文章被《自然》接收。17日,纳维亚和穆尔发现山下蛋白解析错误。(第十六章)

5月8日,《自然》允许福泰宣传穆尔的文章。9日,博格等人赶工完成了山下的文章。10日,山下的文章被退稿。13日,《自然》答应送审山下的文章。(第十七章)29日,福泰完成了招股书。(第十八章)

6月底至7月初,福泰为上市进行路演。

7月24日,福泰上市。(第十八章)

8月21—24日,第一届国际FK-506大会,施瑞伯报告发现钙调磷酸酶。(第十九章)

9月中旬,福泰获得了FKBP-12/VX-367复合物的结构,并以此为指导设计合成了VX-563,证明了基于结构设计药物的理念。(第二十章)

秋天,福泰增发,又筹集了2500万美元。

冬天,博格认为VX-367可能具有抗多药耐药活性。

1992 年以后

1992 年(以下为尾声章节)

1月,杰夫·桑德斯合成的分子在检验中表现为假阳性,误导了福泰7个月。

7月,山下离开福泰去医学院读书。

8月,福泰HIV蛋白酶抑制剂项目受阻。

9月,博格聘请薇姬·萨托主管福泰科学发展。

年底,萨托完成对福泰科学力量的重组。

1993年

4月28日,博格在波士顿世贸中心展望行业前景。

5月19日,福泰选定VX－330作为艾滋病项目的候选化合物。

6月,福泰首次公布抗艾滋病项目。

12月16日,福泰宣布和宝来惠康合作开发抗艾滋病药物,并再次增发。

1994年

4月,FDA批准FK－506上市。

6月,福泰公布了他们抗艾滋病药物VX－478的结构。

7月1日,福泰已经有135人,两个临床试验项目、两个接近临床试验的项目。

秋天,VX－478将进行临床试验。

译后记

《十亿美元分子》一书终于与中文读者见面了！自我第一次读到这本书并迫切地想与朋友们分享其中的精彩故事以来，已经过去快三年了。原书首次出版是在1994年，距今已有20年了，福泰建立于1989年，明年正好30周年，再等额外的三年似乎也并不算太久。但漫长的等待没有折损这本书的价值，反而赶上了中国新药研发与投资的起飞。更有趣的是，30年来，基于FK-506结构的药物研发没什么突破，在书中仅被提及三四次的雷帕霉素及其mTOR通路（施瑞伯也参与了这条通路的发现）反而成为了行业与研究的热点；而CAR-T技术以及PD-1/L1、CTLA-4这些新靶点在近年更是再次激起了资本市场对免疫学的兴趣。此时再看看这本书应该会大有裨益。

从技术层面来讲，本书一直在描写的计算机辅助药物设计并没有如人们期望的那样，快速而智慧地产生新药，或许是因为我们对机体的认识还远远不够。但这本书绝对不只是一本药物设计的科普读物，我个人认为，它最宝贵的地方在于它真实而详细地记录了创业医药公司中从总裁到一线科研人员的方方面面。与许多传记不同，这不是一本回忆录，而是作者在与福泰成员同吃、同住中记录下的时时刻刻（作者住在山下的家里，怪不得山下得到了颇多的篇幅）。在《十亿美元分子》一书中，我们可以读到创业公司的意气风发，但我们更能看到科研中的苦苦挣扎。我相信药学人都能从本书中看见自己的身影，看见自己不同时期不同的身影。希望福泰的故事能够为你带来一点感触，一点启发。

为了将这个精彩的故事尽可能完美地呈现给大家，我曾向众多朋友请教从基础科研到商业合同的细节，在此我向所有人表示最诚挚的谢意！我特别感谢王喻的鞭策；感谢张亚琦在翻译早期给予的支持与鼓励；尤其要感谢王北南、蔡晓春（她建议制作年表）、余沁泓（他详细解释了核磁共振法解析蛋白的原理与技术)、肖安与原玉薇对全文细致的修改,感谢你们为这颗种子的萌发注入的才华与灵气。本书在翻译中还得到了原书作者巴里·沃思的大力支持,他耐心地为我解释了很多细节。比如第十七章博格提到的"Florida Land",如果不是巴里解释了其文化背景,我万万想不到那是一种房地产骗局。

除了诸多好友与原作者协助我翻译文本之外,我更有幸得到了时间的帮助。时间酝酿了福泰的故事。30年来,有人得偿所愿,从福泰"毕业",然后开创自己的事业,也有人默默退场,着实令人唏嘘不已。不少科学史上的大人物也在福泰的故事中悉数亮相。不过有些人的故事在本书成书时尚未结束,比如罗伯特·加洛虽然在当时几乎是反面角色,但他并不是十恶不赦的坏人,后来在艾滋病研究中继续作出了许多贡献。有些人仅以博格和福泰的视角不能全面地反映,比如罗伊·瓦格洛斯,他在今年的疫苗风波中颇为国人所怀念。有些人虽然只是短暂登场,但他们本身同样传奇,比如万尼瓦尔·布什。因此我最后略微补充了部分人物的资料,希望读者们更全面地认识药学的历史。

至于本书的最终面世,我特别感谢上海科技教育出版社的匡志强副总编与伍慧玲编辑,他们大力支持了本书的引进;感谢王怡昀编辑与伍慧玲编辑对本书的细致编辑,她们专业而严谨的工作使本书从个人小小的一时兴起成为一本真正的可读之书。

本书的副标题是"追寻完美药物",博格他们最后却并没有发现完美的药物,而是一直走在"追寻"之路上。同样,尽管得到众多朋友与前辈的鼎力相助,本书的翻译也远远算不上完美,每次翻看时总觉得还可以继续精进。无奈个人水平有限,难免有疏漏之处,还望读者不吝赐教,万分感谢!

钱鹏展
2018年夏,伦敦

图书在版编目(CIP)数据

十亿美元分子:追寻完美药物/(美)巴里·沃思(Barry Werth)著;钱鹏展译. —上海:上海科技教育出版社,2018.12(2025.9重印)

书名原文:The Billion-Dollar Molecule:The Quest for the Perfect Drug

ISBN 978−7−5428−6780−3

Ⅰ.①十… Ⅱ.①巴…②钱… Ⅲ.①纪实文学—美国—现代 Ⅳ.①I712.55

中国版本图书馆 CIP 数据核字(2018)第 193068 号

责任编辑　王怡昀　伍慧玲
装帧设计　李梦雪

十亿美元分子——追寻完美药物

巴里·沃思　著
钱鹏展　译

出版发行	上海科技教育出版社有限公司
	(上海市闵行区号景路159弄A座8楼　邮政编码201101)
网　　址	www.sste.com　www.ewen.co
经　　销	各地新华书店
印　　刷	常熟市华顺印刷有限公司
开　　本	720×1000　1/16
印　　张	26.5
版　　次	2018年12月第1版
印　　次	2025年9月第9次印刷
书　　号	ISBN 978−7−5428−6780−3/N·1040
定　　价	65.00元

The Billion-Dollar Molecule:

The Quest for the Perfect Drug

by

Barry Werth

Simplified Chinese Translation Copyright © 2018

by Shanghai Scientific & Technological Education Publishing House

THE BILLION-DOLLAR MOLECULE: The Quest for the Perfect Drug

Original English Language Edition Copyright © 1994 by Barry Werth

Introduction Copyright © 2014 by Barry Werth

All Rights Reserved.

Published by agreement with the original publisher, Simon & Schuster, Inc.